Narrative der Überwachung

Kilian Hauptmann / Martin Hennig / Hans Krah (Hrsg.)

Narrative der Überwachung

Typen, mediale Formen und Entwicklungen

PETER LANG

Bibliografische Information der Deutschen Nationalbibliothek
Die Deutsche Nationalbibliothek verzeichnet diese Publikation
in der Deutschen Nationalbibliografie; detaillierte bibliografische
Daten sind im Internet über http://dnb.d-nb.de abrufbar.

Gefördert durch
DFG Deutsche Forschungsgemeinschaft

Gefördert durch die Deutsche Forschungsgemeinschaft (DFG) -
164644301/GRK1681/2

Abbildungsnachweis:
© Art Furnace/Shutterstock.com

ISBN 978-3-631-79040-3 (Print)
E-ISBN 978-3-631-82747-5 (E-PDF)
E-ISBN 978-3-631-82748-2 (EPUB)
E-ISBN 978-3-631-82749-9 (MOBI)
DOI 10.3726/b17376

PETER LANG Open

Peter Lang GmbH
Internationaler Verlag der Wissenschaften
Berlin 2020
Peter Lang – Berlin · Bern · Bruxelles · New York ·
Oxford · Warszawa · Wien

Diese Publikation wurde begutachtet.

www.peterlang.com

Inhaltsverzeichnis

Kilian Hauptmann / Martin Hennig / Hans Krah

Einleitung

Der vorliegende Band beruht auf der gleichnamigen Ringvorlesung, welche im Sommersemester 2018 an der Universität Passau im Rahmen des Arbeitsbereichs „Überwachung und Kontrolle" des DFG-Graduiertenkollegs 1681/2 „Privatheit und Digitalisierung" veranstaltet wurde. Grundlegend für die Konzeption der Vortragsreihe war die Beobachtung, dass in verschiedenen aktuellen Kontexten – Literatur, Film, Computerspielen oder auch in Journalismus, Politik und Forschung – kulturelle Vorstellungen von Überwachung zu finden sind, die keiner empirisch nachweisbaren Überwachungspraxis entstammen, sondern vielmehr vorgeprägt sind durch populäre mediale Diskurse über Überwachungspraktiken. Unter anderem tradiert durch kanonisierte Überwachungserzählungen der Literatur, wie etwa Aldous Huxleys *Schöne neue Welt* (1932) oder George Orwells *1984* (1949), gibt es eine Reihe von Erzählungen der Überwachung, die in das Alltagswissen übergegangen sind. Auf diese Weise vermischen sich nicht selten Vorstellungen von tatsächlichen Überwachungspraktiken mit Narrativen von und über Überwachung. Solche Narrative – im Sinne von medial verarbeiteten, narrativ organisierten kulturellen Mustern[1] – haben jedoch eine spezifische Eigenlogik, sind eben nicht an reale Bedingungen, sondern an mediale Kontexte und kulturelle Entwicklungen gebunden und produzieren eigenständige Modelle und Bedeutungen. Diese medial verbreiteten, fiktional-ästhetischen Narrative (kulturgeschichtlich konstitutiv beispielsweise bei der biblischen Vorstellung des allsehenden Gottesauges, über hieran anknüpfende Modelle des Überwachungsstaates und Erzählungen vom politischen Widerstand – etwa durch Whistleblowing –, der in der Tradition von Heldengeschichten narrativiert ist, bis hin zu neueren Erzählungen von scheinbar unüberwindbarer digitaler Überwachung wie in Dave Eggers *The Circle*) wirken dabei in Überwachungs-, Sicherheits- und Freiheitsdiskurse hinein. Auch in der Forschung besteht inzwischen gesteigertes Interesse an Narrativen der Überwachung, wie die kürzlich erschienenen Bände *Orwells Enkel – Überwachungsnarrative* und

1 Für einführende Erläuterungen zum Narrativbegriff vgl. die Beiträge von Martin Hennig und Hans Krah, Miriam Frank sowie Alix Michell in diesem Band.

Narrating Surveillance – Überwachung erzählen belegen.[2] Der vorliegende Band fragt vor allem nach übergreifenden Strukturen, Typen und Ideologemen von Narrativen der Überwachung in unterschiedlichen Diskursfeldern, um Gemeinsamkeiten und Entwicklungen im kulturellen Denksystem zu konturieren.

Narrative erfüllen dabei eine wichtige kulturelle Funktion, indem sie oftmals überhaupt erst Verständigung ermöglichen – sie sind notwendig, um in einen gesellschaftlichen Austausch über das kulturell und politisch Wünschenswerte zu treten. Die in diesem Band untersuchten Narrative sind aber auch Projektionsfläche für andere kulturelle Entwicklungen und Diskurse und werden von diesen geprägt: So liegt ein Schwerpunkt der Beiträge in Fragen danach, inwiefern sich die Narrative der Überwachung vor allem unter den Bedingungen der Digitalisierung in einem Wandlungsprozess befinden, und inwiefern tradierte Narrative dabei einerseits auf neue Akteur*innen und Kontexte projiziert und andererseits auch durch diese erweitert und transformiert werden.

Auf der Grundlage der Untersuchung von Texten unterschiedlicher medialer Provenienz und aus der Perspektive verschiedener Fachdisziplinen versucht der Band vor diesem Hintergrund einen Überblick und eine Ausdifferenzierung ‚alter' und ‚neuer' Überwachungsnarrative zu bieten und dabei nach ihren textuellen Konstruktionen und ideologischen Implikationen zu fragen.

Martin Hennig und **Hans Krah** führen in den Band ein und nehmen eine Funktionsbeschreibung und Typologisierung von Überwachungsnarrativen vor, wobei sie die vier Felder 1.) Überwachungsstaat, 2.) Überwachungsmentalität, 3.) Überwachungs-Lust und 4.) Selbstüberwachung identifizieren und anhand unterschiedlichster Medienbeispiele ausdifferenzieren. Sie zeigen dabei erstens allgemein die Rolle von Medien in Bezug auf Überwachungsnarrative auf, modellieren zweitens Spezifika der jeweiligen Felder und verweisen drittens auf übergreifend beobachtbare kulturgeschichtliche Entwicklungen.

Die beiden folgenden Beiträge fokussieren literarische Narrative und zeitgenössische Ausformungen und Entwicklungen der klassischen Überwachungsdystopie. **Sabrina Huber** gibt einen Überblick über aktuelle Tendenzen der deutschen Gegenwartsliteratur. Dabei zeigt sie zum einen, dass populäre Überwachungsnarrative wie Orwells *1984* von Autor*innen wie Juli Zeh auf der Ebene von Themen und Gegenständen zwar aktualisiert werden, hinsichtlich ihrer Erzählweise und -struktur jedoch stabil bleiben. Zum anderen betrachtet

2 Siehe Jung, Werner/Schüller, Liane (Hrsg.) (2019): *Orwells Enkel. Überwachungsnarrative.* Bielefeld: Aisthesis Verlag; Wasihun, Betiel (Hrsg.) (2019): *Narrating Surveillance – Überwachen erzählen.* Baden-Baden: Nomos.

sie Erzählungen, die neue Erzählweisen über Überwachung etablieren, wie etwa im Kontext der Werke Friedrich von Borries. **Maren Conrad** untersucht in ihrem Beitrag anhand zweier Beispiele, wie sich in der Kinder- und Jugendliteratur ein spezifischer Digital-Diskurs entwickelt hat, in welchem die parentale Kontrolle durch digitale Überwachungstechnologien abgelöst wird, diese Technologien aber gleichzeitig Auslöser der Konflikte der Erzählungen sind. Sie stellt fest, dass dystopische Narrative digitaler Überwachung mit bereits bestehenden Strukturen von Adoleszenznarrativen verknüpft werden und die Überwindung der Überwachung als Initiation der Figuren funktionalisiert ist. Außerdem zeigt Conrad, dass gerade diese Narrative stark auf traditionelle und konservative Denkmodelle zurückgreifen.

Die vier folgenden Beiträge fokussieren die unterschiedliche Medialität von Überwachungsnarrativen und untersuchen deren Verhältnis zum produzierten Wissen über Überwachung. **Dietmar Kammerer** widmet sich in seinem Beitrag Überwachungsnarrativen in der Werbung. Er stellt heraus, dass die Werbung ein ‚dualistisches Modell von Überwachung' etabliert, in welchem eine vermeintlich unmittelbare Beziehung zwischen den Überwachenden und Überwachten dargestellt ist, was das Narrativ einer unmittelbar wirksamen, handlungsfähigen Überwachung stärke. **Marcel Schellong** nimmt in seinem Beitrag zwei Perspektiven ein: zum einen zeigt er anhand von Videospielen wie *Papers, please* (3909 LLC, 2013), dass Spiele ganz klassische Überwachungsnarrative fortschreiben, jedoch die Spieler*innen als handelnde Überwacher*innen emotional in die Narrative involvieren und moralisch herausfordern. Zum anderen fokussiert er anhand von *The Stanley Parable* (Galactic Café, 2013), dass Computerspiele und ihre Spieler*innen als kybernetische Systeme per se Prinzipien der Überwachung und Kontrolle unterliegen, was im Spiel selbstreflexiv für die spezifische Medialität des Computerspiels ausbuchstabiert wird. **Miriam Frank** untersucht in ihrem Beitrag die Inszenierungsstrategien von dokumentarischen Filmen und Fernsehsendungen mit dem Thema ‚digitale Überwachung' und stellt fest, dass sich aus den untersuchten Dokumentationen ein gemeinsames Modell konstruieren lässt. So inszenierten diese die Welt als eine Welt aus Daten und die darin lebenden Subjekte als Datensubjekte. Nach Frank erzeugen die Dokumentationen Narrative, in denen die angebliche Totalität und Omnipräsenz von (Daten-) Überwachung die Subjekte bedroht und diese sich der Fremdkontrolle kaum noch entziehen können. Sie zeigt, dass die medialen Inszenierungsstrategien der Dokumentationen selbst die Evidenz einer Krise erzeugen (wollen) und stellt in diesem Kontext auch Verbindungen zu wissenschaftlichen Diskursen her. **Alix Michell** widmet sich Überwachung als Topos in der Gegenwartskunst und weist anhand von verschiedenen Kunstprojekten der vergangenen Jahre nach, wie sich dort spezifische Narrative der Überwachung etablieren. Als Befund hält sie fest, dass die untersuchten Narrative die Komplexität von Überwachungspraktiken und -semantiken reduzieren und so zu Mythen über Überwachung transformieren. So zeigt sie etwa, dass die Kunstaktion *Mahnmal Höcke Bornhagen* des Künstler*innenkollektivs ‚Zentrum für politische Schönheit' (ZPS) etablierte Überwachungsnarrative auf den Aspekt der ‚Machtausübung' kondensiert.

Die beiden letzten Beiträge untersuchen das Verhältnis von Überwachungsnarrativen zu realen Überwachungspraktiken und -diskursen, zum einen mit einem Fokus auf digitale Überwachung, zum anderen mit Blick auf Narrative der Geschichtsschreibung. **Thomas Christian Bächle** identifiziert verschiedene Narrative in Diskursen zu digitaler Überwachung und stellt fest, dass digitale Technik im Diskurs in der Regel mit ganz traditionellen Überwachungsnarrativen und Wertzuschreibungen verknüpft ist. Vor dem Hintergrund der Vorstellung einer ‚allwissenden' und ‚manipulativen' digitalen Überwachung werde aber beispielsweise Techniken der ‚prospektiven Überwachung' (predictive policing etc.) besondere Wirksamkeit zugeschrieben, obwohl deren Zuverlässigkeit keineswegs immer gegeben sei. Bächle plädiert deshalb für eine selbstreflexive Prüfung kultureller Vorstellungen von digitaler Überwachung, einschließlich die der Surveillance Studies. **Lukas Raabe** nimmt eine historiographische Perspektive ein und plädiert ganz ähnlich für einen kritischen Umgang mit der Geschichtsschreibung als *Erzählinstanz*. Anhand von ausgewählten Quellen zeigt er auf, wie sich mithilfe von Überwachungsdokumenten des Ministeriums für Staatssicherheit der DDR ein möglicherweise vollständigeres Bild von Geschichte erzählen lässt – unter Berücksichtigung der Lebenswelt der Überwachten, der von ihnen ausgehenden Bedeutungsproduktion und der verknüpften Aushandlungsprozesse mit dem Regime –, als im Rahmen der konventionellen und einseitigen Forschungsperspektiven auf Überwachung in der DDR-Diktatur.

Die Herausgeber bedanken sich an dieser Stelle noch einmal herzlich bei allen Beiträger*innen für die intensive und konstruktive Zusammenarbeit und wünschen eine spannende Lektüre.

Martin Hennig / Hans Krah

Typologie, Kategorien, Entwicklung von Überwachungsnarrativen: zur Einführung

Abstract: The article categorizes the role of media in relation to surveillance narratives. On this basis, a typology of surveillance narratives is developed, with the four fields 1) surveillance state, 2) surveillance mentality, 3) desire for surveillance and 4) self-monitoring. These are distinguished and differentiated by means of various media examples. In doing so, both the specifics of the respective fields and developments in cultural history that can be observed across the fields are worked out.

Wenn von *Narrativen* der Überwachung die Rede ist, dann heißt dies primär, dass es nicht um Überwachung als reales, soziales oder politisches Phänomen geht, sondern um dessen mediale Übersetzung, um ‚Modelle' und daraus abstrahierbare Denkmuster, die ins Allgemeinwissen eingehen – und damit den Hintergrund für Einstellungen und Verhaltensweisen bilden können. Diese Narrative haben Relevanz über ihre semiotische Verfasstheit hinaus, da über sie Argumentationen geführt und Kommunikationen gesteuert werden und damit sekundär auch die soziale Praxis beeinflusst werden kann. Es geht also um Denkmuster und Vorstellungen, wie Überwachung gedacht wird: Was sie ist oder auch nicht, wie sie sein sollte oder gerade nicht, welche Modelle, Denkfiguren, Argumentationen damit verbunden werden, mit welchen Paradigmen und Ideologemen sie korreliert und ob sie als positiv oder negativ konnotiert wird. Es geht darum, welche Bilder der Überwachung im Denksystem existieren bzw. durch Texte[1] über Überwachung geprägt, stabilisiert und vermittelt werden – womit ‚Wissen'[2] über Überwachung auch erst erzeugt und wiederum

1 Diesem Beitrag zugrunde liegt der weite Textbegriff der Semiotik, siehe hierzu etwa Krah (2017). Zur Vorgehensweise und Modellierung des Untersuchungsbereiches im Allgemeinen sei auf Krah/Titzmann (2017) verwiesen.

2 Zum kulturellen Wissen zählen die von den Mitgliedern einer Kultur oder Teilkultur für wahr gehaltenen Propositionen, was kognitive, affektive und evaluative Wissensmengen einschließt (Wissenschaften, Glaubenssysteme, Annahmen über die Realität sowie Einstellungen gegenüber Sachverhalten). Zum Konzept des kulturellen Wissens und dessen Positionierung bezüglich Diskurs und Denken siehe ausführlich Titzmann (1989) und (2017).

argumentativ funktionalisiert werden kann. Diese Aspekte sind mit dem Begriff ‚Narrativ' im weiteren Sinne gemeint,[3] im engeren sind darunter kondensierte ‚Geschichten' und Erzählungen zu verstehen, in denen die obigen Aspekte entwickelt werden und welche die Grundmuster liefern, die als Topoi im rhetorischen Sinne der Aufmerksamkeitserzeugung, Erinnerung/Rekapitulation/Tradierung und vor allem der Überzeugung dienen.

Welche Texte, welche Medien konkret dazu beitragen, solche Narrative zu transportieren, spielt zunächst keine Rolle. Literatur, audiovisuelle Formate, digitale Texte sind hier ebenso relevant wie dies auch nicht-ästhetische und nicht-fiktionale Formen sein können.

1. Perspektiven auf Überwachung

1.1 Allmacht und Schutz

Überwachung ist auf vielfältige Weise ein historisches Phänomen und in unterschiedlichen Diskursen beheimatet. Zwei Beispiele:

(1) Die im späten 19. Jahrhundert aufkommenden Bebilderungen des *Schutzengelmotivs*, die dann auch populär verbreitet in Schlafzimmern ihren festen Ort finden,[4] stellen ein genuines Überwachungsmotiv dar, an dem sich einige der Parameter zeigen lassen, hinsichtlich derer Überwachungsnarrative untersucht werden können und die in unterschiedlichen Maßen und Kontexten ihre Relevanz haben. Dargestellt ist jeweils ein Kind (oder ein Geschwisterpaar), das in menschenleerem, wildem Naturraum über eine baufällige Brücke geht oder abseits des Weges, Blumen pflückend, den steilen Abhang nicht wahrnimmt, der die idyllisch scheinende Szenerie lebensbedrohlich begrenzt. Immer sind es dabei nicht andere Akteur*innen, die die Gefahr darstellen, sondern ist es die Situation an sich, in der sich die Kinder befinden. Im Hintergrund, das Bild dominierend, aber den Kindern verborgen, findet sich die zentrale, weiblich konnotierte Gestalt mit Flügeln, die die reale Situation transzendiert.

---

3 Vgl. weiterführend zum Narrationsbegriff in diesem Band auch die Definitionen bei Alix Michell und Miriam Frank.

4 Um etwa 1880 setzt eine breite Fabrikation von Schutzengelbilder ein, die als Schlafzimmerbilder ab 1920 verbreitet sind; seit 1886 dominiert Bernhard Plockhorst mit seinen Umsetzungen den Markt.

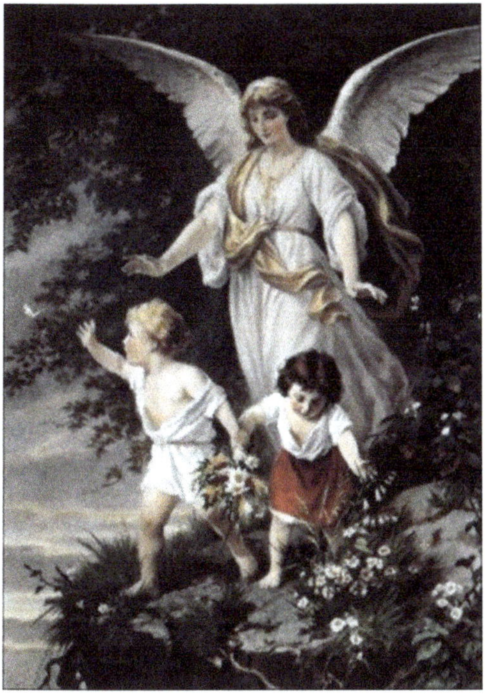

Abb. 1: Bernhard Plockhorst: *Schutzengel*. Quelle: Plockhorst (o. J.).

Zum einen artikuliert sich in diesen Bildern ein Aspekt der *Motivation* von Überwachung: Es geht um Sicherheit und den Schutz vor Gefahren, die den Überwachten selbst nicht bewusst sind bzw. auf die sie vergessen zu achten. Zum Zweiten verweist das Bild auf den Grad der *Explikation*: Überwachung kann ohne Wissen des Individuums arrangiert sein und es kann diesem damit verborgen bleiben, dass es solche Akte und Instrumente überhaupt gibt (und wann und wo sie zum Tragen kommen). Zum Dritten präsentieren sich die *Akteur*innen* von Überwachung und ihre ihnen dabei zugewiesenen Rollen: Kind und übernatürliche, unsichtbare Entität, die im Auftrag einer höheren Macht jeweils für das einzelne Individuum sorgt. Überträgt man dieses Modell, zeigt sich das Muster, das Überwachung als ideologischer Kern zugrunde liegt: Dem Individuum wird ein Kindstatus zugewiesen, die Fähigkeit, selbst Gefahren erkennen und abschätzen zu können, wird ihm damit abgesprochen (aufgrund anthropologisch-natürlicher Gegebenheiten, die nicht zu diskutieren sind). Dementsprechend *muss* es geschützt und beaufsichtigt werden. Überwachung, so ist in den Bildern zudem präsupponiert, scheint Sicherheit zu garantieren. Da in diesen Szenarien trotz gefährlicher Situationen nichts passiert, ist impliziert, dass bereits die Anwesenheit des Schutzengels und damit das Vorhandensein von Überwachung imstande ist, Sicherheit zu gewährleisten.

(2) Ein zweites historisches Narrativ, das ungleich bedeutsamer und wirkmächtiger geworden ist und Konjunktur bis in die Gegenwart hat, ist das Motiv *Das Auge Gottes*, das sich aus der Bibel herleiten lässt: „An jedem Ort sind die Augen des Herrn, sie wachen über Gute und Böse" (AT, Sprüche 15,3).

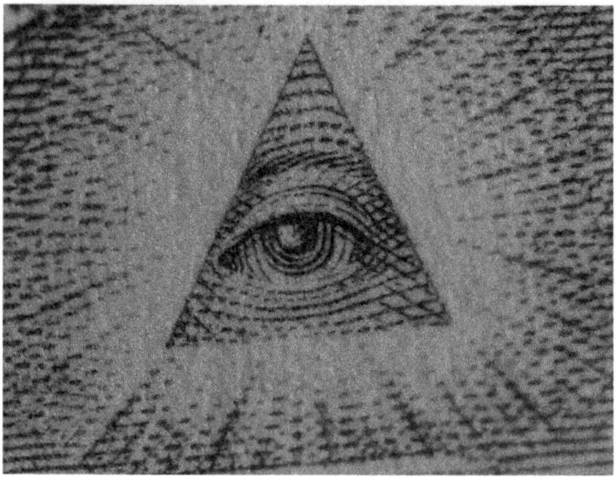

Abb. 2: Das Auge Gottes, hier in der Darstellung auf einer US-Dollar-Note. Quelle: o. A. (o. J.).

Das Auge Gottes, ikonographisch in einem Dreieck situiert und von einem Strahlenkranz umgeben, ist selbst ein Topos, ein Sinnbild für ‚sich sorgen und sich kümmern' in hierarchisch geordneten Strukturen und Verhältnissen. Innerhalb eines solchen Denkrahmens, einer solchen zugrunde gelegten Ordnung, sind die darin zum Ausdruck gebrachten Verhältnisse geradezu legitimiert und selbstverständlich.[5]

Die Unterschiede zum Schutzengelnarrativ ergeben sich vor allem hinsichtlich zweier Aspekte: Während im Schutzengelnarrativ Verhalten nicht beeinflusst wird, da die Anwesenheit des Engels dem Kind ja auch nicht bewusst ist, beruht das Auge

5 Davon zeugen vielfältige Beispiele, wie etwa die in Kirchenarchitekturen oben angebrachten Wandmalereien und Fresken.

Gottes auf Bewusstheit; dieser zentrale Unterschied hinsichtlich der Bewusstheit der Überwachung korreliert mit der sich darin artikulierenden Machtstruktur. Das Auge und der darin implizierte Blick von oben drücken zum einen die Allgegenwärtigkeit Gottes aus – und wirken bereits dadurch schützend vor Sünde: Weil mich Gott sieht, begehe ich keine Sünde.[6] Hier ist das Muster des Panopticons bereits vorweggenommen (siehe Abschnitt 2). Zum anderen und zugleich repräsentieren sich in derlei asymmetrischen Blickrelationen immer auch Machtverhältnisse, da die sehende Instanz für sich beanspruchen kann, gottgleich zu sein.

Dieses Semantisierungsmuster des Geführtwerdens lässt sich problemlos auf säkulare Bereiche übertragen und erfreut sich in unterschiedlichen Kontexten immer wieder großer Beliebtheit. Im Aufklärungskontext des 18. Jahrhunderts findet es in der Freimaurerloge Verwendung bzw. allgemein in diversen Geheimbundgesellschaften, die wiederum literarisiert im Geheimbundroman der Zeit für die Ambivalenz von Leitung und *Ver*leitung stehen. Hier oszilliert das Muster zwischen einem Autonomieverlust des Individuums und der Faszination, die sich aus den daraus resultierenden Allmachts- und Manipulationsfantasien ergibt. Goethes Turmgesellschaft im *Wilhelm Meister* und Sarastro in der *Zauberflöte* repräsentieren zwei prominente Beispiele für eine positive Beeinflussung des sich in der Transitionsphase befindlichen Jünglings hin zu dessen Autonomie, fast alle anderen Beispiele schildern den negativen Ausgang, bei dem die Führung einer Verführung hin zum Selbstverlust des Protagonisten gleichkommt.[7]

Insbesondere im visuellen Bereich ist das Auge/der Blick von oben ein eigenes Motiv, wenn es um Macht und Herrschaft geht, wobei neben dem Aspekt der Fürsorge auch der Aspekt des Selbstgefälligen betont wird: „Gott sah, dass es gut war" (Gen 1, 10). Dieser Refrain zur Schöpfungsgeschichte, der den Konnex von *Beobachtung ist Schöpfung ist Selbstbestätigung* fokussiert, macht die Selbstbezüglichkeit und Vereinnahmungsfantasie als Teil dieses Machtnarrativs augenfällig.

In audiovisuellen Formaten wird dieser Blick häufig als evidenter Rahmen inszeniert, bei dem gleichsam ‚showing' und ‚telling' zusammenfallen, wenn es um selbstverständlich unterstellte Argumentationen im Kontext von Machtordnungen geht. Einige Beispiele: Er findet sich eher beiläufig in *Metropolis* (D, 1927, R: Fritz Lang), wenn Joh Fredersen, der Erbauer von Metropolis, vom Turm Babel, dem höchsten Gebäude, herunter auf ‚seine' Stadt blickt, und reicht,

---

6 Im Spruch „Gottes Auge sieht alles / Bewahre mich vor Sünde", der solchen Auge-Gottes-Bildern zum Teil zugeordnet ist, wird dieser Zusammenhang deutlich.

7 Vgl. hierzu, zum Geheimbund und zur Initiationsgeschichte im Allgemeinen Titzmann (2012).

pointiert eingesetzt, mindestens bis zum Commerzbankspot „Erste Schritte" von 2012, wo eine Geschichte am Ende in diesem Narrativ kulminiert.[8] Dass es hier ausnahmsweise eine Frau ist, der der selbstgefällige Blick von oben zugestanden wird, und er nicht exklusiv dem Mann reserviert ist, lässt sich plausibilisieren, ist der Spot doch im Kontext der Bankenkrise von 2008 zu verorten. Und die hierbei vermittelte (kollektivistische) Aussage ‚wir haben verstanden' ist eben (kulturell) ein eher weibliches Narrativ.

Ein Beispiel, das die ideologische Vereinnahmung des Narrativs verdeutlicht, zeigt der Schluss des Films *Der große König* (D, 1942, R: Veit Harlan). Diegetisch geht es um Friedrich II. von Preußen und den Siebenjährigen Krieg, doch diese geschichtliche Dimension dient wenig kaschiert als Projektionsfläche für aktuelle Gegebenheiten der Zeit der Textproduktion und Einübung in zentrale Ideologeme: Dulden und Leiden im Krieg, aber Glauben an den Endsieg und Glaube an die diesen garantierende Führerfigur, der unbedingten Gehorsam zu schulden ist und deren Entscheidungen, auch wenn sie nicht verstanden werden, nicht anzuzweifeln sind. In der Schlusssequenz wird Friedrich II. fokussiert, wie er, statt sich nach dem Sieg öffentlich auf den Straßen von Berlin in einem prunkvollen Umzug feiern zu lassen, sich allein in die (gotische) Schlosskapelle von Charlottenburg zurückzieht, nicht um dort zu beten, sondern zu sinnieren. Während sich auditiv Orgelmusik, die Melodie des Deutschlandliedes[9] und choralartige Stimmen ablösen, ineinander übergehen und sich zum Lied „Du schwarzer Adler, Friedrichs des Großen" steigern,[10] wird das Bild des sinnenden Königs visuell überblendet von Aufnahmen des preußischen Landes. Zu sehen sind Bauern, die das Land bestellen und die wiederaufgebaute Mühle von Kunersdorf, die zu Beginn des Filmes bei der vernichtenden Schlacht vollständig niederbrennt und als Sinnbild für die (vermeintliche) Verwüstung des Landes fungiert. In der Überblendung bleibt als Doppelbelichtung das Auge des

8 Siehe hierzu Krah (2018). In ironischer Brechung findet sich das Auge etwa auch prominent platziert auf dem Trikot von „Captain Hindsight" (Captain Einsicht) aus *South Park* (1997–, Comedy Central. Staffel 14, Episode 11) – ein Superheld, der die Gabe hat, im Nachhinein alles besser zu wissen.

9 Dies verdeutlicht zusätzlich die Relevanz der projektiven Ebene aus der Produktionszeit, da die Musik diegetisch anachronistisch ist (Ende des Siebenjährigen Krieges 1763, Komposition der Musik des Deutschlandliedes 1796). Vgl. hierzu Nguyen (2010: S. 232–242).

10 Der Text: „Du schwarzer Adler, Friedrichs des Großen, gleich der Sonne decke du die Verlassenen und Heimatlosen mit deiner goldenen Schwinge zu" ist nicht nur zu hören, sondern wird gleichzeitig als Schrift in einer flammenähnlichen Typographie visualisiert.

Königs – eigentlich in der Kirche situiert – am oberen rechten Rand sichtbar (während ansonsten der wiederkultivierte preußische Boden zu sehen ist) und damit expliziert und installiert der Film – glorifiziert durch die auditive Untermalung und den Schwenk in den Himmel – eine Leseanleitung an sein Publikum: Das Auge des Königs/Führers überblickt alles und bleibt wachend und schützend dem Volk gewogen, auch wenn ihn dieses in seinen ‚höheren Zielen' nicht versteht und er als dieses Genie, das lediglich seine Pflicht tut, im Unterschied zu allen anderen einsam und allein sein muss.[11]

Im Film *Die tausend Augen des Dr. Mabuse* (D, 1960, R: Fritz Lang) verdeutlicht sich dann bereits titelgebend, wie das Auge durch Quantität vollständig zur Überwachung pervertiert und diese durch die gezeigten technischen Errungenschaften perfektioniert wird. Dass es diese Explizitheit aber nicht braucht, um aufzuzeigen, dass es kippen kann und das paternalistische, hierarchische Strukturen nicht immer zum Wohle aller sind, es deshalb manchmal, als weiteres Narrativ, jemanden braucht, um die Welt davor zu retten, zeigt Saurons Auge aus den *Herr der Ringe*-Verfilmungen (NZ/USA, 2001–03, R: Peter Jackson); hier ist diese Hyperbolik transformiert bzw. eingebettet in den Fantasykontext,[12] der dann die Rahmenbedingungen für die Problemlösung liefert (die allerdings auch an diesen fantastischen Rahmen gebunden bleibt).

1.2 Medien und Überwachung

Im Folgenden soll die Rolle der *Medien* im Kontext von Überwachung in den Fokus genommen werden. Dies geschieht vor der Folie eines Denkens, wie es sich seit der Aufklärung (mit Ausnahmen wie im Nationalsozialismus) in westlichen Kulturen etabliert hat: bei dem das Individuum als tatsächlich individuell und zentrale Größe erscheint, die für sich einen gewissen Status an Autonomie und Selbstverwirklichung legitimerweise in Anspruch nehmen darf. Dass dies selbst immer wieder thematisch ist und im Einzelfall diskursiv verhandelt wird, illustriert etwa das Musikvideo *Outside* (1998) von George Michael:[13] Hier wird die

11 Diegetisch ist dieser Blick dem preußischen Volk natürlich verborgen, dieses weiß nicht, dass es überwacht ist. Auf dieser Ebene manifestiert sich also eher ein Schutzengelnarrativ. Filmisch und damit den Rezipient*innen gegenüber wird aber gerade das Auge (mit seinen machtstrukturellen Implikationen) vorgeführt.

12 Vgl. zum Genre Fantasy Krah (2012a).

13 Das Video ist George Michaels künstlerische Reaktion auf einen Vorfall, bei dem er mit der Justiz in Berührung kam und der sein Outing bedeutete: Am 7. April 1998 wurde er in Los Angeles bei der Suche nach Sexualpartnern auf einer öffentlichen Toilette von einem Polizisten in Zivil verhaftet. Vgl. zum Video Krah (in Erscheinen).

amerikanische Gesellschaft als Überwachungsstaat vorgeführt, der das sexuelle Verhalten von Erwachsenen in der Öffentlichkeit reguliert und die Einhaltung sexueller Normen kontrolliert. Zu sehen sind omnipräsent Hubschrauber und deren Übersichten von oben, zudem sind überall Überwachungskameras positioniert. Während im Video Episoden sexueller Aktivitäten unterschiedlichster (erwachsener) Beteiligter an verschiedensten (halb-)öffentlichen Plätzen gezeigt werden und exzessiv vorgeführt wird, dass alle zu vergegenwärtigen haben, wegen unsittlichen Verhaltens verhaftet zu werden, singt George Michael gegen diese Unverhältnismäßigkeit an und transformiert durch seinen Gesang („come outside") den Ausgangsort der vorgeführten Überwachung, eine öffentliche Toilette, zum Dancefloor.

(1) An diesem Beispiel wird nun zum einen deutlich, dass Medien im Kontext der *Techniken* der Überwachung zu sehen sind. Hier lassen sich unterschiedliche Formen hinsichtlich ihrer medialen Grundlagen unterscheiden:

(i) Die unmittelbare körperlich-materielle Präsenz, wie hier im Beispiel durch die Hubschrauber und die verdeckte Ermittlerin, die das Eingangsdelikt erst auslöst, gegeben. Im klassischen Fall ist darunter das Spektrum von Beschattung, ‚V-Männern' und Ähnliches subsumiert, wobei diese direkte Überwachung zu einer sekundären medialen wird, indem die Protokollierung der Überwachung zu Überwachungstexten führt.
(ii) Die auditive Überwachung, das Abhören, dessen Sinnbild die Wanze ist.
(iii) Die visuelle Überwachung, die mit der auditiven gekoppelt sein kann und die sich durch die Kamera als Instrument der Überwachung (wie etwa im Video) einerseits, durch den Bildschirm resp. ein Kollektiv an Bildschirmen als Symbol der Kontrolle andererseits definiert. Auch dies geht mit einer implizierten unmittelbaren Präsenz einher, da es eines/r Akteur*in bedarf, der – dem Auge Gottes gleich – die Bildschirme überblickt.
(iv) Die digitale Überwachung / Big Data-Auswertung, für die zeichenhaft der Computer steht.

(2) Für Narrative der Überwachung ist bezüglich Medien zum anderen aber auch deren *Rolle* im Verhältnis zur Überwachung im Allgemeinen relevant.[14] Dass Medien als Mittel der Überwachung fungieren, im apparativ-technischen Sinn, wie unter (1) ausgeführt, und damit Überwachung also (i) *transportieren*, ist nur

14 Siehe zur Rolle von Medien bezüglich Privatheit im Allgemeinen Krah (2012b).

eine Dimension, welche Rolle sie einnehmen können.[15] Medien als Medien der gesellschaftlichen Selbstverständigung über die eigene Kultur und deren Gegebenheiten können darüber hinaus auch Überwachung (ii) *inszenieren*, also darstellen, abbilden. Genau dies ist zusätzlich zu (i) im Musikvideo *Outside* gegeben.

Dabei kann eine weitere Funktion/Dimension installiert sein, nämlich dass Medien Überwachung (iii) *reflektieren*, also deren Auswirkungen/Problematiken vorführen, Argumentationen diskutieren/hinterfragen, etwa bezüglich der jeweiligen Angemessenheit, und eigene (mediale) Lösungen anbieten.

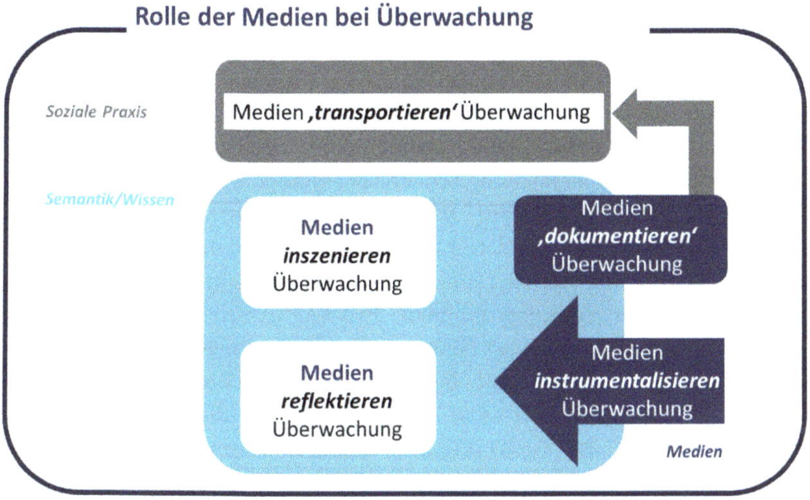

Abb. 3: Rolle der Medien bei Überwachung. Quelle: Eigene Darstellung.

Auch dies ist in *Outside* gegeben, insofern das Video insgesamt als Kommentar zur dargestellten Situation zu verstehen ist: Zum einen dadurch, dass die polizeilichen Tätigkeiten durch Überzeichnung persifliert werden und geradezu paranoid erscheinen, wie bereits durch den Vorspann deutlich gemacht wird, wenn die zur Last gelegte Situation auf Art eines (dänischen) Heimvideo-Pornos nachgestellt wird. Insinuiert wird, dass nicht Sittlichkeitsprobleme das Problem darstellen, sondern dass der/die mündige Bürger*in durch diesen

15 Insofern Medien an Überwachung partizipieren, werden dadurch auch (Medien-) Texte produziert und wird Überwachung archiviert; auf dieser Basis kann sie sekundär dokumentiert werden. Vgl. hierzu den Beitrag von Lukas Raabe in diesem Band.

Überwachungswahn in seiner/ihrer Freiheit eingeschränkt wird. Zum anderen erfolgt eine Kommentierung durch die Einstellungen, die die Performanz George Michaels zeigen, der sich den inkriminierten öffentlichen (Toiletten-) Raum als Künstler aneignet und für sich requiriert, solche gesellschaftlichen Hoheits-Räume zumindest medial umgestalten zu können.

Wie das Beispiel *Der große König* demgegenüber deutlich macht, sind die beiden Dimensionen (ii) und (iii) zu unterscheiden, sie sind nicht notwendig kongruent: Inszenieren muss nicht mit Reflektieren einhergehen. Inszenieren kann auch dazu dienen, Problematiken gerade auszublenden oder unhinterfragt und in spezifischer ideologischer Ausrichtung Vorteile von Überwachung zu propagieren.

Weiter können Medien Überwachung (iv) *dokumentieren*, also aufdecken bzw. an ihrer Aufdeckung partizipieren; die Narrative des Leaks oder des investigativen Journalismus wären hier zu situieren und zu nennen.

Medien können Überwachung schließlich (v) auch *instrumentalisieren*, also für eigene/andere Zwecke nutzen – parteipolitische Wahlwerbung sei hierbei nur am Rande erwähnt. Insbesondere kann eine solche Instrumentalisierung Zwecken der Unterhaltung dienen: Denn Überwachung ist grundsätzlich das Potential der Grenzüberschreitung inhärent und Grenzüberschreitung garantiert Aufmerksamkeit und Spannung, Faktoren, die für Unterhaltung geradezu unabdingbar sind. Realisiert sein kann dies im Eindringen in Bereiche, die eigentlich tabu sind (Stichwort Voyeurismus), aber auch im Sich-überwachen-Lassen im Sinne des Sich-explizit-Zeigens (Stichwort Exhibitionismus), da hier ebenfalls eine Grenzüberschreitung von öffentlich und privat zu Grunde liegt. Auch diese Dimension prägt das Musikvideo, denn es ist schließlich ein Musikvideo und den Spezifika dieses Formats unterworfen, auch wenn es ein Statement enthält, das sich auf real gegebene Fakten bezüglich des Künstlers bezieht.[16]

Diese Aspekte/Funktionen schließen sich nicht gegenseitig aus, sondern können gemeinsam auftreten, wobei eine Funktion selbst wieder sekundär für andere Aspekte funktionalisiert sein kann und dann eine *Instrumentalisierung auf 2. Ebene* stattfindet. Hier spielt das Text- bzw. Medienformat, in dem dies geschieht, eine nicht unwesentliche, wenn nicht gar entscheidende Rolle. So finden sich in den Folgen und Staffeln der Serie *South Park* regelmäßig Plotstrukturen, die sich in ihren jeweiligen Verhandlungen als Kommentare zu den vielfältigen, jeweils aktuell prominenten Formen und Diskursen der Überwachung und damit eindeutig als Reflexionen verstehen lassen. Sei es, dass im

16 Siehe hierzu Anm. 13.

Zuge des NSA-Skandals die Machenschaften der Geheimdienste fokussiert sind, Eric Cartman sich bei der NSA als Mitarbeiter einschleicht, enttäuscht darüber ist, dass über ihn keine Akte angelegt wurde, und am Ende, wenn er sich als Whistleblower geriert, erfahren muss, dass sich niemand dafür interessiert, auch nicht, dass der Weihnachtsmann bei der NSA gefangen gehalten und gefoltert wird (*Lass los, die NSA liebt dich*, engl. *Let Go, Let Gov*, Staffel 17/Episode 1). Sei es, dass die Eltern von South Park, durch Medienberichte und Studien über Gefährdungsszenarien panisch beunruhigt, ihre Kinder in verschiedenen Stufen überwachen, so etwa durch eine Ortung über Antennenhelme, und letztlich zu deren Sicherheit eine große Mauer um South Park bauen lassen, jedoch durch die nächste Studie, die die Eltern selbst als das größte Gefahrenpotential für ihre Kinder ausweist, ihre Aktionen konsequenterweise gegen sich selbst richten und die Kinder in die Wildnis schicken, um diese vor sich zu schützen (*Mongolen vor South Park*, engl. *Child Abduction is Not Funny*, Staffel 6/Episode 11). Sei es, dass Stan, Eric, Kyle und Kenny, entführt von Aliens, entdecken, dass die ganze Erde nur die Location der Reality-Serie „Earth" ist, die von Außerirdischen für Außerirdische produziert wird um sich an den täglichen Querelen der Menschheit zu ergötzen, und die in Sorge darüber, dass die Qualität der Sendung nachlassen wird, wenn sich die Menschheit dieses Showcharakters bewusst ist, beabsichtigen, die Serie einzustellen sprich den Planet zu zerstören, was die Kinder gerade noch verhindern können (*Wird die Erde eingestellt?*, engl. *Cancelled*, Staffel 7/Episode 1). Oder sei es, dass sich die männlichen Bewohner von South Park durch den UPS-Mann bedroht fühlen, da sie ihn verdächtigen, sich mit ihren Frauen zu vergnügen, Eric zum Schutz seiner Mutter einen privaten Sicherheitsdienst, der sich als wenig kompetent und effektiv erweist, beauftragt und schlussendlich der Sicherheitswahn darin kulminiert, dass alle sich des neuesten Sicherheitssystems „In-Security" bedienen, das direkt an den Körper angeschlossen und mit den Gehirnströmen vernetzt ist, so dass jedes Unsicherheitsgefühl – ohne zusätzliche Reflexion und Zwischenschritt – direkt gemeldet wird und Alarm auslöst, was, da irgendjemand immer irgendeine Unsicherheit verspürt, zu Daueralarm (und damit den Dienst ad absurdum) führt (*Gasmaske*, engl. *Insecurity*, Staffel 16/Episode 10).

Diese Reflexionen finden in einem Format statt, das dezidiert der Unterhaltung dient, so dass sie immer an das Primat des ästhetischen Genusses rückgebunden sind bzw. in diesen Rahmen integriert werden. Nur innerhalb von dessen Konventionen und Grenzen finden sie statt. Aufklärerisches Denken wird selbst also instrumentalisiert bzw. in der Art und Weise der Umsetzung der Reflexion so inszeniert, dass tatsächlich aufklärerisches, kritisches Denken nicht aufkommt bzw. nicht aufkommen muss.

1.3 Überwachungsnarrative

Diese allgemeinen Anmerkungen leiten über zu einem Versuch der Typologisierung und Kategorisierung von Narrativen der Überwachung, die sich hinsichtlich der beteiligten Akteur*innen und deren jeweiligen Rollen systematisieren lassen – die obigen Beispiele aus *South Park*, staatliche Überwachung, Gefährdungsszenarien im alltäglichen, privaten Leben, Reality-TV oder Home Security-Systeme zum Selbstschutz, verweisen auf diese Unterscheidungen.

Dies sind (i) das *Narrativ des Überwachungsstaates*, das mit der Degradierung des Individuums und dessen Autonomieverlust einhergeht, (ii) das *Narrativ der Überwachungsmentalität*, das mit individueller Selbstermächtigung bezüglich sozialer Kontrolle und Sicherheitsdenken korreliert, (iii) das *Narrativ der Überwachungs-Lust*, in dem Überwachung als Selbstzweck etabliert ist und (iv) das *Narrativ der Selbstüberwachung*, das sich auf der Basis von freiwilliger Aufgabe bzw. Selbst-Entmächtigung konstituiert.[17]

2. Überwachungsstaat

Das Narrativ des *Überwachungsstaates* bildet das ‚klassische' Überwachungsnarrativ, insofern sich das freischwebende ‚Auge Gottes' im 17. Jahrhundert in seiner verweltlichten Form zum Herrschaftssymbol transformiert und in der Bedeutung zum ‚Auge des Gesetzes' verschiebt.[18] Vor der Folie des Überwachungsstaates konstituieren sich auch die übrigen drei im Folgenden behandelten Narrative, die dann jeweils den Fokus verlagern und Oppositionen in Bezug auf die beteiligten Akteur*innen bzw. deren Motivation aufbauen, die allerdings erst vor dem Hintergrund des Überwachungsstaates überhaupt als signifikante Verschiebungen bedeutsam werden.

(1) In Überwachungsstaat-Narrativen werden Hierarchien und Machtverhältnisse innerhalb von in der Regel hermetisch angelegten Gesellschaftsmodellen verhandelt. Ex negativo geht es dabei stets um grundlegende Werte des Zusammenlebens bzw. anthropologische Modelle, die vor dem Hintergrund ihrer (drohenden) Tilgung bzw. Einschränkung im Überwachungsstaat als schützenswert ausgewiesen werden.

---

17 Dabei sind durchaus Überschneidungen der Narrative möglich, wie sich im Folgenden noch zeigen wird.

18 Vgl. Kammerer (2008: S. 228–231).

(2) Das grundsätzliche Überwachungsmodell des ersten Narrativs ist das des Panopticons von Jeremy Bentham[19] bzw. kulturgeschichtlich ausdifferenziert zum Modell der Disziplinargesellschaft von Michel Foucault, das auf einer permanenten Überwachbarkeit aller Gesellschaftsmitglieder beruht, woraus sich eine Internalisierung von Normen ergibt, was *tatsächliche* Überwachung letztlich überflüssig macht.[20] Während Foucault dieses Modell allerdings als *notwendigen* Mechanismus beschreibt, um eine maximale Produktivität aller gesellschaftlichen Kräfte herzustellen,[21] wird das Panopticon in der medialen Verarbeitung in der Regel zum Sinnbild eines totalitären Systems allseitiger Sichtbarkeit, dem explizit oder implizit die Fiktion einer maximalen Autonomie des Individuums in rechtsstaatlichen Systemen entgegengesetzt wird. Als Folie dient den Überwachungsstaat-Narrativen dabei in der Regel George Orwells Roman *1984* bzw. die Romanverfilmungen, insofern als hier mehrere Dimensionen von Privatheit und Autonomie berührt sind: Der Überwachungsstaat sammelt massenhafte Informationen über seine Bürger*innen und dringt sukzessiv zuerst in die Privatwohnung, schließlich selbst in den mentalen Rückzugsort des systemkritischen Protagonisten ein,[22] sodass am Ende keine abweichenden Räume mehr innerhalb der Diegese existieren und die Hauptfigur vollständig ihrer Autonomie beraubt wurde.

(3) Überwachungsstaat-Narrative modellieren grundsätzlich repressive Gesellschaftsmodelle – welche allerdings im Grad der Wahrnehmbarkeit ihrer autoritären Struktur durch die handelnden Figuren variieren: Im Gesellschaftsentwurf von *1984* sendet schon allein das omnipräsente Konterfei des ‚Großen Bruders' als symbolischer Stellvertreter des Staates eine permanente Sanktionsdrohung aus, sodass hier tatsächlich nicht von einer vollständig internalisierten Überwachungslogik wie im Panopticon gesprochen werden kann. Dagegen schildert etwa *Die Insel* (USA, 1995, R: Michael Bay) ein Szenario der Selbstüberwachung,[23] dessen Machtverteilung weniger auf offenen Repressionen, sondern auf einem Anreizsystem zur Selbstoptimierung basiert: In der dargestellten Welt hat

---

19 Vgl. Bentham (1995).

20 Vgl. Foucault (1994: S. 251–292).

21 „[E]s handelt sich um Machtmechanismen, die nicht durch Abschöpfung wirken, sondern im Gegenteil durch Wertschöpfung, indem sie sich in die Produktivität der Apparate, in die Steigerung dieser Produktivität und in die Ausnutzung dieser Produkte vollständig integrieren." Ebd. (S. 281).

22 Dies entspricht den drei Dimensionen der informationellen, lokalen und dezisionalen Privatheit nach Beate Rössler. Vgl. Rössler (2012).

23 Vgl. hierzu auch Abschnitt 5 des Beitrags.

vermeintlich eine globale Katastrophe stattgefunden und den Bewohner*innen einer Arkologie wird durch das Herrschaftssystem eine Neuansiedlung auf der titelgebenden Insel in Aussicht gestellt, sofern sie sich körperlich auf einem optimalen Leistungsniveau bewegen. Die Katastrophenerzählung sowie die Umsiedlung auf die Insel als Leistungsanreiz stellen sich im Filmverlauf jedoch als Lügen heraus. In Wirklichkeit sind die Protagonist*innen Klone, die als Organreserven für die reiche herrschende Oberschicht der Diegese herangezüchtet werden. Mit der Flucht der beiden Hauptfiguren offenbart sich folglich die ‚wahre' Natur der Umgebung als repressives Überwachungssystem, womit die internalisierte Norm der Selbstoptimierung als ‚Lüge', damit als überwindbar dargestellt ist und die Autonomie des Individuums in der Fiktion durch die Zerstörung des Hologrammgenerators, der die Außenwelt bislang maskiert hat, gesichert wird.

(4) Auch prominente US-amerikanische Beispiele des Überwachungsstaat-Narrativs, die in prinzipiell demokratisch operierenden Systemen angesiedelt sind, machen sich das Motiv vom ‚Staat im Staate' zu Nutze, um am Ende ein korrumpiertes (teil-)staatliches System zu zerschlagen und dabei gleichzeitig das Vertrauen in das freiheitlich-westliche Makrosystem und dessen Wertedimensionen zu erhalten. Der Überwachungsstaat wird im Thriller *Der Staatsfeind Nr. 1* (USA, 1998, R: Tony Scott) oder dem pseudo-authentischen Bio-Pic *Snowden* (USA, 2016, R: Oliver Stone) mit seinen eigenen digitalen Mitteln in die Schranken gewiesen. Schon die Filmtitel verweisen hier auf das zentrale Narrativ: Beide stellen ein einzelnes Individuum in den Fokus, das sich jeweils selbst gegenüber einem staatlichen Überwachungssystem ermächtigt und sich dabei die Mittel der digitalen Macht souverän aneignet.[24] Die digitalen Überwachungspraktiken werden am Filmende dann jeweils demokratischen Kontrollmechanismen unterstellt, jedoch an sich weder in Bezug auf ihre prinzipielle Anwendbarkeit noch in ihrer Wirksamkeit[25] hinterfragt; Privatheitsverluste werden demgegenüber lediglich als Probleme einer unzureichenden Grenzziehung zwischen Staat und Zivilgesellschaft verstanden. Deshalb ist es den Produktionen auch möglich, auf Ebene des Discours eine Überwachungsästhetik zu funktionalisieren, in deren Rahmen die ästhetischen Paradigmen von Überwachungsbildern auch die Ästhetik der Erzählungen selbst prägen, und die entsprechenden Mechanismen auf der Inhaltsebene zugleich kritisch zu bewerten. Denn im Fokus steht hier nicht etwa

24 Vgl. zu diesem Narrativ der digitalen Ermächtigung mit Beispielen auch den Beitrag von Maren Conrad in diesem Band.

25 Zur empirisch oft nicht-nachweisbaren Wirksamkeit von Überwachung und den entsprechenden Diskursen vgl. den Beitrag von Dietmar Kammerer in diesem Band.

die Zerschlagung des digitalen Panopticons, sondern die Fiktion von dessen Eingrenzung auf spezifische gesellschaftliche Funktionsbereiche.[26] Die theoretische Diskrepanz zwischen einzelnen panoptischen Systemen und Foucaults viel umfassenderem Modell der Disziplinargesellschaft wird in den Filmen ideologisch wirksam, indem erstere kritisch behandelt werden, die Narrative jedoch gleichzeitig als Ausdruck von Ideologemen der Disziplinargesellschaft gelesen werden können.[27]

(5) Mit der Darstellung digitaler Überwachungstechnologien verschieben sich auch die zentralen Parameter der visuellen Darstellung von Überwachung. Dies gilt für alle hier behandelten Narrative, wird aber insbesondere im Kontext von Überwachungsstaat-Narrativen ideologisch wirksam.

Überwachungsfilme entfalten in der Darstellung von visueller Überwachung potenziell eine selbstreflexive Dimension,[28] insofern dabei Aussagen über die Qualität von Bildern und deren Verhältnis zu Größen wie ‚Realität' und ‚Wahrheit' getroffen werden. Klassiker der Geschichte des Überwachungsfilmes[29] wie *Blow Up* (GB, 1966, R: Michelangelo Antonioni) oder *The Conversation* (USA, 1974, R: Francis Ford Coppola) sprechen Überwachung und Überwachungsmedien vor allem einen selbstreferenziellen Charakter zu. Entsprechend verweisen Überwachungsbilder darin ausschließlich auf sich selbst und die zu Grunde liegenden Medientechnologien (*Blow Up*) oder es wird gar die Filmkamera als Teil der verhandelten Überwachungskonstellation identifiziert (*The Conversation*) und Überwachung damit umgekehrt ein fiktionaler Charakter zugesprochen.

In der Verhandlung digitaler Überwachungstechnologien und -praktiken verschiebt sich nun dieses Bedingungsverhältnis. Zwar dominiert das Paradigma

---

26 Hier setzen dann auch Beispiele im Kontext von Sicherheitsdiskursen wie *Zero Dark Thirty* (USA, 2012, R: Kathryn Bigelow) oder die Serien *24* (USA, 2001–2014, Fox) oder *Homeland* (USA, 2011-, Showtime) an, die Überwachung zwar als Grenzüberschreitung, jedoch prinzipiell als notwendig ausweisen. Der Überwachungsstaat wird hier in Gestalt der Protagonist*innen personalisiert, die für ihre Normverletzungen (Überwachung, Folter) jeweils mit einem Ausschluss aus der Gesellschaft sanktioniert sind, womit jedoch die Integrität des Makrosystems gewahrt bleibt. Vgl. hierzu ausführlich Hennig (2016).

27 So resümiert Catherine Zimmer zu *Der Staatsfeind Nr. 1*: „By establishing both a visual and narrative continuity between the personal and the political, the singular and the total, the house and the globe, all through devices of surveillance and mediation, the film indicates that it is in some ways proper domestic work – and the task of the media consumer – to establish one's place in the global system". Zimmer (2015: S. 130).

28 Vgl. zur Selbstreflexion im Überwachungsfilm Hennig (2016: S. 230–233).

29 Vgl. zur Geschichte des Überwachungsfilmes Kammerer (2019).

der Sichtbarkeit auch die mediale Verhandlung der Digitalisierung und algorithmischer Datenprozesse[30] und in audiovisuellen Medien werden konventionelle narrative Strategien, wie Verräumlichung (vgl. etwa die Darstellung des Cyber-*Space* im Film *Johnny Mnemonic* [USA, 1997, R: Robert Longo]) und Personifizierung (vgl. die personifizierte computerisierte Überwachungsinstanz der Serie *Person of Interest* [USA, 2011–2016, CBS]), zur Darstellung digitaler Überwachung eingesetzt.[31] Allerdings ist das Abbildungsverhältnis nun kein potenziell selbstreferenzielles mehr, sondern ein symbolisches; Bild und Abgebildetes befinden sich nicht länger in einem Verhältnis der Kontiguität, stattdessen wird ein Similaritätsverhältnis inszeniert. Dies schon deshalb, da die technische Tiefenstruktur in Form von Daten und Algorithmen das eigentliche Erkenntnispotenzial ‚enthält', für das die visuelle Oberfläche nur ein Werkzeug zur Interpretation darstellt und diese visuell ‚übersetzt'. Die Funktion der visuellen Oberfläche besteht dann lediglich darin, die zugrunde liegenden algorithmischen Prozesse zu veranschaulichen. Im Gegensatz zur visuellen Überwachung stellen also Referenzen auf die Bildoberfläche nicht unbedingt das generierte Wissen als konstruiert bzw. fiktional in Frage, denn die ‚Objektivität' und ‚Wahrheit' des Prozesses wird auf einer anderen, außerfilmischen Ebene festgemacht.[32]

Vor diesem Hintergrund weisen sich Dargestelltes und Darstellung in der Regel wechselseitig als evident aus, wenn etwa in der Visualisierung mathematisch berechneter Wahrscheinlichkeitsmodelle auf filmische Inszenierungsstrategien (Schwenks, Zooms, etc.) zurückgegriffen wird und dem Computermodell damit implizit dieselbe Wissens- und Wahrnehmungsqualität wie dem im Film Dargestellten zugeschrieben wird. Dies ist häufig gerade dann der Fall, wenn inhaltlich über Wahrscheinlichkeiten argumentiert wird, etwa in Narrativen, die Überwachung über Sicherheitsbedenken rechtfertigen wie *Zero Dark Thirty*. Aber auch in prinzipiell überwachungskritischen Beispielen wie *Der Staatsfeind Nr. 1* bis hin zu Beispielen außerhalb des Überwachungsdiskurses (etwa bei den Gefechtssimulationen in *Star Trek*) wird der Konstruktcharakter von Computermodellen in der Regel nicht weiter diskutiert, diese werden vielmehr *naturalisiert*. Erst wenn digitale Technologien symbolisch wieder in ein anderes Format überführt sind (etwa die phantastischen, jedoch an reale Predictive Policing-Technologien[33] angelehnten Visionen der Orakel im Film *Minority Report* [USA, 2002, R: Steven Spielberg],

30 Vgl. Anderson (2017).
31 Vgl. hierzu ausführlich Hennig/Piegsa (2018).
32 Vgl. hierzu auch den Beitrag von Miriam Frank in diesem Band.
33 Vgl. hierzu den Beitrag von Thomas Christian Bächle in diesem Band.

die ihren Ausdruck wiederum in filmischen Bildern finden), wird die technische Ebene wieder (analog zum Filmbild) als manipulierbar verhandelt.

3. Überwachungsmentalität

Unter *Überwachungsmentalität* lassen sich Narrative zusammenfassen, die ohne den Aktanten Staat auskommen, wobei gerade dieses Fehlen konstitutive Denkgrundlage bzw. funktionalisierbares Argument des Narrativs ist.

(1) Da der Staat nicht schützt oder davon ausgegangen wird, dass er nicht schützen kann, übernehmen Individuen oder Teilkollektive innerhalb der Gesellschaft ‚Aufgaben' des Staates. Für die eigene Sicherheit und den eigenen Schutz maßen sie sich bezüglich Kontrolle, Sicherheit und Überwachung Kompetenzen wie Praktiken an, die ihnen eigentlich nicht zustehen und die damit mindestens virtuell grenzwertig sind.[34] Insofern sind hier Fragen der Legitimität und der Reichweite des jeweiligen Handlungsspielraums (was noch erlaubt ist, was nicht mehr) immer mitimpliziert und werden als Konstituente des Narrativs zumeist auch direkt mitverhandelt. Mehr oder weniger explizite Grenzüberschreitungen werden dabei über mehr oder weniger explizite Argumentationen zu legitimieren versucht, wobei Grundlage solcher Argumentationen der Schutz eines ‚Eigenen' ist. Demgemäß liegt diesen Varianten implizit immer auch die Konstruktion eines solchen (ideologischen) ‚Eigenen' (im Gegensatz zum ‚Anderen' und ‚Fremden') zugrunde. ‚Blockwart'-Mentalität wäre eine solche traditionelle Narrativausprägung, für eher neuere ließen sich die Stichworte ‚Neighbourhood Watch' und ‚Helikopter-Eltern' anführen. Zwei Beispiele sollen das Narrativ und einige seiner Implikationen illustrieren.

(2) Ein klassisches (mediales) Beispiel für eine ‚Blockwart'-Mentalität findet sich mit Else Kling in der *Lindenstraße* (D, 1985–2020, ARD), wobei dies bereits prominent zu Beginn der Serie etabliert wird. Die erste Folge „Herzlich willkommen" (8.12.1985) setzt mit dem Einzug neuer Mieter*innen in das Mehrfamilienhaus Lindenstraße Nr. 3 ein. Nachdem das neue Paar sein ausgefülltes Formular für die polizeiliche Anmeldung im Büro des Hausmeisters Kling gelassen hat, da sich dieser anbietet, es im Einwohnermeldeamt abzugeben, begibt sich Else Kling, die dies alles unbemerkt beobachtet, in den Raum und studiert intensiv die persönlichen Daten des Paares. Auf den Einwand ihres Mannes, „Laß das doch Else, ich bin hier der Hausmeister und nicht du. Und außerdem

34 Teilkollektive können bereits durch ihre Existenz/Konstituierung grenzwertig sein, wie etwa an Verhandlungen der ‚Neighbourhood-Watch' zu zeigen wäre.

weißt du doch, wie scharf die jetzt sind von wegen Datenschutz und so", antwortet sie lapidar und ohne sich stören zu lassen: „Datenschutz, geh Schmarrn. Am besten schützt man sich, wenn man weiß, mit wem man es zu tun hat."

Hausmeister Kling sensibilisiert mit seiner Äußerung zum einen für den Aspekt der Rechtmäßigkeit der Überwachungspraktik seiner Frau und fokussiert damit (i) zunächst auf den Status als Normverstoß. Dabei referiert er zum anderen auf die gegenwärtige historisch-kulturelle Situation (für 1985: Datenschutz als gesellschaftliches Thema im Kontext/in der Folge des Volkszählungsurteils im Dezember 1983) – und relativiert damit (i) bereits in gewisser Weise. Else Kling kontert dementsprechend und rechtfertigt ihr Tun, indem der Antrieb dafür eben nicht individuelle Neugier, sondern ein Anspruch auf Schutz sei, der dann auch ihren Anspruch auf hoheitliche Kontrollmechanismen wie das Schnüffeln in fremden Unterlagen begründet.

Diese Beobachtungen werden, wie aus den Kommentaren und Bewertungen Elses zu den inspizierten Daten hervorgeht, in einen normalistisch-kollektiven Diskurs eingebunden und damit auf einen solchen rückgeführt. Der individuelle Schutz ist hier daran gekoppelt, sich selbst und seine Position im Zentrum der Gesellschaft zu sehen und darüber abzusichern. Indem sie kommuniziert, welche Daten als abweichend zu interpretieren sind, etwa dass das Paar nicht verheiratet ist, wird der grenzüberschreitende Akt selbst zu einem grenzkonstituierenden, dem dann auch innerhalb der Diegese nicht widersprochen und der in seiner Plausibilität auch nicht durch den Text als Ganzen delegitimiert wird. Ihrer Bekräftigung, „Und ob mich das was angeht", wird nichts entgegengehalten. *Norm*-Verletzung wird kompensiert durch *Normalitäts*-Stabilisierung.[35] Else Kling legitimiert sich hier als Stimme bzw. Kontrollinstanz des Volkes.

(3) Die Darstellung einer Blockwart-Mentalität zeichnet sich im Beispiel also zum einen durch diese implizierte Ausweitung und Öffnung aus, insofern sie über einen Abgleich mit Gesellschaft und Staat funktioniert. Zum anderen spiegelt sich dieser Abgleich dann innerhalb der eigenen Gemeinschaft bzw. darüber, was selbst als solche konstruiert wird (im Beispiel die Hausgemeinschaft), denn hier geht es um das Taxieren dieses ‚Eigenen' vor der Folie möglicher Veränderungen (wie neue Mieter*innen). Das Neue kann das Eigene in seinem Selbstverständnis bedrohen, deshalb muss es kontrolliert und überwacht werden: ob und inwieweit

35 Ohne dies hier belegen zu können, sei die These formuliert, dass sich im beschriebenen Prinzip letztlich das Prinzip der Serie selbst spiegelt. Allgemein ist im Kontext von Normalität auf Jürgen Link und dessen Überlegungen zum Normalismus zu verweisen, siehe einführend etwa Hennig/Krah (2017: S. 465f.).

das Neue anders ist, ob dieses Anderssein als ein Fremdes gesehen werden muss, ob und wie es andernfalls zum Eigenen gemacht werden resp. diesem einverleibt werden kann. Zentral hierfür ist insbesondere der kommunikative Austausch der Beobachtung (Else Kling behält ihre Beobachtungen und Kommentierungen nicht für sich, sondern adressiert sie einem dispersem Publikum, für das ihr Mann als Resonanzboden fungiert), da erst dadurch und darüber Normalisierungsprozesse im Sinne des Angleichens oder Stigmatisierungsprozesse im Sinne des Bannens durch ein Wissen über die Abweichung installiert werden (und sich darüber die ‚hoheitliche' Macht des Kollektivs zeigt). Der Ort eines solchen Austausches ist dann häufig ein halböffentlicher, zumeist konkret das Treppenhaus,[36] das raumtopologisch in diesem Sinne semantisiert ist und selbst als Topos einer solchen Mentalität fungiert. Schließlich wäre anzufügen, dass dieser Austausch von Informationen (und damit diese Narrativvariante) eher weiblich kodiert ist.

(4) In diesen Merkmalen stehen sich dieses Narrativ und das der ‚Neighbourhood Watch' gegenüber, das sich nicht primär dadurch auszeichnet, dass es sich um eine räumliche Ausweitung vom Haus auf die umliegende Umgebung handelt und als eher moderneres Phänomen erscheint,[37] häufig verbunden mit der Darstellung von Gated Communitys.[38] Eine solche räumliche Ausweitung kann sich auch in der Blockwart-Mentalität manifestieren, wie der Name bereits indiziert. Zentrale Unterschiede, neben dem deutlich männlich ausgerichteten Telos des Narrativs, sind: Während bei der Blockwart-Mentalität einzelne *im* Eigenen überwacht werden, geht es hier um die Außengrenze und eine Überwachung *für* das Eigene. Während in der Variante ‚Blockwart' der Anschluss an die Gesellschaft konstitutiv ist und die Grenze als Schnittstelle fungiert, ist das Modell

36 Diese räumliche Situierung findet sich auch im besprochenen Beispiel der ersten Folge der *Lindenstraße*. Filmisch in Szene gesetzt wird das Treppenhaus auf diese Weise etwa in *Vergeßt mir meine Traudel nicht* (DDR, 1957, R: Kurt Maetzig) oder *Angst essen Seele auf* (BRD, 1974, R: Rainer Werner Fassbinder), wenn sich die Nachbarinnen dort über das Verhältnis von Emmi und dem 20 Jahre jüngeren Marokkaner Ali ‚austauschen'.

37 Es sei kurz auf Beispiele verwiesen, in denen das Narrativ sekundär instrumentalisiert wird, etwa in *South Park: Der magische Busch* (engl. *The Magic Bush*, Staffel 18, Episode 5) oder *Little Britain* (2002–2006, Staffel 3, Episode 4 und 5) mit den Sketches um die Figur des Sid Pegg als Führer der ‚Neighbourhood Watch' des Larchwood Close. In beiden Fällen kollidiert die Semantik dieser ‚Führer'-Rolle mit der absolut ruhigen und ereignislosen Wohngegend.

38 Gated Communitys finden sich filmisch bereits früher, etwa in den 1970er Jahren mit *Soylent Green* (dt. *… Jahr 2022 … die überleben wollen*, USA, 1973, R: Richard Fleischer). Diese sind hier allerdings an ein Endzeitszenario gebunden.

‚Neighbourhood Watch' eher hermetisch organisiert. Es geht bei letzterem um eine Abgrenzung, die Grenze zwischen eigen und fremd sowie innen und außen erscheint hier als gefestigt und steht nicht zur Diskussion.

(5) Überwachungsmentalität scheint, im Vergleich zu den drei anderen (Haupt-) Narrativtypen, weniger im Fokus gegenwärtiger Diskurse über Überwachung zu sein; das Narrativ wird allerdings, so die These, als selbstverständlich zugrundeliegend gedacht und lässt sich dementsprechend instrumentalisieren. Dies soll anhand gegenwärtiger Werbespots gezeigt werden, bei denen der Produktzweck ‚Autonomie des einen' und die vermittelte Botschaft ‚Kontrolle des anderen' changieren.[39] Das Korpus wird gebildet von dem VW Passat-Spot „Mit Stauassistent"[40], vom Magenta Smart Home-Spot „Ihr bestimmt, wer reinkommt und wer nicht"[41] (beide von 2017) und vom Euronics-Spot zum 50jährigen Firmenjubiläum 2019, „50 Jahre für dein bestes Zuhause"[42]. Alle drei sind Fernsehwerbespots, die in der öffentlich-rechtlichen ARD vor 20 Uhr geschaltet wurden. Überraschend ist dabei, mit welchem homogenen Bild operiert wird und was dazu dient, den semantischen Mehrwert des jeweiligen Produkts zu kommunizieren.

Im VW-Spot kann ein Vater, bedingt durch den Stau-Assistenten, seinen Blick vom Straßenverkehr lösen und durch den Rückspiegel den Fond des Autos, in dem sich seine Tochter und deren Freund befinden, überwachen. Beim Magenta Smart Home-Spot sorgt die Überwachungstechnik eines Hauses dafür, dass der Versuch der Tochter, nachts ein Fenster zu öffnen um Freunde ins Haus zu lassen, registriert wird, der Rasensprenger in Betrieb geht und die Freunde vertrieben werden – genüsslich beobachtet vom wachwerdenden Vater, auf dessen Handy diese Informationen übertragen werden. Im Euronics-Spot wird der Vater durch die neuinstallierte Überwachungsanlage befähigt, das gesamte Grundstück einzusehen, sodass er beobachten kann, wie die Tochter einen Jungen in einem versteckten Winkel küsst. Durch den über die Fernbedienung eingeschalteten Rasensprenger wird dieses Geschehen unterbunden.

(6) Alle drei Spots bedienen sich also des Narrativs der ‚Helikopter-Eltern', allerdings in einer sehr spezifischen Ausprägung. Immer ist es die Konstellation männliches Elternteil (der Vater) und weibliches Kind (die heranwachsende

39 Zu Überwachung und ihrer Funktionalisierung in der Werbung siehe generell den Beitrag von Dietmar Kammerer in diesem Band.

40 Vgl. Werbung Live (2017a).

41 Vgl. Werbung Live (2017b).

42 Vgl. Euronics Deutschland (2019).

Tochter), immer ist die Besorgnis in der Autonomie bzw. dem Versuch einer Selbstbestimmung der Tochter begründet.[43]

Geht es bei Magenta und Euronics dabei immerhin um Überwachung als das beworbene und zu verkaufende Produkt selbst und lassen sich die beiden Spots zudem an das Narrativ der ‚Neighbourhood Watch' anbinden, so geht es im VW-Spot zwar auch um Technik, die aber zunächst nichts mit Überwachung zu tun hat. Genau diese wird aber als Mehrwert installiert. Hier zeigt sich besonders deutlich, was allen Spots als Wünschenswertes inhärent ist und als ideologisches Substrat zugrunde liegt: Digitale Medien transformieren analoge Objekte wie Haus und Auto, wodurch die menschlich-männliche Autonomie gerade nicht zurückgenommen wird, sondern digitale Technik dient als Gadget vielmehr dazu, diese zu steigern und den Mann, in seiner Rolle als Familienvater, als neuen Super(Überwachungs-)helden zu präsentieren, als fleischgewordenes Auge Gottes: Genau dies ist im VW-Spot visualisiert und fokussiert, wenn der Blick des Fahrers/Vaters in den Rückspiegel dessen Autonomie des Beobachtens in Szene setzt (vgl. Abb. 4).[44]

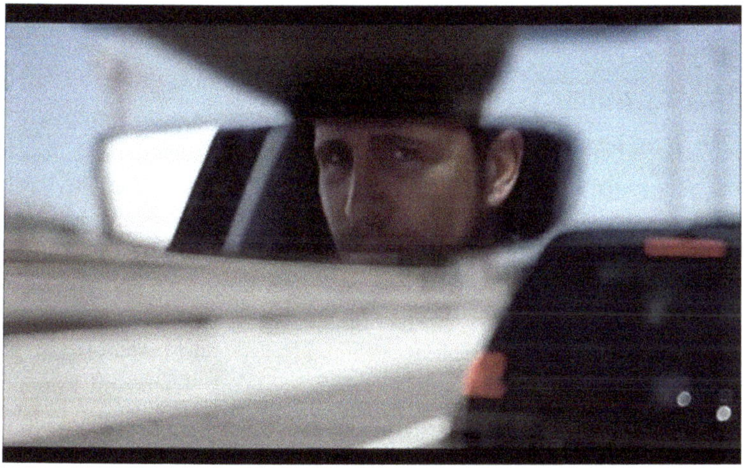

Abb. 4: Standbild aus dem VW Passat-Spot „Mit Stauassistent", TC 0:00:15.

43 Signifikanterweise bleibt die Rolle der Frau/Mutter eine Leerstelle in den Spots. Im Magenta-Spot, dem einzigen, in dem sie existent ist, schläft sie bezeichnenderweise neben ihrem Mann problemlos weiter, ohne irgendetwas vom Geschehen mitzubekommen. Diese Leerstelle präsupponiert, dass nicht nur die Kontrolle, sondern bereits das Haus/Eigentum/Auto an sich Größen sind, die mit dem Mann korrelieren.

44 Die Einstellung wird darüber hinaus mehrfach wiederholt, vgl. Werbung Live (2017a), TC 0:00:15, 0:00:18, 0:00:22, 0:00:28, 0:00:29.

Kontrolle über das Haus (resp. Auto) bedeutet Kontrolle über die Tochter – dieses Versprechen wird als Mehrwert inszeniert. Dass die Spots dabei einer Modernisierung bzw. Revitalisierung von Vorstellungen von Geschlechterrollen und Familienmodellen Vorschub leisten, die antiquiert sein sollten, hier aber als erstrebenswert unterstellt werden, kann nur konsternierend zur Kenntnis genommen werden: Zelebriert wird die Semantik des Vaters als uneingeschränkter Familienpatriarch, der absolute Macht über seine Tochter hat, ihre Autonomiebestrebungen einschränkt, sie von potentiellen Partner*innen und Erfahrungen fernhält. Dies wird von den Betroffenen maximal resignativ zur Kenntnis genommen, aber als unumstößliche Gegebenheit akzeptiert, sodass die Spots zudem den Erfolg dieses Rollenbildes garantieren.

(7) Die Beispiele verdeutlichen somit nicht nur, dass männlich kodierter Kontrollwahn als familiär ausgerichtete Fürsorge und entsprechend motiviertes Gefühl der Sicherheit verkauft wird, sondern auch – indem diese Macht zudem als väterliches Vergnügen erscheint – dass diese Überwachungsmentalität in ein anderes Narrativ übergehen kann: in Überwachungs-Lust.[45]

4. Überwachungs-Lust

Bei den letzten beiden Narrativen rückt die personale Ebene der Überwachung noch stärker in den Fokus. Bei der *Überwachungs-Lust* dient die Überwachung anders als bei der *Überwachungsmentalität* nun gar keinen systemischen Belangen mehr (auch wenn diese auf der Oberfläche durch die handelnden Figuren als Motiv der Überwachung angeführt werden mögen), sondern verweist intentional auf die Akteur*innen selbst zurück. In der Regel ist Überwachung dabei als Substitut erotischer Wunscherfüllung gekennzeichnet; auf ideologischer Ebene der Narrative werden entsprechend Grenzen zwischen Trieb und Rationalität und damit verknüpft zwischen Öffentlichkeit und Privatheit ausgehandelt. Als Klassiker in dieser Hinsicht können etwa die Filme *Das Fenster zum Hof* (USA, 1954, R: Alfred Hitchcock), *Das unsichtbare Auge* (USA, 1978, R: John Carpenter), *Sliver* (USA, 1993, R: Phillip Noyce) oder *Disturbia* (USA, 2007, R: D. J. Caruso) gelten.

45 Was einem (Mann) hier also als smart verkauft wird, ist die durch (Medien-)Technik gebotene Möglichkeit, das zu tun, was möglich ist: Was man kann, wird auch gemacht, weil man es kann. Die Motivation ergibt sich dabei hermetisch-intrinsisch aus Lust und Ermöglichungsfantasien allein.

(1) Die Beispiele aus dem Bereich der Überwachungs-Lust unterscheiden sich darin, inwieweit sie die personale Überwachung von vornherein als vollständig selbstzweckhaft bestimmen – dann handelt es sich in der filmischen Argumentation um eine Pathologie – oder argumentativ kausal an einen tatsächlichen Normverstoß auf Seiten des Beobachteten zurückbinden. So wird in *Das Fenster zum Hof* die Beobachtung eines vermutlich begangenen Mordes primär in den Kontext der kompensatorischen Wunscherfüllung bzw. Triebbefriedigung gestellt. Der nach einem Unfall zeitweise an einen Rollstuhl gefesselte Fotojournalist Jefferies funktionalisiert die Überwachung seiner Nachbarn, um seinem privaten Raum in zweierlei Hinsicht zu entfliehen: (i) qua Berufsrolle erlebt Jefferies über seinen Sehsinn stellvertretend Abenteuer, die ihm aufgrund seines Unfalls nun eigentlich verwehrt sind, was er über seine Überwachungstätigkeit kompensiert; (ii) Jefferies Freundin Lisa möchte ihn enger an sich binden; die dem männlichen Protagonisten damit vermeintlich drohenden bürgerlichen Grenzen werden vom Film mit der Notwendigkeit einer Einengung des Blickes auf den eigenen privaten Raum verkoppelt.

Denn genau wie Jefferies medial nur scheinbar distanzierter Blick bereits in der Vorgeschichte in eine konkrete Gefahr für ihn transformiert ist (ein in der filmischen Exposition dargestelltes Foto zeigt einen dem Fotografenstandpunkt entgegen springenden Autoreifen, womit ein Grund für Jefferies Verletzung sowie eine Überschreitung der Grenze ‚medial vs. real' indiziert wird), kommt es im weiteren Handlungsverlauf erneut zu einer Situation, in der die scheinbare Sicherheit des distanzierten Überwachens aufgebrochen wird, als der mutmaßliche Mörder und deshalb überwachte Nachbar umgekehrt in Jefferies Wohnung eindringt. Entsprechend wird eine Wandlung des Protagonisten nach der Ergreifung des Täters impliziert und die Grenze ‚öffentlich vs. privat' neu konstituiert: Während Jefferies in der letzten Szene vom Fenster abgewandt schläft, wird dieses ausgestellte Desinteresse mit dem Umstand verknüpft, dass nun auch Lisa einen Teil seines privaten Raumes bildet.

Seinen Status als Filmklassiker verdankt *Das Fenster zum Hof* nun insbesondere dem Umstand, dass diese Geschichte vom Film in selbstreflexiver Weise in eine homologe Relation zum kinematografischen Rahmen gesetzt wird: Genau wie der Protagonist die Überwachung des Kriminalfalles selbstzweckhaft zur zeitweiligen Überwindung seines Alltags funktionalisiert, genauso sind die Handlungsepisoden hinter den Fenstern der Nachbarhäuser (die jeweils einer narrativen Pointenstruktur folgen) als *Narrativierung von Alltag* und damit als genuine Leistung des Kinodispositivs zu verstehen, das es Zuschauer*innen, anders als die unmittelbare Überwachung durch Jefferies, gestattet, konsequenzbefreit eskapistische bzw. voyeuristische Triebe auszuleben.

Knapp 50 Jahre später greift der Film *Disturbia*, ein inoffizielles Remake von *Das Fenster zum Hof*, dessen Handlungsgerüst auf. Der Jugendliche Kale hat Hausarrest und kommt bei seiner ebenfalls aus Langeweile entspringenden Beobachtung der Nachbarschaft einem Serienkiller auf die Spur. Indem hier jedoch filmisch auf die Verbrechen des Killers und dessen Ergreifung fokussiert wird, dreht *Disturbia* die zentralen semantischen Oppositionen des Originals um: Im Film werden mehrfach Sicherheitsdiskurse aufgerufen, der Killer verweist im Dialog auf die gestiegene Paranoia nach den Anschlägen vom 11. September 2001 und besteht auf den Schutz seines Privatlebens. Umgekehrt wird der Staat analog zur *Überwachungsmentalität* nicht als fähig ausgewiesen, diesen Schutz für die Mordopfer und Kales Familie und Freunde zu gewährleisten. Privatheit erscheint hier folglich als gefährliche Rhetorik von Täter*innen, Gefahr und (im Zuge von Kales Hausarrest) als Gefängnis; wohingegen die im Film herzustellende Sichtbarkeit des Verbrechens auch darüber hinaus aufgewertet wird. Denn der Voyeurismus der Hauptfigur muss hier gerade nicht überwunden werden, vielmehr wirkt dieser sich positiv auf Kales Privatleben aus, denn es ist die Entdeckung seiner heimlichen Beobachtung der Nachbarschaft, die seine Jugendliebe vom Haus gegenüber dazu animiert, die Grenze zwischen ihren Häusern zu überwinden und es ist die folgende gemeinsame Überwachung des Killers, welche die Beziehung der Hauptfiguren konsolidiert.

Dabei wird die filmische Überwachung auch hier als Steigerung einer bisherigen Medienpraxis ausgewiesen, nur ist es hier nicht mehr die herausgehobene Berufsrolle als Fotojournalist, sondern es sind die allgemeinen jugendkulturellen Medienpraxen über Social Media etc., auf die im Film als Folie der Überwachung referiert wird. Entsprechend entwickelt das Beispiel auch keine selbstreferenzielle Perspektive auf die dargestellte Überwachung, weil diese einer *allgemeinen* Medienkultur zugeschrieben wird, in deren prolongierter Sichtbarkeitsmaxime das Medium Film keine Sonderstellung einnimmt.

(2) Wie der Überwachungsfilm generell eine Überwachungsästhetik propagiert, so sind insbesondere die Narrative der Überwachungs-Lust von einer ‚Schlüsselloch-Ästhetik' geprägt, die Bildinhalte (über Dialoge, Kulturelles Wissen etc.) als privat oder intim kodiert, wobei die Kamera explizit einen (für die Beobachteten in der Regel nicht-sichtbaren) Beobachtungsstandpunkt markiert: Indem filmisch unkonventionelle Perspektiven auf das Geschehen eingenommen werden (in *Das Fenster zum Hof* etwa die Totalen auf die sozialen Szenen in den Nachbarhäusern, die Jefferies Blickstandpunkt markieren, aber keine Details und vernehmbare Dialoge zulassen und damit eher Bühnenaufführungscharakter besitzen), durch Kadrierungen (das Fenster) oder indem der Blick durch ein mediales Objektiv

(die Fotokamera) inszeniert wird. Dabei bildet die Überwachungs-Lust etwa im Erotik-Thriller *Sliver* ein zentrales Element der Film- und Genre-Ästhetik, die hier als Komplement der Kriminalerzählung den durch *Basic Instinct* (USA/F, 1992, R: Paul Verhoeven) populär gewordenen Star Sharon Stone entsprechend intim in Szene setzt und damit dramaturgisch natürlich selbst an der zum Filmende narrativ sanktionierten Schaulust des Voyeurs partizipiert.

(3) Überwachungs-Lust ist in der Regel männlich kodiert und verweist in dieser Hinsicht auf die filmtheoretische Diskussion zu filmischen Blick- und Machtordnungen, in denen die Kameraperspektive mit dem männlichen Protagonisten als Träger des Blickes und die Frau als weiblich-passives Schauobjekt identifiziert wird.[46] Die Narrative spielen mit dieser Grundkonstellation, insofern die männliche Schau-Lust ‚verführerisch' auch auf die weiblichen Protagonistinnen wirkt, die in allen genannten Beispielen eigene voyeuristische Experimente vollziehen. Am Ende wird dann allerdings in der Regel eine klare, auch geschlechtlich kodierte Grenze gezogen, indem die Protagonistinnen dem begehrenden Blick entsagen müssen und den Voyeur entweder töten (*Das unsichtbare Auge*), mit der Vernichtung der Überwachungsapparaturen symbolisch entmannen (*Sliver*) oder sich selbst in den Fokus des Blickes begeben, um den Voyeur dauerhaft an sich zu binden und damit endgültig zum einzigen Objekt der erotischen Wunscherfüllung zu transformieren (*Das Fenster zum Hof*/*Disturbia*).

(4) Während diese Konstellationen sämtlich der Thematisierung von Voyeurismus zuzurechnen sind, können unter Überwachungs-Lust weiterhin Verhandlungen der semantischen Opposition subsumiert werden, die statt der voyeuristischen Schau-Lust die exhibitionistische Lust am ‚angeschaut werden' narrativiert. Im Mittelpunkt steht in der Regel die Mediatisierung sozialer Strukturen, wobei sich die Historizität der Mediendiskurse in den jeweilig verhandelten Problemfeldern niederschlägt. Dies gilt zum einen in Bezug auf den generellen Umschlag von Voyeurismus- zu Exhibitionismus-Diskursen, der sich mit dem Film *Die Truman Show* (USA, 1999, R: Peter Weir) im Umfeld der Jahrtausendwende beobachten lässt. *Die Truman Show* kann deshalb als Referenzpunkt dienen, da hier zwar eine potenziell narzisstische mediale Extremsituation konstruiert ist – der Protagonist Truman steht im Mittelpunkt einer vollständig künstlichen, rein zum Zweck der TV-Ausstrahlung entworfenen

---

46 Vgl. klassisch Mulvey (1994).

Welt –, jedoch weiß Truman nichts von dieser Konstruiertheit, hält die Simulation für die Realität und flieht sofort aus ihr, als ihm ihre wahre Natur bewusst wird. Filme wie *EdTV* (USA, 1999, R: Ron Howard) oder *Showtime* (USA, 2002, R: Tom Dey) zeigen die Protagonisten demgegenüber bereits in selbstgewählter massenmedialer Entblößung und gewinnen der Situation auch positive Aspekte ab – der massenmediale Raum des Reality TV gewinnt hier den Charakter einer Heterotopie[47], die prinzipiell systemstabilisierend wirkt und in ihrer Differenz zum Realraum als Transitionsraum der Figuren funktionalisiert werden kann.

Andererseits werden in jüngerer Zeit vermehrt soziale Medien als Indikatoren und Verstärker eines dysfunktionalen Verhältnisses zwischen Selbst und Umwelt thematisiert, das sich über hyperbolische Sichtbarkeitsverhältnisse manifestiert. Dies geht von der Modellierung einer vollständig transparenten Gesellschaft und ihrer Sichtbarkeitszwänge im Roman *The Circle* (Dave Eggers, 2013), über einen Horrorfilm wie *Unfriend* (D, 2016, R: Simon Verhoeven), der das Verhältnis zwischen Sichtbarkeit und Marginalisierung im digitalen Sozialraum problematisiert, bis hin zur Personifizierung digitaler Spuren eines exhibitionistischen Chatroom-Girls in *Cam* (USA, 2018, R: Daniel Goldhaber), deren Datenschatten[48] sich selbstständig macht, analog zu klassischen Doppelgängermotiven der Romantik einen Identitätsverlust indiziert und mit der Protagonistin einen Kampf um das ‚gesehen werden' ausficht. Und während in *Die Truman Show* noch prominent die voyeuristische Neigung der intradiegetischen Zuschauer*innen thematisiert wird und diese in ihrem passiven Fernsehkonsum als ähnlich gefangen in der künstlichen Welt wie Truman ausgewiesen werden, wird die Ebene der Zuschauer*innen in den genannten späteren Beispielen fast vollständig ausgeblendet, das Interesse für derartige Inhalte unhinterfragt vorausgesetzt, wohingegen einzig der mediale Exhibitionismus noch als verhandelbar erscheint.

(5) Eine neuere narrative Form verknüpft nun die Darstellung von Voyeurismus und Exhibitionismus. Der Blick durch das Schlüsselloch erfolgt hier auf einen Datenraum, der auf der Grundlage der allgemeinen Mediatisierung von Gesellschaft und der permanenten Selbstthematisierung der Subjekte überhaupt erst konstituiert wird. So ist die Horrorreihe *Unknown User* (USA, 2014/2018, R: Levan Gabriadze/Stephen Susco) im filmischen Discours vollständig aus einer Reihe von Desktop-Ansichten zusammengesetzt, bei denen aus der Perspektive

47 Vgl. zum Begriff Foucault (1993).

48 Vgl. zum Motiv des Datenschattens auch den Beitrag von Miriam Frank in diesem Band.

eines/einer Nutzers/in verschiedene Programme aufgerufen und teils intime Inhalte offenbart werden.[49] Die inszenierte vollständige Mediatisierung der Filmwelt, die auf entsprechende Prozesse in der realen Welt verweist, wird im Narrativ dann in der Regel als ‚falsche' oder ‚Schein-Welt' ausgegeben, insofern als etwa die Akteur*innen des Horrorfilms mit den Konsequenzen ihrer bislang geheim gehaltenen, im digitalen Raum begangenen Normverstöße konfrontiert werden oder sich ein Vater in *Searching* (USA, 2018, R: Aneesh Chaganty) auf die Suche nach Spuren seiner verschwundenen Tochter im Internet begibt, der Datenraum jedoch im Schwerpunkt irreführende Hinweise enthält und sämtliche über das Internet vermittelten Kommunikationsinhalte im Film sich entweder als Lüge entpuppen, vom Vater fehlinterpretiert werden oder auf falschen Annahmen über die Identität des Kommunikationspartners fußen. Im Gegensatz zum Narrativ des Überwachungsstaats, wo im Kontext kollektiver Datenauswertung gerade nicht der Konstruktionscharakter der Prozesse vorgeführt wird (siehe oben), wird hier im Rahmen *privater* Personenprofile die referentielle Funktion digitaler Zeichensysteme destabilisiert.

5. Selbstüberwachung

Mit der Digitalisierung, der Weiterentwicklung von Überwachungstechnologien und -praktiken auf der einen, kulturell-gesellschaftlichen Entwicklungen auf der anderen Seite haben sich etliche Relektüren und scheinbare Gegenentwürfe zu Foucaults Modell der Disziplinargesellschaft ergeben, die jeweils Akzente neu setzten. Dabei wurden Konzepte entworfen wie das ‚Post-Panopticon'[50], welches nicht länger an spezifische Territorien und fixe Raumarrangements gebunden ist (die bei Foucault noch in Gestalt einzelner disziplinarischer Institutionen gegeben waren), oder das ‚Synopticon'[51], bei dem im Gegensatz zum Panopticon die Vielen die Wenigen beobachten (etwa beim Reality-TV).

Allerdings sind diese Tendenzen bei Foucault natürlich durchaus schon angelegt, gerade weil das Panopticon von ihm prinzipiell als allgemeiner gesellschaftlicher Mechanismus entworfen wurde.[52] Ein breiteres Gesellschaftskonzept, das die beschriebenen Tendenzen aufnimmt und sich als direkte

---

49 Diese Form der medialen Inszenierung ist auch in anderen Formaten und Genres anzutreffen, etwa in einer Folge (Staffel 6, Episode 16) der Comedy Serie *Modern Family* (2009–2020, ABC).

50 Vgl. Lyon (2006).

51 Vgl. Mathiesen (1997).

52 Vgl. Caluyaa (2010).

Anknüpfung an die Disziplinargesellschaft verstehen lässt, stellt Gilles Deleuzes' Entwurf der Kontrollgesellschaft dar, die auf einer vollständigen Entgrenzung des disziplinarischen Modells basiert. Die Kontrollgesellschaft ist nach Deleuze ausnahmslos den Maximen des Kapitalismus unterworfen, an denen sich sämtliche gesellschaftlichen Systeme (etwa in Form der Ökonomisierung des Bildungssystems) orientieren. Dies führt dazu, dass ökonomische Praktiken sich auch auf die Subjekte selbst verlagern. Während sich das Individuum in der Disziplinargesellschaft noch an vergleichsweise fixe „*Gußformen*" anzupassen hatte, seien die Kontrollen mobil, flexibel und setzten die Individuen in ein Verhältnis „permanenter Metastabilität, zu denen äußerst komische Titelkämpfe, Ausleseverfahren und Unterredungen gehören"[53]. Im Modell der Kontrollgesellschaft stehen die Subjekte in permanenter Konkurrenz und Rivalität zueinander, was kontinuierliche Selbstbeobachtungen und -optimierungen notwendig macht. Internalisiert werden Normen dabei nicht mehr nur wie in der Disziplinargesellschaft auf der *Grundlage* von Überwachung, sondern *Überwachung selbst* wird als Norm internalisiert. Die Selbstkontrolle erfolgt dabei nach Deleuze vorrangig numerisch, über Daten und statistische Analysen.[54] Hier schließen dann auch die Narrative der *Selbstüberwachung* an und verhandeln Praktiken der Selbstnormierung und -adjustierung[55] basierend auf selbsterzeugten Daten und/oder numerisch kodifizierten Fremdbildern.

(1) Der Topos der Selbstüberwachung repräsentiert vor diesem Hintergrund eine Normalisierung von Überwachung auf unterschiedlichen Ebenen. Zum einen finden sich hier Beispiele aus dem politischen Diskurs, in denen das Individuum seine Normkonformität gegenüber einem autoritären Staat dokumentiert, der seine Bürger*innen unter Generalverdacht stellt.

2004, drei Jahre nach den Anschlägen vom 11. September 2001, kommt mit *Freeze Frame* (GB, 2004, R: John Simpson) ein britischer Film in die Kinos, in dem der unschuldig des Mordes verdächtigte Sean Veil nach seinem Freispruch dazu übergegangen ist, mit Hilfe von über 90 Kameras jeden seiner Schritte zu dokumentieren, um nicht erneut in die Fänge der Justiz zu geraten und ein

53 Deleuze (1990: S. 348). Hervorhebung im Original.

54 Vgl. Deleuze (1990: S. 349).

55 „Hier geht es um Arrangements, die Fremd- in Selbstregulierung überführen, post-disziplinäre Formen der feedbackgeleiteten Selbststeuerung ausbilden und die Verantwortung für Anpassungsleistungen an Normalitätsstandards und Optimierungsstrategien dem Einzelnen überlassen". Bublitz (2010: S. 167).

lückenloses Alibi vorweisen zu können.[56] Als nun einige Videokassetten aus Veils Selbstüberwachungsarchiv verschwinden, führt dies im Rahmen eines zweiten Mordfalls tatsächlich zu erneuten Verdächtigungen, wobei die wahren Schuldigen wiederum nur durch eine Kameraaufnahme überführt werden können – die Praktik der Selbstüberwachung wird in diesem Rahmen nachdrücklich bestätigt. Entsprechend endet der Film mit einer vom Protagonisten aufgestellten und im letzten Filmbild schriftlich fixierten Verhaltensregel: „Never stop filming yourself. Ever." (TC 01:32:15). Die Beweislast für Normkonformität und -abweichung ist hier folglich vollständig auf das Individuum selbst übergegangen. Doch anders als etwa im Narrativ der Überwachungsmentalität kann hier keine Unterscheidung mehr zwischen der ‚Autonomie des einen' und ‚Kontrolle des anderen' getroffen werden, sondern indem die Kontrollfantasie sich auf das eigene Selbst richtet, wird soziale Kollektivierung unterbunden und Freiheit an die Bedingung permanenter Selbstbeobachtung geknüpft, was auf eine Selbstentmächtigung hinausläuft.

Dabei dokumentiert *Freeze Frame* einen Übergang zur digitalen Überwachungsgesellschaft: Zuerst werden die Geschehnisse von Veil noch auf analogen Bändern gespeichert, die jedoch als manipulierbar vorgeführt werden und wie erwähnt abhandenkommen. Eine derart umfassende und mobile Selbstüberwachung, wie sie die Hauptfigur praktiziert, macht demgegenüber (vom Produktionsjahr 2004 aus gesehen) ‚neue' Wege der Datengewinnung und -speicherung notwendig, die der Film explizit reflektiert. Im Rahmen des dramaturgischen Höhepunkts legen mehrere Tatbeteiligte in der Anwesenheit Veils ein umfassendes Geständnis ab, allerdings erst, nachdem sie die fixen Videokameras am Handlungsort funktionsunfähig gemacht haben. Sie übersehen jedoch die Webcam eines mobilen Laptops, durch dessen Festplattenaufzeichnung Veil schließlich entlastet wird. Damit repräsentiert die Auflösung der Handlung den Wandel von noch begrenzter Überwachung mittels lokaler Videokameras zu omnipräsenten digitalen Datenaufzeichnungen, die Selbstüberwachung überhaupt erst auf der Ebene von Alltagspraktiken ermöglichen.

---

56 Der Titel *Freeze Frame* bezeichnet einen Effekt aus der Filmtechnik, bei dem ein Einzelbild mehrfach hintereinander kopiert wird, sodass der Eindruck entsteht, das Filmbild würde eingefroren. Im Film verweist der Titel auf die Praktik des Protagonisten, einzelne Momente zu konservieren, damit funktional die Komplexität der dargestellten Welt auf einzelne Datenpunkte zu reduzieren und vermeintlich Sicherheit für sich selbst zu produzieren.

(2) Auf dieser Basis inszeniert etwa der Medienprofessor und Künstler Hasan M. Elahi[57] im Zusammenhang mit dem ‚Krieg gegen den Terror' ebenfalls eine politische Ebene der Selbstüberwachung. Elahi wurde einige Monate nach 9/11 angezeigt und verdächtigt, er würde in einem angemieteten Lagerraum Sprengstoff horten. In dem Raum lagerte er jedoch lediglich seine Winterkleidung ein. Es dauerte allerdings ein halbes Jahr und mehrere Befragungen, bis Elahi offiziell vom Verdacht freigesprochen wurde.[58] Seither macht Elahi auf seiner Webseite[59] jeden seiner Schritte öffentlich, in der Regel in Form von *Google Earth*-Aufnahmen im Verbund mit einer fotografischen Ansicht seines jeweiligen Aufenthaltsortes. Dabei veröffentlicht Elahi die Daten in der Regel nicht ungefiltert: Er inszeniert, arrangiert und publiziert auch Bildkompositionen, etwa eine Reihe von Fotografien, die unter das Paradigma ‚Flugzeugessen' fallen.[60] Signifikant ist, dass Elahi dabei niemals selbst im Bild zu sehen ist, jede Information über seinen Aufenthaltsort hinaus muss interpretativ aus dem Bildmaterial abgeleitet werden: „Elahi gibt den Nutzer/n/innen hier ganz eindeutig ‚too much information', gleichzeitig bleibt relevante, nutzbare Information verborgen. Die Datenflut lässt sich nicht mehr re-kontextualisieren und sinnstiftend interpretieren oder gar zu einer kohärenten Identität von Elahi zusammenfügen."[61]

Ganz ähnlich beschreibt der Künstler selbst seine Arbeit in einem Interview:

> Natürlich können die Geheimdienste Milliarden und Abermilliarden Daten scannen. Aber wie finden sie heraus, in welcher Stadt die Toilette mit dem blauen Klodeckel stand? Sie benötigen einen Übersetzer, um zu verstehen, was ich mache. Die Daten können sie bewältigen, die kulturelle Barriere nicht. Ich will sie zu einem anderen kulturellen Verständnis zwingen. Es ist immer möglich, innerhalb des Systems auf das System zu reagieren.[62]

Elahis Strategie besteht folglich darin, Überwachungsästhetiken für seine eigenen Medienprojekte zu funktionalisieren, wobei die kulturelle Interpretationsbedürftigkeit von Daten inszenatorisch ausgestellt wird und die einzelnen Überwachungsbilder damit im Bereich der Kunst rekontextualisierbar werden. Damit ist auch hier eine Normalisierung und Aneignung von Überwachungspraktiken und -ästhetiken zu konstatieren, was Elahi selbst im Interview ausdrücklich betont:

57 Vgl. hierzu auch den Beitrag von Alix Michell in diesem Band.
58 Vgl. Harju (2019).
59 Vgl. Elahi (2003–).
60 Vgl. Käppeler (2013).
61 Harju (2019: S. 364).
62 Käppeler (2013).

> Wir werden in naher Zukunft unweigerlich mehr mit unseren Datenkörpern als mit unseren physischen Körpern interagieren. Die Frage ist doch: Von wem sollen diese Informationen stammen? Will ich, dass mir die NSA eines Tages alles über mich erzählt – oder erzähle ich lieber selbst der NSA alles über mich? Wenn wir uns gläsern machen, werden die Informationen der NSA wertlos.[63]

Vor dem Hintergrund, dass Überwachung als gegeben vorausgesetzt wird, lässt sich das Werk Elahis als inszenierte Rückgewinnung von Datenhoheit lesen, indem er seine Daten als *Bilder* reinszeniert und als Künstler einem konventionellen Autorschaftskonzept unterordnet, wobei das aus der Überwachung entspringende ‚Kapital' statt für fremde ökonomische oder politische Interessen wieder für das Individuum selbst nutzbar wird. Dabei wird eine Trennung von Künstler (= Datenproduzent) und Werk (= Daten) vollzogen, die allerdings rein symbolischer Natur und nur solange funktional ist, wie die Daten auch in dem Bereich der Kunst kontextualisiert sind und dort verbleiben.

(3) Dies gilt für eine weitere, kulturell bereits stärker normalisierte Variante der Selbstüberwachung dezidiert nicht. Hier geht es um Selbstoptimierungspraktiken auf der Basis von Alltagstechnologien, in deren Rahmen die kontrollgesellschaftliche Grundsituation als scheinbarer Produktivitätsmechanismus affirmiert wird. Die Narrative der Selbstüberwachung fokussieren dann ein spezifisches Menschenbild, das über numerische, datengestützte Optimierungsstrategien erreicht werden soll, die etwa auf der Grundlage von Körperdaten über Fitnessarmbänder, Smart Watches usw. praktiziert werden. In der Realität wurde der Begriff *Quantified Self* in entsprechenden Communities für Praktiken der Aufzeichnung und Analyse von körper- und verhaltensbezogenen Daten geprägt. Dies dient zum Beispiel dem Erkenntnisgewinn in Bezug auf physiologische Fragestellungen (etwa Schlafdauer, ‚Schlafqualität') oder es geht um die Objektivierung häufig nicht bewusster Gewohnheiten (zum Beispiel Auslöser für ein spezifisches Suchtverhalten). Die Überwachung bezweckt hier also die Sichtbarmachung habitualisierter Vorgänge und körperlicher Details, die in der Folge als gezielt steuerbar wahrgenommen werden. Die Selbstüberwachungspraktik erzeugt dabei eine Kontrollutopie, entsprechend ist auf der offiziellen Webseite der deutschen *Quantified Self*-Bewegung zu lesen: „Ähnlich einem Spiegel liefern die damit erfassten Daten über uns selbst [...] eine Möglichkeit, uns zu reflektieren und zu erkennen, was bessere, informiertere Entscheidungen

---

63 Ebd.

erlaubt."[64] Hier wird folglich die Objektivitätsfiktion digitaler Daten, die schon für zeitgenössische Narrative des Überwachungsstaates eine zentrale Rolle spielt (siehe oben), auf die individuelle Ebene projiziert, wobei es sich natürlich auch hier um eine Strategie der Komplexitätsreduktion und freiwilligen Selbstentmächtigung handelt, die Verantwortung auf vermeintlich objektive Datenmodelle überträgt.

(4) Gleichzeitig kann dieses Menschenbild des permanenten (datengetriebenen) Selbstoptimierungszwanges rhetorisch für weitere Bereiche funktional gemacht werden. Signifikant zeigt sich dies – wie schon oben bei der Überwachungsmentalität gezeigt – im Bereich Technikwerbung, insofern dort natürlich auch ‚smarte' Datenaufzeichnungstechnologien mit weiteren Wertedimensionen verknüpft werden. So erzählt eine Werbung zur digitalen Uhr *Apple Watch* aus dem Jahr 2015, welche schon in der doppeldeutigen Namensgebung auf die Überwachungskonstellation im Nutzungsverhältnis verweist, die Geschichte einer kulturellen Integration: Zwei asiatische Touristinnen werden durch die Apple Watch in die Lage versetzt, einen Berlin-Besuch zu optimieren, indem die digitale Uhr als Übersetzer, Landkarte und Reiseführer fungiert. Anders als etwa ein Handy, was prinzipiell genau dieselben Funktionen erfüllt, ist eine Uhr noch näher im Körper, noch stärker mit der Person verbunden und entsprechend wird die digitale Uhr hier als Vermittler zwischen Menschen und Kulturen inszeniert. Der kulturelle Austausch setzt dabei die kontinuierliche digitale Dokumentation der realen Aktivitäten der Personen voraus; die Uhr ist nicht mehr von ihren Träger*innen zu trennen, wenn sie für soziale Aktivitäten die Voraussetzung darstellt und diese ihren positiven Mehrwert bilden, was in einer Datenökonomie natürlich vor allem für die hardwareproduzierenden Firmen selbst funktional ist. Die positiven sozialen Konnotationen, die hier aufgerufen werden, sind damit nicht einfach nur als Aufwertung der Technologie zu verstehen, sondern produzieren genau jenes Menschenbild, das für immer neuen ‚Datennachschub' sorgt.

(5) Diese Ambivalenz von Kontrollgewinn und Kontrollverlust wird dann in der Regel auch von den kritischen Narrativen der Selbstüberwachung akzentuiert.[65] So besteht die Pointe der dargestellten Selbstoptimierung im Film *Die Insel* wie erwähnt darin, dass sie ironischerweise der Selbstoptimierung anderer Personen dient, welche die Organe der hochgezüchteten Protagonisten

64 Quantified Self Deutschland (o. J.).

65 Vgl. am Beispiel der „Nanny-App" auch den Beitrag von Maren Conrad in diesem Band.

‚konsumieren' – analog zum Modell der Kontrollgesellschaft sind hier also sämtliche gesellschaftlichen Systeme kapitalistischen Logiken unterworfen, deren Folgen für das Menschenbild im Film problematisiert werden, da die vermeintliche Selbststeuerung der Protagonist*innen letztlich nur deren Fremdsteuerung und Warencharakter maskiert.

(6) In Erweiterung dieses Modells tendieren Narrative der Selbstüberwachung, welche sich mit den omnipräsenten Überwachungsstrukturen im Kontext *digitaler* Medien auseinandersetzen, aktuell dazu, Selbstüberwachung nicht mehr nur auf individueller, sondern allgemein auf gesellschaftlicher Ebene zu verorten und dabei ökonomisch gesteuerte Gesellschaftsmodelle zu entwerfen, die letztlich wieder totalitären Charakter entwickeln – hier schließt sich der Kreis von der Selbstüberwachung zu Narrativen des Überwachungsstaates.

So geht es im passend betitelten amerikanischen Beststeller *The Circle* von Dave Eggers aus dem Jahr 2013 und in der Verfilmung von 2017 (USA, 2017, R: James Ponsoldt) um ein Konzernmonopol – eben jenen namensgebenden Circle –, das sich auf der Basis von Social Media-Anwendungen zum mächtigsten weltweiten ökonomischen, politischen und gesellschaftlichen Akteur aufgeschwungen hat. „Privacy Is Theft" und „Sharing is Caring"[66] lauten zwei der von dem Anbieter verbreiteten Mottos, die im Text von einer vollständig unkritischen (Jugend-)Kultur affirmativ übernommen und als Norm installiert werden. Die Leitsprüche setzen Paradigmen des digitalen Raumes (die ‚Sharing'-Kultur und Selbstpreisgaben auf sozialen Netzwerken) äquivalent mit positiven sozialen Wertedimensionen („Sharing is Caring") und verweisen gleichzeitig auf einen Wertewandel betreffend das Verhältnis von Privatheit und Öffentlichkeit („Privacy Is Theft"). Roman und Verfilmung problematisieren nun diese Grenzüberschreitungen und argumentieren, dass Internet-Paradigmen wie soziale Vernetzung und personelle Transparenz auf die reale Welt gewendet ihr ‚wahres' Gesicht zeigen, insofern sie sich als repressive Mechanismen entpuppen,[67] die nur die Macht des Konzerns verstärken.

66 Eggers (2013: S. 303).

67 In ähnlicher Weise zeichnet etwa die Episode „Nosedive" (Staffel 3, Episode 1) der Serie *Black Mirror* (seit 2011, Channel 4/ab Staffel 3 Netflix) ein paradigmatisches Modell der Kontrollgesellschaft, in dem jede soziale Interaktion analog zu gängigen digitalen Scores (wie etwa den Amazon-Produktbewertungen) von den dargestellten Akteur*innen mit einem bis fünf Sternen bewertet und zu einem personalisierten Score addiert wird, der die Grundlage für alle weiteren (privaten, öffentlichen, beruflichen, ökonomischen etc.) Aktionen der Individuen bildet.

Vorgeführt wird das Modell der Transparenzgesellschaft mit dem Kreis als Sinnbild allseitiger Sichtbarkeit im Text anhand der neuen Circle-Mitarbeiterin Mae. Die Hauptfigur beschließt im Handlungsverlauf ‚transparent' zu werden, das heißt ihr Leben beim Circle rund um die Uhr von Kameras filmen zu lassen und mit ihren Follower*innen zu ‚teilen'. Diese Entscheidung resultiert aus der Idee, ein unbeobachtetes Leben führe zu gefährlichen Normverstößen (Mae stiehlt ein Kajak und kommt dabei fast ums Leben), wobei Mae die Überwachung für sich als Anreiz zur Selbstoptimierung interpretiert. Mehrere Motive im Text parodieren dabei die neoliberale Idee der selbstbestimmten, öffentlichkeitswirksamen und damit sozial überwachten Setzung immer neuer Leistungsanreize[68] und Mae teilt bald umfänglich Daten aus ihrem gesamten Tagesablauf:

> At 10:11 p.m., she said goodnight to her watchers – there were only 98,027 at that point, a few thousand of whom reciprocated her good-night wishes – lifted the lens over her head and placed it in its case. She was allowed to turn off the […] cameras in the room, but she found she rarely did. She knew that the footage she might gather, herself, for instance about movements during sleep, could be valuable someday, so she left the cameras on.[69]

Die Rede von den vielleicht in Zukunft an Wert gewinnenden Schlafdaten zeugt davon, wie auch Mae zur Ware transformiert ist und ihr Leben vollständig anhand der ökonomischen Maximen des Digitalkonzerns restrukturiert. Dabei steht der hier vorgeführte Exhibitionismus stellvertretend für eine unterstellte allgemeine gesellschaftliche Entwicklung. Das Modell der Kontrollgesellschaft (die intradiegetisch als Transparenzgesellschaft im Sinne einer Demokratisierung von Überwachung politisiert und vor allem in der Verfilmung positiv umkodiert wird) wird im Text ursächlich auf die Digitalisierung zurückgeführt, übergeordnete gesellschaftliche Entwicklungen und Zusammenhänge (Postmoderne, Globalisierung etc.) sind dabei jedoch konsequent ausblendet.

Dabei wird insgesamt deutlich, dass es nicht primär das Thema der Überwachung selbst ist, das sich in der historischen Entwicklung von Überwachungsnarrativen transformiert, insofern sich vom Überwachungsstaat ein historischer Bogen zur Selbstüberwachung spannt, der gleichbleibend von Kontrolle, ihren Maskierungen sowie Kontrollverlusten in historisch wechselnden Macht- und Medienkonstellationen handelt. So verhandelt auch *The Circle* die Datenüberwachung

---

68 So steigert sich die Zahl der Circle-Bildschirme, deren Anfragen Mae simultan bearbeiten muss, sukzessiv im Textverlauf, bis sie am Ende ganzen neun Monitoren gegenübersitzt.

69 Eggers (2013: S. 332f.).

primär anhand des visuellen Paradigmas der Sichtbarkeit. Eine signifikante Abweichung von dem Narrativ des Überwachungsstaates ist demgegenüber vielmehr in der vollständigen Identifikation der Protagonistin mit der dargestellten Ideologie der Kontrollgesellschaft zu sehen, was ein verändertes Menschenbild vorführt, das stellvertretend über die Überwachungsfiktion thematisiert wird. Auf dieser Ebene zeugen die Beispiele der Selbstüberwachung dann durchaus von einer drastischen Werteverschiebung und dokumentieren die anhaltende Relevanz von Überwachungserzählungen für Kulturen und ihre Selbstverständigung.

Spielfilme und Serien

Blow Up (GB, 1966, R: Michelangelo Antonioni).

Das Fenster zum Hof (USA, 1954, R: Alfred Hitchcock).

Der große König (D, 1942, R: Veit Harlan).

Der Staatsfeind Nr. 1 (USA, 1998, R: Tony Scott).

Die Insel (USA, 1995, R: Michael Bay).

Die Truman Show (USA, 1999, R: Peter Weir).

Disturbia (USA, 2007, R: D. J. Caruso).

Freeze Frame (GB, 2004, R: John Simpson).

Lindenstraße (D, 1985–2020, ARD).

Metropolis (D, 1927, R: Fritz Lang).

Minority Report (USA, 2002, R: Steven Spielberg).

Searching (USA, 2018, R: Aneesh Chaganty).

Snowden (USA, 2016, R: Oliver Stone).

South Park (USA, 1997–, Comedy Central).

The Conversation (USA, 1974, R: Francis Ford Coppola).

Unknown User (USA, 2014/2018, R: Levan Gabriadze/Stephen Susco).

Zero Dark Thirty (USA, 2012, R: Kathryn Bigelow).

Kunstwerke, Musikvideos, Werbeclips

Elahi, Hasan M. (2003–): *Tracking Transience v2.2.* URL: http://elahi.gmu.edu/ (02.07.2020).

Euronics Deutschland (2019): *EURONICS – 50 Jahre für dein bestes Zuhause der Welt.* URL: https://www.youtube.com/watch?v=Tasehb80wBY (09.01.2020).

George Michael (2009): *George Michael – Outside (Official Video).* URL: https://www.youtube.com/watch?v=gwZAYdHcDtU (09.01.2020).

o. A. (o. J.): „Eye of Providence on reverse side of the Great Seal of the United States, as seen on U.S. dollar bill". In: *Wikimedia Commons*. URL: https://commons.wikimedia.org/wiki/File:All_seeing_eye.jpg (27.01.2020).

Plockhorst, Bernhard (o. J.): „Schutzengel". In: *Wikimedia Commons*. URL: https://commons.wikimedia.org/wiki/File:Bernhard_Plockhorst_-_Schutzengel.jpg (25.06.2020).

Werbung Live (2017a): *VOLKSWAGEN Commercial Werbung Sommer 2017*. URL: https://www.youtube.com/watch?v=rhwpPu_lRCc (27.01.2020).

Werbung Live (2017b): *TELEKOM Commercial Werbung Herbst 20171*. URL: https://www.youtube.com/watch?v=Oq5j7n9chVI (27.01.2020).

Literaturverzeichnis

Anderson, Steve (2017): *Technologies of Vision. The War Between Data and Images*. Cambridge, London: MIT Press.

Bächle, Thomas Christian (2016): *Digitales Wissen, Daten und Überwachung*. Hamburg: Junius.

Bentham, Jeremy (1995): „Letter I. Idea of the Inspection Principle". In: Bozovic, Miran (Hrsg.): *The Panopticon. Writings*. London: Verso, S. 33–34.

Bublitz, Hannelore (2010): „Täuschend natürlich. Zur Dynamik gesellschaftlicher Automatismen, ihrer Ereignishaftigkeit und strukturbildenden Kraft". In: Bublitz, Hannelore et al. (Hrsg.): *Automatismen*. Paderborn: Fink, S. 153–172.

Caluyaa, Gilbert (2010): „The post-panoptic society? Reassessing Foucault in surveillance studies". In: *Social Identities: Journal for the Study of Race, Nation and Culture*. Bd. 16, Nr. 5, S. 621–633.

Deleuze, Gilles (1990): „Postskriptum über die Kontrollgesellschaften". In: *Unterhandlungen. 1972–1990*. Frankfurt am Main: Suhrkamp, S. 346–352.

Eggers, Dave (2013): *The Circle*. London: Penguin.

Foucault, Michel (1993): „Andere Räume". In: Barck, Karlheinz (Hrsg.): *Aisthesis: Wahrnehmung heute oder Perspektiven einer anderen Ästhetik. Essays*. Leipzig: Reclam, S. 34–46.

Foucault, Michel (1994): *Überwachen und Strafen – Die Geburt des Gefängnisses*. Frankfurt am Main: Suhrkamp.

Harju, Bärbel (2019): „‚The Glass Room' – Privatheit in digitalen Kunstprojekten". In: Aldenhoff, Christian et al. (Hrsg.): *Digitalität und Privatheit*. Bielefeld: transcript, S. 353–370.

Hennig, Martin (2016): „Big Brother is watching you: hoffentlich. Diachrone Transformationen in der filmischen Verhandlung von Überwachung in amerikanischer Kultur“. In: Beyvers, Eva et al. (Hrsg.): *Räume und Kulturen des Privaten*. Wiesbaden: Springer VS, S. 213–246.

Hennig, Martin/Krah, Hans (2017): „Medientheorien“. In: Krah, Hans/Titzmann, Michael (Hrsg.): *Medien und Kommunikation. Eine Einführung aus semiotischer Perspektive*. Passau: Schuster, S. 447–468.

Hennig, Martin/Piegsa, Miriam (2018): „The Representation of Dataveillance in Visual Media: Subjectification and Spatialization of Digital Surveillance Practices“. In: *On_Culture: The Open Journal for the Study of Culture*. Nr. 6. URL: http://geb.uni-giessen.de/geb/volltexte/2018/13895/ (02.07.2020).

Kammerer, Dietmar (2008): *Bilder der Überwachung*. Frankfurt am Main: Suhrkamp.

Kammerer, Dietmar (2019): „Film und Überwachung“. In: Geimer, Alexander et al. (Hrsg.): *Handbuch Filmsoziologie*. Heidelberg: SpringerLink. URL: https://link.springer.com/referenceworkentry/10.1007%2F978-3-658-10947-9_75-1 (02.07.2020).

Käppeler, Christine (2013): „Gebt ihnen Daten!“ In: *Der Freitag* vom 15.08.2013. URL: https://www.freitag.de/autoren/christine-kaeppeler/gebt-ihnen-daten (02.07.2020).

Krah, Hans (2012a): „Das *Fantasy*-Genre und *South Park*. Mediale Fantasien“. In: Inan, Alev (Hrsg.): *Jugendliche Lebenswelten in der Mediengesellschaft. Mediale Inszenierung von Jugend und Mediennutzung Jugendlicher*. Bad Heilbrunn: Klinkhardt, S. 45–68.

Krah, Hans (2012b): „Das Konzept ‚Privatheit‘ in den Medien“. In: Grimm, Petra/Zöllner, Oliver (Hrsg.): *Schöne neue Kommunikationswelt oder Ende der Privatheit? Die Veröffentlichung des Privaten in Social Media und populären Medienformaten*. Stuttgart: Franz Steiner Verlag, S. 127–158.

Krah, Hans (2017): „Textuelle Grundlagen/Semantische Verfahren“. In: Krah, Hans/Titzmann, Michael (Hrsg.): *Medien und Kommunikation. Eine Einführung aus semiotischer Perspektive*. Passau: Schuster, S. 35–56.

Krah, Hans (2018): „Strategische Selbstreferenz. ‚Deutschland‘ in deutscher Werbekommunikation“. In: *Kodikas/Code*. Bd. 40, Nr. 1/2, S. 186–208.

Krah, Hans (im Erscheinen): „Das ‚Künstler-Selbst‘. Referenz und Image im Musikvideo“. In: *Zeitschrift für Semiotik*.

Krah, Hans/Titzmann, Michael (Hrsg.) (2017): *Medien und Kommunikation. Eine Einführung aus semiotischer Perspektive*. Passau: Schuster.

Lyon, David (2006): *Theorising surveillance: The panopticon and beyond*. Uffculme, Devon: Willan Publishing.

Mathiesen, Thomas (1997): „The Viewer Society: Michel Foucault's ‘Panopticon’ Revisited“. In: *Theoretical Criminology*. Bd. 1, Nr. 2, S. 215–234.

Mulvey, Laura (1994): „Visuelle Lust und narratives Kino". In: Weissberg, Liliane (Hrsg.): *Weiblichkeit als Maskerade*. Frankfurt am Main: S. Fischer, S. 48–65.

Nguyen, Binh (2010): *Mit Musik geht alles besser. Strategien psychischer Einflussnahme über die Musik in den propagandistischen Unterhaltungsfilmen des Dritten Reichs und Hollywoods*. Marburg: Tectum.

Rössler, Beate (2001): *Der Wert des Privaten*. Frankfurt am Main: Suhrkamp.

Titzmann, Michael (1989): „Kulturelles Wissen – Diskurs – Denksystem. Zu einigen Grundbegriffen der Literaturgeschichtsschreibung". In: *Zeitschrift für französische Sprache und Literatur*. Nr. 99, S. 47–61.

Titzmann, Michael (2012): „Strukturen und Rituale von Geheimbünden in der Literatur um 1800 und ihre Transformation in Goethes *Wilhelm Meisters Lehrjahre*". In: Titzmann, Michael: *Anthropologie der Goethezeit. Studien zur Literatur und Wissensgeschichte*. Berlin/Boston: de Gruyter, S. 195–222.

Titzmann, Michael (2017): „Propositionale Analyse und kulturelles Wissen". In: Krah, Hans/Titzmann, Michael (Hrsg.): *Medien und Kommunikation. Eine Einführung aus semiotischer Perspektive*. Passau: Schuster, S. 81–108.

Quantified Self Deutschland (o. J.): *Info*. URL: http://qsdeutschland.de/info/ (09.01.2020).

Zimmer, Catherine (2015): *Surveillance Cinema*. New York: New York University Press.

Sabrina Huber

Literarische Narrative der Überwachung – Alte und neue Spielformen der dystopischen Warnung

Abstract: The technical possibilities of extra-literary reality have developed rapidly in recent years – today we find ourselves in the age of *surveillance capitalism*. The literary narratives of the last ten years reflect the changing figures of thought; away from George Orwell's ‚Big Brother' towards ‚Big Other'. The article provides an overview of contemporary German-language surveillance narratives and highlights analogies and differences to the classic dystopia of the 20th century.

1. Einleitung

2011 beklagt Frank Schirrmacher das Verhältnis der Gegenwartsliteratur zur Politik: „Sie [die Literatur, S. H.] muss die Politik zurückgewinnen. Sie darf ihr ihr Reden und ihr Schweigen nicht durchgehen lassen. Wir warten sehr darauf".[1] Doch Schirrmachers Gefühl trügt ihn: Politische Literatur hat wieder Hochkonjunktur. Gerade im deutschsprachigen Raum, auf den dieser Aufsatz fokussiert, zeigt sich das neben aktuellen Romanen zur Klimakrise oder zum Thema Migration vor allem auch in der schreibenden Protestbewegung gegen die (digitale) Massenüberwachung. Der Anfang dieses Schriftstellerprotestes kann etwa 2007 mit Ulrich Pelzers Roman *Teil der Lösung*,[2] spätestens aber 2009 mit Juli Zehs *Corpus Delicti* ausgemacht werden. Bis heute hält er an – jüngst hat Sybille Berg ihren Roman *GRM. Brainfuck* veröffentlicht, der gegen den sogenannten ‚Überwachungskapitalismus'[3] Sturm läuft.

Warum wir beim Thema Massenüberwachung gerade die Literatur befragen sollten, verdeutlichen Schüller und Jung: „[E]s geht um die soziale Phantasie, die die Literatur – allen anderen literarischen Formen voran: der Roman – als Selbstbeobachtungsprogramm der Gesellschaft mit Blick auf den Leser aktiviert, und zwar über das Codewort ‚Stimmung'".[4] Während dieses nun zehn Jahre andauernden

1 Schirrmacher (2011).
2 Vgl. zum Roman *Teil der Lösung*: Jung/Schüller (2017: S. 286f.).
3 Vgl. Zuboff (2018: S. 7; 22–33).
4 Jung/Schüller (2017: S. 285).

literarischen ‚Engagements' verändert sich jedoch nicht nur die außerliterarische Überwachungswirklichkeit durch explodierende technologische Entwicklungen in der vernetzten Gesellschaft und in Bezug auf KI, sondern es lassen sich auch innerhalb des Literatursystems Entwicklungen und Tendenzen im Sinne von inhaltlichen Aktualisierungen erkennen sowie ein Testen von neuen Formen und Schreibweisen. Beiden Tendenzen, den inhaltlichen wie erzähltechnischen Aktualisierungen solcher Narrative, spürt diese Überblicksdarstellung nach. Zu diesem Zweck wird zunächst das Modell der klassischen Dystopie des 20. Jahrhunderts als kritische Gattung gegen Totalitarismus und Kapitalismus in Erinnerung gerufen, um den Bezug der gegenwärtigen Texte zu Klassikern wie Orwells *1984* oder Huxleys *Brave New World* (dt. *Schöne neue Welt*) zu bestimmen. Die anschließende Analyse unterteilt die gegenwärtigen Texte in Erzählungen, die die Erzählstruktur der klassischen Dystopie weitgehend beibehalten und in solche, die diese Erzählstruktur durch innovative Erzählweisen aufzusprengen beabsichtigen. Beide Konzeptionsmuster – Formbeständigkeit und Formexperiment – verfolgen in kulturanalytischer Lektüre unterschiedliche Funktionen, denen der Aufsatz nachspürt. Während narrative Formbeständigkeit durch den Rückgriff auf bekannte Erzählmuster auf Möglichkeiten der Wiedererkennung zielt, rütteln Formexperimente an der Trennung zwischen Erzähl- und Leser*innenwelt, wie im Folgenden zu zeigen ist. Um das Spektrum der Überwachungsdiskurse (Gesundheitsprävention, Konsument*innenüberwachung, Optimierung, Verbrechensbekämpfung, Videoüberwachung im öffentlichen Raum, Personalisierung, Social Media und die Überwachung der Sprache) zu erfassen, wird je ein Text exemplarisch betrachtet. Bevor dieses Spektrum neuerer Überwachungsfiktionen entfaltet wird, gibt der Aufsatz einen Überblick über das außerliterarische Engagement der Autorinnen und Autoren, um das Wechselverhältnis von gesellschaftlichen Diskursen und ihren literarischen Verarbeitungen herauszustellen.

2. Die klassische Dystopie: „Falls Freiheit überhaupt etwas bedeutet, dann bedeutet sie das Recht darauf, den Leuten das zu sagen, was sie nicht hören wollen."[5]

Wenn der Titel von Thomas Morus' Roman *Utopia* (1516) so etwas bedeutet wie ‚Nicht-Ort', dann lässt sich Dystopia übersetzen als ‚Miss-Ort' – ein krankhaft-schlechter Ort, als den die Erzählungen der Gattung Dystopie die Gegenwart identifizieren und ins Zukünftige warnend exemplifizieren. Die Tendenz

5 Orwell (1982: S. 148).

zum dystopischen Erzählen entwickelt sich im 20. Jahrhundert immer dort, wo sich „das utopische Projekt als Schreckbild […] mit prognostischer Intention [erweist, S. H.]."[6]

> Utopien lassen sich deshalb als fiktionale, anschaulich gemachte Entwürfe von Gegenbildern charakterisieren, die sich implizit oder explizit kritisch auf die historische Wirklichkeit beziehen, in der sie entstanden sind. Utopien entstehen nicht im Nirgendwo, sie sind geschichtlich bedingt, häufig anlassgebunden und unmittelbarer als andere literarische Texte auf geschichtliche Kontexte bezogen.[7]

In diesem Sinne sind Utopien, gerade auch in ihrer dystopischen Form, politische Literatur, da sie die Subversion oder gar Negation einer als defizitär empfundenen Gegenwart und ihres gesellschaftlichen wie politischen Systems in ihren Erzählungen leisten.[8] Ruth Klüger formuliert bildhaft: Utopien „sind Geschichte, wie sie *nicht* stattgefunden hat. […] Dystopien sind […] Geschichte, wie sie auf keinen Fall stattfinden soll und darf, die Synagoge, die wir aufbauen, um sie nicht zu betreten. Wir bauen sie auf zur Abschreckung und zur Erinnerung".[9] Die erzählte Zukunft der Dystopien bleibt, das betont Voßkamp, stets auf die Gegenwart fixiert; die Dystopien sind Indikatoren für das Verständnis ihrer Gegenwarten, nicht so sehr ihrer erzählten Zukünfte.[10] Sie deuten zeitgenössische Entwicklungen und erlauben damit „zukunftsorientiertes fiktionales Probehandeln",[11] indem sie gegenwärtige Tendenzen verdichten und in möglichen Zukunftswelten radikalisieren. Diese Haltung der Schreibenden zur Gegenwart bestimmt das entscheidende Merkmal der Gattung: „Möglichkeitsdenken ist die Voraussetzung für jede Form philosophischer, anthropologischer, gesellschaftlicher und künstlerischer Utopie oder Dystopie."[12] Das Verhältnis von Wirklichem und Möglichem ist daher gattungskonstitutiv.[13] Damit erweisen sich gerade Dystopien eben auch als „Inszenierungen, in denen nicht nur ausgemalt, sondern auch *ausgehandelt* wird, wie man sich zu diesen möglichen Zukünften in der Gegenwart zu verhalten hat",[14] denn, so Eva Horn, „Zukunft als

---

6 Voßkamp (2016: S. 87). Vgl. zur Geschichte der Utopie ebd. (S. 83ff.).
7 Ebd. (S. 77).
8 Vgl. Conrad (2018: S. 459f.).
9 Klüger (2006: S. 195).
10 Vgl. Voßkamp (2013: S. 15); Voßkamp (2016: S. 5).
11 Voßkamp (2013: S. 23).
12 Voßkamp (2016: S. 3).
13 Vgl. ebd. (S. 77).
14 Horn (2014: S. 22f.). Hervorhebung im Original.

Katastrophe schreit nach ihrer Verhinderung, nach einem präventiven Eingreifen."[15] Entscheidend ist dabei auch das hoffnungstragende Element: Die Dystopien übernehmen ein ‚Prinzip Hoffnung',[16] denn einerseits schreibt die Dystopie selbst in ihren aussichtslos scheinenden Erzählwelten utopische Momente dieser inhärenten Hoffnung in Figuren oder Räume ein; zum Beispiel indem der/die Protagonist*in die Freiheitseinschränkung des Systems erkennt und gegen sie ankämpft. Andererseits trägt die Erzählung selbst ein Hoffnungsmoment in die Gesellschaft, indem sie präventiv gegen das Eintreffen dieser Zukunftsmöglichkeit anschreibt. Die Dystopie strebt danach, „unerwünschte Tendenzen zu erkennen, sie weiterzudenken und dadurch zu verhindern"[17] und so ein utopisches Verlangen in ihren Leser*innen zu wecken. Dystopien nehmen kulturell also vor allem eine aufschreckende, warnende Funktion ein. Elena Zeißler hat typische Themen und Motive der Dystopie erarbeitet wie etwa das Verhältnis von Staat und Individuum als vordringliches Thema, die Einschränkung individueller Freiheit durch das Kollektiv, fehlende Privatheit, die Indoktrinierung von Ideologie durch Sprache, Medien und Technik, die Kulturfeindlichkeit der erzählten Staaten oder die Natur als möglichen ‚Gegen-Ort'.[18]

Gattungskonstitutiv und kanonisiert wurden Samjatins *Wir* (1920), Orwells *1984* (1949) und Huxleys *Brave New World* (1932). Die früheste dieser kanonischen Dystopien, geschrieben nach der Oktoberrevolution von 1917, erzählt von einem totalitären Staat, in dem gilt: „[D]ie Mathematik und der Tod haben noch nie geirrt."[19] In der „göttliche[n] Schönheit"[20] des mathematischen Zeitalters tragen Menschen keine Namen, sondern nur mehr Nummern. Privates wie

15 Ebd. (S. 25).

16 „*Docta spes, begriffene Hoffnung*, erhellt so den Begriff eines Prinzips in der Welt, der diese nicht mehr verläßt […]. Indem es überhaupt keine bewußte Herstellung der Geschichte gibt, auf deren tendenzkundigem Weg das Ziel nicht ebenso alles wäre, ist der im guten Sinn des Worts: utopisch-prinzipielle Begriff, als der der Hoffnung und ihrer menschenwürdigen Inhalte, hier ein schlechthin zentraler. Ja, das damit Bezeichnete liegt dem adäquat werdenden Bewußtsein jeder Sache im Horizont, im aufgegangenen, weiter aufgehenden. Erwartung, Hoffnung, Intention auf noch ungewordene Möglichkeit: das ist nicht nur ein Grundzug des menschlichen Bewußtseins, sondern konkret berichtigt und erfaßt, eine Grundstimmung innerhalb der objektiven Wirklichkeit insgesamt." Bloch (1969: S. 5). Hervorhebung im Original.

17 Zeißler (2008: S. 21).

18 Vgl. ebd. (S. 23–50).

19 Samjatin (2000: S. 96).

20 Ebd. (S. 64).

öffentliches Leben der Figuren ist durchgerechnet und normiert. *Wir* begründet dabei den bis heute geltenden Handlungsaufbau einer Dystopie: Ein Durchschnittsbewohner der erzählten Welt, hier D-503, steht im Zentrum und lebt zunächst aus Überzeugung systemkonform, bis durch die Begegnung mit dem Anderen, hier der Revolutionärin I-330, allmählich der Erkenntnisprozess einsetzt und der Protagonist zum Widerständler des Systems wird.[21] Auch das dystopische Ende – das System gewinnt immer – ist *Wir* bereits eingeschrieben.

George Orwell übernimmt Samjatins Handlungsaufbau und schreibt seinen Roman *1984* vor dem Hintergrund des Stalinismus und Faschismus. Sein Protagonist Winston lebt unter dem allwissenden Auge des ‚Big Brothers', wobei Orwell der Überwachung durch Sprache in Form des „Doublethinks" und der Systemsprache „Neusprech" eine entscheidende Kontrollfunktion zuschreibt. Sein Narrativ des ‚Großen Bruders', *who is always watching you*, ist heute längst zur stehenden Metapher geworden. Gerade in den Debatten um die Europäische Datenschutzgrundverordnung wurde die vermeintliche Omnipräsenz eines ‚Großen Bruders' wieder aus der Fiktion in die politische Öffentlichkeit importiert – eine Idee, die in diesem Kontext nicht nur ungünstig gewählt ist, weil die Orwell-Metapher die Komplexität eines international agierenden Überwachungskapitalismus' nicht zu bebildern vermag,[22] sondern mit deren Hilfe, Fiktion und Wirklichkeit vermengend, bewusst Inhalte des kollektiven, in unserem Fall auch spezifisch deutschen, Gedächtnisses reaktiviert werden sollen.

Entscheidend an Orwells Staat ist das Verhältnis von Vergangenheit und Zukunft: „Wer die Vergangenheit kontrolliert, kontrolliert die Zukunft: wer die Gegenwart kontrolliert, kontrolliert die Vergangenheit."[23] In diesem Sinne ist Vergangenheit systemgefährdend, die Partei schreibt deshalb in Falschmeldungen die Geschichte um. „Und wenn alle anderen die von der Partei oktroyierte Lüge akzeptierten – wenn alle Berichte gleich lauteten –, dann ging die Lüge in die Geschichte ein und wurde Wahrheit."[24] Sowohl Samjatins als auch Orwells Erzählung liegt weiter die Idee des von Jeremy Bentham entworfenen und von Foucault auf die Gesellschaft übertragenen Panopticons als Überwachungsmodell zugrunde: Es basiert auf Einschließung und radikaler Transparenz,

21 Vgl. zum Handlungsaufbau Zeißler (2008: S. 29ff.).

22 Vgl. Zuboff (2018: S. 412f.). Zu Googles Einfluss in Brüssel vgl. u. a. ebd. (S. 153). Zur Analyse des Orwell-Narrativs in US-amerikanischen Privatheits-Debatten vgl. Neuroth (2014: S. 73–90).

23 Orwell (2011: S. 298).

24 Ebd. (S. 45).

die – auch wenn sich kein Aufseher im Turm des Panopticons befindet – zu Verhaltensanpassungen an die vorherrschende Norm und Ideologie führt.

Die dritte der kanonischen Dystopien, Huxleys *Brave New World*, ist ebenso für die gegenwärtigen Überwachungsnarrationen von Bedeutung: Anders als bei Samjatin oder Orwell zielt Huxleys Kritik nicht allein auf den Totalitarismus eines (faschistischen) Staates, sondern auf die Auswüchse des Kapitalismus; er „kritisiert gleichermaßen Sozialismus, Faschismus, Kapitalismus und naiven Fortschrittsglauben. Insbesondere macht er seine Zeitgenossen auf die Gefahren aufmerksam, die von Eugenik und Behaviorismus ausgehen".[25] Auch dieser Erzählung liegt ein totalitärer, die Figuren unterdrückender Weltentwurf zugrunde. Menschen werden künstlich gezeugt, die DNA nach gesellschaftlichen Kasten – von Epsilons (unqualifizierte Arbeiter) bis Betas (Management) – normiert, Konsum wird zur Bürger*innenpflicht. Huxleys Zeitdiagnose ist überraschend aktuell: „Der wahrlich effiziente totalitäre Staat wäre der, in dem eine allmächtige Exekutive von Politbossen und ihr Heer von Managern eine Bevölkerung aus Sklaven kontrolliert, die man zu nichts zwingen muss, weil sie ihr Sklavensein liebt."[26] Huxley deutet so bereits leicht in die Richtung einer ‚Kontrollgesellschaft',[27] in der Zwang einer Freiwilligkeit weicht, wenngleich Huxley die Kontrollfunktion noch bei der ‚Exekutive' verortet.

Blickt man nun wieder auf die gegenwärtige Literaturlandschaft, gewinnt das Erzählen von Dystopien wieder an Beliebtheit, was sich Eva Horn wie folgt erklärt:

> Aber genau darin besteht das gegenwärtige Bewusstsein einer Zukunft als Katastrophe: das Gefühl, sich an einem solchen *tipping point*[28] zu befinden, in einem Moment, wo die bloße Fortsetzung des Alltäglichen und Gewöhnlichen sich langsam zu einem katastrophischen Bruch aufaddieren könnte. […]. Fiktionale und imaginierte Desaster scheinen etwas zu bebildern, das wir für möglich und vielleicht sogar für unmittelbar bevorstehend halten, aber zugleich auch nicht vorstellen, nicht greifen können.[29]

Damit spricht Horn der Produktion wie Rezeption von Dystopien eine Aussagekraft über Kultur(en) und Mentalität(en) der Gegenwart zu, die auch wieder

---

25 Zeißler (2008: S. 38).

26 Huxley (2016: S. 306).

27 Vgl. Deleuze (1993: S. 254–262).

28 „Der *tipping point* bezeichnet jenen Punkt in der ein vormals stabiler Zustand plötzlich instabil wird, kippt und in etwas qualitativ anderes ‚umschlägt'." Horn (2014: S. 17). Hervorhebung im Original.

29 Ebd. (S. 19ff.).

auf die Gegenwart zurückwirkt: „Solche Narrative strukturieren die Art und Weise wie wir Künftiges antizipieren, planen, aber vor allem auch zu verhindern suchen. Das Verhältnis zur Zukunft ist daher nicht denkbar ohne Metaphern, Bilder, Visionen oder hypothetische Szenarien möglicher künftiger Welten."[30] In diesem Sinne sind die literarischen Überwachungsnarrative auch Präventionsnarrative, denn „Prävention ist also auf ein *Narrativ* angewiesen, das einen Ablauf der Dinge schildert, wie er nicht geschehen soll. Sie leistet damit eine *Interpretation* der Gegenwart, die ein Mittel gegen diesen Ablauf anbietet."[31] Auch im Überwachungsdiskurs der Gegenwart bekommen Orwells wie Huxleys Narrative eine große Autorität zugeschrieben;[32] sie werden dort geradezu „repetierend heraufbeschworen",[33] so Maren Conrad, die es nicht verwundert, dass gerade in Zeiten des Überwachungskapitalismus die Dystopie Hochkonjunktur hat. Diesen klassischen Texten ist

> das Potential inhärent, durch ein einzelnes politisches Ereignis plötzlich den Status politischer Aktualität erreichen zu können [...]. Ihre Aktualität speist sich dabei aus einer eigentlich unmöglichen, weil zeitlich rückwärtsgewandten Interdependenz von gegenwärtiger Politik und vorzeitiger literarischer Zukunftsvision.[34]

3. Die deutschsprachige Literaturlandschaft: Aufstand der Schriftsteller*innen – ‚Engagement' in der Politik

Im deutschsprachigen Raum formt sich seit 2009 eine schreibende Protestbewegung um die Autorin Juli Zeh, die mit *Angriff auf die Freiheit*[35] gleichsam deren ‚Gründungsmanifest' vorgelegt hat. Für das gemeinsam mit Ilja Trojanow verfasste Pamphlet gegen den Sicherheitswahn und Überwachungsstaat, wie es im Untertitel heißt, ist der Erscheinungstermin entscheidend: Der 17. August 2009[36] – gut vierzig Tage vor der Bundestagswahl am 27. September 2009. Es ist die Programmschrift der beiden Autor*innen, denn die ‚innere Sicherheit', und damit die Überwachungspraktiken der künftigen Regierung, sind 2009 entscheidende Wahlkampfthemen. *Angriff auf die Freiheit* erscheint als Streitschrift für eine grundrechtsgewährende Wahl und damit explizit als ein

30 Ebd. (S. 22).
31 Ebd. (S. 304). Hervorhebung im Original.
32 Vgl. Zeißler (2008: S. 37).
33 Conrad (2018: S. 463).
34 Ebd. (S. 461).
35 Vgl. Trojanow/Zeh (2010).
36 Vgl. Hanser Literaturverlag (o. J.).

politischer Text mit ‚Tendenz'. Die Gattung des polemischen Pamphlets lässt sich als eine „aggressive, auf Bloßstellung und moralische oder intellektuelle Vernichtung abzielende, gleichwohl argumentierende Kritik am Gegner im Streit“[37] verstehen. Polemik „konstruiert fast immer einen persönlichen Gegner – auch wenn sie [die Polemik, S. H.] betont, daß es nicht um Personen, vielmehr um Prinzipien geht.“[38] Die persönlichen Gegner von *Angriff auf die Freiheit* heißen Otto Schily, Thomas de Maizière und Google, aber auch „Achim Angepasst“,[39] als der Bürger, der alles naiv hinnimmt. Immer wieder führen die beiden Autor*innen dabei Literatur ins Feld ihrer Argumentation: von Orwell über Kafka bis hin zu Schillers *Don Karlos*. Dabei bringen sie Literatur- und Kulturwissen gegen die gelebte Praxis in Stellung: Wie kann es sein, dass im selben Land Kafkas *Prozess* gelesen,[40] in Theatern *Don Karlos* aufgeführt[41] und gleichzeitig über die Potentiale von ‚Rettungsfolter' diskutiert wird, klagen Zeh und Trojanow an.[42] Damit versuchen Trojanow und Zeh Sein als Schein zu entblößen, verbunden mit der These, Literatur in Deutschland sei ohnmächtig geworden.

Heute ist allerdings manches aus diesem Manifest inhaltlich nicht mehr aktuell:

> Heute vollzieht sich die Überwachung nicht, wie man gewöhnlich annimmt, als *Angriff auf die Freiheit*. Man liefert sich vielmehr *freiwillig* dem panoptischen Blick aus. Man baut geflissentlich *mit* am digitalen Panoptikum, indem man sich entblößt und ausstellt.[43]

Wie hier Byun-Chul Han verweisen dennoch viele spätere Denker*innen auf den Titel von Trojanows und Zehs Pamphlet; es erfüllt damit seine Funktion als unmittelbare Intervention in bevorstehende politische Ereignisse und Debatten. 2013 wendet sich Zeh nach den Enthüllungen Snowdens weiter mit einem offenen Brief in der *FAZ* an Bundeskanzlerin Angela Merkel,[44] dem ein zweiter Brief folgt.[45] Zeh fordert, dass Merkel ihre Strategie offenlegt: Wie will die Bundesregierung in der NSA-Affäre zum Schutz der Bürger*innen vorgehen?

---

37 Scheichl (2007: S. 117).
38 Ebd. (2007: S. 118).
39 Vgl. Trojanow/Zeh (2010: S. 75–79).
40 Vgl. ebd. (S. 22).
41 Vgl. ebd. (S. 23).
42 „Während in den Schulen noch immer die Idee vom alten Rechtsstaat gelehrt wird, findet draußen der große Umbau statt.“ Ebd. (S. 13f.).
43 Han (2017: S. 82). Hervorhebungen im Original.
44 Vgl. Zeh (2013a/2013b).
45 Vgl. Zeh (2014).

Mit der Form des offenen Briefs lehnt Zeh sich an das Erbe der Intellektuellenfigur Günter Grass an, der seinerzeit zwei Briefe an Willi Brandt und einen an Kurt Georg Kiesinger schrieb. Literaturhistorisch zeichnet sich damit die Wiederkehr eines (inszenierten) engen Verhältnisses von Literatur und Politik ab, das, ganz im Sinne Jean-Paul-Sartres, die Autorperson einschließt: „Ebenso ist es die Funktion des Schriftstellers dafür zu sorgen, daß niemand über die Welt in Unkenntnis bleibt und niemand sich für unschuldig an ihr erklären kann".[46] Es geht darum, Aufklärung, Empörung und Einmischung zu erzielen. Noch im selben Jahr formiert sich ein internationaler Schriftsteller*innenprotest: *Writers Against Mass Surveillance* – über 560 Schriftsteller*innen aus über 80 Ländern unterzeichneten das Manifest. Unter dem Titel „Demokratie verteidigen im digitalen Zeitalter" erschien es in der FAZ.[47] Unter den unterzeichnenden Autor*innen finden sich, neben Trojanow und Zeh, u.a. Eva Menasse, Jan Wagner, Elfriede Jelinek, Eugen Ruge, Peter Sloterdijk oder Kathrin Röggla. Im April 2014 übergeben die Schriftsteller*innen ihre Forderungen an den Präsidenten des Europäischen Parlaments Martin Schulz, bei dem sie persönlich Gehör finden. Im selben Jahr noch veröffentlicht Schulz seinen Auftaktessay *Warum wir jetzt kämpfen müssen*. Zahlreiche Persönlichkeiten des öffentlichen Lebens, Politiker*innen, Schriftsteller*innen, Publizist*innen und Wissenschaftler*innen wie Frank Schirrmacher, Hans Magnus Enzensberger, Sigmar Gabriel, Sascha Lobo, Evgeny Morozow, Juli Zeh aber auch der ehemalige CEO von Google, Eric Schmidt, ergreifen das Wort und führen die erste öffentliche Debatte zu Chancen und Risiken der Digitalisierung, explizit zu den Gefahren der digitalen Massenüberwachung. Gesammelt herausgegeben wurden die Essays später von Frank Schirrmacher unter dem Titel *Technologischer Totalitarismus – Eine Debatte*.[48] Das Engagement der Schriftsteller*innen zeugt von einer Autorschaft, zu dessen Selbstverständnis es gehört, sich im Sinne Sartres einzumischen:

> Ob also der Schriftsteller Essayist, Pamphletist, Satiriker oder Romancier ist, ob er nur von den individuellen Leidenschaften spricht oder das System der Gesellschaft angreift, als freier Mensch, der sich an freie Menschen wendet, hat er nur ein einziges Sujet: die Freiheit. […]. Die Kunst der Prosa ist mit dem einzigen System solidarisch, wo die Prosa einen Sinn behält: mit der Demokratie. Wenn die eine bedroht ist, ist es auch die andre. Und es genügt nicht, sie mit der Feder zu verteidigen. […] Schreiben ist eine bestimmte Art, die Freiheit zu wollen; wenn man einmal angefangen hat, ist man wohl oder übel engagiert.[49]

---

46 Sartre (1981: S. 27).

47 Vgl. Writers against mass surveillance (2013).

48 Vgl. Schirrmacher (2015).

49 Sartre (1981: S. 54f.).

Versteht man den Einsatz der Schriftsteller*innen als Teil des eigenen Autorschaftskonzepts, verfolgen faktuale und fiktionale Äußerungen dieselbe Intention: Die Autor*innen beabsichtigen aktiv in politische Debatten und Entscheidungen einzugreifen und zielen auf die Erreichung und Aufklärung einer breiteren Öffentlichkeit. Für die Betrachtung ihrer Fiktionen bedeutet das: Die Schreibenden selbst sorgen dafür, dass die Texte als politische Erzählungen wahrgenommen werden. Damit untermauern sie indirekt den Realitätsgehalt bzw. die Realitätsreferenzen ihrer Zukunftsfiktionen, schwächen deren fiktiven Status und legen einerseits eine politische Lektüre nahe, andererseits verengen sie mögliche Lektüren darauf.

4. Die (Ohn-)Macht der Fiktion: Gegenwärtige Überwachungsnarrative

Vorrangig versuchen die Autor*innen mit ihren Fiktionen in die Gegenwart zu intervenieren und in ihren erzählten Welten den Überwachungskapitalismus anzuklagen. Dabei weist die deutschsprachige Literaturlandschaft des letzten Jahrzehnts zwei grundsätzliche Stoßrichtungen auf: Erstens finden sich Romane, die auf das Modell der klassischen Dystopie im Sinne George Orwells *1984* zurückgreifen und dabei lediglich die Inhaltsseite aktualisieren; in den letzten Jahren werden dabei auch die Diskursverschiebungen vom ‚Big Brother' zu ‚Big Other'[50] reflektiert. Zweitens fallen andere Romane vorrangig durch Experimente der Form auf; sie aktualisieren also nicht vorrangig die Inhalte, sondern die Erzähl- bzw. Schreibweise. Nachfolgend wird ein Überblick über beide Tendenzen gegeben und es werden anhand einschlägiger Romane deren Überwachungsdiskurse, Motive und Erzählweisen aufgezeigt.

4.1 Orwells Zwinkern: Romane im Stil der klassischen Dystopie

Zur Analyse dieses ersten Typs von Überwachungsromanen – jene, die sich in der Erzählkonstruktion starr an das Orwellmuster halten – wurden vier Texte ausgewählt, die je einen eigenen Schwerpunkt in der Inszenierung der Überwachung

50 „Der Überwachungskapitalismus ist der Puppenspieler, der uns durch das Medium des allgegenwärtigen digitalen Apparats seinen Willen aufzwingt. Ich bezeichne diesen Apparat als *Big Other* – das Große Andere. Ich verstehe darunter die wahrnehmungsfähige, rechnergestützte und vernetzte Marionette, die das menschliche Verhalten rendert, überwacht, berechnet und modifiziert. Big Other kombiniert diese Funktionen des Wissens und Tuns zu einem ebenso umfassenden wie beispiellosen *Mittel zur Verhaltensmodifikation.*“ Zuboff (2018: S. 437). Hervorhebungen im Original.

setzen: Gesundheit, Konsum, Selbstüberwachung und Optimierung. Eine chronologische Vorgehensweise erlaubt hier aufzuzeigen, wie sich die Darstellungen der Überwachungsphänomene verändern. In der Analyse der Beispiele des ersten Typs wird herausgestellt, dass diese – gleichsam unter der Textoberfläche – alle derselben narrativen Grundstruktur folgen.

4.1.1 Analyse der Romane

Im Rahmen der Erzählungen des ersten Typs mit dem Schwerpunkt ‚Gesundheit' legt Juli Zeh 2009 ihre System-Diskurs-Dystopie *Corpus Delicti*[51] vor, in der sie die Causa Mia Holl erzählt. Die ‚METHODE', so nennt sich die im Roman entworfene Gesundheitsdiktatur, hat es in der Mitte des 21. Jahrhunderts geschafft, jedwede Krankheit zu besiegen und garantiert ein langes gesundes Leben. Ernährung, Sport, Vorsorge und Sexualität sind zu diesem Zweck streng reglementiert. Als Mias Bruder Moritz unschuldig als Mörder verurteilt wird, nimmt er sich das Leben und seine Schwester vernachlässigt deshalb zunehmend ihre Präventionspflichten. Sie wird zum Störfaktor für das Fürsorgesystem. Ihr Prozess gegen die METHODE bildet den engeren Handlungsstrang, am Ende steht ihre Verurteilung. Zehs Dystopie ist von den hier aufgeführten Werken das bekannteste; es ist Schullektüre für unterschiedliche Schulformen und -klassen geworden. Das liegt nicht zuletzt am Narrativ, das Zeh hier bedient. Orwell ‚zwinkert' den Leser*innen durch den Text stetig zu. Neben dem klassischen Handlungsschema – Systemanhängerin gerät in Konflikt mit dem Staat, rebelliert und verliert – finden sich weitere tradierte Merkmale: Die Einschränkung von Privatheit durch das überwachende System, die ideologische Argumentation mit der Vernunft, die Natur als Gegen-Ort und Möglichkeit der Befreiung sowie die strikte Reglementierung von Sexualität.

In *Corpus Delicti* werden vor allem Praktiken der Gesundheitsprävention und Selbstoptimierung inszeniert und als freiheitseinschränkend, jedoch allgemein begrüßt semantisiert.[52] Die zentrale Macht in der Sicherheitspolitik kommt

---

51 Vgl. Zeh (2010). Im Folgenden mit der Sigle CD zitiert. *Corpus Delicti* wurde stellvertretend für Dystopien ausgewählt, die die Körper- und Gesundheitsüberwachung in den Vordergrund rücken. Vgl. zu dieser Thematik auch Corinna Schlichts Besprechung von Angelika Meiers Dystopie *Heimlich, heimlich mich vergiss* in Schlicht (2019: S. 199–220).

52 Zeh verarbeitet die gesundheitspolitischen Entwicklungen der Gegenwart auch in ihren Essays und in ihrem Theaterstück *203* (2011), in dem in Beckett'scher Manier Figuren in einem Raum eingeschlossen sind und sich ihr vermeintliches Familiennarrativ erzählen, während sie von Wärterinnen wie Mastvieh gemästet und kontrolliert werden. In ihrem Theaterstück *Kaktus* (2009) verarbeitet sie ebenfalls ein Motiv aus

bereits in diesem Roman von 2009 den Daten zu, die mittels implantiertem Chip ausgelesen werden:

> Es geht [...] um die Tatsache, dass die Datenspur eines jeden Menschen Millionen von Einzelinformationen enthält, aus denen sich jedes beliebige Mosaik zusammensetzen lässt. Wenn die METHODE glaubt, in Mia Holl einen Gefährder vor sich zu haben, dann sieht sie auch einen Gefährder. Und Rosentreter muss Mia nur ein wenig von der Seite anschauen, so dass ihre Nase im Profil scharf vorspringt und die Augen besonders tief in den Höhlen liegen – schon sieht er es auch. (CD, 225)

Zwar stellt der Roman die staatsideologischen Maximen nicht derart aus wie Orwell in *1984* (*war is peace/freedom is slavery/ignorance is strength*) oder später Dave Eggers in *The Circle* (*sharing is caring/privacy is theft/secrets are lies*), doch sind sie präsent und die oberste Maxime bei Zeh lautet: Glück ist Gesundheit; Gesundheit ist Normalität. Die METHODE ist eine biopolitisch agierende Macht, wie sie sich nach Foucault dadurch auszeichnet, dass sie leben *macht* und sterben *lässt*.[53] Sarah Köllner charakterisiert die Welt des Romans bereits als post-panoptisch,

> in which new technological advances are leading to self-monitoring and ubiquitous state surveillance. The tracking and exchange of confidential information such as health information is required by law and enshrined in a social worship of data. [...] METHOD's surveillance mechanisms are ubiquitous, decentralized, and mobile through 'forms of free float control'.[54]

Die METHODE bedient sich weiterhin disziplinierenden Techniken; so ist das Panopticon nicht abgelöst, sondern in eine unsichtbare, inkorporierte Form transformiert.[55] Die METHODE operiert nach wie vor mit Ausschlussmechanismen, auch wenn der Einschluss freiwillig, im Sinne der Vernunft, scheinbar natürlich angestrebt wird. Folgt man Ulrich Bröcklings Dispositiven der Vorbeugung, so verfolgt die erzählte Staatsmacht das Dispositiv der Immunisierung, in dem Risikomanagement mittels postdisziplinärer Kontrollmechanismen (Monitoring und kontinuierlicher Selbstdisziplinierung) betrieben wird.[56] Der Staat fällt später, wenn Holl als Terrorverdächtige einem Folterverhör unterzogen wird, in das Dispositiv der Hygiene zurück, das den Ausnahmezustand kennt: „Die

---

Corpus Delicti: Das Verhör von Terrorverdächtigen und die Rolle der Fiktion in derartigen Sicherheitsnarrativen.

53 Vgl. Foucault (2004: S. 284).

54 Köllner (2016: S. 412).

55 Vgl. Bauman/Lyon (2013).

56 Vgl. Bröckling (2012: S. 98).

Katastrophe figuriert als ‚Ausnahmezustand', in dem Werte suspendiert werden (müssen), die als eigentlich unantastbar gelten. Katastrophennarrative funktionieren so nicht als Phantasie vom ‚Einbruch des Realen', sondern nicht selten als *Einübung in eine Politik des Ernstfalls.*"[57] Zur Inszenierung des Ausnahmezustands in der Gegenwart übernimmt Zeh das Foltermotiv von Orwell und bindet es an die Debatten um die sogenannte ‚Rettungsfolter', die beim Verhör von Terrorverdächtigen in Erwägung gezogen wurde.[58]

Es sind die Diskurse um die Gesundheitspolitik, die *Corpus Delicti* als dystopische Inszenierung mit prognostischer Aktualität anmuten lassen, wie Martin Schulz in seinem bereits genannten Essay durchblicken lässt:

> Schon jetzt versprechen Versicherungen Beitragsermäßigungen für dieses ‚vernünftige Verhalten', in einem nächsten Schritt werden von denjenigen Risikoaufschläge verlangt werden, die sich dieser ‚freiwilligen' Kontrolle ihres Verhaltens entziehen. Es ist absehbar, dass am Ende aus dem Risikoaufschlag ein Zwang zur Kontrolle werden wird, natürlich immer mit dem fürsorglichen Argument, dass vernünftiges Verhalten gut für den Einzelnen und billiger für die Allgemeinheit sei.[59]

Als exemplarische Erzählung mit dem Schwerpunkt ‚Konsum' wird hier der dystopische Zukunftsroman *Fremdes Land*[60] (2010) vom Österreicher Thomas Sautner untersucht, in dessen Mittelpunkt ebenfalls ein Geschwisterpaar steht. Jack ist ideologietreu und verfolgt seine politische Karriere. Seine Schwester Gwendolyn wird Teil einer Widerstandsgruppe gegen die Sicherheitsmaßnahmen der Regierung, wofür sie im Laufe des Romans verhört und verurteilt wird. Jacks Partei gewinnt die anstehende Wahl, doch schnell wird klar, dass die Macht in Sautners Welt längst nicht mehr bei Politiker*innen, sondern bei Wirtschaftsmanager*innen liegt. Denn die Politik kann sich ihre Überwachungsmaßnahmen nicht leisten und ist auf die finanzielle Unterstützung der Wirtschaftskonzerne angewiesen, die jedoch eigene Interessen verfolgen. Während die politischen Vertreter*innen ihren Wahlkampf um einen Gesundheitschip führen, indem sie den Bürgerinnen und Bürgern ein Implantat für ihre Kinder versprechen, das Gesundheitsfürsorge und Sicherheit gewährleisten soll, versprechen sich die Wirtschaftsvertreter*innen vom Chip ganz anderes: Sie wollen das Implantat nutzen, um an Verhaltensdaten der Konsument*innen zu kommen und diese

57 Horn (2014: S. 222). Hervorhebungen im Original.

58 Vgl. Krasmann/Wehrheim (2006: S. 265–272).

59 Schulz (2015: S. 18).

60 Dieser Text wurde stellvertretend ausgewählt für traditionell erzählte Dystopien, die bereits die Wirtschaft als zentralen Akteur markieren, weswegen die Überwachung im Roman auf Konsument*innen abzielt.

ggf. zu beeinflussen. Sautner versucht damit zu illustrieren, wie Politik und Wirtschaft scheinbar unterschiedliche Interessen verfolgen und dennoch gemeinsam Überwachungsinstrumente einsetzen. Mit Zuboffs Thesen zum Überwachungskapitalismus gelesen, deutet Sautner hier die ‚instrumentäre Macht' an, die Verhalten im Sinne der Ziele Anderer kennt und formt.[61] Damit markiert Sautner den Kapitalismus als mächtigsten Akteur und knüpft inhaltlich deutlich an Huxley an, bleibt aber strukturell der Erzählweise Orwells verpflichtet.

Gemeinsam haben Sautner und Zeh zum einen das Geschwisterpaar: Anstelle eines Liebespaars bei Samjatin, Orwell oder Huxley tritt ein an Musils Agathe und Ulrich aus *Der Mann ohne Eigenschaften* angelehntes Geschwisterpaar, dessen Funktion jedoch nicht variiert wird. Es ist das andere Geschwisterteil, das wie Julia in *1984* oder I-330 in *Wir* im Gespräch die Läuterung herbeiführt. Gleichzeitig wird durch die Anlehnung an Musil die (ideologische) Vereinigung der Geschwister ausgestellt.[62] Gemeinsam haben beide Romane zum anderen das Thema des implantierten Chips zur lückenlosen Patient*innen bzw. Konsument*innenüberwachung. Überwachung meint hier also keine visuellen Teleschirme mehr, sondern wird leibhaftig in den Körper integriert und damit internalisiert. Der mentalitätsgeschichtliche Wandel, in dessen Rahmen Überwachung nicht mehr ausschließlich repressiv auferlegt, sondern internalisiert und durch den Einzelnen im Sinne eines Leistungsdispositivs vorangetrieben wird, lässt sich so bereits bei Zeh und Sautner feststellen. Nichtsdestotrotz schildern beide Romane noch keine ausgeprägten Praxen der Selbstüberwachung und sozialen Überwachung auf, wie die folgenden Narrationen.

Zu den Erzählungen mit dem Schwerpunkt ‚Selbstüberwachung' lässt sich die ebenfalls aus österreichischer Feder stammende, thrillerhafte Dystopie *Zero. Sie wissen, was du tust*[63] (2014) von Marc Elsberg zuordnen. Erzählt wird von der Journalistin Cynthia, deren Redaktion im Zuge einer digitalen Aufrüstung auch mit Datenbrillen, inklusive Gesichtserkennungssoftware, versorgt wird. Cynthia ist skeptisch, leiht ihrer heranwachsenden Tochter Viola dennoch die Brille. In den Händen der Heranwachsenden und ihrer Freunde führt dies zur Katastrophe – ein Freund stirbt bei der Verfolgung eines Verbrechers. Cynthia

61 Vgl. Zuboff (2018: S. 23).

62 Vgl. Huber (2018: S. 210f.).

63 Vgl. Elsberg (2014), im Folgenden zitiert mit der Sigle Z. Der Text wurde stellvertretend ausgewählt für Dystopien, die Datenskandale und Verbrechensbekämpfung fokussieren und bereits die Entwicklung vom Überwachungsstaat zur Überwachungsgesellschaft markieren. Vgl. auch Tom Hillebrand: *Drohnenland* (2014). Vgl. zu diesem Roman: Jung/Schüller (2017: S. 289) sowie Hennig (2018: S. 256f.).

versucht den Fall aufzuklären und stößt auf das Internetportal ‚Freeme', das seinen Mitgliedern auch Apps zur Optimierung von Leib und Leben, Karriere und Beziehungen bietet. Diese Schilderung eines Selbstoptimierungsnarrativs an der Oberfläche des Textes ist die Neuerung von *Zero*. Dazu lässt Elsberg im Text eine im Internet durch Videos in Erscheinung tretende Widerstandsgruppe mit dem Namen Zero operieren, die in einer Videobotschaft vor diesen Apps warnt:

> Von einem düsteren Schwarzweiß-Bildschirm blickt Cyn ein Männergesicht entgegen, das ihr bekannt vorkommt – melancholischer Blick, volles Haar, mit Mühe zurückgekämmt, der schmale Schnurrbart wie eine dritte Augenbraue über den Lippen. ‚Das ist aber George Orwell!', stellt sie fest. ‚Heute muss ich mich bei dir beschweren', erklärt der englische Schriftsteller. ‚1948 schrieb George Orwell ein Buch. Er nannte es 1984.' (Z, 20f.)

Es ist das erste Video des *anonymous*-ierten Zero, das die Genre-Verpflichtung des Romans markiert. Doch nicht nur in direkten Orwell-Verweisen spielt *Zero* auf die klassische Dystopie an, trotz Datenbrillen und Überwachungslust offenbart der Text an vielen Stellen seine Orientierung am Panoptismus: Als Cynthia die Datenbrille in der U-Bahn ausprobiert und hinter den Brillen der Anderen plötzlich auch Datenbrillen vermutet, offenbart der Erzähler: „Mit einem Mal bedrängt Cyn das Gefühl, tausende Augen seien auf sie gerichtet." (Z, 31). Diesen Effekt bindet der Roman an Foucaults „[t]ausende von Augen, die überall postiert sind".[64] Durch derartige Foucault-Verweise allegorisiert Elsberg das Internet, ausgestaltet durch das Spiel mit Datenbrillen, mit einer Art sozialem digitalen Panopticon. Dabei markiert der Text jedoch die anderen Datenbrillen-Träger*innen als die „tausende von Augen", vor denen Cynthia mulmig wird, jedoch nicht die heimlichen Cookies und Tracker von Google, Facebook und Co.

Durch die im Roman fokussierte Selbstüberwachung und -optimierung mittels Brille und Apps wird „[d]as Internet [...] als Raum des Selbstverlusts semantisiert, der insbesondere von jungen Erwachsenen allzu bereitwillig zur Kompensation familiärer Auflösungstendenzen akzeptiert wird",[65] so Martin Hennig und markiert als zentrale Romanaussage auch den „Realitätsverlust, in dessen Folge die Grenzen zwischen Realität und Medialität verschwimmen",[66] den Cynthia angesichts ihrer Flucht vor den digitalen Überwachungsmöglichkeiten empfindet. Folgen der Digitalisierung in diesem Sinne zeigt der Roman nicht nur im gefährlichen, lustvollen Einsatz solcher Techniken, sondern auch

64 Foucault (2015: S. 275).
65 Hennig (2018: S. 248).
66 Ebd. (S. 249).

in einer zunehmenden Grenzauflösung zwischen Mensch und Maschine bzw. Kultur und Natur.[67] Eindringlich wird dabei das dystopische Motiv fehlender Privatheit vom Roman aufgegriffen: „Gesetze kommen und gehen. Die Privatsphäre wohl auch“ (Z, 240), lässt Elsberg eine der Figuren resümieren und spielt damit auf Marc Zuckerbergs Ausspruch: „privacy is over“[68] an.

Zuletzt sei erwähnt, dass *Zero* zu den Überwachungsromanen zählt, die für ihr Narrativ bereits die Buchdeckel zu sprengen versuchen: Hierfür wurde zum Roman eine eigene Homepage erstellt.[69] Dort findet sich neben einem Talk mit Sascha Lobo – und hier darf die Kriegssemantik durchaus erschrecken – ein „Zero Guerilla Guide“, mit „Selbstverteidigungstipps“, und ein Online-Test, der Aufschluss über das eigene Surfverhalten geben soll und sich somit als ein erster, wenngleich noch recht starrer Versuch verstehen lässt, Leser*innenrealitäten zu verunsichern.

Die vierte Erzählung herkömmlicher Narrative mit dem Schwerpunkt ‚Optimierung‘ weitet das Thema der Selbstoptimierung noch aus, wie sich bei Theresa Hannig zeigen lässt. In ihrem Roman *Die Optimierer*, für den sie 2016 den Stefan-Lübbe-Preis erhält, wird schlichtweg alles optimiert – Prozesse, Produkte, Gesellschaftsstrukturen, das Ich und das Du. Der Roman schreibt das Jahr 2052. Der Protagonist der Dystopie Samson Freitag ist Lebensberater in einer zukünftigen Gesellschaft, die sich selbst die ‚Optimalwohlökonomie‘ nennt. Sein Job ist es, dafür zu sorgen, dass „[j]eder an seinen Platz“[70] kommt – so der Wahlspruch und offizielle Gruß der Regierung. Die Optimalwohlökonomie basiert auf der Optimierung durch stetige Bewertung und Korrektur. Dies übernehmen die Bürger*innen selbst, die dafür Sozialpunkte erhalten, sodass sie wiederum ‚optimaler‘ werden. Dem Optimum nähert sich die Welt, wenn viele Aufgaben nicht mehr von Menschen, sondern von Robotern übernommen werden.

Hannig erzählt vor diesem Hintergrund wie ein optimaler Bürger an den Rand der Gesellschaft gedrängt wird. Ihr Held fällt, als er einen Korrekturvermerk über seinen ehemaligen Klienten Ercan Böser, nun erfolgreicher Politiker,

---

67 Vgl. ebd. (S. 249). Kritisch hebt Hennig jedoch hervor: „Folglich wird auch vom Text selbst die Lösung der Probleme der Digitalisierung nur als eine medial vermittelte gedacht.“ Ebd.

68 Vgl. u. a.: Johnson (2010).

69 Vgl. Verlagsgruppe Random House GmbH (o. J.).

70 Hannig (2017: S. 13). Im Folgenden zitiert mit der Sigle DO. *Die Optimierer* wurde stellvertretend für Texte ausgewählt, die ein Social-Credit-System ins Zentrum der Diegese rücken und wo Überwachung vor allem im Dienst der gesellschaftlichen wie individuellen Optimierung steht.

einreicht. Böser stand im Beratungsgespräch vor der Entscheidung, ob er Schauspieler oder Politiker werden solle. Es stellt sich heraus, dass seine Aussagen im Gespräch nicht von ihm waren – er zitierte Georg Büchners *Dantons Tod*, doch Freitag kannte das Stück nicht und riet ihm, Politiker zu werden. Das will er nun mit dem Vermerk richtigstellen, doch von da an läuft etwas kräftig schief. Er erfährt, dass seine letzte Klientin, Martina Fischer, nach seiner Beratung Suizid beging; die Schuld dafür soll in seiner falschen Beratung gelegen haben. Freitag wird suspendiert, muss zum Therapeuten, der eine schizophrene Störung diagnostiziert. Freitag verliert daraufhin Sozialpunkte, bis er schließlich den Status eines Kriminellen erhält. Mit Einzug der Robotik in die Erzählwelt spitzt sich der Mensch-Maschinen-Konflikt weiter zu. So markiert der Roman, dass in dieser Welt, in der ‚jeder an seinen Platz' kommen soll, für den Menschen kein Platz mehr ist – dieser wurde längst von intelligenten Robotern besetzt.

Dass die Autorin als Softwareentwicklerin arbeitete, ist ihrem Roman anzumerken. Ihr Interesse gilt innerhalb des Überwachungsdiskurses der Robotik und der *social classification*. Das Kernstück des Roman ist ein Social-Credit-System, ähnlich dem, wie es in China 2020 starten soll.[71] Obwohl laut „Artikel 2, Absatz 3, Grundgesetz, [...] jeder Bürger das Recht, den Anspruch und die Pflicht auf einen Platz in der Gesellschaft [hat, S. H.], der seinen Fähigkeiten entspricht und seinen Neigungen gerecht wird" (DO, 64), hat Samson Freitag seine Sozialpunkte täglich im Blick, denn der grundrechtliche Platz sowie die eigenen Fähigkeiten hängen, wie er weiß, von diesen Sozialpunkten ab: „Name: Samson Freitag / Keine Krankheiten! / Keine Vorstrafen! / Keine Probleme! / Sozialpunkte: 980" (DO, 96f.). Durch die skizzierten Umstände verliert er Punkte und hat schließlich den Status eines Bürgers, von dem mit „68 Prozent" Wahrscheinlichkeit „staatsgefährdende Straftaten" (DO, 207) ausgehen.

In der Dystopie des 20. Jhd. ist das Gespräch mit dem Vertreter des herrschenden Systems für den Protagonisten erkenntnisbringend.[72] Hannig macht Samsons eigenen Haushaltsroboter zu diesem Repräsentanten, der ihm zugesandt wurde und der bei ihm die Gestalt seiner verstorbenen Klientin Martina hat:

> ‚[...] Wir sind so konstruiert, dass jeder von uns ein komplexes Persönlichkeitsprofil besitzt. Allerdings ist es schwer, ein solches Persönlichkeitsprofil aus dem Nichts zu generieren [...]. Deshalb ist man dazu übergegangen, die Persönlichkeitsprofile und das Aussehen von echten Menschen in die Modelle zu implementieren. Natürlich nur von Verstorbenen oder freiwilligen Spendern. [...]. Das ist nicht einfach eine Software, die man beliebig verändern oder löschen kann. Sagt Ihnen der Begriff Immanenz etwas?'

71 Vgl. Rötzer (2019).
72 Vgl. Zeißler (2008: S. 29).

'Nein.' 'Laut Wikipedia bezeichnet Immanenz das in den Dingen Enthaltene, das, aus dem sich das Wesen einer Sache ergibt. […]. Ich bin zwar erst vor drei Tagen damit ausgestattet worden, aber ich besitze seit diesem Augenblick die vollständigen Erinnerungen von Martina Fischer. Ich weiß alles, was sie wusste, ich kenne alle ihre Gefühle, Wünsche und Hoffnungen. Ich erinnere mich, so wie sie sich erinnert hat. Und ja, ich habe das Gefühl, selbst erlebt zu haben, was sie erlebt hat. Manche Roboterrechtler würden sagen: Ich bin Martina Fischer' (DO, 247f.).

Ich speichere also bin ich? Hannig inszeniert hier die Decodierung von Erinnerung und Emotion und stellt mögliche Konsequenzen aus. Eine derartige Decodierung erschließt die letzte private Sphäre für die KI: das Erfahrene, Gefühlte, Erkannte und Reflektierte. Ist dann das Sein nur noch eine Frage der algorithmischen Datenkombination? Wenn nicht nur Leib, sondern auch Seele verdatet werden können, unterscheidet die Maschine nichts mehr vom Menschen; mehr noch: Dann können Menschen gemacht werden. Was sich nach Science Fiction anhört, ist eine im Text dystopisch verdichtet dargestellte Gegenwart. Zwar erzählt Hannig komplexitätsreduziert, doch die Autorin spielt darauf an, dass Wissenschaftler*innen bereits von der Personifikation von Robotern bzw. KI träumen und an ihr arbeiten. Die Idee, dass Daten von Verstorbenen übertragen werden und die Toten so digital 'weiterleben', entstammt der außerliterarischen Realität.[73] So fragt der Roman nach der Wertigkeit im Mensch-Maschine-Verhältnis: Mit der Offenbarung des Persönlichkeitsprofils der Roboter lässt der Roman das Herrschaftsverhältnis kippen. Jetzt wird auch Samson mulmig: „'Wollt ihr uns alle ersetzen?' 'Nein, wie kommst du darauf? Wir können die Menschen nicht ersetzen. Wir dienen den Menschen.' 'Und wir bedienen euch.' Der Roboter starrte erst einige Sekunden ins Leere, dann lächelte er" (DO, 254). Im ironischen Lächeln der Maschine drückt Hannig ihre Zukunftsprognose aus. Die kulturell sicher geglaubte Hierarchie – der Mensch dominiert die Maschine – wird bröckeln, so der Text.

In der klassischen Dystopie gehört es zum Handlungsschema, dass das System immer gewinnt.[74] Hannig lässt Samson nicht die Phantasie 'wegoperieren' (Samjatin), auch konstruiert sie kein Umerziehungsprogramm (Orwell) und keinen Selbstmord (Huxley). Freitag wird vielmehr selbst zum 'Basileus' – so lautet der Name der hochentwickeltsten Roboterart, der anzeigt, dass die Roboter in der erzählten Welt den Souverän bilden.[75]

73 Vgl. Grävemeyer (2019); Marsiske (2013).

74 Vgl. Zeißler (2008: S. 30).

75 Basileus fungiert als Bezeichnung für die männlichen Könige oder Herrscher im Byzantinischen Reich. Hier kann auch an Agamben gedacht werden, der anhand des Pindar Fragments 169 definiert: „In diesem Sinn enthält Pindars Fragment *homo*

> ‚Deshalb haben wir dich zu uns geholt. Als Mensch hast du alle Facetten der Gesellschaft erlebt. Du warst ein Vorzeigebürger und dann ein Piretist. Durch deine Erfahrung können wir das System noch besser machen [...]. Alles wird gut. Niemand hat vor, die Menschen zu schlachten.‘ (DO, 302f.)

Hannigs Freitag dient folglich keinem Robinson, sondern allein den Robotern.

4.1.2 Zwischenfazit: Orwells Erbe

Bei der Betrachtung der vier vorgestellten Erzählungen fällt auf, dass derartige Überwachungsromane die Themen der alten Überwachungsdystopien aufgreifen und teilweise aktualisieren: Aus Orwells totalitärem Staat wird Zehs Gesundheitsdiktatur oder Sautners Wirtschaftsunion; aus den Tagebüchern des Protagonisten Winston werden bei Hannig Klientenaufzeichnungen; statt Teleschirmen finden sich implantierte Chips (Zeh, Sautner und Hannig bedienen das Erzählelement); Datenübertragungen und -profile, Datenbrillen und intelligente Roboter halten Einzug in die Diegesen. Die Aktualisierungen, die die Texte dieses ersten Typs von Überwachungserzählungen vornehmen, finden auf der Erzähloberfläche statt: Die historisch gewordenen Themen des 20. Jahrhunderts werden durch aktuelle Überwachungspraktiken und -technologien ersetzt. Dabei verändert sich auch die darunterliegende Ebene allmählich, die die Überwachungsideologie reflektiert/trägt: Die „gestiegene[...] Macht wirtschaftlicher Akteure [...] kennzeichnet auch den Übergang zwischen zwei kulturgeschichtlichen Modellen, nämlich den Weg von der Disziplinargesellschaft nach Michel Foucault in die Kontrollgesellschaft nach Gilles Deleuze“,[76] wie Martin Hennig festhält. Dieser Übergang zu neuen Formen der Macht und Kontrolle kann sowohl in der erzählten freiwilligen Teilnahme an der Überwachung, d. h. in den Praktiken der freiwilligen (Selbst-)Überwachung als auch in der Abnahme einer zentralen (staatlich-repressiven) Macht erkannt werden. Die Texte versuchen dem ideologischen Umschwung allerdings vorerst nur durch inhaltliche Aktualisierungen gerecht zu werden. Das, was Kritiker*innen diesem ersten Typ gegenwärtiger Dystopien vorwerfen, nämlich, dass sie die Komplexität gegenwärtiger Überwachung nicht erfassen, liegt weniger an der Oberfläche – denn alle Texte weisen diegetisch auf das freiwillige Partizipieren an Überwachung

---

basileús das verborgene Paradigma, das alle folgenden Definitionen der Souveränität lenkt: Der Souverän ist der Punkt der Ununterschiedenheit zwischen Gewalt und Recht, die Schwelle, auf der Gewalt in Recht und Recht in Gewalt übergeht.“ (Agamben (2002: S. 42).

76 Hennig (2019: S. 117).

und auf das Zusammenspiel von System, Gesellschaft und Einzelnen hin. Grund für die Kritik an derartigen Dystopien ist eher das darunterliegende Handlungs- und Erzählschema: Wenngleich die Texte die erzählten Ereignisse auch aktualisieren, behalten sie auf der Ebene der *histoire* doch die schematische Abfolge der Ereignisse ebenso bei wie das klassische Erzählmuster der Dystopie auf der Ebene des *discours*. Im deutschsprachigen Raum dominiert das Orwell-Narrativ vor dem Huxleys: Exposition mit systemtreuer/m Normalbürger*in, Begegnung mit dem ‚Anderen' (Liebespaar bzw. Geschwisterpaar), Erkenntnis, Rebellion, Unterdrückung (in der Orwell-Struktur: Verhaftung-Verhör-Folter) und schließlich der Sieg des Staates über den/die Einzelne*n. Wer gewinnt, beantwortet Zeh im Schlussakt einer ihrer Stücke:

EINS Das System.
ZWEI Das 21. Jahrhundert.
DREI Die Geister, die ihr rieft.[77]

Zu diesem Erzählschema gehört auch eine bestimmte Erzählperspektive, die das Orwell-Narrativ vorgibt: Wir erleben die Welt durch die Wahrnehmung eines Durchschnittsbürgers. Die Leser*innen finden in derartigen Narrativen eine autoritäre Erzählinstanz mit Deutungshoheit vor und erhalten vorrangig Introspektion in einen Protagonisten, den die Erzählinstanz hier aber von Beginn an ironisch-kritisch kommentiert:[78] „Glücklicherweise gab es Menschen wie Samson, die darüber wachten, dass das individuelle Glück und die Prosperität des Staates in Einklang gebracht wurden" (DO, 60). Es ist vor allem diese Erzählperspektive, die über die Wirkung des Textes und die Literaturkritik bestimmt, denn die Erzähler etablieren von Beginn an ein liberales Wertesystem.[79] Auch halten diese Texte (noch) an starren Dichotomien fest: Zwischen Freiheit und Überwachung werden die Elemente entweder dem einen oder dem anderen Pol zugeordnet, ein ‚Dazwischen' kennt das Orwell-Narrativ kaum. Diese polare Differenz zeichnet sich oft in einem Generationenkonflikt ab, in dem die Eltern einen kritischen und Angehörige der jungen Generation einen sorglosen Umgang mit dieser Technologie zeigen (Sautner, Elsberg, Hannig) oder aber in

77 Zeh (2013c: S. 72).
78 Zeißler zählt zur Erzählweise der Dystopie vor allem die Innensicht durch die zentrale Figur und eine unbehagliche Atmosphäre durch den Erzähler, vgl. Zeißler (2008: S. 40ff.).
79 Zum Erzählerverhalten von Systemdiskurs-Dystopien: Vgl. Huber (2019: S. 71–97).

der alten Dichotomie zwischen Urbanität und Natur, in der die Natur als Bedingung des privaten Raums semantisiert wird (Zeh, Sautner, Hannig).[80]

Die Frage, warum gegenwärtige Autor*innen an einem so starren Korsett festhalten, lässt sich kulturanalytisch beantworten: Fasst man Kulturen mit Müller-Funk als Erzählgemeinschaften auf, weist jede Kultur bestimmte Erzählungen auf, die identitätskonstitutiv sind. „So kann man zeigen, daß es einen unegalen Zusammenhang zwischen klassischen Erzählformen und traditionellen Identitätsmustern gibt."[81] Das Orwell-Narrativ ist eines, das gerade im deutschsprachigen Raum im kollektiven Gedächtnis nicht nur verankert ist, sondern identitätsversichernd wirkt. Wer gemäß des Orwell-Narrativs erzählt, leistet demnach Gedächtnisarbeit.

> [J]ede Gesellschaft besitzt, durchaus wandelbar und implizit, einen Kanon, der Prioritäten vorgibt, welche Texte für das Selbstverständnis einer Gesellschaft von Belang sind. [...] Kulturwissenschaft beginnt indes dort, wo die Wertungsfrage in den Hintergrund tritt. Das ist der Fall, wenn man die Narration aus ihrem speziellen literarischen Umfeld, aus dem ausdifferenzierten System ‚Literatur' löst und diesen speziellen Fall von Erzählung wie alle andere Formen des Erzählens als zentrale Mechanismen des Großphänomens ‚Kultur' analysiert.[82]

Folgt man Müller-Funk, dann besteht eine Kultur aus unterschiedlichen Erzählungen, deren Notwendigkeit zur Re-Inszenierung variiert: Solange bestimmte Erzählungen in einer Kultur unumstritten sind, können sie unthematisiert bleiben. „Ähnlich verhält es sich mit jenen Narrativen mittlerer Reichweite, jenen etwa, die eine Nation konstituieren. Narrative in Kulturen sind also oftmals latent, das heißt sie sind prinzipiell abrufbar, aber nicht fortwährend präsent."[83] Hierin liegt ein zentraler Punkt: Die hier behandelten Autor*innen erzählen, aller vermeintlicher gesellschaftlicher Übereinstimmung im Selbstbild zum Trotz, ein Narrativ, welches ihrer Auffassung nach im *common sense* unumstritten sein sollte.[84] Indem sich Autor*innen dieses ersten Typs von Überwachungsromanen ans starre Orwell-Korsett halten, knüpfen sie an latente Inhalte des kollektiven Gedächtnisses an, halten sie wach und wirken der ‚floating gap'[85]

---

80 Vgl. Huber (2018: S. 195–218).

81 Müller-Funk (2002: S. 35).

82 Ebd. (S. 52f.).

83 Ebd. (S. 154).

84 „Texte leben davon, daß sie wieder gelesen und daß ihre Narrative verstanden werden. Wenn sie als selbstverständlich verstanden werden, dann dürfte der Druck zu einer Umschreibung, zu einer Variation oder einer Dekonstruktion gering sein." Ebd. (S. 90).

85 Im historischen Gedächtnis konstatiert Jan Assmann eine Lücke der Informationsfülle: Für die jüngste Vergangenheit seien reichlich Informationen vorhanden; ebenso für frühe Perioden mit ihren Überlieferungen des Ursprungs. Dazwischen existiere

entgegen. Glaubt man Jan Assmann, so fasst das kommunikative Gedächtnis etwa drei bis vier Generationen, wobei nach 40 und 80 Jahren ein Einschnitt erkennbar sei.[86] Wir befinden uns diesbezüglich im Übergang; es leben kaum noch Zeitzeug*innen unserer ‚Schuld' – also jene Leser*innen, die Orwell noch ganz anders erfahren und gelesen haben. Auch das Bespitzelungsregime der DDR befindet sich, vom heutigen Standpunkt aus gesehen, bald an so einer zeitlichen Schwelle. Jene erwachsenen Autor*innen solcher Dystopien gehören der mittleren Generation an, deren Eltern oder Großeltern noch aus persönlicher Erfahrung heraus hätten erzählen können, demgegenüber ist Studierenden und Schüler*innen die NS-Zeit ausschließlich medial zugänglich. Die Redundanz des Wiedererzählens erfüllt nach Koschorke somit eine kommunikative Funktion: Die Iterativität sichert den unterstellten oder tatsächlichen Konsens ab.[87] Redundanz hat folglich eine systemische Funktion: Die Aufgliederung der Welt in Serien gleichförmiger Geschichten erzeugt, so Koschorke, Räume verdichteter Relevanz:

> Nur in Zonen verdichteter Relevanz können sich Akteure überhaupt als Betroffene und Handelnde begreifen; nur hier gibt es hinreichend sichere Verbindungen zwischen der Motivlage der Akteure und dem, was in ihrer Umwelt vor sich geht.[88]

Die Wiederaufnahme bereits tradierter Narrative will folglich auch an jene individuellen Haltungen und Widerstandskräfte anknüpfen, die zum Erfolg des Orwell-Narrativs führten: Formbeständigkeit vor Innovation.

4.2 Huxleys Lachen: Neue Spielformen und Versuche der Intervention

Die Überwachungsromane der zweiten Art zeichnen sich durch Experimente in der Erzählweise aus. Drei dieser ‚innovativeren' Erzählkonzepte von Überwachung werden vorgestellt: Erstens: Ein dokufiktionaler und metaleptischer Erzählstil, der hypertextuelle Erzählstrukturen imitiert. Zweitens: Das Erzählen mittels eines Erzählstroms im Stil des *Ulysses,* der die Sprach-, Gedanken- und Selbstüberwachung offenlegt. Drittens: Der Einsatz von Sarkasmus, Ironie und

---

eine Informationslücke: „Weil die Grenze zwischen beiden sich mit der Generationenfolge fortbewegt, habe ich die zwischen den beiden Ebenen klaffende Lücke ‚floating gap' genannt." Assmann (2007: S. 48f.). Die ‚floating gap' trennt so kommunikatives und kulturelles Gedächtnis – jene zwei Erinnerungsmodi, die Assmann unterscheidet. Vgl. ebd. (S. 51).

86 Vgl. ebd. (S. 56).

87 Vgl. Koschorke (2013: S. 44).

88 Ebd. (S. 48).

Komik. Darüber hinaus versuchen alle drei Texte durch Montage konventionelles Erzählen zu sprengen.

4.2.1. Analyse der Romane

Der erste Stil zeigt sich im Roman *1WTC* (2011) des Designprofessors Friedrich von Borries. Dieser handelt vom Künstler Mikael Mikael, der nach New York geht, um mittels eines Filmes die Überwachung an öffentlichen Plätzen nach 9/11 zu kritisieren. Dort trifft er Syana, die für ihn öffentliche Kameras hackt: Mikael dreht damit seinen Film nicht selbst, sondern er zweckentfremdet die Aufnahmen der öffentlichen Kameras an New Yorks Hotspots. Er lässt jemanden vor den öffentlichen Kameras posieren und an jedem der derart überwachten Orte folgenden Satz in die Kameras rufen: „Show you're not afraid."[89] Aus den so gewonnenen Bildern montiert er seinen überwachungskritischen Film. Er will sichtbar machen, was die Überwacher*innen sehen:[90] „Alle Bilder sind schwarz-weiß. Geringe Auflösung, niedrige Bildrate. Überwachungslook [...], die typische Perspektive von oben [...]. Die Ästhetik krisseliger Schwarzweißbilder." (WTC, 58). In dieser Idee schreiben die gestohlenen ‚Überwachungsbilder' durch Mikaels Film die medial verbreiteten ‚Bilder der Überwachung' um.[91] Indem Mikael die Perspektive der Kameras sichtbar macht, sie als undeutliche, schwarz-weiß Krisselei ausstellt und seine Protagonistin vor den öffentlichen Kameras gerade durch normabweichendes, also verdächtiges Verhalten auffällt, unterläuft er das Sicherheitsversprechen von CCTV. Syana, Mikaels Hackerin, welche ihm Zugang zu den Überwachungskameras verschafft, ist jedoch abseits von Mikaels Film mit einem eigenen Projekt beschäftigt: Sie entwirft gerade ein Game, das zwar online gespielt, aber offline ausgelebt wird. Als Zielperson dieses

---

89 So lautete auch der Aufruf von News Yorks damaligem Bürgermeister Rudolph Giuliani nach den Anschlägen des 11. Septembers 2001.

90 Vgl. von Borries (2011: S. 56). Im Folgenden zitiert mit der Sigle WTC.

91 „[D]urch Videoüberwachung [werden] zwei Arten von Bildern hervorgebracht [...]: Einerseits *Überwachungsbilder*, die in Kontrollräumen von staatlichem und privatem Sicherheitspersonal betrachtet werden [...]. Andererseits die *Bilder der Überwachung*: Repräsentationen systematischer und technikgestützter Beobachtung, die in massenmedialer Zirkulation das kollektive Bewußtsein dessen prägen, was Überwachung ist und was sie sein kann [...]. Geht es um Überwachung, vermischen sich Fakt und Fiktion, dann werden Travestien für bare Münze genommen (oder umgekehrt), dann verbreiten Nachrichtenmagazine Mythen und Halbwahrheiten und Science-Fiction-Szenarien sind näher an der Wirklichkeit als uns lieb sein kann." Kammerer (2008: S. 9). Hervorhebungen im Original.

Spiels setzt sie Mikael ein. Level für Level muss diese Zielperson nun von den Spieler*innen überwacht, ihr Verhalten vorhergesagt und verändert werden, bis diese Widerstand leistet und selbst zum Gamer wird. Davon weiß Mikael allerdings (zunächst) nichts. Der Roman endet mit der Katastrophe. Syanas Spiel und Mikaels Film fordern Opfer, der Künstler muss fliehen.

Erzählt wird auf einer extra-, einer intra- und zwei metadiegetischen Erzählebenen, die die vermeintliche Grenze zwischen Fiktion und Realität verwischen. Die Rahmenerzählung berichtet, dass Mikael Mikael untertauchen musste und daher seine Geschichte nicht selbst erzählen kann, sondern von Borries gebeten hat, dies zu tun. In den fünf eingeschlossenen Kapiteln der Mikael-Erzählung montiert der Autor Versatzstücke aus einer Art Filmskript bzw. einer Kameraerzählung sowie auf einer weiteren Ebene Texte, die Lexika- oder Wikipedia-Artikel simulieren. Durch diese dokufiktionale Schreibweise und Montagetechnik sollen Leser*innen über den pragmatischen und ontologischen Status des Erzählten im Unklaren bleiben. Friedrich von Borries montiert diese Einträge entweder als Referenzen auf realhistorische Analogien zur Fiktion oder liefert mit ihnen – in einer Art explikatorischen Geste – kausal-realhistorische Hintergründe zur Diegese. Letztlich erweisen sich Mikael, sein Projekt und Syanas Spiel als mosaikartige Vehikel realhistorischer Konzepte und Künstler*innen. Von Borries montiert dabei mittels ‚Ein-Wort-Link':

> Für seinen Entwurf spielen das ursprüngliche World Trade Center und sein Architekt Minoru Yamasaki keine Rolle, aber es interessiert ihn trotzdem, aus reiner Neugier.
>
> > Das World Trade Center ist nicht das einzige Gebäude von Yamasaki, das gewaltsam zerstört wurde. Er plante ab 1951 mit Pruitt-Igoe eine Großsiedlung mit 33 elfstöckigen Platten […].
>
> Es ist schon eine komische Geschichte mit Minoru Yamasaki, denkt Tom. Ein Architekt, der berühmt wurde, weil seine beiden wichtigsten Planungen gewaltsam und geplant zerstört wurden. (WTC, 125f.)

Es findet sich in der Regel ein konkretes Lexem, das den ‚Link' darstellt und den Bruch damit glättet. Hier ist dieses ‚Link-Lexem' der Architekt Yamasaki, zu dem eine Erklärung in der Metadiegese eingebettet wird. Dieses Verfahren simuliert einen Hypertext. Den Leser*innen wird ein Angebot zur Erläuterung einzelner Sachverhalte gemacht, sie können dem Link folgen oder aber sie lesen über ihn hinweg. Der Roman funktioniert also auch, wenn die eingebettete und typografisch versetzte Erklärung zu Yamasaki übersprungen wird; wird ihr gefolgt, ergänzen Hintergrundinformationen die Diegese. Indem von Borries hypertextuelle Formen nachahmt, wird der Roman Teil eines transmedialen Konstrukts. Nicht nur beruhen die erzählten Inhalte der Lexikateile auf nachprüfbaren Fakten, sondern er arbeitet zudem mit einem metaleptischen Trick: Lassen Leser*innen des Romans sich auf die paratextuellen Spuren ein, taucht Mikael Mikael plötzlich im Internet[92] und auf Ausstellungen[93], sogar mit eigenen Büchern, *whiteout* (2011) und *blackout* (2015), auf. Damit zielt von Borries auf eine inszenierte Irritation der Grenze zwischen Fiktion und Realität.

Die Genregrenzen einer klassischen Dystopie werden nicht nur durch die Form aufgebrochen. *1WTC* ist keine Zukunftsfiktion, sondern spielt im New York der Gegenwart. Dystopische Motive, wie das der Folter, werden verkehrt. Der Architekt Tom wird beispielsweise beauftragt, im neuen World Trade Center ein simuliertes Paradies zu bauen, das in Wahrheit eine Folterkammer für vermeintliche Terroristen ist. Im Glauben, sie seien bereits tot, sollen die Verdächtigen wie Helden von ihren Taten erzählen. „Folter statt Fenster auf die Welt. [...]. Das Paradies ist eine Todeszelle, das Tor zur Hölle. Und für Sunner [Toms Vorgesetzten, S. H.] hat das etwas mit Freiheit zu tun" (WTC, 136). Das Übertreten der Menschenrechte im Namen der Freiheit stellt der Roman so aus. Die Heilsversprechung des Paradieses kehrt sich um: Nicht der Himmel, sondern das „Tor zur Hölle" ist das Paradies,[94] was sich als Verweis auf Jean Baudrillards „Hölle der Simulation"[95] liest. Jean Baudrillards Gedanke einer Simulationsgesellschaft wird im Roman auf mehreren Ebenen aufgegriffen. Toms Paradies ist dabei nur die offensichtlichste Täuschung. Syanas Spiel dagegen ist ein Simulakrum, ein Zeichen dritter Ordnung, bei dem Realität und Fiktion verschmelzen und das Reale hinter dem Simulierten verschwindet. Ebenso unterläuft Überwachung in diesem Roman eindeutige Zuschreibungen und verweist vor allem auf die Rolle der Fiktion innerhalb von Sicherheitsdiskursen. Durch das Spiel und die metaleptische Erzählstrategie erweitert der Roman herkömmliche Narrative, in denen Überwachung einem zentralen System (Staat, Wirtschaftsunion etc.) zugeschrieben und als totalitär markiert wird. Borries dagegen erzählt in intertextueller und transmedialer Weise von einer spielerischen Überwachungslust, die Kontrollverlust bedeuten kann. Das dokufiktionale Schreiben dagegen holt in hohem Maße Realität in die Fiktion wie umgekehrt die Metalepse Fiktion in der Realität markiert.

---

92 Vgl. Wikipedia (2019); vgl. die Homepage des Künstlers: Mikael Mikael c/o Projektbüro Friedrich von Borries (o. J.); vgl. Akademie Schloss Solitude (2011).

93 Vgl. Akademie Schloss Solitude (2013).

94 Vgl. Hayer (2016: S. 300).

95 Baudrillard (1978: S. 32).

Zweiter Erzählstil: Der mit *In Zeiten des abnehmenden Lichts* berühmt gewordene Autor Eugen Ruge (Deutscher Buchpreis 2011) schreibt mit *Follower* (2016) einen Roman, der zunächst ebenfalls verwirrt: „Vierzehn Sätze eines fiktiven Enkels" lautet der Untertitel in Strukturanalogie zu Dürrenmatts *Der Auftrag oder Vom Beobachten des Beobachters der Beobachter. Novelle in vierundzwanzig Sätzen.* Ruge erzählt in vierzehn Kapiteln, ein jedes einen Satz (von beträchtlicher Länge) lang, von seinem fiktiven Enkel Nio Schulz – auch durch diese autofiktionale Spielart erinnert *Follower* an Dürrenmatts Novelle, in die der Autor sich als ‚Logiker D.' einschreibt. Nio, dessen Name klanglich dem Helden der Matrix-Trilogie ähnelt, muss im China des Jahres 2055 einen Geschäftstermin wahrnehmen. Mit Referenz auf Kafkas *Prozess* findet dieser Termin um 10:00 Uhr statt; bis dahin muss Nio einen Artikel über „*Die Bedeutung der Marke im postpostmateriellen Zeitalter*"[96] gelesen haben, denn er verkauft ein Produkt, das sich *True Barefoot Running* nennt. Doch darauf kann er sich nicht konzentrieren. Ständig wird er durch einen Nachrichtensturm aus Twittermeldungen und Postings unterbrochen. In Nios Twitterverhalten zeigt sich das Thema der Angst vor der unbeobachteten Bedeutungslosigkeit. Ruge überführt ein Thema aus Dürrenmatts Novelle in die Zeit von Social Media. Bei Dürrenmatt heißt es:

> [D]ieses Unbeobachtet-Sein würde ihn mit der Zeit mehr quälen als das Beobachtet-Sein vorher, […], nicht mehr beobachtet, käme er sich nicht beachtenswert, nicht beachtenswert nicht geachtet, nicht geachtet bedeutungslos, bedeutungslos sinnlos vor, […] die Menschen […] litten unter dem Unbeobachtet-Sein wie er, auch sie kämen sich unbeobachtet sinnlos vor, darum beobachteten alle einander, knipsten und filmten einander aus Angst vor der Sinnlosigkeit ihres Daseins angesichts eines auseinanderstiebenden Universums […], eines Alls unaufhörlich durchzuckt von explodierenden und dann in sich zusammensackenden Sonnen, wer anders sollte den Menschen da noch beobachten um ihm einen Sinn zu verleihen als dieser sich selber[…].[97]

Nio ist zu diesem Zweck nicht nur mit einer ‚Glass' – die auf die Google Glass anspielt – ausgestattet, sondern hat sich auch einen Chip implantieren lassen, der Stimmungen aufhellt oder kontrollieren kann: „drei harmlose jeweils in den Frontlappen, den Schläfenlappen und die Amygdala eingelassene Haarelektronen" (F, 14f.). Entsprechend prüft Nio morgendlich seine Daten: „kurzer Gesundheitscheck: *Puls normal, Cholesterin/gesamt leicht über normal, pH-Wert/Blut leicht unter normal*, besonders die fast immer gleichlautende Ermahnung

96 Ruge (2016: S. 55). Hervorhebung im Original. Im Folgenden zitiert mit der Sigle F.
97 Dürrenmatt (1998: S. 47).

Weniger Eiweiße zuführen, mehr Ausdauersport! kam ihm beinahe mütterlich vor" (F, 53, Hervorhebung im Original).[98]

In *Follower* stellt Ruge die Indoktrinierung und Internalisierung von Normen und Praktiken aus, die sich insbesondere auf der Sprachebene niederschlagen. Das manifestiert sich einerseits durch eine Vermischung unterschiedlicher Sprachregister: Der Romantext ist von Anglizismen und Phrasen medien- und informationstechnischer Sprache geradezu überschwemmt: „dann erscheint eine *restricted area*-Warnung, und eine freundliche Stimme empfiehlt in akzentfreiem Deutsch: *Genieße politisch korrektes Fleisch und floate emissionsfree über die faszinierende Landschaft von Southwest-China*" (F, 169, Hervorhebung im Original). Kursiv setzt der Autor Sprachmaterial, das durch Medien und Werbung in Nios Gedanken gelangt. Hauptaugenmerk des Romans ist jedoch die Durchsetzung einer ‚politisch korrekten Sprache'. Nio ist ständig damit beschäftigt, sein Verhalten, seine Sprache, seinen in Endlosschleife laufenden Gedankenstrom im Stile von Joyce' *Ulysses*, permanent im Sinne einer Political Correctness, „kurz p.c., oder wie es in Schulz' Kopf klang: pisi" (F, 28) zu überwachen und zu korrigieren, wobei er sich nicht immer sicher ist, welche Norm gerade gilt. Political Correctness fungiert hier wie ein „universeller Gedankenscanner"[99]. Ruge spielt darauf an, dass eine derartige Überwachung der Sprache – nicht unähnlich Orwells Motiv des ‚Neusprechs' – über einen internalisierten Normenkatalog und eine Einschränkung bzw. Substitution des Vokabulars wirkt. So überwacht und zensiert der Sprecher im Vorfeld sein Gemeintes. Diese Kritik übt der Roman weniger durch den Inhalt, mehr durch den Erzählstil, denn nur durch den geführten Gedankenstrom können diese Sprachkorrekturen nachvollzogen werden.

Auch dieser Roman zeichnet sich darüber hinaus durch Montage aus: Anders als bei von Borries jedoch bleiben seine Montagestücke im Bereich der Fiktion. Zwischen den Gedankenstrom setzt Ruge Textteile, die die geheimdienstliche Akte des Protagonisten zeigen. Dieser wird anscheinend vom BKA überwacht. Ruge bedient sich dabei augenzwinkernder Verweise auf reale Personen. So lässt er die Dokumente in Anspielung auf den realen Literaturkritiker von einem ‚D. Scheck' kommentieren, stattgeben oder ablehnen.

Nach circa zwei Dritteln des Romans bricht dann plötzlich ein Kapitel mit der Diegese und v. a. mit deren formaler Gestaltung: Handelt es sich ansonsten um

98 Maren Conrad verweist in ihrem Beitrag in diesem Band passenderweise darauf, dass digitale Technik auch in der neueren Kinder- und Jugendliteratur häufig als Ersatz für parentale Kontrolle fungiert.

99 Thiel (2016).

einen zeitdehnenden Gedankenstrom, rafft Ruge nun plötzlich Milliarden Jahre Menschheitsgeschichte – vom Urknall bis zu Nio Schulz – auf wenige Seiten. Der Autor selbst gibt Hinweise zur Intention des Kapitels:

> *Ich habe ja Mathematik studiert – Wahrscheinlichkeitsrechnung hat mich also interessiert. Es ist ja eine Geschichte des Zufalls. Wenn man das alles verfolgt, kommt man also zu dem Schluss, dass die ganze Geschichte vom Urknall an bis zur Entstehung des Lebens, Entstehung der Arten, Entstehung der Intelligenz – bis zu Nio Schulz –, dass das alles so unwahrscheinlich ist, dass das gar keinen Sinn mehr hat, von Wahrscheinlichkeiten zu reden. Was da passiert, gleicht einem Wunder.*[100]

Der Berechnung der Zukunft, auf die die Überwachung ja zielt, setzt der Autor so die Entstehung der Erde entgegen, die mindestens ebenso von Wundern und Zufällen abhing wie von mathematisch oder physikalisch berechenbaren Regelmäßigkeiten.

Einen dritten Erzählstil legt Mark-Uwe Kling nach seinen erfolgreichen *Känguru-Chroniken* vor: *QualityLand* (2017) nennt er seine düster-witzige Dystopie, in der zwischen dem eigentlichen Plot Werbung geschaltet ist und wo die Leser*innen in Reiseführer-Texten durch dieses Land geführt werden. Es gestaltet sich folglich auch dieser Roman auf mehreren Erzählebenen: die Geschichte um den Helden, der extradiegetisch gelagerte ‚Reiseführer' und die montierten Werbetexte. So erfährt man, dass QualityLand früher anders hieß, doch der alte Name

> war abgenutzt und inspirierte laut Umfragen nur noch ewiggestrige Nationalisten mit geringer Kaufkraft. Außerdem ließen sich durch die Umbenennung auch ein paar unangenehme historische Verpflichtungen loswerden. So hatte zum Beispiel die Armee des Landes in der Vergangenheit, nun ja, sagen wir mal: etwas übers Ziel hinausgeschossen…[101]

Kling markiert an vielen Stellen, dass auch diese erzählte Zukunft auf die Gegenwart der Leser*innen fixiert bleibt und die dort vom Autor wahrgenommenen Tendenzen verdichtet – Kling präsentiert ein mit Sarkasmus geschmücktes, amüsant-satirisch zu lesendes Probehandeln[102]. Die zentrale Figur des Romans ist Peter Arbeitsloser (Nachnamen bilden sich in QualityLand durch den Berufsstand des Vaters bzw. der Mutter zum Zeitpunkt der Zeugung), der einen Laden zur Maschinenverschrottung unterhält. Peter ist kein Dystopie-Held, der zu Beginn fürs System brennt, wie etwa in den zuvor genannten Überwachungsnarrativen

100 Meyer (2016). Hervorhebung im Original.
101 Kling (2017: S. 9). Im Folgenden mit der Sigle QL zitiert.
102 Vgl. zum Begriff Voßkamp (2013: S. 15, 23).

von Samjatin oder Zeh, eher einer, der einfach sein Leben leben will. Während in Hannigs *Optimierer* noch fröhlich verbessert wird, ist die Zukunft von *QualityLand* längst durchoptimiert und zielt in der Überwachung auf die Personalisierung von Maschinen, Konsumgütern und Dienstleistungen. Darum wird mit dem Bewerten und Datensammeln auch nicht aufgehört; die Figuren unterstehen einem ständigen Bewertungsdruck. Der Wert der Menschen misst sich in „Level", die aus Daten über „Belastbarkeit, [...] Geschmack (sehr umstritten), Vernetzung, Alter, Gesundheit, Wohnort, Job, Einkommen, Vermögen, Beziehungen" (QL, 37) und vielen weiteren Datenquellen errechnet werden. Doch Peter beginnt diese neue perfekte Zukunftswelt zu hinterfragen: Wieso zum Beispiel soll er intelligente Maschinen verschrotten, nur weil sie menschlich geworden sind? Wenn doch sein ganzes Kaufprofil überwacht und analysiert wird, wieso erhält er dann ein Paket, das nicht zu seinem Profil und Kaufverhalten passt? Peter bekommt eines Tages per Drohne einen rosafarbenen Delfinvibrator geliefert. Er müht sich, ihn zurückzugeben – ohne Erfolg: „‚Ich will das Scheißding aber nicht.' ‚Doch', sagt die Frau. ‚Sie wollen es'. ‚Wie kommen Sie darauf, dass Sie wissen, was ich will?', ruft Peter. ‚Ich weiß das nicht. Aber das System weiß es' " (QL, 148f.). Der Umtausch wird zu einer Irrfahrt, die zu einer (natürlich erfolglosen) Revolution gegen das System führt; in dieser Niederlage entspricht der Text dem Handlungsschema der klassischen Dystopie. *QualityLand* bebildert dabei die Vorstellung, dass überwachende Algorithmen besser wissen, was als nächstes getan oder gekauft wird, als die Kundschaft selbst. „Wir wissen, was du willst" (QL, 18), lautet der Slogan des marktführenden Versandhändlers und auch die Partnervermittlung ‚QualityPartner' wirbt damit, dass das System die perfekten Partner*innen findet. Den Erfolg einer auf Algorithmen basierenden Partnervermittlung erklärt die Mitarbeiterin der Agentur: „Viele Leute meinen, es liege daran, dass die Benutzerprofile aus personenbezogenen Daten automatisch generiert werden [...]. Entscheidender aber war, so glaube ich, dass wir unseren Usern von Anfang an nicht erlaubt haben, diese Profile zu ändern" (QL, 43). Der Roman offenbart die instrumentäre Macht, die auch darin liegt, dass Überwachungskapitalist*innen Geheimniskrämer*innen sind und die Entscheidungsrechte der Einzelnen aushebeln.[103] Weil in dieser nahen Zukunft bereits alles optimiert ist, besteht auch die Sprache nur noch aus Superlativen. So manifestiert sich, um mit Byung-Chul Han zu sprechen, „die Transparenzgesellschaft zunächst als eine *Positivgesellschaft*".[104] Klings Dystopie lebt weiter von der

---

103 Vgl. Zuboff (2018: S. 112).

104 Han (2017: S. 5). Hervorhebung im Original. Darüber hinaus konkretisiert Han: „Das allgemeine Verdikt der Positivgesellschaft heißt *Gefällt mir*. Es ist bezeichnend, dass

Zweideutigkeit des uneigentlichen Sprechens: „Niemand ist Peters persönlicher digitaler Assistent. Peter selbst hat diesen Namen gewählt, denn er hat oft das Gefühl, dass Niemand für ihn da ist […]. Niemand spricht mit ihm. Niemand beobachtet ihn. Niemand trifft für ihn Entscheidungen“ (QL, 12).

Ähnlich wie in Hannigs *Die Optimierer* ist darüber hinaus auch bei Kling ein Social-Credit-System etabliert, in dem der unterste Status der eines ‚Nutzlosen' ist. Die Differenz zu Hannig liegt in der Idee des Spiels. In Klings System erreicht man keine Stufen, sondern ‚Levels', an die bestimmte ‚Levelfähigkeiten' geknüpft sind: „und tatsächlich stürzten sich die Nutzer mit Begeisterung in den Wettkampf um ein immer höheres Level“ (QL, 36). Nutzt man Levelfähigkeiten, indem man zum Beispiel Ampeln auf Grün schaltet, kostet das wiederum digitales Geld. Die Überwachungsgesellschaft als Spieler*innengesellschaft – diesen Gedanken teilen Kling und von Borries in seinem Roman *1WTC* und zeigen damit die Strategie der Gamifizierung von Unternehmen auf, die ihren Umsatz vorrangig mit Nutzer*innendaten verdienen. In *QualityLand* ist das alte dystopische Motiv der Vergangenheitskontrolle kaum mehr von Nöten: Geschichte und Kultur haben ohnehin ausgedient. Da die ‚QualityMenschen' es gewohnt sind, auf alles mit ‚ok' zu antworten, stört sich offenbar niemand mehr an der Aufführung von „Hitler! – Das Musical“ (QL, 32) oder von Neuerscheinungen wie „George Orwell geht shoppen!“ (QL, 68)

Zu den Formexperimenten des Romans gehören dabei nicht nur die drei eingangs erwähnten Erzählebenen, die Montage und die eigens dafür entworfene Homepage (www.qualityland.de), sondern auch die Materialität und graphische Darstellung. Der totalen Digitalität des Erzählten stehen ein höchst materiell erfahrbarer Einband, eine qualitative Buchbindung und graphisch auffallende Seitengestaltung gegenüber: harter Karton gegen ‚smarte' Erzählwelt. Zudem lässt Kling seinen Roman gleich doppelt auflegen: in einer hellen und einer dunklen Ausgabe – ganz nach individuellem Geschmack eben, zum selbst Personalisieren!

4.2.2 Zwischenfazit: Aufbruch zu neuen Schreibweisen innerhalb der Dystopie

Den aufgefächerten drei Beispielen für den zweiten Typ von Überwachungsromanen sind zum einen die endgültige Auflösung vereinfachender dichotomer

facebook sich konsequent weigerte, einen *Dislike*-Button einzuführen. Die Positivgesellschaft meidet jede Spielart der Negativität, denn diese bringt die Kommunikation ins Stocken. Ihr Wert misst sich allein an der Menge und Geschwindigkeit des Informationsaustausches.“ Ebd. (2017: S. 16f.). Hervorhebungen im Original.

Strukturen gemein. In ihnen sind die klassischen Dichotomien von ‚Gut' und ‚Böse' vollständig suspendiert, aufgrund derer sich die Überwachungspraktiken repressiv von einem Staat oder einem übermächtigen Konzern auf das Individuum richten. Zum anderen sprengen sie bis dahin traditionelle Erzählmuster der Überwachungsdystopie auf. Innerhalb der Überwachungsdiskurse zentrieren diese Romane in noch stärkerem Ausmaß den Einzelnen und seine Integration in das Überwachungssystem: Die Figuren handeln sozial wie individuell in erster Linie im Netz. Sie sind Konsument*innen von Waren, Technologien und Medienangeboten. Die Protagonist*innen werden als Selbstüberwacher*innen von Körper und Geist zu Datenlieferant*innen für zahlreiche Überwachungskapitalist*innen – ihre Unschuld am Ausmaß der Massenüberwachung haben sie restlos verloren. Gleichzeitig zeigen auch diese Romane, dass hinter dem Individuum, das freiwillig an den Praktiken partizipiert, weiterhin staatliche Institutionen agieren und auf einer zweiten Ebene die Selbstüberwacher*innen überwachen. Auch die Sicherheitspolitik im ‚war on terror' ist im zweiten Typ präsent, sodass in den Texten disziplinierende Techniken fortwirken.

Entscheidender als erzählte Inhalte sind für diese Romane die Versuche, mit dem klassischen Erzählmuster der Dystopie zu brechen. Müller-Funk betont, dass Narrative Sinn stiften, weil sie eine lineare Ordnung des Zeitlichen etablieren. Durch das Erzählen einer zeitlichen Kontinuität ergebe sich ein Beruhigungseffekt: Die beruhigende Distanz zwischen Darstellen und Erfassen ermögliche eine trügerische Gemütlichkeit in einer eingängigen Identität; eine perspektivische Selbstverkürzung im verschönenden Schein. Mit Adorno, der in *Über epische Naivität* festhält, dass der Roman seinem realistischen Erbe nur treu bleiben könne, wenn er gerade auf einen naiven Realismus verzichte, der nur ‚Fassade' reproduziere, betont Müller-Funk, dass die klassische anti-realistische Moderne wider epischer Naivität (lineares Erzählen, bildhafte Darstellungen, klassische Harmonie) zu erzählen versuche:[105]

> Die ästhetischen Techniken, die das Erzählen zertrümmern sollten, sind hinlänglich bekannt: Montage, Fragment, *medias in res, open end*, Auflösung der Handlung in Selbstreflexion und Selbstreferenz, Bewußtseinsstrom, unvermittelter Zeitsprung, Zeitraffer [….] sie sind die angemessenen ästhetischen Techniken eines neuen, nicht-naiven ‚Realismus', in dem die Dignität von Konkretheit und Besonderheit unverstellt und befreit von der manipulativen Kraft jedweder herrschaftlichen Begrifflichkeit aufblitzt […]. Im Grunde laufen all diese ästhetischen Revolten gegen Bildlichkeit und Narration auf eine Umkehrung aller Erwartungshaltungen epischer Naivität hinaus.[106]

105 Müller-Funk (2002: S. 29ff.).
106 Ebd. (S. 31). Hervorhebungen im Original.

Solche Techniken der Zertrümmerung, die in anderen Genres längst erprobt wurden, waren der klassischen Dystopie bislang fremd. Die Texte von Borries, Ruge und Kling heben sich stärker von der kanonischen Dystopie des 20. Jahrhunderts ab. Sie arbeiten mit jenen Techniken wie der Montage, die Leser*innenrealitäten verunsichern will – wenngleich die Montage je eigen funktioniert. Von Borries zentriert die Verunsicherung der Grenze zwischen Fiktion und Realität, Eugen Ruge zielt auf die sprachliche Verunsicherung, die Auswirkungen auf die Wahrnehmung von Wirklichkeit und Identität hat, und Marc-Uwe Kling bricht mit der traditionellen Dystopie, indem er Ironie und Sarkasmus einsetzt, Leser*innen über die Uneigentlichkeit des Gesagten reflektieren lässt und komische Momente erzeugt. Von Borries und Kling erzählen darüber hinaus transmedial im Netz weiter.

5. Fazit

Ein abschließendes Fazit der gegenwärtigen literarischen Überwachungsnarrative muss zunächst festhalten, dass die hier als zweiter Typ beschriebenen Romane den ersten Typ, die klassisch-tradierte Dystopie, nicht etwa ablösen. Diese sensibilisiert eine Leser*innenschaft, die Überwachung bis dahin mit totalitären Staaten assoziierte, unter bekanntem Narrativ für neue, ‚smartere' Formen der überwachenden Hirten. Vermutlich waren die Romane des ersten Typus, literatursoziologisch betrachtet, dann Geburtshelfer für die zweiten, experimentelleren Texte. Auch kann in der Wirkungsabsicht der dystopischen Texte differenziert werden: Während die konventionell erzählten Texte in politische Realitäten ihrer Schreibgegenwart intervenieren, also eine gesellschaftspolitische Öffentlichkeit adressieren, weisen die experimentelleren Texte stärker das Individuum auf seine eigene Beteiligung an Überwachungssystemen hin und intervenieren damit vor allem in Leser*innen-Realitäten.

Romane, Essays, Briefe

Dürrenmatt, Friedrich (1998): „Der Auftrag oder Vom Beobachten des Beobachters der Beobachter. Novelle in vierundzwanzig Sätzen". In: Dürrenmatt, Friedrich: *Werkausgabe in siebenunddreißig Bänden*. Bd. 26. Zürich: Diogenes.

Elsberg, Marc (2014): *Zero. Sie wissen, was du tust*. 9. Aufl. München: Blanvalet.

Hannig, Theresa (2017): *Die Optimierer*. Köln: Bastei Lübbe.

Huxley, Aldous (2016): *Schöne neue Welt. Ein Roman der Zukunft*. 5. Aufl. Frankfurt am Main: Fischer Taschenbuch.

Kling, Marc-Uwe (2017): *QualityLand*. Berlin: Ullstein.

Orwell, George (1982): „Die Pressefreiheit". In: Ders.: *Farm der Tiere. Ein Märchen*. 43. Aufl. Zürich: Diogenes Taschenbuch.

Orwell, George (2011): *1984*. 34. Aufl. Berlin: Ullstein.

Ruge, Eugen (2016): *Follower. Vierzehn Sätze über einen fiktiven Enkel*. Reinbek bei Hamburg: Rowohlt.

Samjatin, Jewgenij (2000): *Wir*. 7. Aufl. Köln: Kiepenheuer & Witsch.

Sautner, Thomas (2010): *Fremdes Land*. Berlin: Aufbau Verlag.

Trojanow, Ilja/Zeh, Juli (2010): *Angriff auf die Freiheit. Sicherheitswahn, Überwachungsstaat und der Abbau bürgerlicher Rechte*. 2. Aufl. München: Deutscher Taschenbuch Verlag.

von Borries, Friedrich (2011): *1WTC*. Frankfurt am Main: Suhrkamp.

Zeh, Juli (2010): *Corpus Delicti. Ein Prozess*. 21. Aufl. München: btb.

Zeh, Juli (2013a): „Deutschland ist ein Überwachungsstaat. Offener Brief an Angela Merkel". In: *Frankfurter Allgemeine Zeitung* vom 25.07.2013. URL: https://www.faz.net/aktuell/feuilleton/debatten/ueberwachung/offener-brief-an-angela-merkel-deutschland-ist-ein-ueberwachungsstaat-12304732.html (02.07.2020).

Zeh, Juli (2013b): „Angemessene Reaktion auf die NSA-Affäre". In: *Change.org*. URL: https://www.change.org/p/bundeskanzlerin-angela-merkel-angemessene-reaktion-auf-die-nsa-aff%C3%A4re (10.07.2019).

Zeh, Juli (2013c): *Good Morning, Boys and Girls. Theaterstücke: Der Kaktus. Good Morning, Boys and Girls. 203. Yellow Line*. Frankfurt am Main: Schöffling & Co.

Zeh, Juli (2014): „Offener Brief an Bundeskanzlerin Angela Merkel". In: *Die Zeit* vom 15.05.2014. URL: https://www.zeit.de/2014/21/juli-zeh-offener-brief-an-merkel (02.07.2020).

Literaturverzeichnis

Agamben, Giorgio (2002): *Homo sacer. Die souveräne Macht und das nackte Leben*. Aus dem Italienischen von Hubert Thüring. Frankfurt am Main: Suhrkamp.

Akademie Schloss Solitude (2011): *Mikael Mikael*. URL: http://www.akademie-solitude.de/de/stipendium/stipendiaten/mikael-mikael~pe1706/ (12.04.2019).

Akademie Schloss Solitude (2013): *Ausstellungen*. URL: http://www.akademie-solitude.de/de/veranstaltungen/ausstellungseroeffnungen~no3552/ (02.07.2020).

Assmann, Jan (2007): *Das kulturelle Gedächtnis. Schrift, Erinnerung und politische Identität in frühen Hochkulturen*. München: C.H. Beck.

Baudrillard, Jean (1987): *Agonie des Realen*. Berlin: Merve.

Bauman, Zygmunt/Lyon, David (2013): *Daten, Drohnen, Disziplin. Ein Gespräch über flüchtige Überwachung*. Berlin: edition suhrkamp.

Bloch, Ernst (1969): *Das Prinzip Hoffnung. Bd. 1*. Frankfurt am Main: Suhrkamp.

Bobbie Johnson (2010): „Privacy no longer a social norm, says Facebook founder". In: *The Guardian* vom 11. 01. 2010. URL: https://www.theguardian.com/technology/2010/jan/11/facebook-privacy (02.07.2020).

Bröckling, Ulrich (2012): „Dispositive der Vorbeugung. Gefangenabwehr, Resilienz, Preauction". In: Daase, Christopher et al. (Hrsg.): *Sicherheitskultur. Soziale und politische Praktiken der Gefahrenabwehr*. Frankfurt am Main: Campus, S. 93–108.

Conrad, Maren (2018): „Unmögliche Aktualitäten. Zur politischen Dimension der Warnutopie als Zukunftsvision". In: Lubkoll, Christine et al. (Hrsg.): *Politische Literatur. Begriffe, Debatten, Aktualität*. Stuttgart: Metzler, S. 459–473.

Deleuze, Gilles (1993): „Postskriptum über die Kontrollgesellschaften". In: Deleuze, Gilles: *Unterhandlungen. 1972–1990*. Frankfurt am Main: Suhrkamp, S. 254–262.

Foucault, Michel (2004): *In Verteidigung der Gesellschaft. Vorlesungen am Collège de France (1975–76)*. Frankfurt am Main: Suhrkamp.

Foucault, Michel (2015): *Überwachen und Strafen. Die Geburt des Gefängnisses*. Frankfurt am Main: Suhrkamp.

Grävemeyer, Arne (2019): „KI-Avatare: Mit Algorithmen Kontakt zum Jenseits aufnehmen". In: *Heise Online* vom 06.08.2019. URL: https://www.heise.de/hintergrund/KI-Avatare-lassen-Tote-auferstehen-4484129.html (02.07.2020).

Han, Byung-Chul (2017): *Transparenzgesellschaft*. Berlin: Matthes & Seitz.

Hanser Literaturverlag (o. J.): *Ilija Trojanow/Juli Zeh: Angriff auf die Freiheit*. URL: www.hanser-literaturverlage.de/buch/angriff-auf-die-freiheit/978-3-446-23418-5/ (02.07.2020).

Hayer, Björn (2016): *Mediale Existenzen – Existenzielle Medien? Die digitalen Medien in der Gegenwartsliteratur*. Würzburg: Königshausen und Neumann.

Hennig, Martin (2018): „Von Kreisen und Nullen, Massen und Medien, Mythen und Geistern: Kulturelle Bedeutungsverhandlungen digitaler sozialer Netzwerke". In: Burk, Steffen/Klepikova, Tatiana/Piegsa, Miriam (Hrsg.): *Privates Erzählen. Formen und Funktionen von Privatheit in der Literatur des 18. bis 21. Jahrhunderts*. Berlin: Peter Lang, S. 241–262.

Hennig, Martin (2019): „Überwachung in der Kultur – Kultur der Überwachung". In: Jung, Werner/Schüller, Liane (Hrsg.): *Orwells Enkel. Überwachungsnarrative*. Bielefeld: Aisthesis, S. 101–122.

Horn, Eva (2014): *Zukunft als Katastrophe*. Frankfurt am Main: Fischer.

Huber, Sabrina (2018): „‚Aber privat sein war so gar nicht sein Fall'. Räume des Privaten in den Überwachungsromanen *Corpus Delicti* von Juli Zeh und *Fremdes Land* von Thomas Sautner". In: Burk, Steffen et al. (Hrsg.): *Privates Erzählen. Formen und Funktionen von Privatheit in der Literatur des 18. bis 21. Jahrhunderts*. Berlin: Peter Lang, S. 195–218.

Huber, Sabrina (2019): „Der überwachende Erzähler – Blick und Stimme im gegenwärtigen Überwachungsroman. Überlegungen zu Funktion und Wirkung von Erzählperspektive in den System-Diskurs-Dystopien *Corpus Delicti* und *Fremdes Land*". In: Jung, Werner/Schüller, Liane (Hrsg.): *Orwells Enkel. Überwachungsnarrative*. Bielefeld: Aisthesis, S. 71–97.

Jung, Werner/Schüller, Liane (2017): „‚Mehr Wissen, mehr Kontrolle, mehr Macht.' Anmerkungen zu Literatur und Überwachung". In: Dieter Wrobel, Dieter et al. (Hrsg.): *Gestaltungsraum Deutschunterricht: Literatur – Kultur – Sprache*. Baltmannsweiler: Schneider Verlag Hohengehren, S. 281–294.

Kammerer, Dietmar (2008): *Bilder der Überwachung*. Frankfurt am Main: Suhrkamp.

Klüger, Ruth (2006): *Gelesene Wirklichkeit. Fakten und Fiktionen in der Literatur*. Göttingen: Wallstein.

Koellner, Sarah (2016): „Data, Love, and Bodies: The Value of Privacy in Juli Zeh's *Corpus Delicti*". In: *Seminar. A Journal of Germanic Studies*. Bd. 52, Nr. 4, S. 407–425.

Koschorke, Albrecht (2013): *Wahrheit und Erfindung. Grundzüge einer Allgemeinen Erzähltheorie*. Frankfurt am Main: S. Fischer.

Krasmann, Susanne/Wehrheim, Jan (2006): „Folter und die Grenzen des Rechtsstaats". In: *Monatsschrift für Kriminologie und Strafrechtsreform*. Bd. 89, Nr. 4, S. 265–275.

Marsiske, Hans-Arthur (2013): „ICRA: Können Roboter eine Persönlichkeit entwickeln?" In: *Heise Online* vom 06.05.2013. URL: https://www.heise.de/newsticker/meldung/ICRA-Koennen-Roboter-eine-Persoenlichkeit-entwickeln-1857286.html (02.07.2020).

Mikael Mikael c/o Projektbüro Friedrich von Borries (o. J.): *Show you are not afraid*. URL: https://www.mikaelmikael.com/de (02.07.2020).

Meyer, Frank (2019): „Followers – eine Geschichte des Zufalls." In: *Deutschlandfunkkultur* vom 20.10. 2016. URL: https://www.deutschlandfunkkultur.de/eugen-ruge-und-der-urknall-followers-eine-geschichte-des.1270.de.html?dram:article_id=369091 (02.07.2020).

Müller Funk, Wolfgang (2002): *Die Kultur und ihre Narrative. Eine Einführung*. Wien/New York: Springer.

Neuroth, Benedikt (2014): „'The Spector of Orwell': Narrative nach Nineteen-Eighty-Four in US-amerikanischen Privacy-Debatten der 1960er und 1970er Jahre". In: Hofmann, Wilhelm/Teich, Katja (Hrsg.): *Narrative Formen der Politik*. Wiesbaden: Springer, S. 73–90.

o.V. (2019): „Mikael Mikael". In: *Wikipedia. Die freie Enzyklopädie*. URL: https://de.wikipedia.org/wiki/Mikael_Mikael (02.07.2020).

Rötzer, Florian (2019): „Was es heißt, auf die Blacklist des chinesischen Sozialkreditsystems zu kommen". In: *Telepolis* vom 21.02.2019. URL: https://www.heise.de/tp/features/Was-es-heisst-auf-die-Blacklist-des-chinesischen-Sozialkreditsystems-zu-kommen-4315364.html (02.07.2020).

Sartre, Jean-Paul (1981): *Was ist Literatur?* Reinbek bei Hamburg: Rowohlt.

Scheichl, Sigurd Paul (2007): „Polemik". In: Braungart, Georg et al. (Hrsg.): *Reallexikon der deutschen Literaturwissenschaft: Neubearbeitung des Reallexikon der deutschen Literaturgeschichte*. Bd. 3. Berlin: de Gruyter, S. 117–120.

Schirrmacher, Frank (2011): „Eine Stimme fehlt". In: *Frankfurter Allgemeine Zeitung* vom 18.03.2011. URL: https://www.faz.net/aktuell/feuilleton/themen/literatur-und-politik-eine-stimme-fehlt-1613223.html (02.07.2020).

Schirrmacher, Frank (Hrsg.) (2015): *Technologischer Totalitarismus. Eine Debatte*. Berlin: Suhrkamp.

Schlicht, Corinna (2019): „Die Vermessung des Körpers. Zeitgenössische Techniken des Selbst und Optimierungsnarrative am Beispiel von Angelika Maiers Roman *Heimlich, heimlich mich vergiss*". In: Jung, Werner/Schüller, Liane (Hrsg.): *Orwells Enkel. Überwachungsnarrative*. Bielefeld: Aisthesis, S. 199–220.

Schulz, Martin (2015): „Warum wir jetzt kämpfen müssen". In: Schirrmacher, Frank (Hrsg.): *Technologischer Totalitarismus. Eine Debatte*. Berlin: edition suhrkamp, S. 15–22.

Thiel, Thomas (2016): In diesem Identitätsroulette gibt es nur noch Verlierer. In: *Frankfurter Allgemeine Zeitung* vom 01.09.2016. URL: https://www.faz.net/aktuell/feuilleton/buecher/rezensionen/belletristik/eugen-ruges-neuer-dystopie-roman-follower-14411351.html (02.07.2020).

Verlagsgruppe Random House GmbH (o. J.): *Zero*. URL: https://www.zero-das-buch.de/index.php (02.07.2020).

Voßkamp, Wilhelm (2013): „Möglichkeitsdenken. Utopie und Dystopie in der Gegenwart. Einleitung". In: Voßkamp, Wilhelm et al. (Hrsg.): *Möglichkeitsdenken. Utopie und Dystopie in der Gegenwart*. München: Wilhelm Fink, S. 13–30.

Voßkamp, Wilhelm (2016): *Emblematik der Zukunft. Poetik und Geschichte literarischer Utopien von Thomas Morus bis Robert Musil*. Berlin u. a: de Gruyter.

Writers against mass surveillance (2019): „Demokratie verteidigen im digitalen Zeitalter". In: *Frankfurter Allgemeine Zeitung* vom 10.12.2013. URL: https://www.faz.net/aktuell/feuilleton/buecher/themen/autoren-gegen-ueberwachung/demokratie-im-digitalen-zeitalter-der-aufruf-der-schriftsteller-12702040.html (02.07.2020).

Zeißler, Elena (2008): *Dunkle Welten. Die Dystopie auf dem Weg ins 21. Jahrhundert*. Marburg: Tectum.

Zuboff, Shoshana (2018): *Das Zeitalter des Überwachungskapitalismus*. Aus dem Englischen von Bernhard Schmid. Frankfurt/New York: Campus.

Maren Conrad

The Quantified Child. Zur Darstellung von Adoleszenz unter den Bedingungen der Digitalisierung in der aktuellen Kinder- und Jugendliteratur

Abstract: Dataveillance, as part of a technological dystopia within children's literature is often combined with narratives about adolescence. This paper analyses the depiction of surveillance technology in the life of young adults and children within recent fiction. The two exemplary texts analyzed are the children's audio drama *Die Nanny-App* by Angela Gerrits (2018) and the '*Eleria*-Trilogie' (2012–2014) by Ursula Poznanski. By placing a young adult as narrator and hero/heroine center stage, both texts depict the experience of adolescence as a personal crisis within an educational system under surveillance. The heroines deal with the role of tracking device technology as a paradoxical and powerful weapon, which may serve as an extended element of self-regulation as well as a device of parental and/or governmental control.

1. Kindheit und Kontrolle

Im klassischen Familienbild der Kinder- und Jugendliteratur ist die Gestaltung des kindlichen Alltags das Hoheitsgebiet der Eltern, die über Ernährung, Schlafdauer, Kleidung und Freizeitgestaltung ihrer Kinder wesentlich mitbestimmen, um ein gutes Aufwachsen zu gewährleisten. Dieses Hoheitsgebiet und die Bedeutung der Eltern ist in den letzten Jahren in verschiedenen fiktionalen Weltentwürfen der Kinder- und Jugendliteratur[1] zunehmend ins Wanken geraten: In Texten für Kinder und Jugendliche sind es seit der Jahrtausendwende zunehmend externe Systeme, an die diese Aufgabe übertragen wird, wenn Computer, technische Datensammler wie Smartphone-Apps und Trackingarmbänder sowie deren Auswertungsalgorithmen diese Funktion übernehmen, ferngesteuert von mächtigen Firmen und politischen Systemen, die nunmehr den Eltern ihre Pflicht zur Fürsorge abzunehmen scheinen. Die fiktionale Ausgestaltung dieser Szenarien ‚perfekter' Überwachung zur ‚perfekten' Aufzucht des Nachwuchses

1 Der Begriff der Kinder- und Jugendliteratur wird folgend abgekürzt als KJL und schließt die Erweiterung in KJL&M für Kinder- und Jugendliteratur und -medien mit ein. Die beiden ausgewählten Werke stehen repräsentativ für das Feld der KJL.

changiert dabei je nach literarischem Genre zwischen Dystopie und Eutopie, ‚Schlecht-Ort' und ‚Schön-Ort' im wahrsten Sinne des Wortes.

Alle diese Texte entwerfen aber nicht nur Szenarien einer alternativen Wirklichkeit und eines alternativen Gesellschafts- und Kontrollsystems, das die parentalen Funktionen vollständig ablöst. Vielmehr simulieren diese Erzählungen vor allem mit der Heldenreise, die ihre jungen Protagonist*innen verfolgen, auch ein Mündigwerden und einen damit einhergehenden Austritt aus den Kontrollsystemen. Die Heranwachsenden – mal Kinder, mal Jugendliche oder junge Erwachsene an der Grenze zur Volljährigkeit – leisten einen Ausbruch aus den sie dominierenden Strukturen und dieser ist, wie im Folgenden zu zeigen sein wird, immer auch als ein Teil des Erwachsenwerdens und der Emanzipation und Individuation der Hauptfiguren inszeniert. Die Erlangung von Freiheit, als höchstes Gut und Belohnung für den Schritt heraus aus dem System, aus der Überwachung und hinein in die vermeintliche Unabhängigkeit, ist damit in diesem jungen Genre der KJL der Kern einer persönlichen Entwicklung von unmündigen Jugendlichen zu mündigen jungen Erwachsenen.

In der Kernnarration handelt es sich dabei nicht um eine neue Form von Erzählung, im Gegenteil. Die Erzählstruktur ist vielmehr die des modernen Adoleszenzromans, für dessen Gattungsmuster vor allem das Schema des Initiationsromans von zentraler Bedeutung ist.[2] Die zentrale Innovation dieser neuen Erzählungen ist daher keine strukturelle, sondern eine motivische und liegt in der Verortung der Handlung in einem alternativen Gesellschaftsentwurf, in dem der Austausch der elterlichen Aufsicht durch die von futuristischer Technik gesteuerte Überwachung notwendig wird. Diese motivische Innovation basiert also vor allem auf einer experimentellen Vertauschung bestimmter Instanzen im Leben eines Jugendlichen, die einhergeht mit einer strategischen, normativen Umwidmung klassischer Adoleszenzerzählungen zu einer neuen Form. Dabei werden zwei literarische Kernelemente neu kombiniert, nämlich die Motive und Weltentwürfe der dystopischen Literatur einerseits mit den Erzählstrukturen und Wertekonstellationen der Initiationsgeschichte andererseits. Letztere ist spätestens in der Literatur der Goethezeit fest etabliert und seit Goethes *Wilhelm Meister* und dem Aufkommen des Bildungsromans ein literarischer Topos, der „sich sowohl in der hochbewerteten wie in der trivialen Erzählliteratur der Goethe-Zeit, sowohl in ‚mimetischen' wie in ‚phantastischen' Texten, sowohl in Romanen als auch in Erzählungen/‚Novellen' findet".[3] Erstere hingegen ist eines

2 Vgl. Gansel (1999: S. 179).
3 Titzmann (2002: S. 8).

der jüngsten literarischen Genres der Kulturgeschichte und entsteht innerhalb der utopischen Literatur im Rahmen einer Ausformung dystopischer Gesellschafts- und Weltentwürfe seit den 40er Jahren des 20. Jahrhunderts mit den Schlüsselwerken George Orwells und Aldous Huxleys, die das Genre bis heute im kulturellen Archiv fest etabliert haben.

Zusammen amalgamieren die im Folgenden analysierten Werke der Kinder- und Jugendliteratur nun zentrale Motive und Strukturen beider Narrative unter der Realisierung grundsätzlicher Anforderungen an eine Literatur, die immer auch abgestellt ist auf eine funktionale Kompatibilität für jugendliche Leser*innen. Die Adaption findet daher KJL-typisch sowohl stofflich und formal als auch sprachlich-stilistisch und thematisch statt, ebenso axiologisch und medial.[4] Als Beispiele für diese neue Form einer auf utopische Möglichkeitsentwürfe ausgerichteten Reimagination der klassischen Adoleszenznarration werden im Folgenden exemplarisch zwei motivisch sehr unterschiedliche, strukturell aber ganz ähnlich operierende Texte[5] analysiert, die den Versuch einer Verhandlung von Überwachung und Adoleszenz im Modus des Utopischen in verschiedenen Fokussierungen und Sujets unternehmen. Betrachtet wird dabei eine – mit sehr milden Science Fiction-Elementen operierende und entsprechend noch sehr alltagsnahe – Kurzerzählung für Kinder ab 8 Jahre, das Hörspiel *Die Nanny-App* von Angela Gerrits aus dem Jahr 2017/18. Im starken Kontrast zu dieser knapp einstündigen Erzählung steht die populäre und mit rund 2000 Seiten sehr umfangreiche anti-utopische *Eleria*-Trilogie von Ursula Poznanski (*Die Verratenen* 2013; *Die Verschworenen* 2014; *Die Vernichteten* 2015), für Jugendliche ab 14 Jahre.

Beide Texte verhandeln wohlbekannte Formen von Zukunftsvisionen, in denen die Überwachung des einzelnen Individuums zum Nutzen der Gemeinschaft und im Sinne einer positiven Eingliederung des Einzelnen in ein politisches und/oder normativ-ideologisch dominantes gesellschaftliches System

4 Vgl. Gansel (1998: S. 23–25).

5 Der vorliegende Aufsatz geht von einem weiten Textbegriff aus und versteht darunter primär ‚Texte' im struktural-semiotischen Sinne, also auch bedeutungstragende nichtsprachliche Texte, die durch einen sprachlichen Text übersetzt und entsprechend analysiert werden können. Vgl. Titzmann (1989: S. 403). Ein Element des Textes kann dabei – ganz im Sinne der Definition Lotmans – jede Texteinheit (optisch-bildliche, grafische oder akustische) sein, die „eine Alternative hat, sei es auch in der Form des Verzichts auf ihre Anwendung, und daher nicht automatisch, sondern mit einer bestimmten Bedeutung verknüpft im Text erscheint. Dabei ist allerdings notwendig, daß […] eine wahrnehmbare Ordnung […] zu Tage tritt." Lotman (1977: S. 55).

inszeniert wird. Dabei werden diese Topoi verknüpft mit den gut etablierten Strukturen der Adoleszenznarration, mehr noch: wie im Folgenden nachzuweisen sein wird, greifen besonders diese von extremer sozialer Restriktion geprägten Weltentwürfe auf konservative Ursprünge des Genres und die frühe Initiationserzählung zurück, wie sie in der Literatur der Goethezeit etabliert wurden. Die zentrale Fragestellung für die folgenden Betrachtungen ist daher, mit welcher Intensität einerseits und Intension andererseits hier traditionelle und konservative Narrative eines Erwachsenwerdens junger Menschen aufgegriffen und in einen vermeintlich futuristischen Kontext transformiert werden, in welchem dann traditionelle bis zutiefst konservative gesellschaftliche Konzepte erneut als erfolgreiche Lösungen für die zumeist genuin krisenhafte Erfahrung der Adoleszenz fortgeführt werden.

2. Genretransgression: Adoleszenz und Dystopie in der Kinder- und Jugendliteratur

Dass die Literatur „eine wachsame und kritische Beobachterin gesellschaftlicher Verhältnisse und eine sensible Seismographin sozialer Spannungsfelder und Veränderungsprozesse“[6] ist, gilt insbesondere für die Kinder- und Jugendliteratur, deren Funktionsbestimmungen mit Carsten Gansel ihren Ausgangspunkt sowohl extratextuell in der Gesellschaft als Enkulturations- und Sozialisationsliteratur findet, als auch intratextuell und formal in der an das kindliche Subjekt angepassten Textform.[7] Die KJL kann damit sowohl als Symbolsystem, als auch als Sozial- und Handlungssystem verstanden werden, wobei „die meisten Texte eine Mischung zwischen diesen beiden Wesens- bzw. Funktionsbestimmungen darstellen.“[8] Kinder- und Jugendliteratur erscheint aus dieser Bestimmung heraus insbesondere als Ort eines utopischen Erzählens relevant, insofern mit ihr immer auch die Vorstellung mitschwingt, ihr Gegenstand wie auch ihre lesende Zielgruppe ließen sich im Sinne einer „engagierten KJL“ als „Motor der Gesellschaft“, im Rahmen politischer Literatur für eine Erneuerung der Gesellschaft funktionalisieren.[9]

> Writing for children is usually purposeful, its intention being to foster the child reader a positive apperception of socio-cultural values which, it is assumed, are shared by the

---

6 Wagner-Egelhaaf (2015: S. 18).

7 Vgl. Gansel (1998: S. 28).

8 Ebd.

9 Benner (2015: S. 8).

> author and audience. These values include contemporary morality and ethics, a sense of what is valuable in the culture's past [...], and aspirations about the present and future.[10]

Die Folge dieser Annahme ist das Aufladen der KJL mit ethischen und moralischen Ansprüchen, weshalb in Werken für Kinder oft eine „Wertungsinstanz den Text dominiert", die dann „Werte, Normen, Leitbilder der Erwachsenen bzw. der Gesellschaft systemprägend" einsetzt, was die Texte wiederum vermeintlich als „Sozialisationsliteratur" ausweist.[11]

Hier nun wird die enge Korrelation zur utopischen Literatur deutlich, die ebenfalls ein Programm der Systemprägung und Sozialisation verfolgt, denn utopisches Erzählen ist nicht nur die in ihren frühen Anfängen, etwa bei Thomas Morus' *Utopia,* ausdeklinierte Fiktionalisierung eines gesellschaftlich Möglichen, sondern sie ist immer auch eine politische Literatur, insofern sie die Subversion bis hin zur Negation einer als defizitär empfundenen Gegenwart und ihrer gesellschaftlichen und politischen Systeme innerhalb des Systems der Literatur (oder anderer narrativer Medien) leistet. Die utopische Literatur zu Beginn des 20. Jahrhunderts speist sich dabei aus dem politischen wie poetologischen Anliegen, eine fiktionale ‚Gegenwelt'[12] oder einen „geschichtlich verankerten Gegenentwurf zu einer gesellschaftlichen Realität"[13] innerhalb ihres Narrativ zu realisieren.

Damit orientieren sich die Anliegen beider Genres und einer an der utopischen Literatur interessierten KJL wesentlich an den Anliegen der Sozialisationsliteratur und der politischen Literatur. Die Übernahme von Elementen der utopischen Literatur in die Kinder- und Jugendliteratur führt daher zu einer Durchmischung von ohnehin naheliegenden Motiv- und Themenkomplexen. Gekoppelt werden dabei allerdings nicht etwa nur KJL-typische Strategien einer Reduktion von Komplexität mit bekannten dystopischen bzw. anti-utopischen Sujets, vielmehr ist auch eine Transgression erkennbar, die Elemente anderer Genres integriert, etwa der Science Fiction- und Fantasyliteratur, des Reise- und Abenteuerromans, und vor allem auch des Adoleszenzromans.[14] Die darin inszenierte „Adoleszenzphase wird als Prozess einer prekären Identitäts- und Sinnsuche aufgefasst" und

---

10 Stephens (1992: S. 3).

11 Gansel (1998: S. 24f.). Die KJL als Teil des Literatur-Systems verfügt damit über eine Außen-Innen-Differenzierung, die durch zwei Makrokonventionen bestimmt wird, nämlich die ästhetisch-literarische Konvention einerseits und die didaktische Konvention andererseits.

12 Vgl. Müller (1989).

13 Gnüg (1999: S. 9).

14 Vgl. Glasenapp (2013: S. 30f.).

„findet ihre Binnenstrukturierung in einer Reihe prägender Krisenerfahrungen oder Initiationserlebnisse".[15] Diese Krisenerfahrungen erscheinen als „existenzielle Erschütterung, die tiefgreifende Identitätskrise des Jugendlichen, der auf der Suche nach einem eigenen Weg in der Gesellschaft und zu sich selbst ist".[16] Durch die Transgression wird nun die für die Adoleszenznarration sinnstiftende Krise des jugendlichen Subjekts immer auch zur systemischen bzw. gesellschaftlichen Krise des Systemmitglieds nobilitiert – Selbstfindung und das Erreichen einer politischen Mündigkeit werden unmittelbar motivisch miteinander verknüpft. Diese Narrationen erzählen daher in modernisierter Fassung wie eine Ablösung vom Elternhaus zur Ablösung von einer politischen oder gesellschaftlichen Bevormundung wird – die Kontrolle durch die eigenen Eltern wird also unter den Bedingungen der Digitalität abgelöst durch die Kontrolle durch ein omnipräsentes, nicht-menschliches System. Die Genreinnovation, die mit der dystopischen Adoleszenznarration einhergeht, fördert damit auch das Entstehen einer utopischen Kinder- und Jugendliteratur, die dem Phänomen Rechnung trägt, dass ebenfalls unter den Bedingungen einer digitalen Kultur innerhalb der Leserschaft von Kinder- vor allem aber von Jugendliteratur der „Zugang zu Erwachsenenerfahrungen immer breiter wird"[17] und sicherlich auch immer früher einsetzt. Die Folge dieser Entwicklung ist nicht zuletzt, dass sich die Kernnarration der Adoleszenzerzählung, nämlich die der jugendlichen Initiation, zunehmend zu Gunsten einer Subversion und politischen Dimension verschiebt. Die Krise der Jugendlichen steht dadurch zunehmend stellvertretend für die Systemkrise und Jugendlichkeit wird zur Markierung eines Potenzials zur systemischen Rebellion reduziert, die sich unter Verwendung etablierter Topoi der utopischen Literatur die Inszenierung einer „Früherwachsenheit" leistet, „in der die kulturellen Grenzlinien" zunehmend aufweichen.[18] Eben dieses Aufweichen von Grenzlinien, sowohl zwischen Fremd- und Selbstbestimmung, Freiheit und Macht, Überwachung und Autonomie wie auch Öffentlichkeit und Privatheit wird im Rahmen der zwei im folgenden analysierten Werke neu und jeweils alters- und medienspezifisch verhandelt.

15 Kaulen (1999: S. 7).

16 Lange (2012: S. 151). Auch hier wird die enge Verknüpfung bestimmter Motive der KJL mit der Lebensweltrealität des impliziten Lesers deutlich, für die die Literatur hier als Katalysator fungieren will, indem sie ihnen Identifikationsfiguren in ähnlichen Krisensituationen anbietet.

17 Gansel (1998: S. 50).

18 Ziehe (1991: S. 57–72, hier S. 63) zitiert nach Gansel (1998: S. 50).

3. Die Nanny-App – Smarte Kinderüberwachung

Die Nanny-App, ausgezeichnet mit dem Deutschen Kinderhörspielpreis 2017 und empfohlen für Kinder ab 8 Jahre, erzählt die Geschichte von Jannis. Er lebt in einer realistischen Alltagswelt, ist zehn Jahre alt und das einzige Kind zweier Software-Entwickler*innen, die aus beruflichen Gründen beständig gemeinsam in der Welt umherreisen. Das Hörspiel begleitet über knapp 43 Minuten den Protagonisten und Erzähler Jannis, der in der Ausgangssituation maximale soziale, emotionale und physische Isolation bis hin zu Mobbing und Cyber-Mobbing erlebt. Aus dieser Mangelsituation kann er sich erst durch eine Heldentat befreien, da diese ihm die Wiederherstellung seiner sozialen Kontakte und die Wertschätzung aller Figuren einbringt. Die Erzählstruktur ist damit in all ihrer Kürze die einer Adoleszenznarration, insofern sie den defizitären Ausgangszustand der kindlich-passiven sozialen Isolation durch den kompetenten und mündig-aktiven Einsatz eines Hilfsmittels, der Nanny-App und einer vermeintlichen Fehlfunktion, überwindet, was dann zur Lösung aller Konflikte und Defizite führt.

Die in der Exposition als Mangelzustand markierte, permanente Abwesenheit der Eltern kompensieren die Eltern selbst, indem sie drei Instanzen einer alternativen Präsenz installieren, die für den Alltag von Jannis dominante und eng verzahnte Kontrollinstanzen darstellen, welche auch den Kernkonflikt der gesamten Erzählung konstituieren:

1) Zum einen lebt Jannis im Internat. Die Absenz der Eltern wird also durch die räumliche und soziale Kontrolle innerhalb der alltagsstrukturierenden Rahmung einer Erziehungsanstalt als geschlossenes System kompensiert. Das Internat ist dabei, entsprechend insbesondere der anglophonen Tradition, die sich auch in den zahlreichen Internatserzählungen der nationalen Kinder- und Jugendliteratur niederschlägt, der Ort, in dem die für die deutsche Sozialgeschichte konstitutive Dichotomie zwischen dem Schulleben als Ort der Arbeit und Öffentlichkeit und dem Familienleben als Ort der Freizeit und Privatheit aufgehoben und amalgamiert wird.[19] Jannis ist damit verortet in einer für Deutschland auch heute noch untypischen Schulform, die aber zugleich als Ermöglichungsstruktur für ein ganztägiges Kontrollsystem fungiert sowie als Ersatzstruktur für die abwesenden Eltern. Dass seine dort genutzte Handyapplikation als ‚Nanny' bezeichnet wird, ist in diesem Kontext auch intertextuell interessant, insofern dies erneut an einer kinder- und jugendliterarischen Traditionslinie anknüpft, die im englischsprachigen Raum ihre Anfänge findet,[20] im

19 Vgl. Budde (1994: S. 206).

20 Vgl. Gathorne-Hardy (1972).

deutschsprachigen Raum spätestens mit dem Typus ‚ruchloses Kindermädchen' aus Erich Kästners *Pünktchen und Anton* bekannt ist. Dabei steht das Hörbuch insgesamt durch das Sujet des Internats und der abwesenden Eltern sowie durch den Anteil einer Kriminalgeschichte offenkundig in der Kästner'schen Erzähltradition und reichert diese mit aktuellen Motivkomplexen an.

2) Zum anderen findet eine Kontrolle der abwesenden Eltern durch eine digital konstituierte, strenge Zeiteinteilung und Terminplanung des Sohnes statt, also durch feste Vorgaben für Telefon- (bzw. Skype-)termine und obligatorische Kontrollrückmeldungen über das Nachrichtensystem des Smartphones oder via Email, verbunden mit der Pflicht, ständig online zu sein, als Teil eines engmaschigen Kontrollsystems, das die Überwachung durch die Institution Schule noch erweitert. Dass niemand etwas über die dazugehörige App wissen darf, führt in Verbindung mit den besten Intentionen der Eltern und Lehrer*innen zu akuter sozialer Isolation des Protagonisten. Diese Isolation ist entsprechend handlungslogisch und wird in der ersten Hälfte des Kinderhörspiels über zahlreiche Konfliktmomente ausführlich ausdekliniert. Die Isolation kulminiert in Szenen, in denen die Unmöglichkeit, Eltern durch Technik zu ersetzen, durch Operationen der Gegenüberstellungen klar markiert wird: Im Speisesaal des Internats sind Handys verboten. Lediglich Jannis darf seines mitnehmen und wird prompt in bester Ersatzmutterfunktion von der Nanny-App gefragt, ob er seinen Orangensaft schon getrunken hat. Währenddessen sitzt er neben Hannah, die durch ihr – verbotenerweise mitgenommenes Handy – über den Verlauf der schweren Krankheit ihrer Mutter informiert bleibt. Ebenso wie Jannis muss sie dies vor allen geheim halten. Essentielle menschliche Kommunikation wird damit qua Technikverbot unterbunden, während die Technik, die Jannis qua Sondergenehmigung begleitet, als dezidiert unmenschliche Störung inszeniert ist.

Neben dieser für die KJL typischen, stereotypen Opposition menschlich vs. nicht-menschlich kollidieren zudem zwei soziale Gruppen und ihre Ansprüche an das Subjekt, obwohl beide zu Beginn der Erzählung als normierende Kontrollinstanzen auftreten: Die parentale Kontrolle über das normativ ‚richtige' Verhalten des Kindes einerseits und andererseits die gruppendynamisch gelenkte, kollektive Kontrolle der gleichaltrigen Mitschüler*innen, welche die Themen der Gleichheit und Integration tangiert. Beide Interessengruppen identifizieren Jannis in direkter Reaktion auf die Omnipräsenz der abwesenden Eltern durch die digitale Nanny als Störung bzw. Abweichung und sanktionieren dieses Fehlverhalten: Das Kollektiv der Gleichaltrigen reagiert mit einer Verstärkung der sozialen Isolation bis hin zu physischem und psychischem Mobbing. Jannis wird im Fußball von seinem ehemals besten Freund Moritz gefoult, also ernsthaft körperlich verletzt, sodass er das Fußball- wie das Fahrradtraining vorerst nicht mehr mitmachen kann. Von sozialen Aktivitäten wird er ausgegrenzt, an seinem Tisch sitzen keine Mitschüler*innen mehr und die Diskriminierung findet ihm gegenüber und in der Gruppe sowohl im direkten Kontakt als auch über digitale Nachrichten und soziale Medien statt.

3) Als dritter und wichtigster Kontrollmechanismus kommt dann die titelgebende Nanny-App ins Spiel: Indem ihre Stimme bereits den Paratext vorliest und auch intradiegetisch die erste Stimme der Narration darstellt, erscheint sie als entsprechend dominant-omnipräsente weibliche Computerstimme der Hörspielinszenierung, die innerhalb der Erzählwelt als eine Kontrollinstanz installiert wird, welche bis in die körperliche Integrität des Kindes hineinreicht. Die Eltern von Jannis haben diese ‚Nanny-App' entwickelt, die sich noch in der Testphase befindet. Den Prototyp soll Jannis im aktuellen Schuljahr testen, bevor die App auf den Markt kommt, weshalb er ihre Existenz unbedingt vor allen Freund*innen und Mitschüler*innen geheim halten muss. Die drei genannten Kontrollebenen sind dabei durch die App eng verzahnt: Die Schulleitung ist über den Prototypentest informiert; schaltet Jannis sein Handy ab, taucht der Schuldirektor auch nachts um zwei in seinem Zimmer auf, um zu sehen, ob alles in Ordnung ist.[21] Zudem fördert die Schulleitung in Bezug auf die Handy-App und gemeinsam mit den Eltern die soziale Isolation ihres Schülers – durch Exklusivregelungen wie ein Einzelzimmer oder eine Ausnahmeregelung bezüglich des Handyverbotes, die es Jannis als einzigem Schüler erlaubt, sein Handy an der Schule überall mitzuführen (jedoch unter der Voraussetzung, dass niemand die App bemerken darf).

Die Funktionalität des Programms als externalisierte Erziehungsinstanz unterscheidet sich dabei bemerkenswerterweise nur unwesentlich von bereits existierenden ‚Wellness-Coaching-Apps', die für das Wohlbefinden ihrer Nutzer*innen zuständig sind und oft sogar eine künstliche Intelligenz mit Chatfunktion integriert haben. Und obgleich der Text dies nicht explizit adressiert, verfügt offenbar auch die fiktionale Nanny-App über alle heute bereits bekannten Kontrollmöglichkeiten und greift auf einen Fitnesstracker oder eine Smartwatch zu, die das Kind trägt:

Nanny-App:	Guten Morgen (.) JAnnis (...) Hast Du Gut Geschlafen?
Jannis:	[...] Ne-EI-in
Nanny-App:	Ich habe dich nicht verstanden (.) JAnnis. Hast Du Gut Geschlafen? Dann antworte bitte mit ja (.) oder drücke die 1. (.) Falls nicht drücke bitte die 2.

---

21 Vgl. Gerrits (2018: Kapitel 4, Minute 13.00 bis Minute 15.30). Das Jahr der Erstveröffentlichung des Hörspiels (2018) und das Jahr der Erstaufführung im Radio (2017) werden hier unterschieden.

Jannis: Lass mich in Ruhe (.) Du (.) Du (.) man
[…]
Nanny-App: […] Und hier deine aktuellen Daten: Tiefschlafphase normal. Puls: 92. Blutdruck: 100 zu 65. Anzahl der Schritte: Null. Bitte stehe jetzt auf (.) JAnnis.
Jannis: Und was wenn ich nicht will?
Nanny-App: Bei 4, 3, 2,
Jannis: Ja ist ja schon gut![22]

Die App ersetzt dabei elterliche Erziehungskommunikation, indem sie Anweisungen und Kontrollfragen zu Arbeits-, Schlaf- und Essgewohnheiten liefert, die Rückmeldungen und Vitaldaten des Probanden kontrolliert und kommentiert. Als explizit störend wird in dieser Konstellation weniger die Tätigkeit der App selbst inszeniert oder ihre eigentliche Funktion von Jannis hinterfragt, als vielmehr eine von zwei vermeintlichen Fehlfunktionen, nämlich dass sich die App nicht dauerhaft stumm stellen lässt. So wird die Nanny-App als permanenter kommunikativer ‚Störsender' inszeniert. Dies findet einen optimalen Ausdruck in den Möglichkeiten des Mediums Hörspiel, indem die Nanny-App beständig in Kommunikationen mit anderen Menschen hineinspricht und auch Jannis fortwährend unterbricht. Durch den gebrochenen Sprachduktus und die für Navigationsgeräte so stereotype weibliche Stimmlage der App weist diese bemerkenswerte Ähnlichkeiten mit den weiblichen Stimmen der bekannten Sprachassistenzfunktionen großer Anbieter auf und kommt als stockende und wenig empathische Kontrollinstanz daher, die vor allem eine Unfähigkeit zu funktionierender Kommunikation und ein ausgeprägtes Nicht-Verstehen auszeichnet, was entsprechend humoristische Effekte erzeugt:

Nanny-App: Hallo (.) JAnnis (…) Hast Du Dir nach dem Abendbrot die Zähne geputzt? Dann antworte bitte mit
Jannis: Ja! Und ich schmeiß dich gleich ausm Fenster.
Nanny-App: Das freut mich (.) JAnnis. Und hier deine aktuellen Daten:
Jannis: Nein!

22 Gerrits (2018: Kapitel 1, Minute 0.00–1.30). Diese und alle weiteren Transkriptionen durch die Verfasserin, M. C. Die Zitationen basieren auf den Grundlagen des Gesprächsanalytischen Transkriptionssystems (GAT). Kurze (.) und lange (…) Auslassungen markieren dementsprechend die Pausen/stockende Sprache der Computerstimme, Großbuchstaben starke/fehlerhafte Silbenbetonungen. Zum GAT vgl. Selting et al. (1998).

Nanny-App:	Ich habe dich nicht verstanden (.) Jannis. Und hier deine aktuellen Daten:
Jannis:	Halt. (.) Die. (.) Klappe. (…) kapiERT?[23]

Ebenfalls vorgesehen ist, dass nicht nur Vital- und Geodaten des Trägers der App gespeichert, ausgewertet, kommentiert und ggf. übermittelt werden, sondern auch seine Onlinezeit und damit verbunden die Kommunikationsaktivität überwacht wird: „Hallo JAnnis. (.) Hier ist deine Nanny-App. (.) Du warst 4 Stunden (.) 43 Minuten und (.) 17 Sekunden nicht erreichbar."[24] Die überzogene Ironie in der permanenten Kommunikation, die diese ‚Fehlfunktion' auslöst, soll für die kindlichen impliziten Hörer*innen natürlich humoristisch wirken, ist aber auf der Metaebene insbesondere für die erwachsenen Zuhörer*innen ein Kommentar auf die heute omnipräsente Thematik der ‚Helikoptereltern'[25]. Das Hörbuch leistet auf verschiedenen Ebenen eine hyperbolische Inszenierung solcher oft mental und körperlich abwesender, jedoch zugleich omnipräsenter Eltern, die ihr Kind auf maximale Leistung abstellen und hierfür die Möglichkeiten der (digitalen) Überwachung des Nachwuchses über Gebühr strapazieren.

Lösungsoption und zugleich Dreh- und Angelpunkt aller weiteren Entwicklungen und Verstrickungen im Kern des Hörspiels ist dann bemerkenswerterweise eine weitere ‚Fehlfunktion' der Nanny-App, die dazu führt, dass Jannis alle Nachrichten von allen mobilen Geräten in seiner unmittelbaren Umgebung auf seinem eigenen Smartphone empfangen, speichern und lesen kann. Diese Datenflut erlaubt es ihm, sowohl Emails zu lesen, die der Schuldirektor bekommt, wenn er in seinem Zimmer zu Besuch ist, als auch alle Mobbing-Kurzbotschaften über ihn, die sich seine Fußballkameraden und ehemaligen Freunde zusenden, zu erhalten, wenn sie in seiner Nähe sind. Auch auf private Nachrichten hat er Zugriff und wird so unfreiwillig zum Mitwisser intimer Geheimnisse und Informationen seiner Umwelt. In der logischen Eskalationsästhetik der Erzählung kulminiert dieser Zugriff in die Privatsphäre seiner Mitmenschen mit einer Nachricht, die sein Vater von einer vermeintlichen Geliebten erhält, als er zu einem Kurzbesuch bei Jannis vorbeikommt, und in der sich eine unbekannte Frau namens Lena bei ihm für eine „wonderful night" mit „love and kisses" bedankt, was zu den für eine Komödienstruktur üblichen notwendigen Krisen

23 Gerrits (2018: Kapitel 1, Minute 11–12).

24 Ebd. (Kapitel 4, Minute 2–4).

25 Vgl. zum Motiv auch den Beitrag von Martin Hennig und Hans Krah in diesem Band.

und sozialen Verwicklungen führt, die dann ebenfalls qua Genrekonvention am Ende aufgelöst werden.[26]

Intertextuell verbirgt sich hinter dieser mal hilfreichen, mal ärgerlichen ‚Fehlfunktion' der App eine literarische Aktualisierung einer etablierten fantastischen Fähigkeit, nämlich der des ‚Gedankenlesens'. Im Sinne einer digitalen und externalisierenden Umcodierung dieser übernatürlichen Begabung wird die Nanny-App zum ‚magischen' Artefakt, das als quasi-allwissende ‚Hacker-App' alle Jannis im wahrsten Sinne des Wortes ‚nahestehenden' Menschen kontrollieren kann, indem sie heimlich ihre sozialen Interaktionen ausliest. Damit steht die Nanny-App auch für die Kernidee der Telepathie, die als literarisches Motiv der Science Fiction um 1900 in Anlehnung an die Telegrafie etabliert wurde, wo Gedankenlesen dazu führt, dass die Objekte dieses Eingriffs „keine hermetisch verschlossene Privatsphäre mehr" haben, „sondern eine, die von externen Übergriffen durchlöchert wird"[27]. Subtextuell visualisiert die Nanny-App durch diese Fehlfunktion ihr eigenes gesellschaftlich und sozial wie individuell bedrohliches Potenzial, da sie jenseits einer Funktion als virtueller Babysitter nunmehr als ultimative Überwachungsinstanz installiert wird, die eben systematisch nicht nur im Sinne des *Quantified Self* ihren Nutzer zum Objekt der Datensammlung und Überwachungsgegenstand macht, sondern auch dessen gesamtes soziales Netz überwacht. Die Interaktion der Nanny-App mit den Geräten innerhalb der Nahfeldkommunikation kennt dabei offenbar keine Persönlichkeitsrechte, Grenzen und Regeln für die Privatsphäre oder andere regulierende Parameter. Zu beobachten ist hier der Bedeutungsumschlag des im Hörspiel verwendeten Begriffes des ‚Hackens', das üblicherweise in der Literatur als das Moment der „Sabotage durch Computer-Hacking und elektronische Viren" etabliert ist und „das schon Deleuze in seinem Postskriptum zur Kontrollgesellschaft prophezeit und das seitdem verschiedentlich propagiert wird."[28] Hier nun wird das Hacken durch einen Polizisten vom – von der Instanz der Freund*innen angemahnten, aber von ihnen verharmlosten – Kavaliersdelikt, das nicht, wie im kulturellen Wissen üblich, als freiheitlicher Akt des Widerstandes codiert ist, zum problematischen gesellschaftlichen und juristischen Normverstoß erhoben:

> Jannis: Das ist kein Zufall, das is' ne Fehlfunktion. […]
> Polizist: […] Das musst du ihnen [seinen Eltern, M. C.] aber schleunigst erzählen. Diese App-Erfindung verletzt nämlich sämtliche Datenschutzgesetze und dafür wird man hart bestraft.[29]

---

26 Gerrits (2018: Kapitel 6, Minute 3–4).
27 Gomes (2009: S. 52).
28 Simanowski (2013: S. 287).
29 Gerrits (2018: Kapitel 9, Minute 33–34).

Ein zentraler Aspekt, der mit keinem Wort explizit problematisiert wird, stellt jedoch den impliziten Kernkonflikt der gesamten Erzählung dar, nämlich die Tatsache, dass diese Applikation überhaupt die Option vorsieht, jenseits einer auf dem Prinzip des *Quantified Self* basierenden Kontrolle über die Daten des Subjektes und seiner Arbeits-, Schlaf-, Ess- und sonstigen Verhaltensgewohnheiten, auch noch Nachrichten jedweder Art, also die komplette soziale Interaktion, zu kontrollieren und offenzulegen. Während die Fehlfunktion, dass Jannis die Nachrichten Anderer in seiner Nähe lesen kann, vom Text auch als solche markiert wird, ist der Zugriff der Eltern auf die sozialen Kontakte des Kindes eigentlich ein Feature der App und kein ‚Bug' – auch wenn dieser in Jannis' kindlicher Lesart beständig als Fehlfunktion benannt und auch von den Eltern nach der Offenlegung des Problems als eine solche behandelt wird. Das Ausspähen des Kindes ohne dessen Wissen ist ein in der App offenbar angelegtes Potenzial, anders lässt sich das Auftreten der Fehlfunktion weder textintern noch textextern plausibilisieren. Daraus resultierendes Misstrauen, egoistische und asoziale Kommunikation und Informationsverwaltung sind dabei permanente Leitmotive des Hörspiels, die schließlich in Jannis' vergeblichem Versuch kulminieren, die ‚Fehlfunktion' der App vor den Eltern so lange wie möglich geheim zu halten, um maximale Autonomie gegenüber ihren Kontrollmechanismen zu bewahren. Erst ganz zum Schluss, als eine weitere Eskalation droht, gibt Jannis diese Haltung auf:

Mutter:	Weil Du nämlich wieder nach Hause kommst. Internat Ade-he!
Jannis:	Was?
Vater:	Ja, wenn die Nanny-App jetzt bald auf den Markt ist, dann müssen wir nicht mehr so viel reisen.
Jannis:	Ich soll nicht mehr zurück ins Internat? […] Aber das geht nicht!
Mutter:	Aber warum denn nicht Jannis Schatz?
Jannis:	Weil eure Nanny-App kriminell ist.
Vater:	Was?
Jannis:	Die hackt sich in fremde Handys. […] Ihr dürft die nicht verkaufen, sonst werdet ihr hart bestraft, hat der Kommissar gesagt. […] Hier seht selbst. Eine Fehlfunktion. Ich hab' mindestens tausend fremde Nachrichten bekommen.[30]

Es sind nicht die von der Staatsgewalt bereits Wochen zuvor angekündigten Sanktionen, die Jannis zur Offenlegung der von ihm gesammelten Daten über den App-Prototyp der Eltern veranlassen, sondern vielmehr deren Ankündigung, er

30 Ebd. (Kapitel 10, Minute 37–39).

dürfe wieder nach Hause und aus dem Internat ausziehen. Jannis setzt seinen ‚magischen Helfer' der Nanny-App nun ein, um sein Schicksal, ‚wieder nach Hause zu müssen', abzuwenden. Die Paradoxie dieser Situation markiert erneut deutlich, dass es sich hier um eine Adoleszenzerzählung handelt: Jannis ist nach den gemachten Erfahrungen dem Kindstatus entwachsen und entscheidet sich für das Leben im Internat. Zugleich spricht er seinen Eltern eine zentrale Bedeutung für sein Leben ab, indem er sie durch die gelenkte Informationsvergabe soweit manipuliert, dass er seinen Willen bekommt.

Die Jury, die *Die Nanny-App* 2017 mit dem Deutschen Kinderhörspielpreis auszeichnete, begründete ihre Auswahl nicht zuletzt mit der Behandlung des Themenkomplexes der Digitalisierung von Alltag und Erziehung innerhalb des Hörspiels, das „sich mit den Auswirkungen von Internet und moderner Datentechnik überhaupt auf unseren Alltag auseinandersetzt – und zwar ironisch, aber ohne jede Larmoyanz".[31] Hinter der hier attestierten Nicht-Rührseligkeit steckt die Inszenierung eines Kindes, das nach anfänglichen Schwierigkeiten mit seinem sozialen Umfeld beginnt, die ihm gegebenen technischen und informationellen Möglichkeiten kühl und berechnend einzusetzen. Besonders die aktive Konfliktlösung durch Jannis ist bemerkenswert, da sie eine rücksichtslose Mündigkeit inszeniert: So löscht Jannis im Anschluss an das oben zitierte Gespräch eigenständig und zum Entsetzen seiner Eltern die Nanny-App von seinem Smartphone und zerstört damit angeblich den Prototyp und damit die gesamte Forschung unwiederbringlich. Intradiegetisch ist diese Tat logisch, mit textexternem Weltwissen betrachtet muss sie aber eher als ein ironisch übersteigerter bis fantastischer, weil pragmatisch unwahrscheinlicher Akt erscheinen, da Code duplizierbar und Datenspeicherung in der Regel redundant ist. Diese Löschung inszeniert alle Ereignisse rund um die Nanny-App als nachträglich getilgt. Das eigentliche, die gesamte Raumordnung potenziell transformierende Ereignis[32] der Rückkehr von Jannis nach Hause, wird damit von ihm aktiv abgewendet. Die Eltern müssen weiter durch die Welt reisen und die Arbeit an der App ganz von vorne beginnen.

Dieses auf den ersten Blick humorige Ende hat tragische Implikationen. Das Kind leistet aktiven Widerstand gegen die erzieherische Inkompetenz seiner Eltern und gegen die Rückkehr in einen dysfunktionalen Raum des Privaten. Die Dysfunktionalität kommt dabei sowohl durch das schadhafte Programm als auch durch ihr gestörtes Kommunikationsverhalten, vor allem aber durch die

---

31 Film und Medien Stiftung NRW (2017).

32 Vgl. Renner (2004: S. 375).

Defizite und soziale Isolation zum Ausdruck, die die Eltern durch ihre Eingriffe im Leben von Jannis auslösen. Jannis erscheint in dieser Perspektive als ebenso wie seine Eltern tendenziell kommunikationsunfähiges, aber technisch begabtes Kind, das die Fehler der Elterngeneration durch den Einsatz seiner eigenen Medienkompetenz in seinem Lebensstil nun perpetuiert, um sich von den Eltern loszulösen. Die moralischen Implikationen des Hörspiels sind damit dezidiert ambivalent bis anti-utopisch, insofern Adoleszenz darin mit einer technischen Kompetenz korreliert, die „vor allem auf den funktionsorientierten Umgang mit den Medien, nicht aber auf eine Medienreflexionskompetenz"[33] abzielt, von sozialen und kommunikativen Kompetenzen ganz zu schweigen. Entgrenzte Technik wird hier ausschließlich eingesetzt, um soziale und emotionale Defizite zu kompensieren – die aber durch die Überwindung der vermeintlich digitalen Barrieren zwischen Menschen bzw. die Löschung der App nicht ausgeglichen werden, insofern der Gesamtzustand in der Endsituation des Textes partiell defizitär bleibt. Jannis lernt durch die Nanny-App, wie er erlangtes ‚Geheimwissen' über die Elemente parentaler Kontrolle einerseits und private Details seiner Mitmenschen andererseits zu seinem Vorteil ausnutzen und in Handlungsmacht überführen kann. Er übernimmt hier die über die App erlernten Techniken der (Selbst- und Fremd-)Kontrolle, der Datengewinnung und -auswertung als effektive Selbsttechnologie, die es ihm dann erlaubt, seine soziale Rolle und Position neu zu definieren, indem er die gemachten Erfahrungen und erlernten Techniken gegen seine Umwelt in Stellung bringt. Er ist dadurch nun in der Kommunikation mit seinen Eltern der Mündige. Dabei kommt es mit Bublitz

> zur Verlagerung sozialer Kontrolle ins Subjekt: Das Subjekt ist – als Spiegel-/(Kontroll-) Medium und selbstregulativer Dauerbeobachter seiner selbst – immer ausgerichtet am/im Blick der anderen. […] Hier geht es um Arrangements, die Fremd- in Selbstregulierung überführen, post-disziplinäre Formen der feedbackgeleiteten Selbststeuerung ausbilden und die Verantwortung für Anpassungsleistungen an Normalitätsstandards und Optimierungsstrategien dem Einzelnen überlassen.[34]

Das Adoleszenznarrativ ist hier also gekoppelt an die Umkehrung eines utopischen Technikversprechens in ein dystopisches Scheitern an eben diesem Versprechen. Konsequent codiert die Erzählung die Sorge um den Nachwuchs als egozentrisches Kontrollbedürfnis, das sowohl kurzfristig die Wirklichkeitserfahrung des Kindes drastisch einschränkt, als auch dauerhaft die Zukunft der Kindergeneration negativ

---

33 Simanowski (2013: S. 288).

34 Bublitz (2010: S. 167). Vgl. nach Bublitz auch Riesman et al. (1958); Bröckling (2003: S. 77–93) und Bublitz (2003: S. 86f.).

beeinflusst. Jannis ist elf Jahre alt zum Ende der Erzählung und vollzieht durch seine technikgeleitete vorzeitige Ablösung vom Elternhaus eine mehr als frühzeitige Phase einer „Individualisierung und Normalisierung (im Sinne einer Differenzierungs-, Vergleichs-, Adjustierungs- und Angleichungsstrategie verstanden)".[35]

4. Die *Eleria*-Trilogie – Dataveillance und Erziehungssystem

Die *Eleria*-Trilogie ist in ihrem Szenario nun weit radikaler als das sehr gemäßigte Narrativ der *Nanny-App*. Die Reihe erzählt die Geschichte einer postapokalyptischen Zukunft, in der eine neue Gesellschaftsform in der Folge eines Vulkanausbruches entsteht. Die Handlung ist in Deutschland verortet, das gezeichnet ist von einer Eiszeit, die auf die Großkatastrophe des Vulkanausbruches folgt. Das Land wird nunmehr von einer Oberschicht regiert, die die Kinder der neuen Generation zu perfekten Systemmitgliedern ausbildet. In diesem Training ist auch die 18-jährige Eleria zu Beginn der Handlung fest eingebunden.

Die *Eleria*-Trilogie zählt zu den zahlreichen Nachfolgetexten, die im Anschluss an den enormen Erfolg der *Hunger Games*-Trilogie (2008–2010) von Suzanne Collins entstanden sind und sich dem neuen Genre des dystopischen Adoleszenznarrativs vollständig verschrieben haben. Hierfür wird in dem fast zweitausendseitigen Gesamtwerk oft so dicht an den Prätext angeknüpft, dass rasch deutlich wird, wie generisch und strukturell wenig innovativ diese vermeintlich neue Form eines weiblichen Adoleszenznarrativs im Modus utopischer Literatur funktioniert. So heißt es auf Seite 3 der *Hunger Games*:

> My name is Katniss Everdeen. I am seventeen years old.
> My home is District 12. I was in the Hunger Games. I escaped.
> The Capitol hates me.[36]

Die Selbstvorstellung der Heldin in Teil 2 bei Poznanski mutet nun schon durch die Strukturanalogien des Sprechaktes fast wie eine Übersetzung an:

> Mein Name ist Eleria. Ich bin achtzehn Jahre alt,
> Vitro Klasse 1, gereiht auf die Nummer 7.
> Mein Schwerpunkt liegt auf Kommunikation und Rhetorik.
> Ich bin Opfer einer Intrige.[37]

---

35 Bublitz (2010: S. 167).

36 Collins (2010: S. 5). Hervorhebung der Sinneinheiten durch Absätze zum Satzende durch die Verfasserin, M. C.

37 Poznanski (2012: S. 165). Hervorhebung der Sinneinheiten durch Absätze zum Satzende durch die Verfasserin, M. C.

Indem Name, Alter, Herkunftsort und handlungstreibender Konflikt erzähllogisch evident, aber figurenpsychologisch völlig unmotiviert inszeniert und thematisiert werden, stellen die Texte programmatisch die traditionellen Sinnfragen des Adoleszenzromans nach dem ‚wer bin ich' und ‚wo ist mein Platz in der Welt' in den Mittelpunkt ihrer Erzählung und arbeiten diese durch ihre beständige Wiederholung und Beantwortung ab. Identitätsfindung wird so zu einem Akt der unabschließbar perpetuierenden Selbstnarrativierung. Die extremen Parallelen, die in der Ähnlichkeit der Strukturen und Inhalte deutlich werden, zeigen, dass diese sinnstiftenden Themen hierarchisch gleichbleibend bewertet in zahlreichen dystopischen Adoleszenzerzählungen beständig repetiert werden. Sie visualisieren auch den homogenen Erzählstil dieses Genres, der in einem sachlichen, parataktischen Erzählstil einer beständig rational ihre Situation darlegenden Ich-Erzählerin daherkommt, wenn es sich um eine Heldin handelt. Männlichen Protagonisten des Genres, so etwa der Figur Thomas in James Dashners *Maze Runner* (2009–2012), wird hingegen eine Perspektive aus der 3. Person Singular zugestanden, der Erzählgestus bleibt aber vergleichbar generisch:

> My name is Thomas, he thought. That ... that was the only thing he could remember about his life.
> He didn't understand how this could be possible. His mind functioned without flaw, trying to calculate his surroundings and predicament. [...]
> And yet he didn't know where he came from, or how he'd gotten inside the dark lift, or who his parents were. He didn't even know his last name.[38]

Das Genre zementiert damit schon sprachlich Geschlechterdichotomien, die in der jeweiligen Diegese tief verankert sind, in denen eine Zuordnung der Fremdbestimmung sowohl durch die Bestimmung der Erzählperspektive als auch in der diegetischen Verortung jeweils geschlechtsspezifisch bereits stattgefunden hat und von den Figuren internalisiert wurde. In der Ausgestaltung der Diegese wird diese Regel bestätigt: Die weiblichen Figuren haben in der Ausgangssituation stets schon einen festen Platz in der Welt, den zu bewahren oder zu variieren ihr Hauptanliegen ist. So gilt es für Katniss und Eleria etwa, die eigene Schwester oder Freund*innen und damit die Kernfamilie zu ‚retten' bzw. zu beschützen und einen idealen Partner zu finden, während männliche Figuren zumeist als ‚leere Identität' ohne soziale Verortung starten (s. Dashner) und sich in einem Kampfnarrativ ihren Platz in einer fremden Welt erarbeiten müssen. Stilistisch

38 Dashner (2009: S. 1f.). Hervorhebung der Sinneinheiten durch Absätze zum Satzende durch die Verfasserin, M. C.

und strukturell greifen diese und zahlreiche weitere Trilogien dieser Art damit auf ganz klassische Strukturen der Literatur der Goethezeit zurück. Ihr Rückgriff geht sogar so weit, dass die Form der Trilogie den Dreischritt der Initiationsgeschichte vollständig abbildet. Insgesamt lassen sich – was hier nicht im Detail nachgewiesen werden kann – alle Regeln, die Michael Titzmann für das Erzählmodell der Initiationsgeschichte der Goethezeit aufstellt, für dieses Genre bestätigen.[39] Die einzige Ausnahme findet sich in der Regel für das Figurenensemble, demzufolge es „einen – männlichen, jugendlichen – Protagonisten“[40] gibt, der eben nunmehr in der aktualisierten Form oft von einer weiblichen jugendlichen Protagonistin abgelöst wird.

Die Feststellung über diese vollständig regelgeleitete Strukturierung des dystopischen Adoleszenzromans macht auch die zentrale Innovation der Texte leichter identifizierbar, die in der Kombination von zwei Elementen liegt, nämlich zum einen dem Sujet einer postapokalyptischen Zukunft und zum anderen der Serialisierung der Erzählung, die eine Vermarktung in drei Teilen erlaubt und damit Teil eines transmedialen Erzählens darstellt. Diese beiden Genreinnovationen sind dabei eng verknüpft, stellt transmediales Erzählen doch zumeist einen Weltentwurf in den Mittelpunkt, in dem dann nicht nur das Interesse an dem weiteren Verlauf der Narration Spannung erzeugt, sondern auch das ‚Mehrwissenwollen‘ über die ungewöhnliche Diegese zum zentralen Motor für die Handlung wie die Lesemotivation wird. Dementsprechend steht im Zentrum der Erzählung immer auch die Erkundung eines irgendwie innovativen Welt- und Gesellschaftsentwurfes, der entsprechend der anti-utopischen bis dystopischen Tradition zumeist als totalitaristisches System aufgedeckt wird, gegen das sich dann der jugendliche Held oder die Heldin auflehnt. Die Verbindung zwischen den Motiven der utopischen Literatur und dem Adoleszenznarrativ bzw.

---

39 Diese Regeln reichen von den Modalitäten des Erzählens (auktoriale Erzählsituation, Fokalisierung auf einen Helden, Perspektive des Helden, chronologisches Erzählen, identischer Informationsstand Held und Leser*innen) über die Regeln der Figuren (egozentrierte Welt, Wiederkehr von relevanten Figuren, Figuren mit Manipulationsfunktion) und Regeln der dargestellten Welt (Regeln für die Transitionsphase und erotische Beziehungen im Modell, Bedingung einer Selbstfindung, Regeln für den Durchgang von Ausgangs- zur Endphase, Aufdeckung verborgener Ordnungen, die dargestellte Welt präsentiert sich als Rätsel, welches gelöst werden muss) bis hin zur Dreiphasigkeit der Geschichte: Ausgangszustand = statischer Kindstatus des Helden; Transitionsphase = dynamische Entwicklung des Helden; Endzustand = Scheitern oder Gelingen des Initiationsprozesses (Selbstverlust und realer/metaphorischer Tod). Vgl. Titzmann (2002).

40 Ebd. (S. 11).

Erzählmodell der Initiationsgeschichte wird schon in der Exposition evident, wenn in *Die Verratenen* (2012) mit deutlichen Dichotomien in die dargestellte Welt eingeführt wird:

> ‚Stell dir vor, du wärst in Sphäre Neu-Berlin 3. Dort ist es mit den Attacken wirklich schlimm, kein Vergleich zu hier, es gibt regelmäßig Tote auf beiden Seiten. Du sollst den Bewohnern klarmachen, dass Gewalt als Antwort nicht infrage kommt. Du vertrittst die Position des Sphärenbundes.'
> ‚Wir sind privilegiert', beginne ich. [...] ‚Ich weiß, dass die meisten von uns der Ansicht sind, all das verdient zu haben. Damit habt ihr recht, zumindest zum Teil. Unsere Vorfahren haben die Sphären aufgebaut. Sie haben an das geglaubt, was Melchart vorhergesagt hat, und auf diese Weise sich selbst und uns gerettet. Sie haben das Wissen der damaligen Zeit bewahrt und weiterentwickelt, um der Zivilisation eine Chance zu geben. Wir sind privilegiert, aber es muss uns auch klar sein, wie viel Glück wir hatten. [...] Die Erde hat den Ausbruch noch nicht verkraftet und es wird viel Zeit vergehen, bis es so weit ist. Aber sieh dich an. Sieh an dir hinunter. Findest du Frostbeulen? Hungerödeme? Hat ein Wolf dir ein Bein abgerissen? Nein. Doch für die Menschen außerhalb der Sphären ist das Normalität und an ihrer Stelle würdest du auch alles tun, um dein Leben erträglicher zu machen.'[41]

Diese erste Szene ist insofern bemerkenswert, als dass sie die Einführung in die Ausgangssituation der Diegese der Stimme der Heldin überlässt, die einen vermeintlich Unwissenden belehrt. Zugleich wird in diesen wenigen Sätzen bereits ein erstes rudimentäres Weltbild vermittelt, ohne dass es einer externen und erklärenden Erzählinstanz bedarf. Die Hinweise auf die ‚Sphäre Neu-Berlin 3' verortet die Handlung auf der Erde und in Europa, wahrscheinlich im Gebiet von Deutschland und markiert den postapokalyptischen Zustand nach ‚dem Ausbruch' als Erzählzeitpunkt. Zugleich werden klare Oppositionen einer den Alltag dominierenden Raumsemantik markiert, indem es ein ‚Außen' gibt, das mit Nicht-Leben, Hunger, Tod und Gefahr semantisiert wird und damit eine archaische Vorzeitigkeit markiert. In Opposition dazu steht der Aufenthaltsort der Protagonistin, der die Merkmale von Zivilisation, Gesundheit, Wissenserwerb und Sicherheit aufweist. Die Exposition markiert folglich klare Oppositionen: In der Welt außerhalb der Sphärenkuppeln herrscht die Eiszeit, die Bewohner*innen dort sind vermeintlich Kannibalen, es herrscht also offenkundig Unmenschlichkeit und Chaos im ‚Außen'. Innerhalb der Sphären herrscht Sicherheit, gewährleistet durch klare Regeln, ein stark reglementiertes Ausbildungssystem und extreme Einheitlichkeit, etwa bei Kleidung, Essenszuteilung

41 Poznanski (2012: S. 10f.).

und Alltagsabläufen. Dazwischen ist eine klare Grenze gezogen, es gibt kaum Berührungen zwischen diesen zwei Welten.

Carsten Gansel bestimmt die Kernthemen des Adoleszenzromans als Dichotomien zwischen Individuum und Gesellschaft, Individuation und sozialer Integration, Selbstbestimmung und Fremdbestimmung.[42] Eben diese Kernthemen bzw. Kernoppositionen sind es auch, die die hier gegebene Exposition wesentlich bestimmen. Eleria ist zu Beginn ein sozial integrierter und fremdbestimmter Teil einer stark regulierten Gesellschaft. Jenseits des omnipräsenten Dingsymbols der Sphärenkuppeln, die seit den frühesten Science Fiction-Visionen von Kolonien auf fremden Planeten zu einem Topos der Literatur gehören und als künstlicher Uterus einer neuen Gesellschaft daherkommen, markiert ein weiteres zentrales Symbol beständig die Problematik dieser Zivilisationsform, nämlich der sogenannte ‚Salvator'. Der Salvator ist – wie schon von der gemäßigten Form in *Die Nanny-App* bekannt – ein Hightech-Armband, das die Körperdaten seiner Träger*innen erfasst und unmittelbar als medizinische Daten speichert, weiterleitet, auswertet und Feedback liefert:

> Es ist nicht mehr weit, nur noch quer durch Kuppel 9a, doch mein Salvator beginnt schon zu piepsen, als ich den ersten Schritt hinein mache. Puls 182, anaerober Bereich, zeigt das Display an. Ich bremse ab und merke erst jetzt, wie hektisch mein Atem geht.[43]

Der gesamte Alltag, vom Medienkonsum bis zum Schlafverhalten, die Essensrationen, medizinischen Termine und Stundenpläne werden über dieses Armband verwaltet, die Ortungsfunktion kontrolliert das Einhalten der vorgegebenen Parameter und mahnt diese an, falls gegen die Vorgaben verstoßen wird. Der lateinische Ursprung des Wortes, der auf ‚Retter' und ‚Heiler' als Funktion des Gerätes verweist, ist zugleich ein klares Indiz für den Euphemismus des Überwachungssystems, denn rasch wird klar, dass für die gesamte Gesellschaft, von der Eleria ein Teil ist, die modernen Formen der Informationsgewinnung und -verarbeitung, der digitalen Verwaltung und Überwachung eine zentrale Rolle spielen. Der Ausgangszustand der Heldin als Teil einer sicheren Zivilisation scheint dabei auf den ersten Blick ideal, wobei das Leben als *Quantified Self*[44] hier die grundlegende Bedingung einer funktionalen Existenz ist. Das utopische Narrativ beginnt damit als die genretypische „narrative Entfaltung eines idealen funktionierenden Gesellschaftsmodells"[45]. In dem Moment, in dem dieses

42 Vgl. Gansel (2011: S. 28 und S. 36).
43 Poznanski (2012: S. 13).
44 Vgl. hierzu auch den Beitrag von Martin Hennig und Hans Krah in diesem Band.
45 Friedrich (2003: S. 739).

Denken dann im weiteren Verlauf der Handlung als alternativloser und ungerechter Handlungsimperativ erkannt wird, werden die utopischen Inhalte zusätzlich politisch aufgeladen und es findet ein „Umschlag des idealen Modells in sein Gegenteil" statt, die ursprüngliche Utopie macht Platz für das, was als „Anti-Utopie, Dystopie oder negative bzw. schwarze Utopie" bezeichnet wird.[46] Der Tod einer Freundin und eine Verschwörung, die ihre eigene Hinrichtung und die ihrer Freunde plant, erschüttert das Gefühl der Sicherheit Elerias bereits auf den ersten hundert Seiten des Romans. Eben dieser ‚Umschlag' von der Gewissheit über den eigenen Zustand in eine Ambivalenz und Unsicherheit bezüglich der eigenen gesellschaftlichen und politischen Positionierung, die dann in die Erkenntnis der eigenen Subjektivität übergeht, ist, was die Adoleszenznarration in der *Eleria*-Trilogie inszeniert. Diesem Prinzip des Umschlags folgt daher auch die Narration: Mit Elerias wachsender Mündigkeit, die sich vor allem in ihrem Hinterfragen und Reflektieren der Regeln des sie umgebenden Systems äußert, werden immer mehr Informationen über den Ort und das System zugänglich, das eingangs als vermeintlich perfekte SciFi-Fortschrittswelt erscheint. Und erst mit der Erkenntnis der Hauptfigur, dass das System lügt, Fehler macht, den Tod seiner Mitglieder ohne jede Rücksicht plant und diese überwacht, wandelt sich die dargestellte Welt in eine Anti-Utopie. Ab diesem Punkt wird der bis hierher affirmativ als positive Helfertechnologie getragene Salvator zu einem Problem. Eleria erkennt, dass sie damit abgehört werden kann und dass ihre Angst erkannt wird, wenn sie zu oft einen hohen Puls hat oder zu wenig isst. Eleria gelingt schließlich die Flucht aus der Kuppel mit ihren Freunden und sie findet Unterschlupf bei den vermeintlichen ‚Wilden' im ‚Außen' – die sich natürlich als die menschlicheren Wesen in der Dichotomie der dargestellten Welt herausstellen. Denn das einfache, auf basalen Kulturtechniken basierende Leben außerhalb der Kuppel erlaubt es Eleria und ihren Begleiter*innen erstmals, frei zu sein. Dadurch findet im Sinne des oben genannten Prinzips des ‚Umschlags' eine komplette Umkehrung der ursprünglich angenommenen Wertedimensionen innerhalb der Raumsemantik statt, die einhergeht mit einer Transformation des Status der Heldin, die sich im Rahmen der Raumbewegung nach Außen auch eine eigene Entwicklung und Mündigkeit erarbeitet. Aus der nunmehr um Weltkompetenz bereicherten Perspektive der Protagonistin ist das ‚Außen' nach dem Austritt aus der Kuppel mit den Attributen der Freiheit und Individualität positiv semantisiert, während das ‚Innen' der Kuppel und des Sphärenbundes

46 Ebd.

durch Unterdrückung und Konformität markiert ist, gegen die nun aufbegehrt werden muss.

Durch die Auslagerung in das Kontrollsystem des Sphärenbundes besetzt der Staat in dieser Form des Adoleszenznarrativs die Rolle der Eltern vollständig. Die *dataveillance* dieses staatlichen Erziehungssystems wird zum zentralen *tertium comparationis* der Metapher. Zugleich findet in dieser Erzählform eine Politisierung des Erwachsenwerdens statt, da die individuelle Entwicklung hier gekoppelt wird an gesellschaftliche Mündigkeit im Sinne einer Loslösung von Fremdbestimmung und der mit ihr einhergehenden Überwachung durch ein Staatssystem und seine Ideologien. Wie schon bei der *Nanny-App* findet eine tatsächliche Loslösung aber nicht statt, was erneut an dem Leitmotiv des Salvators deutlich wird, denn Eleria und ihre Begleiter nehmen dieses Armband auch nach ihrem Austritt aus der Kuppel und der Flucht in die Wildnis nicht ab und finden immer wieder fadenscheinige Argumente dafür, es weiter zu tragen, bis es seine Funktion von alleine abstellt:

> Unbewusst habe ich auf das Signal meines Salvators gewartet. Wäre er intakt, müsste er längst vibrieren. [...] Wenn er bei meiner derzeitigen Pulsfrequenz nicht reagiert, wird er es wohl nie wieder tun. [...] Es ist merkwürdig, ich bin bedrückt und gleichzeitig erleichtert. Von nun an werde ich meine Körpersignale selbst deuten müssen. Keine Warnungen mehr – die Empfehlungen, die Essen, Schlaf und Flüssigkeitszufuhr betreffen, haben ohnehin schon vor Tagen aufgehört. [...] Nun ist vermutlich der letzte Faden gerissen, der mich mit meinem früheren Leben verbunden hat.[47]

Der gerissene „letzte Faden“ betont hier die Funktion des Armbandes als symbolische ‚Daten-Nabelschnur‘ in den Herkunftsraum, in den Zustand der Kindheit und damit auch in den quasi prä-bewussten Zustand der vollkommenen Unmündigkeit. Erneut wird aus dieser Perspektive die Sphärenkuppel als metaphorische Realisierung eines Uterus markiert, in dem Zwangsernährung und Fremdbestimmung als natürliche und nicht hinterfragbare Existenzbedingungen eines Heranwachsens generalisiert werden. Die Referenz verweist damit auf den früheren Zustand als Teil einer Kontrollgesellschaft, aber eben auch auf die Identifikation mit der Rolle des *Quantified Self* nach den Idealen dieser Kontrollgesellschaft. Mit dem Satz „Von nun an werde ich meine Körpersignale selbst deuten müssen“ wird markiert, dass die Heldin eine Übernahme von Kontrolle zwar nun ‚selbst‘ übernimmt, dies kann aber lediglich gemäß der innerhalb des Systems erlernten Regeln der Selbstoptimierung stattfinden, was deutlich wird, wenn Eleria immer wieder das bereits in der Sphäre erlernte medizinische

47 Poznanski (2012: S. 385f.).

Wissen unhinterfragt anwendet. Die vermeintliche Selbstbestimmung ist damit bis zu einem gewissen Grad nur eine fingierte, denn sie beruht auf der Annahme, dass die Vorgaben des Salvators immer korrekt waren und auch außerhalb der Sphäre gültig sind. Mit Jürgen Link lässt sich in der Internalisierung der Ideologie des Herkunftssystems eine erlernte und internalisierte Subjekt-Praktik erkennen, die die (Selbst-)Optimierung und (Selbst-)Normalisierung scheinbar aus freiem Willen heraus realisiert.[48] Diese reicht bis hin zur Selbstkontrolle als Teil einer Selbstpraxis, mehr noch: „Disziplin und Repression naturalisieren sich und werden nicht mehr länger als fremdgesteuerte und fremdbestimmte Rahmen wahrgenommen“[49]. Wie schon bei Jannis kommt es auch hier erneut „zur Verlagerung sozialer Kontrolle ins Subjekt“.[50]

5. Narrative der Überwachung

In beiden Texten ist also nicht das vollständige Abstoßen der Kontrolle oder die Eliminierung der Überwachung die Lösung zur Erreichung der eigenen Freiheit. Freiheit wird vielmehr durch das Wissen über die Überwachung und Kontrolle durch ein anderes System erlangt. Nicht die Vermeidung der Technik, sondern ihre kompetente Nutzung – und Überwindung durch das Ausspielen ihrer Schwächen, ist in beiden Erzählungen die Lösung für alle sich den Hauptfiguren bietenden Probleme und der Königsweg zur Krisenbewältigung. Im Kern des Adoleszenznarrativs steht also eine Form der Selbstermächtigung, bei der mit Foucault gilt:

> Die Machtausübung setzt sich somit nicht von außen, als strenger Zwang oder drückendes Gewicht, gegenüber den von ihr besetzten Funktionen durch, vielmehr ist die Macht in den Funktionen so sublim gegenwärtig, daß sie deren Wirksamkeit steigert, indem sie ihren eigenen Zugriff verstärkt.[51]

Diese mit den Bedingungen der Digitalität einhergehende, neue Form der Selbstermächtigung ist daher mit der Lesart von Hennig und Kreknin vor allem eine Machtausübung des Subjekts, bei der Macht prinzipiell nicht mit der „Verunmöglichung von Freiheit“ einhergeht, sondern vielmehr Macht als „die basale Struktur, aus der heraus freie Handlungen überhaupt als solche interpretiert werden können“ inszeniert ist. „Diese Handlungen stehen zur Macht dann nicht

48 Vgl. Link (1997).
49 Nohr (2017: S. 5).
50 Bublitz (2010: S. 167).
51 Foucault (1992: S. 265).

in Opposition, sondern sind vielmehr selbst durch ihren eigenen Vollzug daran beteiligt, Machtstrukturen zu konturieren und zu festigen."[52] Der Weg der jeweiligen Protagonist*innen in die erfolgreiche Adoleszenz unter den Bedingungen einer digitalen Gesellschaft ist damit in dieser Form der Initiationserzählung nicht mehr gekoppelt an die Loslösung von Eltern und Herkunftsraum, sondern an den kompetenten Umgang mit Machtstrukturen und gegebenen Rollenbildern, die Aspekte der *dataveillance* und des *Quantified Self* immer auch in das eigene Subjekt als Alltagspraxis integrieren. Macht über Macht, quasi Macht zweiter Ordnung, wird dabei zumeist über das ‚Metamedium' digitaler Medien erworben, indem Kontrollmechanismen und Informationsgewinnung dieser Techniken erlernt und kompetent umgelenkt werden, nicht aber durch deren Ablehnung. Insofern ist es auch fragwürdig, ob es Sinn macht, der bisherigen Forschungstendenz der KJL zu folgen und von dystopischen Adoleszenzromanen zu sprechen. Immerhin sieht das dystopische Narrativ in der Lesart von Simanowski „in den neuen Medien entweder von Anfang an eine Gefährdung herkömmlicher Kulturwerte oder ist enttäuscht über den Abbruch des vielversprechenden Aufbruchs zu alternativen Kulturformen durch die zunehmende Kommerzialisierung und Governmentalisierung [sic]."[53] Im Gegensatz dazu steht das utopische Narrativ, dieses „registriert keinen Abbruch und betont den Demokratiegewinn durch das Internet oder deutet dystopische Tendenzen utopisch um"[54] – wobei Demokratiegewinn und Freiheitsgewinn, wie gezeigt werden konnte, hier im Rahmen der Adoleszenzerzählung zumeist gleichwertig inszeniert werden. Damit wird auch innerhalb dieser an der utopischen Literatur ausgerichteten Intitiationsgeschichten der enge Zusammenhang von Macht und Ideologie deutlich, denn Ideologiestrukturen kompetent zu durchschauen und zu manipulieren, ohne jedoch das System selbst tatsächlich kritisch zu hinterfragen oder zu verlassen, ist ein wesentlicher Kern dieser Genreinnovation und das zentrale Moment einer neuen Inszenierung von Mündigkeit junger Erwachsener. Damit inszeniert die utopische KJL bisher vor allem eine systemkonforme Selbst-Adjustierung, diese erfolgt mit Bublitz üblicherweise „durch individuelle Verortung im Spektrum einer flexiblen Normalität bei gleichzeitig geforderter Optimierung des eigenen Selbst und seines Wohlbefindens."[55] In *Die Verratenen* wie schon im Prätext *Hunger Games* bedeutet das zum Ende der Trilogie für die

52 Hennig/Kreknin (2016).

53 Simanowski (2013: S. 265).

54 Ebd.

55 Bublitz (2010: S. 167). Zum Begriff des flexiblen Normalismus, der im Gegensatz zum Protonormalismus variable Normalitätsgrenzen aufweist, siehe Link (1997).

Heldin den jeweiligen Rückzug aus der Öffentlichkeit in eine romantische Liebe und die Paarbildung und Familiengründung mit einem männlichen Partner in einer Führungsposition, statt der selbstständigen Übernahme von Führung und Verantwortung. In *Die Nanny-App* ist es die illusionslose Anerkennung der Realität, hier: der Defizite der Eltern, die zur freiwilligen Wiedereingliederung von Jannis in das Internat, das in seiner Wahrnehmung offenbar als Institution eine ‚bessere' Ideologie und soziale wie formale Struktur für sein Heranwachsen zur Verfügung stellt, als dies das Elternhaus gewährleisten kann. Die damit verbundene vermeintliche Individualisierung ist daher immer vor allem auch Normalisierung der Jugendlichen, was nicht zuletzt in der erneuten sozialen Anpassung und damit einer stark reduzierten Form der Selbstfindung zum Ausdruck kommt. Das junge und innovative Genre utopischer KJL weist damit oft Narrative eines Erwachsenwerdens auf, die zwar in einen vermeintlich futuristischen Kontext transformiert werden, strukturell aber auf bemerkenswert traditionelle bis zutiefst konservative Konzepte zurückgreifen, die jedoch erst auf den zweiten oder dritten Blick sichtbar werden und die es entsprechend kritisch zu hinterfragen gilt.

Romane und Hörbücher

Collins, Suzanne (2008): *The Hunger Games*. London: Scholastic UK.

Collins, Suzanne (2009): *Catching Fire*. London: Scholastic UK.

Collins, Suzanne (2010): *Mockingjay*. London: Scholastic UK.

Dashner, James (2009): *The Maze Runner*. New York: Delacorte Press.

Dashner, James (2010): *The Scorch Trials*. New York: Delacorte Press.

Dashner, James (2011): *The Death Cure*. New York: Delacorte Press.

Gerrits, Angela (2018): *Die Nanny-App*. Berlin: Argon Verlag. 43 min.

Poznanski, Ursula (2012): *Die Verratenen*. Bindlach: Loewe.

Poznanski, Ursula (2013): *Die Verschworenen*. Bindlach: Loewe.

Poznanski, Ursula (2014): *Die Vernichteten*. Bindlach: Loewe.

Literaturverzeichnis

Benner, Julia (2015): *Federkrieg*. Göttingen: Wallstein.

Bröckling, Ulrich (2003): „Das demokratisierte Panopticon. Subjektivierung und Kontrolle im 360°-Feedback". In: Honneth, Axel/Saar, Martin (Hrsg.): *Michel Foucault. Zwischenbilanz einer Rezeption. Frankfurt Foucault-Konferenz 2001*. Frankfurt am Main: Suhrkamp, S. 77–93.

Bublitz, Hannelore (2003): *Diskurs*. Bielefeld: transcript.

Bublitz, Hannelore (2005): *In der Zerstreuung organisiert. Paradoxien und Phantasmen der Massenkultur*. Bielefeld: transcript.

Bublitz, Hannelore (2010): „Täuschend natürlich. Zur Dynamik gesellschaftlicher Automatismen, ihrer Ereignishaftigkeit und strukturbildenden Kraft". In: Bublitz, Hannelore et al. (Hrsg.): *Automatismen*. Paderborn: Fink, S. 153–172.

Budde, Gunilla-Friederike (1994): *Auf dem Weg ins Bürgerleben: Kindheit und Erziehung in deutschen und englischen Bürgerfamilien 1840–1914*. Göttingen: Vandenhoeck und Ruprecht.

Film und Medien Stiftung NRW (2017): *Deutscher Kinderhörspielpreis für „Die Nanny-App"*. URL: https://www.filmstiftung.de/news/deutscher-kinderhoerspielpreis-fuer-die-nanny-app/ (02.07.2020).

Foucault, Michel (1992): *Überwachen und Strafen – Die Geburt des Gefängnisses*. Frankfurt am Main: Suhrkamp.

Friedrich, Hans-Edwin (2003): „Utopie". In: Müller, Jan-Dirk et al. (Hrsg.): *Reallexikon der deutschen Literaturwissenschaft*. Berlin/New York: de Gruyter, S. 739–743.

Gansel, Carsten (1998): „‚Neue Probleme tauchen auf und erfordern neue Mittel' – Kinder- und Jugendliteratur als Gegenstand von Literaturwissenschaft und -didaktik". In: Gansel, Carsten/Keiner, Sabine (Hrsg.): *Zwischen Märchen und modernen Welten. Kinder- und Jugendliteratur im Literaturunterricht*. Frankfurt am Main u. a.: Verlag Peter Lang, S. 13–60.

Gansel, Carsten (1999): *Moderne Kinder- und Jugendliteratur. Ein Praxishandbuch für den Unterricht*. Berlin: Cornelsen-Scriptor.

Gansel, Carsten (2011): „Zwischenzeit, Grenzüberschreitung, Störung – Adoleszenz und Literatur". In: Gansel, Carsten/Zimniak, Pawel (Hrsg.): *Zwischenzeit, Grenzüberschreitung, Aufstörung. Bilder von Adoleszenz in der deutschsprachigen Literatur*. Heidelberg: Universitätsverlag Winter, S. 15–48.

Gansel, Carsten/Zimniak, Pawel (Hrsg.) (2011): *Zwischenzeit, Grenzüberschreitung, Aufstörung – Bilder von Adoleszenz in der deutschsprachigen Literatur*. Heidelberg: Winter.

Gathorne-Hardy, Jonathan (1972): *The Rise and Fall of the British Nanny*. London: Hodder & Stoughton.

Glasenapp, Gabriele von (2013): „Always look at the dark side of life oder: Bemerkungen zur Popularität dystopischen Erzählens". In: *1000 und 1 Buch*. Nr. 4, 2013, S. 30–31.

Gnüg, Hildegard (1999): *Utopie und utopischer Roman*. Stuttgart: Reclam.

Gomes, Mario (2009): *Gedankenlesemaschinen. Modelle für eine Poetologie des Inneren Monologs*. Freiburg: Rombach Verlag.

Hennig, Martin/Kreknin, Innokentij (2016): „Subjekttheorie und Game Studies – ein Überblick". In: Hennig, Martin/Kreknin, Innokentij (Hrsg.): *Das ludische Selbst: Subjekt-Objekt-Verhältnisse im Computerspiel*. Sonderausgabe von *Paidia. Zeitschrift für Computerspielforschung*. URL: http://www.paidia.de/sonderausgaben/sonderausgabe-das-ludische-selbst/ (02.07.2020).

Kaulen, Heinrich (1999): „Jugend- und Adoleszenzromane zwischen Moderne und Postmoderne". In: *1000 und 1 Buch*. Nr. 1, 1999, S. 4–12.

Lange, Günter (2011): „Adoleszenzroman". In: Lange, Günter (Hrsg.): *Kinder- und Jugendliteratur der Gegenwart. Ein Handbuch*. Hohengehren: Schneider Verlag, S. 147–167.

Link, Jürgen (1997): *Versuch über den Normalismus. Wie Normalität produziert wird*. Opladen: Westdeutscher Verlag.

Lotman, Jurij M. (1977): *Probleme der Kinoästhetik. Einführung in die Semiotik des Films*. Frankfurt am Main: Syndikat.

Lotman, Jurij M. (1986): *Die Struktur literarischer Texte*. München: Wilhelm Fink Verlag.

Müller, Götz (1989): *Gegenwelten. Die Utopie in der deutschen Literatur*. Stuttgart: J. B. Metzlersche Verlagsbuchhandlung.

Nohr, Rolf F. (2017): „‚Now let's continue testing'. Portal and the Rat in a Maze". In: Conrad, Maren et al. (Hrsg.): *Digitale Kontexte. Literatur und Computerspiel in der Gesellschaft der Gegenwart*. Sonderausgabe #2 von *Textpraxis. Digitales Journal für Philologie*. URL: http://www.uni-muenster.de/Textpraxis/rolf-nohr-now-lets-continue-testing (28.01.2020).

Renner, Karl Nikolaus (2004): „Grenze und Ereignis. Weiterführende Überlegungen zum Ereigniskonzept von Jurij M. Lotman". In: Frank, Gustav/Lukas, Wolfgang (Hrsg.): *Norm – Grenze – Abweichung. Kultursemiotische Studien zu Literatur, Medien und Wirtschaft. Festschrift für Michael Titzmann*. Passau: Verlag Karl Stutz, S. 357–381.

Riesman, David et al. (1958): *Die einsame Masse. Eine Untersuchung der Wandlungen des amerikanischen Charakters*. Hamburg: Rowohlt-Taschenbuch-Verlag.

Selting, Margret et al. (1998): „Gesprächsanalytisches Transkriptionssystem (GAT)". In: *Linguistische Berichte*. Nr. 173, S. 91–122.

Simanowski, Roberto (2013): „Utopien und Dystopien im Internet und die antiutopische Botschaft des Mediums". In: Vosskamp, Wilhelm et al. (Hrsg.): *Möglichkeitsdenken. Utopie und Dystopie in der Gegenwart*. München: Wilhelm Fink Verlag, S. 259–289.

Stephens, John (1992): *Language and Ideology in Children's Fiction*. London u. a.: Longman.

Titzmann, Michael (1989): *Strukturale Textanalyse.* München: Wilhelm Fink Verlag.

Titzmann, Michael (2002): „Die ‚Bildungs-'/Initiationsgeschichte der Goethezeit und das System der Altersklassen im anthropologischen Diskurs der Epoche". In: Danneberg, Lutz/Vollhardt, Friedrich (Hrsg.): *Wissen in Literatur im 19. Jahrhundert.* Tübingen: Max Niemeyer Verlag, S. 7–64.

Wagner-Egelhaaf, Martina (2015): „Literaturtheorie als Theorie der Gesellschaft?" In: Conrad, Maren et al. (Hrsg.): *Literatur, Macht, Gesellschaft. Neue Beiträge zur theoretischen Modellierung des Verhältnisses von Literatur und Gesellschaft.* Heidelberg: Winter, S. 17–38.

Ziehe, Thomas (1991): „Vom vorläufigen Ende der Erregung – Die Normalität kultureller Modernisierung hat die Jugend-Subkulturen entmächtigt". In: Helsper, Werner (Hrsg.): *Jugend zwischen Moderne und Postmoderne.* Opladen: Westdeutscher Verlag, S. 57–72.

Dietmar Kammerer

Give them something to watch. Videoüberwachung als Motiv in Werbung

Abstract: If ‚video' is Latin for ‚I see', then ‚video surveillance' literally means: I see surveillance. Thus, video surveillance is a technique that functions not only by making someone or some event visible to others. But also by making itself visible: by turning itself into a specific image and by disseminating these images of itself.

Surveillance studies scholars examine not only the empirical reality of surveillance, but regularly find their objects in the field of pop and popular culture: in news broadcasts, feature films, computer games or pop music.

In this paper, I will study how selected advertising clips represent video surveillance on a visual and narrative level, how they frame the discourse on surveillance in a specific way, how they seemingly show options of resistance and how they link the possibility of resistance to the consumption or use of a particular advertised commodity. From this, arguments are developed for a critique of some of the dominant topoi of the surveillance discourse.

Was Überwachung ‚ist', erfahren wir selten durch eigene Anschauung und regelmäßig durch Medien.[1] Insbesondere bei Videoüberwachung darf ein Zusammenhang angenommen werden zwischen der Repräsentation von Überwachung und ihrer Empirie, zwischen einer Rhetorik und einer Pragmatik des Überwachens, zwischen der Art und Weise, wie uns Videoüberwachung präsentiert wird und dem Spektrum, das sie in Wirklichkeit zu leisten vermag. Mit anderen Worten: Videoüberwachung ist eine Technik, die – so wird uns gesagt – vor allem dadurch funktioniert, dass sie *sichtbar* ist und *gesehen* wird, dass sie sich also selbst zum Bild macht und Bilder von sich in die Welt setzt.[2] So finden selbst die sozialwissenschaftlich dominierten und im Regelfall quantitativ-empirisch vorgehenden Surveillance Studies ihre Gegenstände immer öfter im Bereich der Pop- und Populärkultur: in Nachrichtensendungen, Spielfilmen, Computerspielen oder der Popmusik.[3] Im Folgenden werde ich einige Beobachtungen dazu anstellen, wie Werbeclips auf visueller und narrativer Ebene Videoüberwachung

1 Der folgende Beitrag ist eine überarbeitete und erweiterte Fassung von Kammerer (2012). In Passau und Tübingen durfte ich die hier vorgestellten Gedanken mit Studierenden diskutieren. Dadurch wurde dieser Text besser. Danke dafür.

2 Vgl. mein Argument in Kammerer (2008).

3 Vgl. Albrechtslund and Dubbeld (2005); Hempel (2005); Albuquerque (2018).

darstellen, wie sie den Diskurs über Überwachung auf eine spezifische Weise rahmen, wie sie scheinbar Optionen eines widerständigen Verhaltens aufzeigen und wie sie die Möglichkeit dieses Widerstands mit dem Konsum oder Gebrauch einer jeweils beworbenen Ware verbinden. Aus der Analyse der Bilder und Erzählungen werden Argumente für eine Kritik an einigen herrschenden Topoi des Überwachungsdiskurses entwickelt.

1. Vorbemerkung zu Überwachung als Motiv in Werbung

Im Unterschied zu Spielfilmen[4] ist Überwachung in Werbeclips ein (noch) vergleichsweise selten anzutreffendes Sujet. Dennoch lassen sich zwischen einzelnen Clips Gemeinsamkeiten nachweisen, die es erlauben, diese in vorläufiger Weise zu so etwas wie ‚Minigenres' zu bündeln.[5] Zumindest das mir vorliegende Korpus lässt sich wie folgt unterteilen: (1) Widerstand gegen Überwachung, (2) gewollte Zurschaustellung vor Überwachungskameras, (3) das zufällig aufgenommene Ereignis, gezeigt aus einer statischen Überwachungskameraperspektive sowie (4) Werbung für Überwachungstechnik. Trennscharf sind diese Kategorien freilich nicht. So lässt sich der in Abschnitt 4 diskutierte Werbespot für Überwachungstechnik (*Santec Gas Station*) auch der Kategorie (3) zuordnen. Diese Unterteilung dient nur in heuristischer Absicht dazu, die dieser Untersuchung zugrundeliegenden Clips vorläufig zu differenzieren. Daneben konnte ich nur wenige weitere Clips finden, die keiner der vier Kategorien sinnvoll zugeschrieben werden können.

Der vorliegende Text konzentriert sich auf Beispiele aus (1), (2) und (4). Clips der Kategorie (3) lassen sich am ehesten als Varianten der ‚candid camera' begreifen – etwas Überraschendes, Unerwartetes, Amüsantes ist passiert und eine zufällig anwesende Kamera hat es aufgenommen.[6] Überwachung als Gegebenheit oder *fait social* unserer Gesellschaft bzw. als Kontrollinstrument spielt hier in der Regel keine oder nur eine marginale Rolle.[7]

4 Vgl. die Liste in Kammerer (2010).

5 Die hier vorgestellten Beispiele entstammen einem Korpus von insgesamt 43 Werbespots, die ich gesammelt habe und in denen Überwachung ein zentrales Motiv darstellt.

6 *Candid Camera* ist der Titel eines der frühesten Reality-TV-Formate. In der anfangs von Allen Funt moderierten und 1948–2014 in den USA ausgestrahlten Sendung wurden unwissende Passanten in komische oder peinliche Situationen verwickelt. Die Situation wurde mit einer versteckten Kamera gefilmt. Das deutsche Pendant hieß ab 1961 *Vorsicht Kamera*, aktuell wird das Format mit *Verstehen Sie Spaß?* weitergeführt.

7 *Fait social*: ein ‚sozialer Tatbestand', vgl. Zurawski (2007: S. 7).

2. Fanta-stischer Widerstand

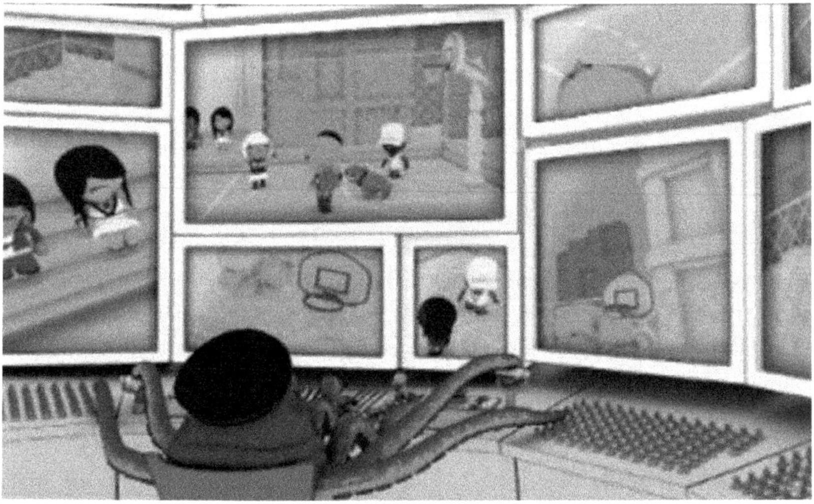

Abb. 1: Werbeclip *Fanta Still*, TC 00:00:03.

Wir befinden uns in einem Kontrollraum.[8] Vor einer Monitorwand wacht ein Kraken mit Polizeimütze.[9] Mit seinen acht Armen bedient das Weichtier ein Arsenal von Schiebern, Knöpfen und Reglern. Wo technische Steuerungsmacht derart geballt auftritt, muss ein kriminelles Superhirn am Werk sein, ein Bösewicht der Apparate und blinkenden Schalter. Anders als *Argos Panoptes*, der vieläugige Wächter aus der antiken Mythologie, ist dieser Alles-Sehende lediglich einäugig. Mehr als eine Pupille braucht der Polizei-Oktopus jedoch nicht, schließlich hat er auf seinen Bildschirmen immer ein und denselben Ort vor sich, das allerdings dutzendfach. Der Schauplatz der monokularen und monomanischen Beobachtung ist urban. Jugendliche spielen Basketball auf einem eingezäunten Platz. Bis auf ein paar vereinzelt bunte Flecke ist die Szenerie Grau in Betongrau. Doch das stört die Jugendlichen nicht, die hier ihren Ort gefunden haben. Der Zaun ist für sie Grenze und Schutz vor der

---

8 Vgl. Tokyo Plastic (2008).

9 Zum Motiv des ‚Datenkraken' vgl. Tangens/padeluun (2006).

Außenwelt, er steckt ihr Territorium ab und umhegt sie. Freilich beschränken sich die Kameras nicht darauf, jede Bewegung auf dem Spielfeld zu beobachten. Sie greifen massiv ins Geschehen ein. Von oben, von unten und von der Seite durchbrechen sie das Territorium, verletzen die Grenzen des Spielfeldes und werden derart zu Spielverderbern. Dass eine Überwachungskamera sich nicht zwischen Opfer und Angreifer werfen kann, ist ein häufig gelesener Slogan auf Demonstrationen. Diese hier können es, nur eben zum Nachteil der Beobachteten.

Der Clip bebildert die These, wonach jedes Medium eine Verlängerung oder Prothese des Menschen sei, der es bedient.[10] Diese Kameras, die am Ende von langen, durch mehrere Gelenke beweglich gehaltenen Stangen angebracht sind, sind veritable Erweiterungen des Kraken in der Zentrale. Der Kontrolleur sitzt buchstäblich am längeren Hebel, er bildet eine technisch-operative Einheit aus Armen, Knöpfen und Schaltungen. Dann geschieht, was in einer total verwalteten Welt nicht geschehen darf, nämlich das Unvorhergesehene. Einer der Jugendlichen zieht eine gelb leuchtende Flasche hervor und leert sie in einem Zug. Schon bei dieser Bewegung beginnen die Monitore zu blinken, die Arme des Kontroll-Kraken lassen mutlos von den Schaltern und Knöpfen ab. Begleitet von einem Strahlenkranz, der als Aureole in religiösen Darstellungen Heiligenfiguren vorbehalten wäre, erscheint die Flasche auf sämtlichen Monitoren als „unidentified object" (TC 00:15), als ein Objekt ohne Identität, aber mit außergewöhnlicher Wirkmacht. Denn der Softdrink ist ein Zaubertrank, er verleiht magische Kräfte.

Erneut wird eine Grenze überschritten, diesmal vom Spielfeld aus in Richtung Kontrollraum. Über alle Abstände hinweg breitet sich eine Wirkung aus, die an ein biblisches Wunder erinnert: *Fiat Lux*, es werde Licht. Die Monitore erstrahlen im Orange einer aufgehenden Morgensonne, bis das Leuchten sich in Wasser verwandelt, in eine Sturz- und Sintflut, die die Monitore des Bösen, die hier im wörtlichen Sinn wieder Fenster zur Welt sind, zum Bersten bringen. Das ist zu viel Farbe für die monochromen Aufnahme-Apparate. Der Oktopus verliert seine Polizei-Mütze und wird seinem Element, dem Wasser, wieder zurückgegeben, ist wieder tierhaft-hilflos, fortgeschwemmt von der Flut, die seine Kontrollmacht zerstört hat. Kraftlos und schlaff hängen die Kameras über dem Spielfeld wie besiegte Gegner. Die Sieger feiern.

10 Vgl. die klassischen Formulierungen dazu in McLuhan (1995).

3. Heiße und kalte Medien

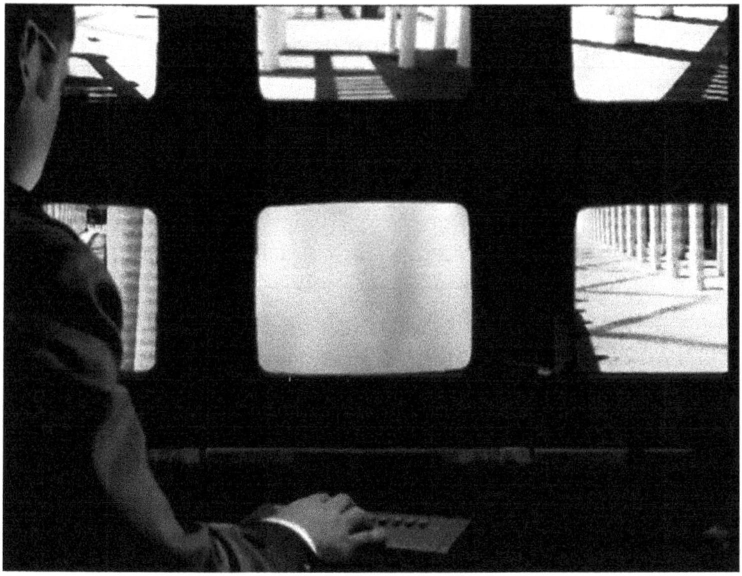

Abb. 2: Werbeclip *Zero Limits*, TC 00:00:21.

Das nächste Beispiel ist eine weitere Werbung für ein Softgetränk.[11] Die Szenerie ist unbestimmt. Ein weiter, leerer Platz, eine Reihe weißer Säulen im Hintergrund, über allem ein strahlend blauer Himmel. Hier könnte ein Antonioni-Film spielen, eine griechische Tragödie oder ein Western. Es wird ein Western. Eine junge Frau ist aufgetreten. Unter der gleißenden Sonne ist ihr zu heiß. Die Kamera zeigt ihren Körper in Nahaufnahme. Um ihren Durst zu löschen, ist sie an einen vor einem blassen Hintergrund auffallend bunten Getränkeautomaten herangetreten. Sie gibt Geld, sie erhält ein Getränk. Sobald sie die Dose an ihre Lippen setzt, beginnt die Kamera, gleichsam betrunken, in immer schnelleren Kreisbewegungen um ihren Körper zu fahren. Der Soundtrack dreht die Lautstärke auf. Wir sind mit der Kamera ganz nahe an dieser Frau. Aber wir sind nicht mehr allein. Wie ein Wild, das plötzlich das Versteck des Jägers wittert,

11 Vgl. Agentur Ogilvy Greece (o. J.).

setzt die Frau ihr Getränk ab und blickt nach schräg oben, ins Off des Bildes. Die Kamera folgt ihrem Blick und landet in einem Kontrollraum, der so dunkel ist, dass unsere Augen nach der Helligkeit des Platzes zunächst nicht viel mehr als eine Hand und ein paar Monitore erkennen können. Die Frau blinzelt und geht in Richtung der Überwachungskamera, die von einem Mast herab auf sie gerichtet ist. Die Szene wird zur Konfrontation auf einer staubigen Straße, zum Duell zwischen zwei Blicken, einem verborgenen, männlichen im Dunkel und einem exponierten, weiblichen Blick im Licht. Der Blick der Frau wird als ein Geschoss ins Auge des Mannes inszeniert. Obwohl der Beobachter hinter den Kameras und im Dunkel des Kontrollraums für alle, die sich in seinem Sichtfeld befinden, unsichtbar sein sollte, und obwohl er zu allem Überfluss auch noch eine Sonnenbrille trägt, die seine Augen verbirgt, als stünde er selbst da draußen im Licht, ist dieser Mann ertappt, wie festgenagelt. Die Frau beginnt, ihr T-Shirt auszuziehen. Die Gesichtszüge des Mannes erstarren, vielleicht in Vorfreude, vielleicht aus Angst vor diesem Blick, der ihn in einer Umkehrung der üblichen Rollen im Griff hält. Nicht der Sehende, sondern die Gesehene beherrscht das Blickverhältnis. Die Frau gibt ihren Körper dem Blick der Kamera und damit auch dem des Mannes nicht endgültig preis. Sie vollbringt das Kunststück, ihr T-Shirt auszuziehen, ohne die Getränkedose aus der Hand zu legen. Sie wirft das Shirt auf die Kamera und schneidet damit den Blick des Kamera-Manns auf ihren Körper ab, in einer Geste, die allemal als symbolische Kastration gelten darf. Dann weicht die Hitze der Kälte. Das Kamerabild des Platzes unter der Sonne verschwindet, der Monitor friert ein und eine Getränkedose bricht durch die Oberfläche des Bildschirms. Auch dieses Wurfgeschoss kennt keine Grenzen. Das bekräftigt der eingeblendete Werbeslogan: „Sprite Zero. Zero limits." (TC 00:00:33) Keine Grenzen. Die Musik wird triumphal.

Im Panopticon herrschte bekanntlich strenge Asymmetrie des Blickes: Sehen und Gesehen-Werden, Sehen und Nicht-Sehen, das Hell der Zellen und das Dunkel des ‚inspector tower' in der Mitte der Anlage.[12] Wenn die Kamera im Werbeclip zur Kreisbewegung ansetzt, installiert sie das Rund der kreisförmigen Architektur. Dann nehmen auch wir Teil an einem voyeuristischen Blick, sind die heimlichen Beobachter*innen der Szene. Aber der Konsum von zuckerhaltigen Softdrinks verleiht (schon wieder) offenbar magische, vor allem bildmagische Kräfte. Der panoptische Kreis wird durch den Wurf der Dose aufgebrochen, das Subjekt widersteht seiner Überwachung, indem es den Blick zurückgibt. Am Ende wird nicht nur uns Zuschauer*innen, sondern auch dem intradiegetischen

12 Vgl. Foucault (2008: S. 251–291).

Zuschauer der Blick auf den entblößten Körper der Frau verwehrt, er bleibt im Kontrollraum zurück und wird damit als Teil des kalten Systems (dis-)qualifiziert, als der heimliche Beobachter, der er von Anfang an war.

4. Vom Film- zum Tafelbild

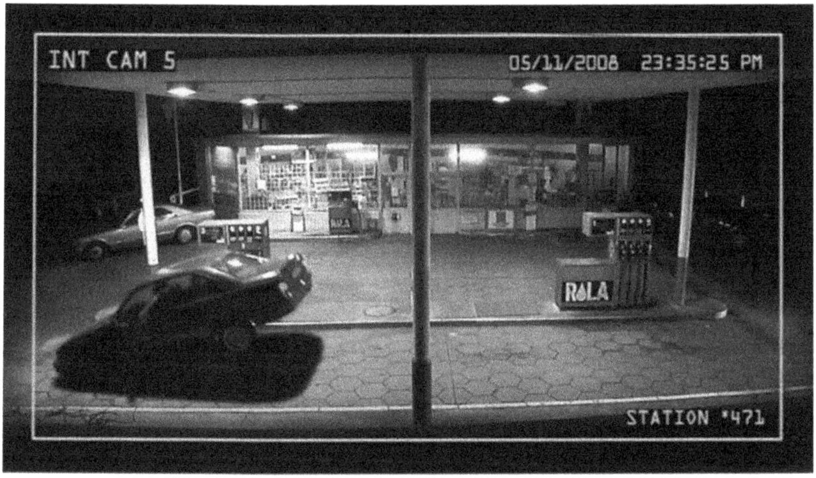

Abb. 3: Werbeclip *Santec Gas Station*, TC 00:00:15.

Ein weiterer Clip. Eine Tankstelle bei Nacht, gesehen durch die Optik einer Überwachungskamera.[13] Die Perspektive ist durch den Einsatz eines Weitwinkels leicht verzerrt. Eingeblendet sind Datum, Uhrzeit, Kamerastandort sowie der durch dünne, weiße Linien definierte Rahmen des Bildfeldes. Es ist kurz vor Mitternacht. Das Bild wird in der Mitte symmetrisch geteilt durch eine von drei Säulen, die das Dach über den Zapfanlagen tragen. Kiosk und Kassenraum der Tankstelle nehmen den Hintergrund ein. Rechts vorne im Bild hat ein Mann gerade den Tank eines Autos aufgefüllt. Er trägt Baseball-Mütze, Jeans und eine Weste im Holzfällermuster. Er hängt den Zapfhahn ein, geht um das Auto herum, den Blick auf den Kassenraum gerichtet. Eilig steigt er in sein Auto und fährt los, ohne bezahlt zu haben. Als er das linke Ende des Rahmens erreicht, wird sein Fahrzeug von einer unsichtbaren Wand abrupt gestoppt.

13 Pekka Hara (2008). Weitere Titel der Kampagne ‚No escape', mit ähnlicher Pointe, findet man unter fra30774 (2011).

Der Zusammenstoß ist bemerkenswert heftig. Nicht nur wird der hintere Teil des Autos in die Höhe gerissen. Offenbar werden die Grundfesten des Bildes selbst erschüttert. Im Moment des Aufpralls wackeln sämtliche Einblendungen und Daten der Aufnahme. Der Mann steigt aus, dreht sich unschlüssig um und rennt zum anderen Ende des Bildes. Auch dort gelangt er nicht über den Bildrahmen hinaus. Der Zusammenstoß bringt ihn zu Fall. Als er auf dem Rücken liegt, meldet sich die Kamera. Anstelle des Datums erscheint der Satz: „There is no escape“ (TC 00:00:31). Dann, darunter, das Logo der Firma, die uns käufliche Sicherheit verspricht. Inzwischen ist ein Angestellter der Tankstelle auf die Situation aufmerksam geworden und geht in aller Ruhe auf denjenigen zu, für den es kein Entkommen mehr gibt. Die ‚fotografische Erfassung‘ des Verbrechers[14] – seine mediale Festsetzung im Akt der Aufzeichnung selbst – kann schwerlich anschaulicher ins Bild gesetzt werden als in diesem 35 Sekunden dauernden Clip, der in seiner Knappheit und Lakonie der Dramaturgie eines gefilmten Witzes mit abschließender Pointe folgt. Der nur als Bild-im-Bildraum vorhandene weiße Kasten, die elektronische Einblendung der Kamera, wird zur unüberwindbaren Hürde in der Diegese des Clips. Die Kamera sperrt den Missetäter wörtlich ‚auf der Stelle‘ ein: Der Aufnahmewinkel wird zur Zelle.

Die Tankstelle ist dabei nicht länger Versorgungsstation individueller Mobilität, sondern Schauplatz einer Immobilisierung, einer Verurteilung, in der die Videokamera Polizist*in, Richter*in und Justizvollzug zugleich spielen darf. Die Konturen solcher Bestrafungs- und Allmachtsfantasien treten deutlicher zutage, wenn man sie in filmtheoretischer Perspektive beleuchtet. Auf den Filmtheoretiker André Bazin geht die Unterscheidung zwischen dem starren Rahmen (*cadre*) und der beweglichen Maske (*cache*) eines Bildes zurück.[15] In der klassischen Malerei, so Bazin, sind die Grenzen des Tafelbildes ein *cadre*, ein unbeweglicher Rahmen. Er bündelt die Aufmerksamkeit der Betrachter*innen in einem kontemplativen Raum, er zieht sie in ein Bild hinein, dass ein Außen weder braucht noch kennt. Alles ist im Sichtbaren des Bildes enthalten. Im bewegten Filmbild hingegen ist die Grenze der Leinwand für Bazin ein *cache*, eine bewegliche Maske oder Abdeckung, ein offener Rahmen, durch den allerlei ins Bild hinein und heraus gelangen kann. Jenseits des *cache* liegt das *hors-champ*, das Feld dessen, was noch nicht sichtbar ist, aber jederzeit durch eine Bewegung oder einen Schnitt in den Blick der Kamera geraten kann. „Der Rahmen polarisiert den Raum nach innen, hingegen ist alles, was die Leinwand uns zeigt, darauf

---

14 Vgl. Regener (1999).
15 Vgl. Bazin (2004: S. 224–230).

angelegt, sich unbegrenzt ins Universum fortzusetzen", schreibt Bazin.[16] *Cadre* ist folglich zentripetal, *cache* ist zentrifugal.

Legt man diese Unterscheidung zugrunde, ist die Aufzeichnung der Tankstellenkamera ein Tafelbild. Sie lässt keine Flucht zu, sondern positioniert, in bester zentralperspektivischer Tradition, jedes abgebildete Subjekt an seinem festen Ort im Bild. Ihrer verzerrenden Weitwinkel-Optik entspricht die Macht des absoluten Souveräns, der aus seiner erhobenen Sicht alles betrachten kann und das Zentrum der ihn umgebenden Welt bildet, in der alle Linien zentripetal auf ihn zulaufen. Vor diesem Auge kann es kein Entkommen geben – so lautet die Botschaft dieses Clips.

5. Ein dualistisches Modell von Überwachung

Drei Reklamespots, drei mögliche Varianten oder Typologien von Überwachung. Im *Fanta*-Spot übernehmen die Videokameras (bzw. ihr Bediener) die Rolle des Bullys vom Pausenhof, des notorischen Spielverderbers, und schikanieren hinter der Maske von Recht und Ordnung mit hämischer Freude diejenigen, die einfach nur spielen wollen. Diese Macht will gesehen, gespürt und gefürchtet werden. Der Überwacher im *Sprite*-Spot hingegen setzt auf die Heimlichkeit seines Blickes, selbst im dunklen Kontrollraum versteckt er seine Augen hinter getönten Brillengläsern. Wie im Panopticon markieren hier Hell und Dunkel, Licht und Schatten, Positionen in einem Raum asymmetrischer Machtverteilung. Diejenigen im Dunkeln sieht man nicht, und sie ziehen ihren Vorteil daraus. Auch diese Überwachung zielt auf Lustgewinn, allerdings auf den des unbemerkten Voyeurs. Doch wie schon in Jean-Paul Sartres berühmter Beschreibung des Voyeurs gilt: Am Schlüsselloch entdeckt zu werden, ist der größte Schrecken, der einen treffen kann.[17]

Beide Filme feiern den Sieg einer widerständigen Praxis über die Konformität und die Niederwerfung unter den überwachenden Blick und verknüpfen die Möglichkeit eines solchen Widerstands mit dem Konsum des beworbenen Produktes. Oder genauer, mit einem sekundären Gebrauch der Ware als Objekt oder Material: Erst wird ausgetrunken, dann wird die leere Dose zum Wurfobjekt umfunktioniert. Während die ersten Spots uns im Unklaren lassen, auf welcher Seite der Beobachtung wir als Zuschauer*innen eigentlich angesiedelt sind (Blickperspektive des Überwachers vs. Protagonist*innen als Identifikationsfiguren), versetzt *Santec Gas Station* uns gänzlich in die Perspektive der

16 Ebd. (S. 225).
17 Vgl. Kammerer (2008: S. 107).

Überwachungskamera. Widerstand ist hier das, was unterbunden werden soll. Der Beobachtete, das macht der Clip deutlich, verdient weder unsere Nachsicht noch unser Mitgefühl. Bei kriminellem Verhalten wird kein Auge zugedrückt. Die Kamera blinzelt nicht, sondern registriert das Geschehen in Echtzeit ohne Schnitt oder sonstige Unterbrechung.

Trotz solcher Unterschiede ist allen drei Werbespots eines gemeinsam: Videoüberwachung wird in ihnen als Phantasma oder Paradox einer unmittelbaren Beziehung zwischen den Überwachten und den Apparaten bzw. Operateuren der Überwachung ins Bild gesetzt. Zwischen Mensch und Maschine, zwischen den Subjekten und ihrer technischen Aufzeichnung besteht scheinbar keinerlei räumliche Distanz. Jede *im* Bild beobachtete Handlung ist zugleich eine Handlung *an* diesem Bild. Das elektronische Auge erscheint hier als vollwertiges Subjekt, das handeln kann (*Fanta*, *Santec*), aber auch erleiden und erdulden muss. Beides steht in Zusammenhang: Gerade weil die Kameras handlungsfähig sind, sind sie selbst angreifbar – sie werden überflutet, eingefroren, zum Beben gebracht. Wirft man ein Getränk in Richtung Kamera, flutet der Kontrollraum oder er friert ein (*Fanta*, *Sprite*). Stößt man gegen den Bildrand, wird dieser erschüttert, bleibt jedoch standhaft (*Santec*).

Diese Filme zehren folglich von der absurden Pointe, von der parodistischen Übertreibung. Sie müssen als Fantasie, Bildwitz oder utopischer Moment verstanden werden. Dennoch, so die hier vertretene These, ist diese Übertreibung gerade keine Verkehrung dessen, was man das allgemein akzeptierte Alltags- oder Normalverständnis von Videoüberwachung nennen könnte, sondern gerade dessen überbietende Steigerung. Eine Steigerung, die in der Übertreibung das allgemein geteilte und für gültig anerkannte Normalverständnis von Videoüberwachung offenlegt, also das, was darüber gesagt, gedacht und geschrieben werden darf. Wie ein Zerrspiegel erfinden diese Filme nichts, sondern bilden nur überspitzt ab, was für wahr gehalten wird:

(1) Im Diskurs zu Videoüberwachung gilt: ‚Kameras fangen Verbrecher*innen'. Mehr Kameras fangen mehr Verbrecher*innen, bessere Kameras fangen auf effizientere Weise klügere, listenreichere Verbrecher*innen. Dahinter steckt die Vorstellung, die Regener bereits für die Praxis der Verbrecherfotografie des 19. Jahrhunderts beschrieben hat:[18] Hat man eine*n Verbrecher*in erst einmal fotografisch ‚erfasst' und sein/ihr Bild im Archiv abgelegt, kann er/sie auch in Wirklichkeit nicht mehr entkommen. Verkürzt heißt das: ‚Kameras handeln' – und es ist diese zugeschriebene *agency* oder Handlungsfähigkeit, die

18 Vgl. Regener (1999).

Möglichkeit zur Intervention, zum Hineinreichen in die gefilmte Wirklichkeit vor der Kamera, die diese Clips ins Bild setzen: in Gestalt der Kameras, die wie ‚Arme' ins Basketballfeld hineinreichen und das Spiel stören (*Fanta Still*) oder in Gestalt des weißen Bildrahmens, der Missetäter an Ort und Stelle einsperrt (*Santec – Gas Station*). Auch die durch den Monitor geworfenen Dose in *Sprite Zero* deutet an (gewissermaßen in Umkehrung), dass der Kontrollraum über Monitor und Kamera unmittelbar mit der überwachten Welt verbunden ist. Am deutlichsten artikuliert sich dieses emphatische Verständnis von Überwachung in den Enttäuschungen, die es hinnehmen muss: Warum wurde die Tat nicht verhindert? Warum laufen die Täter*innen noch frei herum? Warum sind die Täter*innen nicht hinter Schloss und Riegel, obwohl sie auf den Aufnahmen zu sehen sind? Jedes Mal müsste die Antwort lauten: Weil die Kamera eben kein selbsttätig handelndes Subjekt ist, sondern lediglich Bestandteil eines umfassenden Zusammenhangs oder Ensembles aus Technik, Organisation, menschlicher Praxis, Rechtsnormen und vielem anderem mehr.

(2) Eine weitere typische Annahme lautet: Überwachung etabliert eine Trennung zwischen ‚denen' und ‚uns', zwischen ‚Überwachenden' und ‚Überwachten'.[19] Überwachende sind in dieser Vorstellung öffentlich-staatliche Institutionen (Polizei, Regierung, Bürokratie) oder privat-kommerzielle Unternehmen, die Überwachten sind die anderen. Darin stimmen Befürworter*innen wie Gegner*innen der Videoüberwachung überein, mit dem Unterschied, dass die Befürworter*innen davon ausgehen, dass Überwachung immer nur die ‚ganz anderen' betrifft, also diejenigen, die sich nicht so verhalten, wie man selbst, während die Kritiker*innen der Überwachung davon ausgehen, dass ‚wir alle', also auch man selbst, diese anderen und folglich Betroffene sind. Überwachung beruht in dieser Sichtweise auf einer Aufteilung, in der eine wesentliche Asymmetrie steckt. Von der Seite der Überwachten wandern fortlaufend Bilder, persönliche Daten, individuelle Informationen auf die Seite der Überwachenden, von deren Seite wiederum ein unablässiger Strom von Befehlen, Anweisungen, Normen, Zurichtungen, Disziplinierungen usw. auf die andere Seite ergeht. Das heißt: *Die* wissen alles über alle anderen (Kritiker*innen ergänzen: *Die* bleiben dabei in ihrem Handeln selbst intransparent), während die *Anderen* nicht nur

19 Diese Auffassung einer klaren Opposition von ‚denen' und ‚uns' wird deutlich in Titeln von populärwissenschaftlichen Büchern zum Thema wie Hofstetter (2014): *Sie wissen alles. Wie Big Data in unser Leben eindringt und warum wir um unsere Freiheit kämpfen müssen*, Morgenroth (2016): *Sie kennen dich! Sie haben dich! Sie steuern dich! Die wahre Macht der Datensammler* oder Spitz (2014): *Was macht ihr mit meinen Daten?*

beobachtet, sondern kontrolliert werden können (Kritiker*innen ergänzen: *Die* müssen sich an keine Regeln halten und können ihre Macht missbrauchen).

Nun wird in diesem dualistischen Modell – das übrigens entlang der Trennung von Körper (das, was kontrolliert oder beherrscht wird) und Geist (die Instanz der Kontrolle oder Steuerung) operiert – zum einen der Umstand ausgeblendet, dass Überwachende ebenso der Überwachung unterliegen. Tatsächlich sind Kontrollräume eng gestrickte sozio-technische Zusammenhänge, in denen die Überwachenden, ob Polizist*innen oder Angestellte einer Sicherheitsfirma, selbst unter Aufsicht stehen und gegebenenfalls zahlreiche Praktiken entwickeln müssen und können, sich den Anforderungen der Arbeit ebenso wie der Kontrolle durch ihre Vorgesetzten zu entziehen.[20] Darüber hinaus ist in vielen Kontrollräumen sogenannte *privacy enhancing technology* eingebaut – Technik, die zum Zweck des Datenschutzes und zum Schutz vor Missbrauch ihre Bediener*innen kontrolliert. All diese Aspekte müssen unterschiedlich bewertet werden, haben unterschiedliche Reichweiten und Wirkungen, aber sie machen deutlich, dass Überwachung immer auch Selbst-Überwachung oder Überwacht-Werden bedeutet. Statt die Welt in Überwachende und Überwachte aufzuteilen, sollte Überwachung daher als eine Praxis beschrieben werden, die verschiedene Formen oder Konfigurationen des Überwachens und Überwacht-Werdens umfasst und verschiedene Subjektpositionen damit verknüpft.

Zweitens impliziert das dualistische Modell, dass es ein handlungsfähiges ‚Die' überhaupt gibt. Dabei gilt für jede Videokamera an der Wand: Sie muss nicht eingeschaltet sein, um ihre präventive Wirkung – so wird zumindest impliziert – zu erreichen. Der/die anwesende Beobachter*in vor dem Bildschirm, das *live monitoring* ist in der Praxis der Videoüberwachung deshalb die Ausnahme, nicht die Regel. Viele Videokameras zeichnen nur auf, ohne dass ein *CCTV operator* daneben sitzen würde.[21]

Irreführend ist zudem die Vorstellung, Beobachtung und Aktion würden wie Reiz und Reflex aufeinanderfolgen. Im Gegenteil ist der Weg vom Bild zur Handlung hindernisreich. Kriminologische Studien haben übereinstimmend gezeigt, dass die Kette ‚Beobachtung → Meldung an die Polizei → Auslösung eines Einsatzes → Verhaftung oder Verwarnung' in der Praxis mehr als brüchig ist. Eine gezielte Beobachtung zieht in vergleichsweise wenigen Fällen direkte Folgen für die Betroffenen nach sich. In einer Untersuchung der britischen Kriminologen Clive Norris und Gary Armstrong führte nur eine von siebzig „targeted

20 Vgl. Kammerer (2008: S. 126).
21 Vgl. Cameron et al. (2003: S. 44).

surveillances“ – Überwachung von Einzelpersonen von mehr als dreißig Sekunden Dauer – zu einer Verhaftung.[22] Der Polizeiforscher Benjamin Goold kommt auf ähnlich niedrige Werte: „Operators seldom contacted the police, and on the few occasions that they did so, the police rarely responded by deploying officers.“[23] Videoüberwachung ist also tendenziell ein *closed circuit*, ein geschlossenes System, das offenbar Mühe hat, mit der Außenwelt zu kommunizieren. Auf dem Weg vom Bild zur Aktion bleibt Videoüberwachung regelmäßig stecken.

Ein dritter Einwand, den ich der dualistischen Auffassung von Überwachung entgegenhalten möchte, betrifft die Produktion von Wissen. Suggeriert wird, dass Überwachung darauf abzielen würde, Wissen, Erkenntnis und in der Reaktion darauf eindeutige Handlungsanweisungen zu generieren. In der Praxis lässt sich hingegen immer wieder beobachten, dass ebenso Nicht-Wissen, blinde Flecke, Datenmüll und Passivität produziert werden. Vier von fünf Aufnahmen aus Überwachungskameras, so eine Schätzung der britischen Polizei, sind für eine Auswertung aufgrund mangelhafter Bildqualität ungeeignet. Selbst wenn Aufnahmen einer Straftat vorliegen, macht die Polizei sich nicht immer die Mühe, diese auch auszuwerten. Das Argument lässt sich auch weiter fassen: Ganz grundsätzlich führt die Bindung der Aufmerksamkeit durch ein Bild dazu, dass anderes – das (vorübergehend) Nicht-Sichtbare – ignoriert wird.[24]

Zusammenfassend: In den drei vorgestellten Spots figuriert Videoüberwachung als ‚Wundertechnik‘, die scheinbar magische, unmittelbare Verhältnisse zwischen sich und den Subjekten unter Beobachtung einrichtet. Die Apparate der Überwachung (Kameras, Monitore) *handeln* (sie verhindern den Korbwurf [*Fanta*], sie stoppen den Täter [*Santec*]) und sie *werden behandelt* (der Monitor wird zerstört [*Fanta, Sprite*], das Bild wird erschüttert [*Santec*], der Kontrollraum geflutet [*Fanta*]). Videokameras werden in diesen Filmen zum Fetisch im klassisch-aufklärerischen Sinne: zum Ding, mit dem Individuen und Kollektive Kräfte und Eigenschaften verknüpfen, die ihm nicht als primäre Eigenschaften zukommen. Sie wird für Fetischist*innen „als ein bedeutendes und kraftgeladenes Objekt“ zu einem handlungsfähigen Objekt, einem Agens, „an das dieser fortan durch Verehrungs-, Furcht- oder Wunschmotive gebunden ist“.[25] Der Diskurs von Befürworter*innen wie Gegner*innen von Videoüberwachung trägt ebenfalls fetischistische Züge, die in den übersteigerten Darstellungen der Populärkultur nur deutlicher hervortreten.

---

22 Vgl. Norris/Armstrong (1999: S. 168).

23 Goold (2004: S. 164).

24 Vgl. die Aussage eines *CCTV operator* in Smith (2004: S. 385).

25 Böhme (2006: S. 17).

6. Give them something to watch

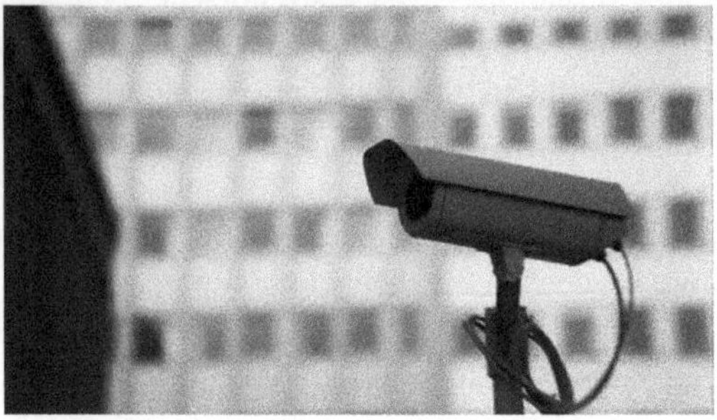

Abb. 4a: *The New Peugeot 207,* TC 00:00:17. Schuss …

Abb. 4b: *The New Peugeot 207,* TC 00:00:18. … und Gegen-Schuss.

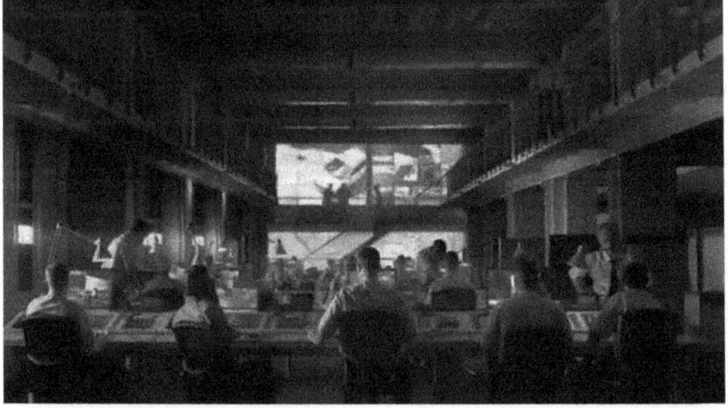

Abb. 4c: *The New Peugeot 207,* TC 00:00:23. Ein Kontrollraum: Referenz an *Der Staatsfeind Nr. 1* (USA, 1998, R: Tony Scott).

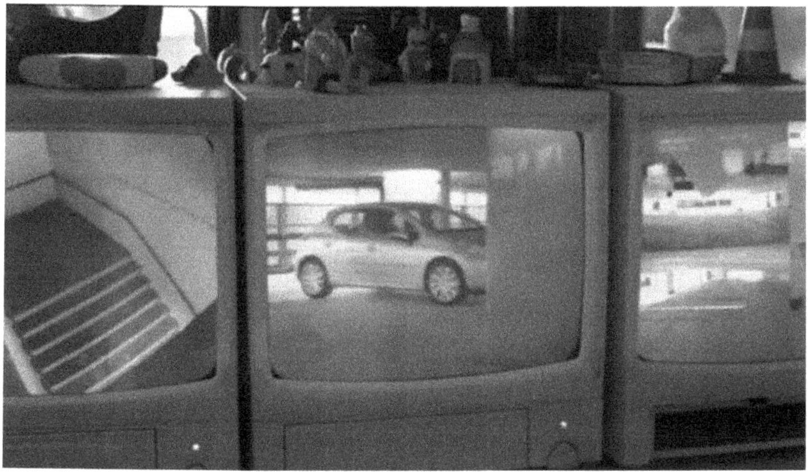

Abb. 4d: *The New Peugeot 207*, TC 00:00:27. Die Auflösung: Nur ein Parkhaus.

Ein Parkhaus.[26] Eine Überwachungskamera, mit blinkendem Licht. Ein Mann steigt in ein Auto. Unscharfe Einblendungen am Bildrand sowie der typische, horizontale Schwenk verraten uns, dass wir die Perspektive der Überwachung einnehmen. Der basslastige Soundtrack begleitet uns vom ersten Bild an. Es folgen weitere Einstellungen, die die Fahrt des Mannes durch die Straßen der Großstadt (es ist vermutlich Berlin) ohne Unterbrechung verfolgen. Mal sind diese Einstellungen in typischer, monochromer Überwachungsästhetik gestaltet, mal blicken wir, nun in qualitativ höherer Auflösung und in Farbe, auf eines der vielen elektronischen Augen.

Aus dem narrativen Film ist dieses Muster bekannt als Schuss-Gegenschuss: Erst sieht der/die Zuschauer*in die Person oder Instanz, die sieht, dann kriegt er/sie deren *point of view* vorgeführt. Die Alternation von Schuss und Gegenschuss ist eines der ältesten Stilmittel des Kinos. Zu ihren großen Leistungen zählt die Verbindung der Bilder, ihre Montage zu einem sinnvollen Ganzen. Im Schuss-Gegenschuss-Verfahren werden in der Regel ein gesehenes Objekt und ein sehendes Gesicht – und zwar in Nahaufnahme – miteinander verbunden. Dieses blickende (und von uns angeblickte) Gesicht ist expressiv, es zeigt Reaktionen auf das Gesehene. Und es gibt uns eine Anweisung: So

26 Vgl. Barber, Daniel (2006).

sollen auch wir reagieren. Die sehenden und schauenden Figuren im Film stellen sich als unsere Stellvertreter dar, als unsere Vorbilder. Sie leiten uns an, zeigen, was eine angemessene Reaktion auf das wäre, was der Film uns vorführt.

Der Peugeot-Clip führt nun dieses Prinzip in immer neuen Varianten vor und auf die immer gleiche Weise durch. Nur, dass statt Menschen Kameras die Beobachtung und den Blick übernehmen: Überwachungskameras im öffentlichen Raum, Camcorder in privater Hand, Webcams, Kameras in Hubschraubern, die das Geschehen von sehr weit oben zeigen, Kameras in Tunneln, an denen das Auto so nahe vorbeifährt, dass es eigentlich zur Kollision kommen müsste. Natürlich darf ein Satellit nicht fehlen, der in mehreren Zoomstufen und mit eingeblendetem Fadenkreuz die optische Verfolgung des Fahrzeugs aufgenommen hat. Ein ganzes Kontrollzentrum voller Menschen, abgeschlossen von einer Monitorwand, scheint mit nichts anderem als der Beobachtung des geheimnisvollen Fahrzeugs beschäftigt. Die hohe Schnittfrequenz, der monochrome Blaustich der Bilder, die ständige Bewegung der Kamera und die High-Tech-Motive (Satelliten, Hubschrauber, Hochhäuser) sind deutliche Referenzen an das gegenwärtige Actionkino, insbesondere Hightech-Thriller wie *Der Staatsfeind Nr. 1* von Tony Scott (1998) oder die Reihe der Filme um den gedächtnislosen Superagenten Jason Bourne (seit 2002). Der knapp vierzig Sekunden lange Clip endet damit, dass das Auto sein Ziel findet: kein glamouröses Casino, kein geheimes Spionage-Hauptquartier, sondern nur ein weiteres, graues Parkhaus. Der Clip nimmt das Tempo zurück. Ein betont harmlos aussehender Parkwächter erkennt auf seinen Retro-Schwarz-Weiß-Monitoren das ankommende Fahrzeug. Eine computerhafte Einblendung und eine ‚technisch' verzerrte, weibliche Stimme klären uns auf: „You are caught on camera over 300 times a day" (TC 00:00:46). Ist das nun Werbung oder politische Aufklärung? Kurze dramatische Pause. Dann, die Auflösung, mit hörbar amüsierter Stimmung: „Give them something to watch" (TC 00:00:55).

Wenn wir schon gesehen werden, dann sollten wir dabei auch gut aussehen. Überwachung ist nicht nur High-Tech, sondern vor allem Alltag in unseren Städten, verkörpert im behäbigen Parkwächter mit zurückgehendem Haaransatz. Zugleich aber kann sich jeder, sofern sie oder er das richtige Auto fährt, wie ein Spezialagent oder Filmstar fühlen, auf den alle Blicke gerichtet sind, so das Versprechen der Werbung. ‚Überwachung' ist hier nicht eigentlich thematisiert, sie ist zur Chiffre geworden, zu einem Topos, den man aufrufen kann, zu einer ästhetischen Strategie, die für den Nervenkitzel sorgen soll, der notwendig ist, um unsere Aufmerksamkeit 40 Sekunden an einen Werbespot zu binden. ‚Give them something to watch': Das ist auch die Devise dieses Clips selbst, der hauptsächlich aus Schauwerten und nur minimal aus Handlung besteht.

Zugleich ist die Pointe des Clips kein Einzelfall, sondern ein Trend.[27] Eric Howeler hat ihn schon 2002 auf den Begriff gebracht: *paranoid chic*. In Werbungen für Kleidung, Zigaretten, Lippenstifte oder Luxusuhren entdeckte Howeler die immer gleiche Botschaft: „Surveillance is a given, it is everywhere. Surveillance is sexy. Big Brother is watching, so you have to look good. […] Paranoid Chic is the look."[28]

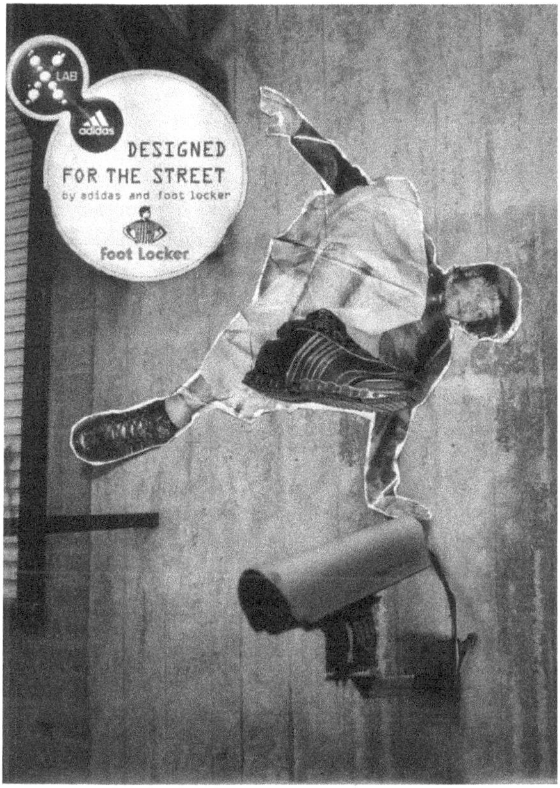

Abb. 5: Turnschuhe. Quelle: o. A. (2006).

27 Vgl. Kammerer (2005).
28 Howeler (2004).

Der *paranoid chic* findet sich auch in einer Printanzeige (vgl. Abb. 5) für einen Turnschuh-Hersteller wieder: Ein junger Mann springt scheinbar mühelos über die an einer Betonwand befestigte Überwachungskamera. Die Schuhe, die ihm solche Akrobatik ermöglichen, erscheinen stark vergrößert. Ein in der Art eines *trompe-l'œil* aufgebrachtes Etikett, dessen Ränder durch Gebrauch eingerissen erscheinen, trägt den Slogan der Werbekampagne: „Designed for the Street". Erst beim zweiten Hinsehen erkennt man, dass auch der junge Mann auf einem Bild-im-Bild-Effekt beruht: Er ist nur eine aufgeklebte und ausgeschnittene Fotografie. Seine Farbigkeit und Beweglichkeit kontrastieren augenfällig mit dem Grau der Betonwand, Sinnbild für Erstarrung, Langeweile und Raumverengung. Das Werbemotiv zitiert mithin Verfahren der Street Art (*Paste Up*), die den öffentlichen Raum als Galerie, aber auch als Raum der Intervention für sich reklamieren.

Das ist eine Kunstform mit niedriger Einstiegsschwelle: Um mitzumachen, reichen einfache Materialen und Instrumente wie Schere und Papier, Spraydosen oder Kreide. Street Art versteht sich als symbolische Raumaneignung und aktive Partizipation an urbaner Öffentlichkeit, in einem Gestus, der sich gegen Entfremdung und Kommerzialisierung des öffentlichen Raumes richtet. Nun liegt hier freilich die Werbekampagne eines Schuhherstellers vor: Diese rekuperiert gegenkulturelle und nicht-kommerzielle Werte, um nicht etwa Turnschuhe, sondern das Gegenteil des industriell gefertigten Massenprodukts zu verkaufen: ein individuelles, nicht-veräußerbares Lebensgefühl. Der Turnschuhträger umgeht in der Logik der Werbung die bewegungseinschränkende, und damit kontrollierende Infrastruktur mit der Eleganz eines *traceurs*, er bewegt sich, wie und wohin er will, weicht den ‚Gesichtsfallen' aus. Die Kamera an der Wand – und mit ihr die Überwachung, die Kontrolle des städtischen Raumes – muss nicht bekämpft werden, sie ist nur mehr Anlass für die Performance einer gelungenen Bewegung, Teil einer sportlichen und ästhetischen Herausforderung, deren Voraussetzung der Kauf der richtigen Schuhe darstellt.

In diesen beiden zuletzt vorgestellten Beispielen wird von Subjekten erzählt, die Überwachung weder bekämpfen noch begrüßen, sondern diese als gegeben hinnehmen, mit dem Gleichmut derjenigen, die keine Alternative mehr kennen. Überwachung wird reduziert auf das Beobachtet-Werden und identifiziert mit dem Blick oder dem Auge des Anderen. Zugleich werden ästhetische Taktiken als Antwort nahegelegt. Überwachung als Handlung, als Interaktion oder Intervention wird hingegen nicht thematisiert. Die Kameras an der Wand scheinen Öffentlichkeit geradezu zu ersetzen. Schließlich gilt für jeden Spaziergang durch den öffentlichen Raum, dass man dabei gesehen wird und – wie Georg Simmel schon um 1900 notierte – dabei durchaus auch gesehen werden will.[29] Nur ist aus der freiwilligen Zurschaustellung, aus der Selbstpreisgabe des *flâneurs* an seine Öffentlichkeit, ein Imperativ geworden: ‚Give them something to watch'.

Werbeclips

Agentur Ogilvy Greece (o. J.): *Zero Limits*. URL: https://www.youtube.com/watch?v=t8Uq_mU6M7M (02.07.2020).

Barber, Daniel (2006): *The New Peugeot 207*. URL: https://www.youtube.com/watch?v=AO22IRMF0yM (02.07.2020).

fra30774 (2011): *Serviceplan for Santec Security Systems – No escape*. URL: https://thisisnotadvertising.wordpress.com/2011/10/14/santec-security-systems-prison/ (02.07.2020).

Pekka Hara (2008): *Santec – Gas Station*. URL: https://vimeo.com/187655843 (02.07.2020).

Tokyo Plastic (= Cope, Andrew/Jones, Sam Lanyon) (2008): *Fanta Still. Security Alert*. URL: https://www.youtube.com/watch?v=2PL7rQE_Mdc sowie https://adland.tv/adnews/fanta-still-security-alert-2008-30-uk (02.07.2020).

Literaturverzeichnis

Albrechtslund, Anders/Dubbeld, Lynsey (2005): „The Plays and Arts of Surveillance: Studying Surveillance as Entertainment". In: *Surveillance and Society* Bd. 3, Nr. 2/3, S. 216–221.

Albuquerque, Paula (2018): *Webcam as an Emerging Cinematic Medium*. Amsterdam: Amsterdam UP.

Bazin, André (2004): *Was ist Film?* Berlin: Alexander.

Böhme, Hartmut (2006): *Fetischismus und Kultur: Eine andere Theorie der Moderne*. Reinbek bei Hamburg: Rowohlt.

Cameron, Heather et al. (2003): „Watching the Bear. Networks and islands of visual surveillance in Berlin". In: *Urbaneye Working Papers*. Nr. 8. URL: www.urbaneye.net/results/ue_wp8.pdf (02.07.2020).

Foucault, Michel (2008): *Überwachen und Strafen. Die Geburt des Gefängnisses*. Frankfurt am Main: Suhrkamp.

Goold, Benjamin J. (2004): *CCTV and policing. Public area surveillance and police practices in Britain*. Oxford: Oxford University Press.

29 Vgl. Simmel (1903).

Hempel, Leon (2005): „A Perfect Marriage: Die Aktivierung des Fernsehzuschauers *als Videobeobachter*". In: Hempel, Leon/Metelmann, Jörg (Hrsg.): *Bild – Raum – Kontrolle. Videoüberwachung als Zeichen gesellschaftlichen Wandels.* Frankfurt am Main: Suhrkamp, S. 51–72.

Hofstetter, Yvonne (2014): *Sie wissen alles. Wie Big Data in unser Leben eindringt und warum wir um unsere Freiheit kämpfen müssen*. München: Bertelsmann.

Howeler, Eric (2004): „Paranoia Chic: The Aesthetics of Surveillance". In: *loud paper*. Bd. 3, Nr. 3, o. S. URL: http://loudpapermag.com/articles/paranoia-chic-the-aesthetics-of-surveillance (02.07.2020).

Kammerer, Dietmar (2005): „Are You Dressed for It? Der Mythos der Videoüberwachung in der visuellen Kultur". In: Hempel, Leon/Metelmann, Jörg (Hrsg.): *Bild – Raum – Kontrolle. Videoüberwachung als Zeichen gesellschaftlichen Wandels*. Frankfurt am Main: Suhrkamp, S. 91–105.

Kammerer, Dietmar (2008): *Bilder der Überwachung*. Frankfurt am Main: Suhrkamp.

Kammerer, Dietmar (2010): *List of surveillance feature films*. URL: https://www.surveillance-studies.net/?p=310 (02.07.2020).

Kammerer, Dietmar (2012): „Softdrinks Besiegt Kameras. Videoüberwachung als Motiv in der Werbung". In: *Ausgabe1*. Nr. 2/3, S. 294–300.

McLuhan, Marshall (1995): *Understanding Media. The Extensions of Man*. London: Routledge.

Morgenroth, Markus (2016): *Sie kennen dich! Sie haben dich! Sie steuern dich! Die wahre Macht der Datensammler*. München: Droemer.

Norris, Clive/Armstrong, Gary (1999): *The maximum surveillance society. The rise of CCTV*. Oxford: Berg.

o. A. (2006): „Foot Locker Europe Adidas Footwear: Jump, Camera, Handstand". In: *adeevee.com* vom 29.08.2006. URL: http://www.adeevee.com/2006/08/foot-locker-europe-adidas-footwear-jump-camera-handstand-outdoor/ (10.02.2020).

Regener, Susanne (1999): *Fotografische Erfassung. Zur Geschichte medialer Konstruktionen des Kriminellen*. München: Fink.

Simmel, Georg (1903): „Die Großstädte und das Geistesleben". In: Simmel, Georg: *Die Großstadt. Vorträge und Aufsätze zur Städteausstellung*, S. 185–206. URL: http://socio.ch/sim/verschiedenes/1903/grossstaedte.htm (02.07.2020).

Smith, Gavin (2004): „Behind the Screens: Examining Constructions of Deviance and Informal Practices among CCTV Control Room Operators in the UK". In: *Surveillance & Society*. Bd. 2, Nr. 2/3, 376–395.

Spitz, Malte (2014): *Was macht ihr mit meinen Daten?* München: Hoffmann und Campe.

Tangens, Rena/padeluun (Hrsg.) (2006): *Schwarzbuch Datenschutz: Ausgezeichnete Datenkraken der Big Brother Awards*. Hamburg: Edition Nautilus.

Zurawski, Nils (Hrsg.) (2007): *Surveillance studies: Perspektiven eines Forschungsfeldes*. Opladen: Budrich.

Marcel Schellong

The Gamer's Panopticon – Überwachung und Kontrolle als Motiv und Prinzip des Computerspiels

„Who controls the past controls the future: who controls the present controls the past [...].“
(George Orwell:1984)[1]

„I don't want to live in a society that does these sort of things“
(Edward Snowden)[2]

Abstract: This paper deals with the question of how computer games usually represent surveillance and control. It examines the games *Papers, please*, *Beholder* and *Orwell*. In the second part, connections between the process of the game and the principles of surveillance and control are sought using *The Stanley Parable* as an example.

Dieser Beitrag geht davon aus, dass Überwachungs- und Kontrollnarrative auf technische und insbesondere auf kulturelle Entwicklungen reagieren. Computerspiele sind nun gleichermaßen technische wie kulturelle Entwicklungen und entsprechend kann man danach fragen, wie sich konventionelle Überwachungs- und Kontrollnarrative im Computerspiel fortschreiben und wie sie dort durch die Möglichkeiten des Mediums teilweise auch verändert werden. Man kann zweitens auch danach fragen, in welchem Verhältnis das Medium Computerspiel aufgrund seiner Beschaffenheit *als Spiel* zu Überwachung und Kontrolle steht und wie sich die funktionale Logik des Computerspiels in die dortigen Überwachungs- und Kontrollnarrative einschreibt. Beides soll hier geschehen – und es wird noch ein dritter Schritt gemacht und ein Spiel vorgestellt, das die beiden genannten Ebenen verbindet und *als* Spiel grundsätzliche Funktionsweisen des Computerspiels ausstellt und damit gewissermaßen die Überwachung des Computerspiels und des Computerspielens *durch* das Computerspiel vorführt. Bevor

1 Orwell (1949: S. 282).
2 MacAskill (2013).

aber genauere Analysen erfolgen, soll zunächst mit einigen Überlegungen zur spezifischen Medialität des Computerspiels gestartet werden, mit Ausführungen zu seiner Funktionsweise und Beschaffenheit also. Dabei werden auch die Dimensionen genauer geklärt, auf denen Aspekte der Überwachung und Kontrolle im Computerspiel beobachtet werden können.

1. Vom Darstellen und Erzählen zum Handeln

Computerspiele verbinden auf besondere Weise die Komponenten der Erzählung, der audiovisuellen Darstellung und des interaktiven Spielhandelns. Erzählen kann als *ein* mögliches Organisationsprinzip von Computerspielen verstanden werden, das die ludischen, d. h. spielerischen Herausforderungen rahmt und so etwas wie eine semantische Kontextualisierung schafft, die die Optionen für konkrete Spielhandlungen und Spielzüge mit einem erweiterten Sinn versieht. Auf der Makroebene wird das Spiel dann durch Erzählen strukturiert und Erzählen wird damit selbst zu einem „Spiel zweiter Ordnung"[3], denn neben dem unmittelbaren Spielhandeln auf ludischer Ebene (bspw. unmittelbarer ludischer Herausforderungen) wird das (Re-)Konstruieren einer Erzählung selbst zu einem Spiel, das das unmittelbare Spielhandeln umklammert. Das folgende sehr einfache Beispiel soll veranschaulichen, welche Implikationen diese Betrachtungen mit sich bringen – ein simples Fantasy-Setting: Spieler*innen sollen in einem Spiel eine Prinzessin aus einem Drachenbau retten, stehen mit der Spielfigur – dem Avatar – an einer Kreuzung und müssen sich entscheiden, ob sie links in den Wald der unbesiegbaren Räuber, rechts zum Drachenbau oder geradeaus ins Wirtshaus gehen möchten. Während die Räuber als (zu) gefährlich erscheinen, klingt ein Besuch im Wirtshaus recht angenehm. Dennoch folgen die Spieler*innen dem Auftrag der Erzählung und gehen nach rechts zum Drachenbau. Ein genauer Blick zeigt, was in diesem Moment passiert: Die Spieler*innen entscheiden sich für eine spezifische spielerische Herausforderung und als wichtigste Entscheidungshilfe dient dabei die Narration. Bei noch genauerer Betrachtung zeigt sich, dass das Computerspiel an dieser Stelle sogar zwei Entscheidungen verlangt: Einmal muss grundsätzlich entschieden werden, ob man das Spiel überhaupt spielen und damit die narrative Ordnung anerkennen möchte. Wenn dies nicht der Fall ist, könnten die Spieler*innen auch im ‚realen' Leben ins Wirtshaus gehen, weil das Spiel dann nicht als narrativ organisiertes Spiel und im Rahmen des vorgegebenen Regelsettings stattfinden würde. Folgen

3 Backe (2008: S. 354).

die Spieler*innen jedoch dem genrekonventionellen Auftrag, die *demoiselle en détresse* retten zu müssen, dann folgen sie auch dem konkreten Entscheidungsangebot des Spiels an dieser Stelle – sie tun dann so, *als ob* sie eine Prinzessin retten müssten. In der Computerspieltheorie werden Narrationen mit alternativen Verzweigungen von Janet Murray „multiform stories" genannt:

> I am using the term multiform story to describe a written or dramatic narrative that presents a single situation or plotline in multiple versions, versions that would be mutually exclusive in our ordinary experience.[4]

Sich für eine Alternative zu entscheiden, verlangt die Bereitschaft der Spieler*innen unter der Maßgabe eines „Als-ob" zu handeln. Der französische Soziologe Roger Caillois hat eine entsprechende Definition des Spiels erarbeitet, darin klärt er unter anderem: „Das Spiel besteht in der Notwendigkeit, unmittelbar *innerhalb der Grenzen und Regeln eine freie Antwort* zu finden und zu erfinden."[5] Dabei wird deutlich, dass „die Fiktion, also das Gefühl des *als ob* die Regel ersetzt und genau die gleiche Funktion erfüllt."[6] So betrachtet konstituiert das Spiel einen ganz spezifischen Fiktionsvertrag. Und damit wird zugleich ein weiterer Punkt berührt: Wurde bisher der Blick auf die Narration gerichtet, die die ludische Ebene (mit) organisiert, lässt sich nun – gewissermaßen im Gegenschuss – erkennen, dass auch die Narration selbst durch die Variabilität des Spiels, die sich durch dessen Entscheidungslogik ergibt, aufgebrochen und entlinearisiert werden kann. Hat Samuel Coleridge den Fiktionsvertrag noch mit der bekannten Formulierung „willing suspension of *dis*belief"[7] beschrieben, geht Frank Degler darüber hinaus und konstatiert: Computerspiele

> schließen [...] vermittels ihrer Prozesslogik mit der Spielerin einen Fiktionsvertrag, der nicht auf das freiwillige, passive Akzeptieren der einen, möglichst in sich konsistenten Variante des Geschehens abzielt. Stattdessen erfordern sie eine permanente metafiktionale Haltung von der Spielerin, die bereit sein muss, von der monoperspektivischen Einheitslogik der Schrift auf die polyperspektivische Differenzlogik der digital-interaktiven Narration umzustellen. Die Fiktionalität des Computerspiels erfordert eine Rezeptionshaltung, die zusammengefasst werden könnte als ‚willing suspension of misbelief'.[8]

Ein solchermaßen gewendeter Fiktionsvertrag berücksichtigt gleichermaßen die übliche Linearität von Narrationen und die Variabilität des Spiels, im Beispiel

4 Murray (1997: S. 30).
5 Caillois (1960: S. 14). Hervorhebungen im Original.
6 Ebd. (S. 15).
7 Coleridge (1907: S. 6). Hervorhebung von M. S.
8 Degler (2009: S. 559). Hervorhebung von M. S.

also die parallel vorhandenen Narrationsalternativen. Für die weiteren Überlegungen hier ist aber vor allem die erste Perspektive entscheidend: Computerspiele bieten ihren Spieler*innen einen Als-ob-Vertrag an und die Erzählung wird zu einer Metaspielregel. Mit ihr wird der Rahmen für einzelne Spielhandlungen geschaffen und gleichzeitig auch die Grundlage für einen verstehenden Weltzugang und eine Interpretation des Dargestellten.

Im Unterschied zu anderen Medien wird deutlich, dass das Spiel auf der Rezeptionsseite eine spezifische Haltung voraussetzt, nämlich die grundsätzliche Bereitschaft zu handeln. Durch das Handeln bindet es die Spieler*innen nicht nur – wie beispielsweise Film, Literatur oder Hörspiel – sehend, hörend, mitdenkend und interpretierend ein. Vielmehr involviert es durch die spielerischen Herausforderungen und/oder mit Blick auf die Narration durch Entscheidungen *und* körperliche Handlungen der Spieler*innen – und nur durch das Handeln geht das Spiel weiter.[9] Diese Kombination aus narrationsbasierter Entscheidung und körperlicher Handlung ist Teil des Computerspiel-Dispositivs, das nicht nur eine spezifische Medien- sondern immer auch eine eigene Handlungserfahrung nach sich zieht. Entsprechend ist es gar nicht einfach, bestimmte Überlegungen an Computerspielen zu *zeigen*, denn beim bloßen Zeigen fehlt genau dieser wesentliche Anteil des eigenen Handelns bzw. der eigenen Erfahrung – Computerspiele müssen also gespielt werden.

In diesem kurzen Abriss aus dem Bereich der Computerspieltheorie wurde ein wichtiges Spezifikum des Computerspiels herausgearbeitet, das nachvollziehbar macht, auf welchen Ebenen über Spiele oder konkreter über Zusammenhänge von Überwachung und Kontrolle in Computerspielen gesprochen werden kann. Denn Überwachungs- und Kontrollnarrative können im Computerspiel nicht nur auf der Ebene der Darstellung und/oder der Erzählung zum Tragen kommen, sie sind auch eng mit den Prozessen des Spielens verbunden.

2. Einschreibung von Überwachungsnarrativen in Computerspiele

Bislang wurde davon gesprochen, dass Computerspiele konventionelle Narrative der Überwachung und Kontrolle fortschreiben können, die natürlich bereits in anderen Medien begonnen haben. Überwachung oder Kontrolle meinen dabei in der Regel nicht das bloße Aufnehmen, Dokumentieren und

9 Vgl. Bryan (2013: S. 9): „Instead, whatever the action, it would seem that to be extranoemic in an ergodic sense, one must be able to influence the narrative rather than simply being led by it."

Prüfen von Informationen, sondern vielmehr ein zielgerichtetes Beobachten von Akteur*innen in einem in der Regel normativ organisierten Ordnungsrahmen. Die beiden Begriffe sollen hier nun so verstanden werden, dass Überwachung eher das offene oder verdeckte Sammeln von Information betont, während Kontrolle stärker auf die Einhaltung von Regeln und ein normenkonformes Handeln zielt. In diesem Sinn meint ein ‚konventionelles Überwachungsnarrativ' zunächst nichts anderes als Traditionslinien des Erzählens, die transmedial als solche Linien zu beobachten sind, in denen die Modelle, Verfahrensweisen und Konsequenzen von Überwachung erzählt, wiederholt und kulturell stabilisiert werden. Romane wie *1984* (1949, George Orwell), *Fahrenheit 451* (1953, Ray Bradbury) und Filme wie *Brazil* (GB, 1985, R: Terry Gilliam), *Der Staatsfeind Nr. 1* (USA, 1998, R: Tony Scott) oder *Das Leben der Anderen* (D, 2005, R: Florian Henckel von Donnersmark) sind natürlich bekannt. Typische Bestandteile dieser Narrative sind nun eine (teilweise lückenlose) Überwachung als Strategie der Disziplinierung, der Einsatz von Überwachung für Ziele, die jenseits des genannten Überwachungszwecks liegen, massive Eingriffe in die Privatsphäre, die Beschneidung individueller Freiheiten. Das gibt es alles auch in Computerspielen, die Überwachung explizit zum Thema machen, wie beispielsweise die *Watch Dogs*-Reihe (Ubisoft, 2014/2016), *Replica* (Somi, 2016) oder *République* (Camouflaj, 2016); Überwachungs- und Kontrollnarrative schreiben sich aber auch in kleine Details in Spiele ein, wie beispielsweise durch Überwachungskameras, die wie in *Metal Gear Solid* (Konami, 1998)[10] umgangen werden sollten, oder die man wie in *Grand Theft Auto: Chinatown Wars* (Rockstar Games, 2009)[11] zerstören soll, um günstigere Drogenpreise zu bekommen. Es zeigen sich also fortlaufend Wiederaufnahmen und Wiederholungen eines Narrativs mit teilweisen Aktualisierungen. Die meisten Medien *zeigen* oder *erzählen* dieses Narrativ – wir nennen diese Modi *Showing* und *Telling*.[12] Computerspiele betonen nun häufig das prozessuale Moment von Überwachung und Kontrolle, indem sie es nicht allein auf der Ebene des Zeigens oder Erzählens vorführen, sondern es in die Ebene des Handelns integrieren – zum *Showing* und *Telling* kommt also der Modus des *Doing* hinzu. Dabei lassen sich in den letzten Jahren zwei Trends erkennen: Einerseits wird in vielen Spielen ein konventionelles Narrativ von Überwachung und Kontrolle fortgeschrieben, beispielsweise vom totalitären Staat, der seine Grenzen kontrollieren will, oder von einem Staat, der seine Bürger*innen auf normkonformes Verhalten

10 Vgl. im Video von Bloodcider (2009).
11 Vgl. im Video von ArtKoval (2017).
12 Vgl. Vogt (1990: S. 54).

hin überwacht, bis hin zur Frage nach Überwachung in digitalen Umgebungen, um (vermeintlich) Terrorgefahren abwehren und bekämpfen zu können. Andererseits bieten einige dieser Spiele einen gewissen Perspektivwechsel an: Die Spieler*innen werden in die Position der Überwachenden und der Kontrollierenden gebracht. Dies soll anhand dreier Beispiele aus den letzten Jahren veranschaulicht werden – das erste wird dabei etwas ausführlicher dargestellt, weil sich dort bereits ein wichtiges Verfahren erkennen lässt:

Das Independent Game *Papers, please* (3909 LLC, 2013) spielt in den 1980er Jahren in einem fiktiven kommunistischen Staat namens Arstotzka. Arstotzka hat über sechs Jahre Krieg mit dem Nachbarstaat Kolechia geführt und nun gibt es eine geteilte Grenzstadt, Grestin, in der die Handlung stattfindet. Zu Beginn des Spiels wird den Spieler*innen mitgeteilt, dass sie durch die staatliche Arbeitslotterie eine Anstellung als Grenzer zugeteilt bekommen haben, als der sie den Zugang von Kolechia nach Arstotzka kontrollieren sollen. Unter den Reisenden, Besucher*innen und Einwanderer*innen, die an die Grenze kommen, sind aber auch Schmuggler*innen, Spion*innen und Terrorist*innen. Ausgestattet mit Amtsblättern und Anweisungen zur Einreise, die sich teilweise täglich ändern, müssen zunächst nur Ausweispapiere, Visa, Arbeitserlaubnisse etc. auf ihre Richtigkeit hin überprüft werden; Spieler*innen müssen beispielsweise Foto, Größe und Geschlecht abgleichen, müssen aber auch wissen, aus welchen Ländern welche Dokumente vorzulegen sind etc. Später werden die Anforderungen komplexer, auch die Verfahren der Kontrolle. Es kommen eine Waage zum Gewichtsabgleich, ein Maß zur Überprüfung der Größe, dann auch ein Fingerabdruck- und sogar ein Bodyscanner zum Einsatz.[13] Der Grenzer, der die Spieler*innen im Spiel vertritt und dessen Aufgabe im Kontrollieren besteht, wird dabei kontinuierlich auch selbst überwacht. Er arbeitet gewissermaßen im Akkord, bekommt für alle richtig Zugelassenen oder Abgewiesenen am Schichtende Geld angerechnet, für jeden Fehler wird Geld abgezogen. Die Handlung der Spieler*innen wird also durch ein ökonomisches Bonus-/Malus-System bewertet und der Erfolg zeigt sich daran, ob der Grenzer seine Familie wirtschaftlich versorgen kann oder nicht. Im schlimmsten Fall sterben die Familienmitglieder an Krankheiten oder verhungern. Die ludische Herausforderung ist eine Mischung aus einem Finde-den-Fehler-Spiel und einer Art komplexem Memory. Auf der Erzählebene schreibt das Spiel ein Narrativ von Überwachung

13 Auch wird das Spiel durch die regelmäßigen Änderungen der Vorgaben mit jedem Tag komplexer, weil die Spieler*innen stets im Blick haben müssen, welche älteren Regeln noch gelten und welche neuen hinzugekommen sind.

und Kontrolle in einem Setting fort, das an realhistorische Gegebenheiten angelehnt ist und „in der Dystopie eines sowjetisch besetzten Europas spielt"[14] – es bemüht sich damit um Authentizität. Auf der Handlungsebene dreht es die Perspektive, fokussiert auf die Rolle des Kontrolleurs und ermöglicht eine spezifisch-variable Handlungserfahrung in einem Rahmen des Als-Ob: Man kann handeln, als ob man ein sturer Bürokrat wäre, man kann mitfühlend sein oder auch korrupt und auf den eigenen Vorteil bedacht; dass man dabei für die ‚eigene' Familie Verantwortung übernehmen muss, wird zum ethisch-moralischen Horizont der Spielhandlung. Entscheidungen, so wird dabei deutlich, sind Entscheidungen von Relevanz für Andere, denen unterschiedliche Bedeutung beigemessen wird (z.B. Kind, Ehefrau, Schwiegermutter). Dies lässt sich in ähnlicher oder leicht abgewandelter Form auch bei anderen Spielen beobachten.

Das Spiel *Beholder* (Warm Lamp Games, 2016) ist im Rahmen einer wenig subtilen Anlehnung an George Orwell im Jahr 1984 situiert. Auch hier gibt es einen totalitären Staat mit Ministerien für Zuweisung, Ordnung und Information, auch hier wird den Spieler*innen eine Überwachungsaufgabe zugewiesen. Der Avatar Carl ist Verwalter/Hausmeister in einem Apartmentkomplex, in dem er zugleich zusammen mit seiner Familie wohnt. Carl wurde ein experimentelles Mittel während einer medizinischen Untersuchung verabreicht, das sein Schlafbedürfnis senkt. Ihm wird mitgeteilt, er könne so mehr Zeit damit verbringen, seinem Vaterland zu dienen. Man freue sich, ihn in den Reihen der Elite des Staatsapparates begrüßen zu dürfen. Carl lernt, dass alle Taten der Mieter*innen seiner Verantwortung unterliegen. Entsprechend soll er ihnen auf Schritt und Tritt folgen und alle verdächtigen Aktivitäten dokumentieren. Er kann Überwachungskameras installieren, Apartments durchsuchen, Informationen sammeln, indem er mit Mieter*innen spricht – gleichzeitig muss er an seiner Tarnung als Hausmeister arbeiten und Wohnungen und Möbel in Stand setzen. Auch hier gibt es eine bürokratische Tätigkeit: Carl legt Akten über die Bewohner*innen an. Sind diese korrekt, dann erhält er eine Belohnung, sind sie falsch, dann gibt es Abzüge. Als Spiel handelt es sich um ein Point-and-Click-Adventure, das stellenweise zeitkritische Momente hat. Auf der Erzählebene gibt es deutliche Parallelen zu *Papers, please*. Auch Carl hat eine Familie, für die er Verantwortung trägt, zum Beispiel einen Sohn, der auf die Universität geht, und dafür braucht er unter anderem Büchergeld. Auch hier erkennt man eine Anlehnung an realhistorische Gegebenheiten und die Fortschreibung eines Narrativs prädigitaler Überwachung. Auf Handlungsebene zwingt einen das Spiel zur Überwachung,

---

14 o. A. (2019).

es erhöht dabei die Komplexität durch zusätzliche Anweisungen und Herausforderungen und legt gezielt moralisch noch fragwürdigere Optionen nahe, so sieht beispielsweise ein Knopf im Spiel vor, Bewohner*innen zu erpressen.

Einen etwas anderen Weg geht das dritte Spiel, das kurz skizziert werden soll: *Orwell* (Osmotic Studios Hamburg, in mehreren Teilen von 2016–2018 veröffentlicht), das auf digitale Überwachung zielt und damit hinsichtlich seiner Überwachungspraxis deutlich aktueller ist. Es spielt in einem Land, das „The Nation" heißt, das autoritär von einer Partei namens „The Party" regiert wird – die generischen Titel geben schon einen ersten Hinweis, dass das Spiel keine konkreten Bezüge zu realweltlichen Ländern/Regionen herstellt (wenngleich diese offensichtlich sind). Vielmehr weist das Spiel darauf hin, dass das Geschehen überall stattfinden könnte. Im Jahr 2012 hat man in „The Nation" ein Sicherheitsgesetz beschlossen, das der Regierung weitreichende Rechte und Möglichkeiten zur Überwachung der Bürger*innen eröffnet, wobei das digitale Sicherheitssystem Orwell auch die Überwachung der privaten Kommunikation ermöglicht. Die Spieler*innen übernehmen die Rolle eines ‚Investigators', der die Kommunikation von Verdächtigen überwacht und Informationshäppchen – so genannte ‚Datachunks' – auswählt, die er dann einem ‚Advisor' übergibt, der operative Schritte einleitet. Das Spiel ist ein Suchspiel mit hohem Leseanteil, wobei die Herausforderung überschaubar ist, weil die Textstellen oder Informationen, die auf Relevanz oder Widersprüche hin überprüft werden sollen, bereits farblich hervorgehoben werden. Die Informationen, die gesammelt werden, erarbeitet man sich durch die Lektüre von Kommunikationsinhalten in Chats, Blogs und Notizen auf digitalen Oberflächen, die an Facebook, Chrome etc. erinnern. So unterschiedlich hier also das Setting im Vergleich zu *Papers, please* oder *Beholder* ist, es fällt auf, dass die dargestellte Überwachung in digitalen Kontexten sich nicht grundlegend von Überwachung in prädigitalen Kontexten unterscheidet, denn Überwachung ist auch hier nicht etwa ein hochabstraktes Arbeiten mit Metadaten und entsprechenden Algorithmen zur Auswertung, sondern *Orwell* folgt etwas naiv dem klassischen Narrativ des Mitlesens von Post – hier eben von digitaler Post.

Die Spiele, die hier vorgestellt wurden, sind nun freilich keine repräsentative Übersicht des gesamten Spielemarktes und zählen alle eher zum Bereich der Independent-Games, aber schon bei der Beobachtung dieser kleinen Zusammenschau werden ein paar Dinge deutlich: **Erstens** handelt es sich bei allen Spielen um narrativ organisierte Spiele und die Spielmechanik wird in den Dienst der Narration gestellt. Diese Narration entspricht in der Regel konventionellen Darstellungen von Überwachungssettings. **Zweitens** zeigt sich, dass die Spiele das Politische betonen – Überwachung ist im politischen Sinn ideologisch getrieben.

Drittens hat Überwachung in diesen Spielen nichts mit der Abstraktheit digitaler Systeme zu tun. Überwachung ist vielmehr – auch das hat eine Traditionslinie – ein intimer und voyeuristischer Akt.[15] Selbst im digitalen Kontext in *Orwell* ist Überwachung etwas, das einen menschlichen Detektiv benötigt. Weil die Spiele die Spieler*innen in den Prozess der Überwachung aktiv einbinden möchten, scheinen sie folglich einer leicht zugänglichen Vorstellung von Überwachung zu entsprechen. Überwachung ist hier also nicht zugeschnitten auf die Perspektive einer möglichst effektiven Überwachung *von* jemandem, sondern auf die Nachvollziehbarkeit von Überwachung *durch* jemanden – durch die Spieler*innen. **Viertens** werden die Spieler*innen in vielen Fällen an den Ergebnissen, teilweise auch an den Folgen der Überwachung beteiligt. Sie erfahren aus Sicht der Überwachenden, welche Konsequenzen die Überwachung für die Überwachten und die Überwachenden hat. Diese Spiele stellen Überwachung also als eine einfache Kausalkette vor: Handlung (beispielsweise eine Normverletzung), Meldung, Konsequenz (beispielsweise die Festnahme). **Fünftens** werden die Spieler*innen häufig in eine Situation gebracht, in der sich persönliche Interessen in den Akt der Überwachung einmischen – Zwänge, meist privater Natur (zum Beispiel ein krankes Kind oder Geldmangel), schaffen für die Spieler*innen einen gewissen Handlungsdruck, gelegentlich sogar ein moralisches Dilemma. Beispielsweise steht in *Papers, please* in einer Sequenz die Geliebte eines Kollegen, die in ihrer Heimat mit dem Tod bedroht wird, vor dem Schalter des Grenzers. Soll man sie nun in das Land lassen und durch diesen Fehler dem eigenen Sohn ein notwendiges Medikament nicht kaufen können und ihn leiden und im Extremfall sogar sterben lassen? Oder schickt man sie zurück und nimmt ihren wahrscheinlichen Tod billigend in Kauf? Diese Spiele zielen **sechstens** also auf das Treffen von Entscheidungen im Überwachungsprozess ab und führen vor, wie schnell zwei jeweils notwendige/erwartete Entscheidungsalternativen zu einem moralischen Dilemma führen können.[16] Ein Effekt davon ist, dass sich das Erleben eines moralischen Dilemmas in das Überwachungsnarrativ einschreibt. **Siebtens** zeigt sich, dass diese Spiele etwas anders machen, als es Medien wie Film oder Literatur tun: Überwachen ist plötzlich etwas, woran man prozessual beteiligt ist, und es ist etwas, das sich als Ergebnis einer Handlung irgendwie ‚anfühlt'. Diese Spiele machen im Prozess der Überwachung also ein Angebot der emotionalen

---

15 Man denke nur beispielsweise an den Filmklassiker *Das Fenster zum Hof* (USA, 1954, R: Alfred Hitchcock).

16 Vgl. zu Entscheidungsalternativen und moralischem Dilemma im Computerspiel: Schellong/Unterhuber (2016: S. 15–31).

Involvierung[17] und verschieben eine bloße Rezeptionserfahrung hin zu einer Handlungserfahrung, also einer Erfahrung der eigenen Handlungs*macht* und ihrer Konsequenzen. Dabei sind sie durchaus keine Überwachungssimulationen, denn sie schaffen keine Modelle, um Prozesse der Überwachung einzuüben, schon gar nicht um zeitgemäße Prozesse der Überwachung einzuüben; dafür sind sie zu einfach und unterkomplex. **Achtens** geht es auch nicht zuerst um Überwachung, sondern es geht um diejenigen, die überwachen. Es findet in diesen Spielen also eine Perspektivenverschiebung vom Akt des Überwachens hin zu den Überwachenden statt. Das Überwachungsnarrativ wird zu einem Überwacher*innennarrativ. Daran soll **neuntens** eine letzte Überlegung zu den drei Spielen anschließen, die gleichzeitig den Übergang zum nächsten Teil des Beitrags ermöglicht: Diese Spiele machen eine grundsätzliche Notwendigkeit deutlich, dass Überwachung *als Spiel* die Überwachung *der Spieler*innen* und ihres Spielverhaltens voraussetzt. Es muss – denkt man noch einmal an *Papers, please* – eine Instanz geben, die nicht nur das zur Kenntnis nimmt, was die Spieler*innen melden, sondern die auch darum weiß, ob die Spieler*innen sich irren, etwas übersehen, vergessen oder unterschlagen. Diese Instanz ist natürlich das Spiel selbst. Überwachung wird also gleichermaßen aktiv und passiv erfahren: Man überwacht – und zwar auf eine bestimmte Art und Weise, weil man auf eine bestimmte Weise überwacht wird.

3. Zur Kontroll- und Überwachungslogik des Spiels

Die bisherigen Überlegungen zielten auf eine recht konkrete Ebene, indem sie Beobachtungen zu einzelnen Spielen angestellt haben. Um zu klären, inwiefern Computerspiele *als Spiele* performativ an einem Überwachungsnarrativ mitarbeiten, muss die Beobachtungsebene gewechselt werden – es geht nun nicht mehr um Computerspiele als Orte, die Spielhandlungen und Erzählhandlungen verbinden können, sondern der Blick wird allein auf die ludische Ebene des Computerspiels gerichtet, oder anders gesagt, es folgt ein spieltheoretischer Blick auf Computerspiele.

Kulturwissenschaftlich können – wieder mit Roger Caillois gesprochen – zwei Modi des Spiels differenziert werden: Paidia und Ludus.[18] Paidia meint das freie, improvisierende, ausgelassene Spiel, das Kinderspiel vielleicht, das einem Verfahren der Welterschließung entspricht. Ludus hingegen ist das regelgeleitete Spiel,

---

17 Vgl. zu emotionalen Involvierungsstrategien des Computerspiels allgemein Neitzel (2012: S. 75f.).

18 Vgl. Caillois (1960: S. 36f.).

das in einem bestimmten Ordnungsrahmen stattfindet, das den Spieler*innen Hürden setzt, die es zu überwinden gilt. Kulturell kommt beiden Spielformen eine wichtige Funktion zu, denn Spiele sind Gegenräume, die den funktionalen Logiken einer Kultur widersprechen können. Sie stehen gleichermaßen in der Kultur und außerhalb und man kann sie – mit Michel Foucault – als „Heterotopien" fassen, also als „Orte, die sich allen anderen widersetzen und sie in gewisser Weise sogar auslöschen, ersetzen, neutralisieren oder reinigen sollen."[19] Diese Orte des Spiels sind nicht in erster Linie durch reale Orte festgelegt (wie beispielsweise ein Fußballplatz), sondern sie entstehen performativ durch das Eintreten der Spieler*innen in das Spiel – das hat unter anderem Robert Pfaller mit Rückgriff auf Johan Huizinga gezeigt.[20] Das geschieht ad hoc und kann auch im Bus oder im Zug stattfinden. Die Spieler*innen treten – durchaus bewusst und reflektiert – aus dem Alltagsraum heraus und in den Raum des Spiels ein.

Im Zusammenhang mit Computerspielen ist nun deutlich erkennbar, dass diese Räume zumeist als Ludus, als regelgeleitete Spiele organisiert sind. Der Modus der Regelverwaltung digitaler Spiele heißt Berechenbarkeit. Computerspiele müssen in jeder Hinsicht berechenbar sein, sie müssen also auch die Aktionen der Spieler*innen in ihrer möglichen Komplexität auf Berechenbares reduzieren. Sie müssen das vor allem, weil sie mit festen Regeln operieren und während des Spiels keine Diskursivierung der Regeln zulassen können. Paidia-Spiele dagegen sind zumeist gekennzeichnet durch ein Ausprobieren, ein Herausarbeiten von Regeln innerhalb eines Spielprozesses. Das ist vor allem bei vielen Kinderspielen leicht zu erkennen: Diese Spiele beginnen oft mit einigermaßen festen Vorstellungen, Rollenverteilungen, Aufgaben und Regeln, sehr oft wird aber dann das ursprüngliche Spielkonzept während des Spiels umgebaut, d. h. die Regeln werden zum Gegenstand eines Diskurses unter den Spieler*innen. Auch in ludisch organisierten Spielen gibt es in manchen Zusammenhängen die Möglichkeit einer solchen sozialen Diskursivierung. Beispielsweise geht das Konzept eines Fußballspiels zunächst davon aus, dass sich zwei Mannschaften mit gleicher Spielerzahl gegenüberstehen. Wenn nun aber im Park zwei Jugendmannschaften antreten und eine Mannschaft hat vier Spieler*innen, die älter sind und im Verein spielen, dann wird oft ein Ausgleich ausgehandelt, zum Beispiel, dass von den Vereinsspieler*innen immer zwei hinter der Mittellinie bleiben oder auf einem Bein hüpfen müssen. Oder man denke an so etwas wie ‚Hausregeln' beim Monopoly-Spielen. In Computerspielen ist das anders: In einem kybernetischen

19 Foucault (2005: S. 10).

20 Vgl. Pfaller (2002: S. 100f.) und Schellong (2011).

Regelkreis kontrollieren sich Spiel und Spielende gegenseitig, wobei das Spiel die absolute Hoheit der Regelsetzung inne hat. Auf technischer Ebene ermöglicht das Spiel Eingaben durch die Spieler*innen und überwacht sie zugleich. Computerspiele sind also regelgeleitete Spiele, die die alleinige Hoheit über die Regeln und deren Einhaltung haben (es gibt keine Gewaltenteilung). Und damit ist das Computerspiel immer auch ein *kompromissloses und absolutes* Spiel, das alles beobachtet und auswertet. Michel Foucault schreibt mit Blick auf das Bentham'sche Panopticon:

> Derjenige, welcher der Sichtbarkeit unterworfen ist und dies weiß, übernimmt die Zwangsmittel der Macht und spielt sie gegen sich selber aus; er internalisiert das Machtverhältnis, in welchem er gleichzeitig beide Rollen spielt; er wird zum Prinzip seiner eigenen Unterwerfung.[21]

Hier soll nun mit einem gewissen Augenzwinkern eine neue Lesart vorgeschlagen werden: Michel Foucault beschreibt hier eigentlich Computerspieler*innen. Denn Computerspieler*innen disziplinieren sich selbst gemäß der Regeln des Spiels und gemäß des Machtverhältnisses, das es dem Spiel ermöglicht, die Spieler*innen in all ihren Spielhandlungen zu beobachten. Man könnte das ein wenig provokativ zuspitzen und sagen: Computerspiele – ebenso wie alle ludischen Spiele, die eine möglichst absolute Regeleinhaltung verlangen – sind Orte der Einübung von Verfahrensweisen der Überwachung und Kontrolle. Und das völlig unabhängig davon, ob die Spiele Überwachung oder Kontrolle zum Thema haben.

Das mag nun vielleicht doch als eine eigentümliche Wendung erscheinen, denn oben wurden Spiele ja als Heterotopien gefasst und einer Heterotopie würde man zunächst gerade nicht die Aufgabe zuordnen, dass sie Orte der Regeleinübung sind. Die Antwort auf diesen Widerspruch findet sich in dem performativen Moment des Zustandekommens von Spiel, der bereits angedeutet wurde: Spiele beginnen und enden durch die Spieler*innen – wenn man aufhören will zu spielen, dann kann man aufhören und dann hat sich das Machtverhältnis wieder umgekehrt. Im Unterschied zu den meisten anderen Überwachungskonstellationen hat das Spiel eine Außenseite, auf die die Spieler*innen als Überwachte durch eine eigene Entscheidung wechseln können, dann werden sie nicht mehr überwacht. Die Spieler*innen können folglich ihre Zelle im Panopticon jederzeit verlassen. Oder anders gesagt: Die Überwachung der Spieler*innen durch das Spiel unterliegt der Überwachung des Spiels durch die Spieler*innen. Das könnte man nun noch in verschiedene Richtungen weitertreiben: Die

21 Foucault (1992: S. 260).

Spieler*innen schließen außerhalb des Spiels kommunikativ an die Spiele an, bewerten sie, kritisieren sie, kontrollieren durch ihre Kaufkraft deren Entwicklung, überwachen also in gewisser Hinsicht den Spielemarkt. Oder was wäre mit Falschspieler*innen, die die Überwachung durch das Computerspiel umgehen, indem sie das Spiel selbst ändern, blinde Flecken des Spiels ausnutzen? Das alles würde hier zu weit führen – die argumentative Stoßrichtung dürfte aber deutlich geworden sein.

An einen Gedanken soll noch angeschlossen werden: Oben wurde ein Regelkreis zwischen Computerspiel und Spielenden identifiziert, der durch und während des Spielprozesses geschlossen bleibt. Das galt zumindest lange Zeit, insbesondere für Single-Player-Spiele. Inzwischen lassen sich aber auch viele Konstellationen erkennen, in denen dieser Kreis geöffnet und das Computerspiel über sich selbst hinaus produktiv wird: **Erstens** produzieren viele Spiele Symbole sozialer Anerkennung, beispielsweise durch Trophäen bzw. Achievements für das Erreichen von bestimmten Spielzielen – und diese Symbole können teilweise real kapitalisiert werden. **Zweitens** laden Computerspiele die Spieler*innen dazu ein, Aktionen in der realen Welt nach den Regeln eines digitalen Spiels auszuführen – und das bezieht zwangsläufig die Überwachung durch das Spiel mit ein. Diesen Prozess verbindet man allgemein mit dem Schlagwort ‚Gamification'. Das Spielergebnis hat hier – das ist ein deutlicher Widerspruch zur traditionellen Spieldefinition – einen produktiven Effekt in der Welt außerhalb des Spiels. Ein Beispiel: Ein Fitnessarmband ist an eine App gekoppelt, die nicht nur alle Bewegungen, Puls und Körpertemperatur überwacht und auswertet, sondern den Nutzer*innen spielerische Herausforderungen für ein bestimmtes körperliches Verhalten vorschlägt und das Verhalten dann auch mit Punkten belohnt – und diese Punkte sind unmittelbar relevant für z. B. Krankenkassentarife. Vielleicht ist das noch nicht ganz die aktuelle Realität, es gibt aber Krankenkassen, die solche Maßnahmen bereits vor Jahren angedacht haben.[22] **Drittens** meint der Prozess des Spielens selbst im digitalen Kontext nichts anderes als das Generieren von Daten.[23] Und diese Daten können sehr einfach abgegriffen werden – technische Prozesse und Gegebenheiten ebenso wie das Verhalten der Spieler*innen oder mögliche Kommunikation im Spiel. Es gibt sehr aufschlussreiche Studien zur Überwachung von Computerspieler*innen durch Unternehmen, aber auch Geheimdienste. Eine Zusammenfassung von einigen Studien bietet

22 Vgl. dazu Überlegungen der Techniker Krankenkasse laut Pressemeldungen: Temm (2016).

23 Vgl. dazu Hennig (2017: S. 56–60).

das österreichische Institut für Technikfolgenabschätzung.[24] Darin wird deutlich, dass insbesondere so genannte *Massively Multiplayer Online Role Playing Games* gut geeignet sind und auch dafür verwendet werden, um außerordentlich sensible personenbezogene Daten zu erheben, zu Themen wie Sex, Gesundheitsproblemen oder Suchtverhalten. Interesse an diesen Informationen haben nicht nur die Spielehersteller oder mögliche Werbetreibende, auch Geheimdienste wie die NSA haben offenbar *World of Warcraft* oder *Second Life* überwacht, weil sie dort terroristische Machenschaften vermutet haben;[25] und schlussendlich findet auch die Wissenschaft in Onlinespielen teilweise vielversprechende Forschungsumgebungen. Diese Probleme sind Gegenstand eigener Disziplinen, an dieser Stelle soll nur eine Schlussfolgerung aus den Beobachtungen gezogen werden, die gleichzeitig die Brücke zum abschließenden Punkt baut: Zuallererst muss die funktionale Logik digitaler Spiele verstanden werden, um zu erkennen, dass Prinzipien der Überwachung darin tief eingeschrieben sind. Und man muss gleichzeitig die Überwachungslogik von Spielen – als prozessualen Vorgang – verstehen, will man ihre funktionale Logik hintergehen.

4. (Meta-)Diskursivierung von Überwachungslogiken des Computerspiels

Bezug genommen wird hier auf das Spiel *The Stanley Parable* (Galactic Cafe, 2013) und seinen Protagonisten Stanley.[26] Dieser Stanley ist ein Büroangestellter, der ein wenig wie eine überzeichnete Version eines frühindustriellen Fabrikarbeiters in digitaler Zeit wirkt und der auf Anweisung Knöpfe auf einer Computertastatur drückt. Stanley scheint alleine in einem Bürogebäude zu sein, sogar von der ganzen Welt isoliert, was sich zeigt, wenn die Kamera über sein Büro nach oben hinausfährt und das Büro als Raum ohne räumliche Umgebung zeigt, als modellierten 3-D-Schuhkarton ohne Deckel. Aber medienerfahrene Beobachter*innen erkennen schon im Vorspann ein eindeutiges visuelles Zeichen, das zeigt, dass Stanley unter Beobachtung steht, dass er überwacht wird: In das Intro ist eine Sequenz eingeschnitten, die den filmischen Darstellungskonventionen eines Überwachungsvideos entspricht.

Nun ist für dieses Spiel und die Überlegungen dazu von entscheidender Bedeutung, dass man das Verhältnis von Erzähler, Figur, Avatar und Spielenden zumindest ansatzweise klärt: Es gibt Stanley als Figur einer Narration, die

24 Vgl. dazu: Krieger-Lamina (2017).
25 Vgl. o. A. (2013).
26 Siehe hierzu auch die Ausführungen bei Schellong (2018).

im Intro des Spiels reglos an ihrem Arbeitsplatz sitzt und ein Erzähler berichtet von ihr. Mit einem Perspektivwechsel der Kamera zu einem Point-of-View-Shot auf Stanleys Monitor, der nur einen blinkenden Cursor zeigt, wird am Ende der Eröffnungssequenz ein Übergang vorbereitet. Die Kamera fährt langsam zurück bis etwa zu Stanleys Position und die Spieler*innen übernehmen in First-Person-Sicht die Steuerung. Dieser Wechsel bringt es mit sich, dass sich die Einbindung der Rezipient*innen verändert, die nun die Welt durch die Augen der Figur erleben, sich in ihr bewegen können. Die zunächst nur mit narrativen und filmischen Mitteln dargestellte Figur Stanley wird zum Avatar Stanley. Die Rezipient*innen wechseln von einem rein beobachtenden Verhältnis zur Figur in das bereits angesprochene kybernetische Verhältnis zum Avatar, der nun die Spieler*innen im Spiel repräsentiert. Damit treffen auch Erzähler und Spieler*innen unmittelbar aufeinander, was hier von Bedeutung ist, weil die Erzählung die maßgebliche Ebene der Regelung des Spiels ist. *The Stanley Parable* kann man nicht im üblichen Sinn ‚gewinnen', man kann es nur immer wieder beenden – und das auf mindestens 18 verschiedene Arten und Weisen.

Am Ende der Eingangssequenz machen sich die Spieler*innen mit Stanley auf den Weg durch das Bürogebäude. Sie können dabei die Erzählung als handlungsleitende Spielregel akzeptieren und ihr folgen. Nehmen wir an sie tun das, dann führt sie der Weg bis in das Büro des Chefs, der auch nicht anwesend ist, in dem sie aber eine Türe finden, die sie in einen unbekannten Gebäudeteil bringt. Sie kommen zu einem Raum, über dessen Eingang „Mind Control Facility" steht; es ist ein zentraler Überwachungsraum, von dem aus scheinbar alle Büros beobachtet werden. Dieser kreisförmige Raum hat in der Mitte eine zentrale Plattform, von der aus die Monitore angeschaltet und die Mitarbeiter*innen überwacht werden können. Diese räumliche Form entspricht deutlich der idealen Gefängnisarchitektur des Panopticons von Jeremy Bentham, nur eben mit Monitoren statt Gefängniszellen.[27] Das Spiel thematisiert also explizit den Diskurs um Überwachung, wie er bei Jeremy Bentham und in Folge bei Michel Foucault geführt wird.[28] Wenn alle Mitarbeiter*innen überwacht werden, dann auch Stanley. Und vielleicht dämmert den Spieler*innen schon, dass auch ihr Verhalten innerhalb der (narrativen) Organisation des Spiels überwacht wird. Wählt man im Spiel weiterhin die folgsamen Varianten, dann gelangt man zum „Freedom Ending"[29]: Das Narrativ, das diesem Ende eingeschrieben ist, ist ein

---

27 Vgl. Bentham (2013).

28 Vgl. Foucault (1992: S. 260f.).

29 *The Stanley Parable* (im Folgenden *TSP*): narration.freedom_1_00 – narration.freedom_3_02. Zitiert werden hier die Untertitel des Spiels wie sie in der *Library* des

einfaches. Die Überwachungseinrichtung wird als ‚böse' markiert, als Mind-Control-Facility, die die Freiheit der Einzelnen einschränkt. Schaltet man sie ab und tritt aus der Überwachungssituation heraus, lässt man alles hinter sich. Narration und Spiel enden – alles scheint gut zu sein. Der Erzähler gibt zwar noch ein paar Hinweise auf die offenen Fragen („Where had his co-workers gone? How had he been freed from the machine's grasp? What other mysteries did this strange building hold?"[30]), aber all das kann man getrost ignorieren, denn immerhin hat man ja den Weg aus dem Panopticon heraus gefunden. Der Erzähler hat einen zielgerichtet dorthin geführt – aus der Situation von Kontrolle und Überwachung heraus. Der Weg in die Freiheit und Selbstbestimmtheit war eigentlich ganz einfach, man musste nur dem Erzähler folgen. Man musste nur die ganze Zeit die Knöpfe drücken und Wege wählen, die der Erzähler genannt hat. Man hat sich völlig seiner Kontrolle unterworfen. Man hat – so wird nun deutlich – gehandelt wie die Figur Stanley, die zu Beginn immer nur vor dem Bildschirm saß und diejenigen Tasten gedrückt hat, die auf dem Monitor erschienen sind. Wahrscheinlich, so kann man vermuten, ging es bei *The Stanley Parable* auch zu Beginn niemals um entfremdete Arbeit. Es ging die ganze Zeit um das Spiel und seine Verbindung zu den Spieler*innen. Man wurde bei jedem Schritt überwacht, hat in den Worten Foucaults das Machtverhältnis zwischen Spiel und Spieler*innen völlig internalisiert und sich dem Ordnungsrahmen unterworfen. Das Zerstören der Mind-Control-Facility ist selbst nichts anderes als ein Teil der Fremdkontrolle. Der Ausbruch aus der Überwachung ist Teil einer Überwachung.

Ein typischer Impuls an dieser Stelle könnte sein, dass man es jetzt erst recht noch einmal versuchen und dem Erzähler widersprechen, sich aus der Fremdkontrolle befreien möchte. In den nächsten Durchgängen gerät man dann vielfach mit dem Erzähler in Streit: Er schreibt Dinge vor, man widerspricht durch seine Handlungen. Wenn der Erzähler sagt: Nimm die linke Türe, nimmt man die rechte. Je mehr man widerspricht, desto mehr übt der Erzähler seine Macht aus. Irgendwann ist man wieder in der Mind-Control-Facility, diesmal schaltet man sie nicht aus, sondern an, will vielleicht selbst die Kontrolle übernehmen. Der Erzähler lacht darüber, beginnt mit einem Countdown, führt den

---

Spiels gefunden werden können (ohne den Programmcode, der beispielsweise zur farblichen Hervorhebung verwendet wird). Die Bezeichnung „narration.intro_1_00" bezeichnet die Textstelle in der Untertiteldatei bzw. „narration.intro_1_00 bis narration.intro_2_06" den gesamten Textbereich. Die Untertitel sind zudem online zu finden: Vgl. angelXwind (2017).

30 *TSP*: narration.freedom_2_03.

Spieler*innen Minuten lang ihre Hilflosigkeit vor und sprengt das Gebäude mit einer nuklearen Explosion in die Luft, was hier beruhigenderweise nur zu einem Neustart des Spiels führt.

Man kann noch ein zweites Beispiel für ein Überwachungssetting in diesem Spiel geben: Hier geht es um das Ende des Spiels, das unter Spieler*innen als „Confusion Ending"[31] bekannt ist. Der Weg dorthin ist als Irrweg inszeniert: Zunächst verliert der Erzähler die Orientierung, öffnet verschiedene Türen, um sie den Spieler*innen dann wieder vor der Nase zuzuschlagen. Die Wege enden in Sackgassen, das Spiel beginnt immer wieder von vorne. Schlussendlich wird alles so unüberschaubar, dass der Erzähler, der noch immer bemüht um Souveränität ist, sogar einen visuellen roten Faden der Narration einführt, die „Stanley Parable Adventure Line™", die einen zielgerichteten Weg wiederherstellen und eine lineare Erzählung retten soll: „You see? The Line™ knows where the story is, it's over in this direction!"[32], merkt der Erzähler an. Aber auch die Linie scheitert, der Erzähler beschimpft sie sogar, das Spiel wird achtmal neu gestartet und das ganze inszenierte Durcheinander führt schlussendlich sehr linear in einen Raum, in dem auf einer überdimensionalen Monitorwand das Scheitern bis zu jedem einzelnen der acht Neustarts dokumentiert ist. Spieler*innen und Erzähler erfahren am Ende dieser langen Sackgasse nun sogar den Titel dieses Spieldurchgangs: „Oh, hold up, what's this? Hmm … hmm, the confusion ending?"[33]

Die Konfusion entsteht dabei einerseits durch das räumliche Durcheinander, vor allem aber auch dadurch, dass die Gemachtheit der Entscheidungskrise ausgestellt wird, was der Erzähler so kommentiert: „That's really how all this goes? It's all … determined?"[34] Das ist natürlich kein Erzähler in der Krise, der gerade seine eigene ‚Gemachtheit' erkennt, sondern der Erzähler ist als ein (Mit-)Spielender zu verstehen. Er bemüht sich zunächst uns über weite Strecken den Eindruck zu vermitteln, dass er selbst den Überblick über die Verfasstheit des Spiels hat, dass er also eine Position innehat, die mehr auf der Ebene der Spielorganisation beziehungsweise der Spielregeln als innerhalb des Spiels angesiedelt ist. Seine – zumindest gespielte – Überraschung rückt ihn nun in das Spiel ein, auf Ebene der Spieler*innen also, und sie führt vor, dass alles konstruiert, vorherbestimmt ist, dass es vollkommen kontrolliert abläuft und überwacht wird.

31 *TSP*: narration.con1-1_00 – narration.con5-5_11.

32 *TSP*: narration.con4-2_00.

33 *TSP*: narration.con5-5_00.

34 *TSP*: narration.con5-5_02.

Der Erzähler verliert damit die Kontrolle über seine Figur und die erzählte Welt. Die Spieler*innen folgen dem Erzähler oder bemühen sich um Widerstand – in jedem Fall wird immer wieder thematisiert, dass es eine weitere Ebene gibt, die alles umklammert, die alles kontrolliert und überwacht.

Es scheint nun gar nicht unbedingt notwendig zu sein, die einzelnen Ebenen, die sich hier überlagern, sorgfältig aufzudröseln, entscheidender ist vielmehr die Beobachtung eines selbstreferenziellen Verfahrens: Eine mediale Form wie das Computerspiel, das Handlungserfahrungen in den Medienrezeptionsprozess integriert, braucht einen absoluten Bezugspunkt. Wie das Zentrum in Benthams Panopticon, eine Plattform in der Mitte, von der aus alles überwacht wird. Zumindest etwas wie diesen Monitorraum in *The Stanley Parable*.

Es wurde weiter oben sinngemäß schon ausgeführt: So lange die Spieler*innen im Spiel bleiben, bleiben sie in ihrer ‚Zelle' und lassen sich überwachen. Das gilt hier auch für den Erzähler. Aber die Spieler*innen haben im Gegensatz zu diesem einen Ausweg. Sie können das Spiel verlassen. Und so wird es ihnen sogar an einer Stelle im Spiel vorgeschlagen, wenn eine weitere Ebene eingeführt wird, eine zusätzliche Erzählerin, die den Spieler*innen zuruft: „Press ‚escape' and press ‚quit'. There's no other way to beat this game."[35] Das Spiel zu verlassen, zu flüchten, das ist die einzige Möglichkeit, sich seiner Überwachung zu entziehen. Dieser Gedanke ist nun nicht mehr neu und soweit scheint Hoffnung für ein Happy End zu bestehen. Aber – auch das hat sich bereits angedeutet – das Spiel wirkt produktiv über sich selbst hinaus. Für besondere Spielerfolge erhält man Trophäen auf der Außenseite des Spiels. Und so antwortet das Spiel nun auf den Versuch, es durch Nicht-Spielen endgültig zu besiegen, mit einer hochgezogenen Augenbraue, denn eine dieser Trophäen als Nachweis für einen besonderen Spielerfolg bekommt man nur dafür, dass man das Spiel fünf Jahre nicht spielt (Achievement „Go outside"). Dieses Spiel überwacht also nicht nur das Spielerverhalten im Spiel, es überwacht auch das Verhalten außerhalb des Spiels. Wie heißt es so schön bei Paul Watzlawick: „Man kann nicht nicht kommunizieren."[36] Hier wird nun deutlich: *The Stanley Parable* is watching you. Man kann auch nicht nicht handeln. Man kann auch nicht keine Informationen über sich hergeben, keine Daten produzieren. Damit ist nun auch geklärt, warum der Titel des Beitrags ‚Gamer's Panopticon' lautet.

---

35 *TSP*: narration.femnarr_3_01 – narration.femnarr_6_03.

36 Watzlawick (1969: S. 53).

5. Fazit

Um zum Ende noch einmal zentrale Gedanken des Beitrags zusammenzufassen: **Erstens** können Computerspiele als Erzählmedien konventionelle Überwachungsnarrative fortschreiben, sie können dabei die Handlungsebene betonen und Überwachung erfahrbar machen – das tun sie aktuell häufig auch mit einer leichten Umdeutung, denn sie machen aus einem Überwachungsnarrativ ein Überwacher*innennarrativ, indem sie den Spieler*innen Überwachen als aktiven Prozess, für den und innerhalb dessen sie Entscheidungen treffen müssen, vor Augen führen. **Zweitens** ist das kybernetische System aus Spielenden und Spiel ein geschlossenes System, zumindest solange der Prozess des Spielens stattfindet. Computerspiele definieren als regelhafte Ordnungssysteme im Sinne von Ludus den Handlungsspielraum der Spieler*innen und überwachen gleichzeitig dessen Einhaltung. Das Organisationsverfahren ist dabei in vielen Fällen eines, das einer ökonomischen Logik von Bonus und Malus folgt. Hieran anknüpfend kann der Raum des Spiels auch erweitert werden und realweltliche Aktionen einschließen. Das Spiel wird dann über sich selbst hinaus produktiv, durch Daten, Informationen und ökonomischen Profit. Und **drittens** sind es vor allem Computerspiele selbst, die die Möglichkeit dazu haben, performativ die genuinen Überwachungs- und Kontrollogiken des Spiels vorzuführen. *The Stanley Parable* tut dies in besonderer Weise, indem es auch den Erzähler und die Erzählung, die das handlungsleitende Prinzip des Spiels sind, als Teil einer Überwachungslogik ausstellt.

Filme und Spiele

Beholder (Warm Lamp Games, 2016).

Brazil (GB, 1985, R: Terry Gilliam).

Das Fenster zum Hof (USA, 1954, R: Alfred Hitchcock).

Das Leben der Anderen (D, 2005, R: Florian Henckel von Donnersmark).

Der Staatsfeind Nr. 1 (USA, 1998, R: Tony Scott).

Metal Gear Solid (Konami, 1998).

Orwell (Osmotic Studios Hamburg, 2016–2018).

Papers, please (3909 LLC, 2013).

Replica (Somi, 2016).

Republique (Camouflaj, 2016).

The Stanley Parable (Galactic Café, 2013).

Watch Dogs (Ubisoft, 2014).

Watch Dogs 2 (Ubisoft, 2016).

Literaturverzeichnis

angelXwind (2017): „The Stanley Parable/subtitles_english.txt“. In: *GitHub.com*. URL: https://github.com/angelXwind/Localization/blob/master/The%20Stanley%20Parable/subtitles_english.txt (02.07.2020).

ArtKoval (2017): *GTA Chinatown Wars – 100 kamer / 100 security cameras (PSP)*. URL: https://www.youtube.com/watch?v=qgw-r9pAwi8 (07.02.2020).

Backe, Hans-Joachim (2008): *Strukturen und Funktionen des Erzählens im Computerspiel*. Würzburg: Königshausen & Neumann.

Bentham, Jeremy (2013): *Das Panoptikum*. Berlin: Matthes & Seitz.

Bloodcider (2009): *A Surveillance Camera?* URL: https://www.youtube.com/watch?v=anYifuhLWrg (07.02.2020).

Bryan, Jeffrey (2013): „Ergodic Effort. Dynamism and Auto-Generated Path-Making“. In: Waggoner, Zach (Hrsg.): *Terms of Play: Essays on Words That Matter in Videogame Theory*. Jefferson/London: McFarland & Company, S. 7–27.

Caillois, Roger (1960): *Die Spiele und die Menschen*. Stuttgart: Schwab.

Coleridge, Samuel Taylor (1907): *Biographia Literaria. Bd. II*. Oxford: Clarendon Press.

Degler, Frank (2009): „A Willing Suspension of Misbelief – Fiktionsverträge in Computerspiel und Literatur“. In: Anz, Thomas (Hrsg.): *Literatur als Spiel. Evolutionsbiologische, ästhetische und pädagogische Konzepte*. Berlin: de Gruyter.

Foucault, Michel (1992): *Überwachen und Strafen – Die Geburt des Gefängnisses*. Frankfurt am Main: Suhrkamp.

Foucault, Michel (2005): *Die Heterotopien*. Frankfurt am Main: Suhrkamp.

Hennig, Martin (2017): *Spielräume als Weltentwürfe*. Marburg: Schüren.

Krieger-Lamina, Jaro (2017): *Privatsphäre in Onlinespielen. Spielend Daten Sammeln*. URL: https://www.arbeiterkammer.at/infopool/wien/Privatsphaere_in_Online-Spielen.pdf (02.07.2020).

MacAskill, Ewen (2013): „Edward Snowden, NSA files source: ‘If they want to get you, in time they will’“. In: *The Guardian* vom 10.06.2013. URL: https://www.theguardian.com/world/2013/jun/09/nsa-whistleblower-edward-snowden-why (27.01.2020).

Murray, Janet (1997): *Hamlet on the holodeck*. New York: Free Press.

Neitzel, Britta (2012): „Involvierungsstrategien des Computerspiels“. In: Beil, Benjamin et al. (Hrsg.): *Theorien des Computerspiels. Zur Einführung*. Hamburg: Junius.

o. A. (2013): „Geheimdienste überwachten Online-Spiele". In: *Spiegel Online* vom 09.12.2013. URL: https://www.spiegel.de/netzwelt/games/world-of-warcraft-nsa-und-gchq-ueberwachten-online-spiele-a-938014.html (02.07.2020).

o. A. (2019): „Viele Computerspiele sind perfekte Metaphern für lästige Verwaltungsvorgänge. Einige von ihnen handeln sogar direkt von bürokratischen Vorgängen und kritisieren so den Teufel, der im Detail liegt". In: arte.tv vom 19.03.2019. URL: https://www.arte.tv/de/articles/tracks-admin-games (02.07.2020).

Orwell, George (1949): *1984*. Hongkong: Enrich Spot Limited.

Pfaller, Robert (2002): *Die Illusion der anderen*. Frankfurt am Main: Suhrkamp.

Schellong, Marcel (2011): „Spielkompetenz". In: *Paidia – Zeitschrift für Computerspielforschung*. URL: http://www.paidia.de/spielkompetenz/ (02.07.2020).

Schellong, Marcel/Unterhuber, Tobias (2016): „Wovon wir sprechen, wenn wir vom Decision Turn sprechen". In: Ascher, Franziska et al. (Hrsg.): *„I'll remember this" – Funktion, Inszenierung und Wandel von Entscheidung im Computerspiel*. Glückstadt: Verlag Werner Hülsbusch, S. 15–31.

Schellong, Marcel (2018): „Räume als Formationen des Wissens am Beispiel von *The Stanley Parable*". In: Hennig, Martin/Krah, Hans: *Spielzeichen II: Raumspiele/Spielräume*. Glückstadt: Verlag Werner Hülsbusch, S. 228–245.

Temm, Sabine (2016): „TK will Fitnessarmband-Träger belohnen: Bevorteilung von Gesunden?" In: *Finanzen.de* vom 23.08.2016. URL: https://www.finanzen.de/news/17455/tk-will-fitnessarmband-traeger-belohnen-bevorteilung-von-gesunden (02.07.2020).

Vogt, Jochen (1990): *Aspekte erzählender Prosa: eine Einführung in Erzähltechnik und Romantheorie*. Opladen: Westdt. Verlag.

Watzlawick, Paul et al. (1969): *Menschliche Kommunikation*. Bern u. a.: Huber.

Miriam Frank

Überwachungsnarrative im Dokumentarischen. Konstruierte Untergangsstimmung im deutschsprachigen Fernsehen

Abstract: The article examines which narratives underlie the statements on the topic of surveillance in documentary texts. I ask the question with which meanings surveillance is provided within our culture, how the experience of a multitude of surveillance occurrences is organized into understandable stories and which surveillance storyworld results from it. The texts construct the world as data world, the subject as data subject, via the narrative object of surveillance. They establish shadows as a collective symbol within the narrative of self-loss and focus on a future marked by a global totality of dataveillance. That's how they state a crisis as a time of upheaval or transition.

1. Ausgangszustand: Narrative, Überwachung und dokumentarische Texte

Der Beitrag untersucht die dem Thema Überwachung zugrundeliegenden Narrative in gegenwärtigen Dokumentartexten. Er stellt dabei Fragen danach, wie Überwachung in unserer Kultur semantisiert ist, wie eine Vielzahl von Überwachungsvorkommnissen in eine verständliche Überwachungsgeschichte überführt wird und ob sich daraus eine modellhaft ähnliche Überwachungswelt rekonstruieren lässt.

Zu diesem Zweck muss zuerst der Begriff des ‚Narrativs' in den Blick genommen werden, denn seit dieser dem wissenschaftlichen (Spezial-)Diskurs entflohen und populär geworden ist,[1] sorgt sein erhöhtes Aufkommen in interdiskursiven Bereichen für Mehrstimmigkeit,[2] welcher im Folgenden über eine mediensemiotische, definitorische Fundierung des Beitrags begegnet werden soll.

Ein Text ist narrativ organisiert, wenn seine Erzähleinheit ereignishaft strukturiert ist. Betrachten wir den Ausgangszustand des Protagonisten Winston in *1984*, so haben wir es mit einem systemkritischen, widerständigen Individuum zu tun, welches über diese ihm zugeschriebenen Eigenschaften gegen bestimmte

1 Vgl. Müller (2019: S. 1).

2 D. h. eine paradigmatische Expansion, vgl. Link/Parr (2005: S. 123f.).

Ordnungssätze der dargestellten Welt verstößt.[3] Die Gehirnwäsche als transformierendes Ereignis sorgt nun dafür, dass der Verstoß behoben wird, Winston die differenzierenden Eigenschaften verliert und somit im Endzustand keine Inkonsistenz mehr zwischen ihm und den Regeln des Überwachungsstaates besteht. Die konformierende Eingliederung ins Überwachungssystem ist geglückt. Die Dystopie erzählt also vom tragischen Scheitern des Individuums am Versuch sich zu emanzipieren. Ausgangszustand, Ereignis und Endzustand bilden dabei die „Minimalbedingungen für eine narrative Struktur".[4] Narrative werden hier also als „semiotisch-semantische Strukturen"[5] verstanden, die „einem Kommunikat oder einer Menge von miteinander in Relation stehenden Kommunikaten"[6] zugrunde liegen können. D. h. entweder die Kommunikate sind selbst narrativ, erzählen also an der zeichenhaften Oberfläche eine Geschichte, oder ihre Diskurse lassen sich auf narrative Strukturen zurückführen.[7] Im Folgenden werden auf dieser Grundlage sowohl die „Zuschreibung von Eigenschaften und Dispositionen"[8] untersucht, als auch Funktionalisierungen (Erklärungs-, Rechtfertigungsfunktionen) von Narrativen, Strategien der Sinnvermittlung und -stiftung, die einer „perspektivischen Deutung gesellschaftlicher und politischer oder historischer Zusammenhänge"[9] zuträglich sind. Zum einen stelle ich demnach die Frage, mit welchen Bedeutungen Überwachung in unserer Kultur versehen ist, zum anderen, wie eine Vielzahl von Überwachungsvorkommnissen zu verstehbaren Geschichten in dokumentarischen Texten organisiert werden und ob sich aus ähnlichen *Modellen* eine sich gleichende Überwachungswelt rekonstruieren lässt.

Erkennbar ist also bereits, dass sich Narrative sowohl auf einer Mikroebene als textuelle Phänomene als auch auf einer Makroebene als Diskursstrategien abbilden lassen, wenn wir sie als Strukturen verstehen, die Veränderungen über Kausalitäten und Zeitfolgen kommunizieren und damit auch Sinn erzeugen.[10]

---

3 Vgl. Renner (2004).

4 Müller (2019: S. 5).

5 Ebd. (S. 3).

6 Ebd. (S. 5). Wenn an der Textoberfläche Zeichenfolgen das Narrativ explizit repräsentieren, handelt es sich um eine *Geschichte*. Der Begriff *Erzählung* hingegen erfasst die konkrete Kommunikationssituation. Vgl. ebd.

7 Vgl. ebd. (S. 4).

8 Zifonun (2017: S. 2).

9 Ebd. (S. 2).

10 Vgl. Müller (2019: S. 4).

Werden Narrative in einer Gesellschaft als Tiefentexte verwendet, indem sie „in ganz unterschiedlichen kommunikativen Kontexten […] immer wieder aktiviert werden", bezeichne ich sie im Folgenden als Meta-Narrative, „da sie gewissermaßen auf einer Meta-Ebene ganz unterschiedliche Typen von Kommunikaten inhaltlich strukturieren."[11] Als Meta-Narrativ ist es Narrativen demnach möglich, sich als (kollektive) Denkmuster zu etablieren, zum Bestand eines stillschweigend geteilten Überzeugungssystems zu werden. Vieles davon, was in Kulturen als ‚Wert' gilt, beruht Müller zufolge auf Meta-Narrativen, die „als angebliche anthropologische Konstanten oder ‚überkulturelle Wahrheiten' unhinterfragt vorausgesetzt"[12] werden. Eine Analyse von Narrativen dient also immer auch dazu, diese als kulturelle Setzungen wahrzunehmen, gesellschaftlich akzeptierte Tiefenerzählungen aufzuzeigen und deren Begründungskräfte offenzulegen.[13] Über das Aufdecken von Normen und Ideologien dient die Untersuchung von Narrativen unter anderem dazu, eine Analyse von Mentalitätsgeschichte zu leisten.[14] Die Analyse des Textkorpus versucht demnach, gegenwärtig dominante Leitsemantiken herauszufiltern und zu untersuchen, welche Vorstellungen und Einstellungen über den Einzeltext hinausgehend als stabil und verständlich kommuniziert werden.

Der vermeintlichen Polysemie des Narrativ-Begriffs sollte also Einhalt geboten worden sein. Kommen wir zum zweiten Problemfeld, dem Erzählgegenstand der Texte: Überwachung.

> Es scheint, als wenn der Begriff, so griffig und eindeutig er auch scheinen mag, sich zwischen dem Monitoring von Phänomenen und Abläufen zu ihrer Optimierung

---

11 Ebd. (S. 5). Damit soll zum einen vermieden werden, wie es bei Gadinger et al. heißt, „die postmoderne Ernüchterung gegenüber großen Erzählungen (Lyotard) zu reproduzieren". Gadinger et al. (2014: S. 5). Zum anderen werden Narrative somit aber auch nicht als „die ‚neuen' ‚*petits récits*'" verhandelt, welche versuchen „als ‚konkurrierende' Deutungsangebote […] der Wirklichkeit habhaft zu werden". Zifonun (2017: S. 1 und S. 3), Hervorhebung im Original. Stattdessen wird von stetig stattfindenden dynamischen Prozessen ausgegangen, welche aushandeln, ob sich Narrative in das semantische Zentrum einer Kultur integrieren und ggf. verfestigen (siehe zum kulturellen Konzept Anmerkung 14).

12 Müller (2019: S. 5). Vgl. weiterführend Grimm/Müller (2016: S. 97–116).

13 Vgl. Müller (2019: S. 6).

14 Die Autorin folgt dabei dem Konzept der Semiosphäre nach Jurij Lotman. Vgl. Lotman (1990). Kultur wird demzufolge als ein Bereich interagierender Kodes und Zeichenprozesse verstanden: „Der Mensch […] bringt durch Kommunikation mittels Medien die Semiosphäre hervor, den Raum der menschlichen Kommunikation mittels Zeichen." Decker (2018: S. 90).

> (Wissenschaft, Medizin) oder Vorhersage (Katastrophenschutz), über eine kontrollierende Überprüfung von Normen zur Aufrechterhaltung von (nicht nur öffentlicher) Ordnung bis hin zur panoptischen Disziplinierung und Kriminalitätsbekämpfung sowie guter alter Spionage bewegt. Die Beobachtung von Wetter per Satellit, die Kontrolle von Herztönen bei Intensivpatienten, das Messen von Hirnströmen können ebenso darunterfallen, wie der Abgleich von Mustern zur Identifizierung im Falle biometrischer Identitätsüberprüfung, sowie die Simulation von Wirklichkeiten, die täuschen oder die Zukunft erklären sollen. Überwachung ist aber auch die Kontrolle öffentlicher und privater Räume mit Videoüberwachung sowie viele Formen nicht technischer, aber disziplinierender Kontrolle durch Personen in Institutionen und im Alltag.[15]

An dieser Stelle soll nicht versucht werden, all diesen Formen über eine Überwachungsdefinition gerecht zu werden, sondern vielmehr für die Vielfalt des Phänomens zu sensibilisieren und stattdessen Themen zusammenzutragen, welche Überwachung in den untersuchten Kommunikaten ausmachen. Das Spektrum der Themenfelder der untersuchten Narrative reicht dabei von Onlinewerbung über Whistleblowing bis hin zu Big Data.[16] Zunächst lässt sich festhalten, dass die Texte sich unterschiedlichen Akteur*innen von Überwachung zuwenden, dabei verschiedene Überwachungspraktiken thematisieren und das Phänomen vor dem Hintergrund einer in Bezug auf unsere heutige Gesellschaft diagnostizierten Überwachungskultur verhandeln.

Die Ebenen der (a) individuellen, (b) ökonomischen und (c) staatlichen Überwachung sind dabei keinesfalls trennscharf, sondern stehen in Wechselwirkung zueinander. Auf der individuellen Ebene (a) wird Überwachung als Selbstüberwachung diskutiert, aber auch kollaborative Überwachung der Subjekte sowie nachbarschaftliche Überwachung von Privatpersonen. Die ökonomische Ebene (b) der Überwachungsindustrie umfasst den Datenhandel, also kommerzielle Überwachung, das sogenannte ‚data-mining business'[17], ‚Social-Media

15 Zurawski (2014: S. 112).

16 Im Textkorpus nicht vertreten sind hingegen dokumentarische Texte, die sich den Themen Drohnen, Cybercrime und Darknet zuwenden. Ein interessantes Beispiel wäre hier die interaktive dokumentarische Webserie *Netwars*, welche 2015 in der Kategorie Wissen und Bildung einen Grimme Online Award gewann und einen drohenden Cyberkrieg thematisierte. Siehe o. A. (2014) und o. A. (2015).

17 Dass „analog zur Förderung fossiler Rohstoffe von Data-Mining gesprochen wird", sehen Mämecke et al. kritisch: „Daten sind […] zu einem Schatz [geworden], den es zu heben und zu hegen gilt und deren Einsatzmöglichkeiten noch kaum erschlossen sind." Mämecke et al. (2018: S. 1). Diese Goldrausch-Analogie problematisiert ebenso Van Dijck: „The idea of (meta)data being 'raw' resources waiting to be processed perfectly fits the popular life-mining metaphor." Van Dijck (2014: S. 201).

Surveillance', Online-Werbung, aber auch Versicherungsscoring, Mitarbeiter*innenüberwachung und den Bereich der ‚smarten' Produkte. Zuletzt erörtert die Ebene (c) der staatlichen Überwachung etwa Bevölkerungserfassung, Kriminalitätsbekämpfung, Polizeiarbeit oder militärische Überwachung aus gesellschaftspolitischer Perspektive.

Aufgrund einer „Computerisierung der Überwachungspraktiken"[18] und da „*alles*, was wir im Internet tun, zum Gegenstand datenförmiger Erfassung und Auswertung werden kann"[19], liegt der Fokus der Beispiele nun deutlich auf einer *dataveillance*, einer ‚Datenüberwachung' in Zeiten der Digitalisierung, weitgefasst „a form of continuous surveillance through the use of (meta)data"[20] oder enggefasst „the monitoring of citizens on the basis of their online data"[21], welche nach José van Dijck auf einem kontinuierlichen Tracking basiert.[22]

All dies besprechen die Texte[23] vor dem Hintergrund einer als heutig und weltumspannend perspektivierten Überwachungskultur und bestimmter, kulturspezifischer Überwachungsmentalitäten.[24] Dies ist dem Verständnis David Lyons, einem prominentem Vertreter der Surveillance Studies, nicht unähnlich: „data-dependence is key to present day cultural formations."[25] Für Van Dijck führten das populäre Paradigma der Datafizierung und der Glaube an Daten bereits zu „a view of dataveillance as a ‚normal' form of social

Auch in der BR Wissenssendung *Faszination Wissen* zum Thema *Warum die Total-Überwachung uns alle betrifft* (D, 2015, R: Tobias Hübner) diagnostiziert der Moderator: „Unsere Daten – das ist das Gold der Zukunft. Da sind sich eigentlich alle Experten einig." TC 00:11:36–00:11:38.

18 Zurawski (2014: S. 128).

19 Mämecke et al. (2018: S. 2). Hervorhebung im Original.

20 Van Dijck (2014: S. 198).

21 Ebd. (S. 205).

22 Vgl. ebd.

23 „Da der semiotische ‚Text'-Begriff im Sinne eines ‚Gewebes' aus Zeichen alle Arten zeichenhafter Äußerungen umfasst, gehören auch alle medialen Produkte ästhetischer Kommunikation, also beispielsweise Literatur, Film, Comic, Malerei, Plastik, Musik und Architektur diesem Bereich an." Nies (2011: S. 208).

24 Nach Lyon hat unsere gegenwärtige ‚Surveillance Culture' (Lyon 2018) die Trennung zwischen Überwacher*innen und Überwachten aufgehoben, da über verschiedenste (Verdatungs-)Praktiken (bspw. Selbsttechnologien wie das Self-Tracking) jeder/jede einen Beitrag leiste zur Normalisierung von Überwachung. Im neuen Überwachungsdispositiv gebe es daher kein oben und unten mehr, sondern dieses sei dezentral.

25 Lyon (2018: S. 4).

monitoring."[26] Hier habe also schon ein Normalisierungsprozess stattgefunden, der sich folgerichtig in den Narrativen der Überwachung wiederfindet. Der Schwerpunkt auf dem Topos der *dataveillance* ist dabei fast allen Beispieltexten gemein. Die Texte konstruieren über den Erzählgegenstand ‚Überwachung' die Welt als Datenwelt, das Subjekt als Datensubjekt, wobei, so viel sei vorausgeschickt, den Narrativen zufolge die Menschen nur noch unter speziellen Voraussetzungen vor der diagnostizierten Datafizierung gerettet werden können.

Ramón Reichert hat bereits darauf hingewiesen, dass „das Bedürfnis, Datenströme sicht- und sagbar zu machen, virulent geworden ist."[27] Wir wollen uns hier allerdings nicht mit dem Sichtbaren beschäftigen im Sinne einer als Überwachungstechnologie markierten Visualität, etwa in Bezug auf Reality-TV Formate oder das Mittel der versteckten Kamera[28], sondern mit Sagbarkeit im Sinne einer Erzählbarkeit von Überwachung. Narrative strukturieren, wie bereits argumentiert, sowohl fiktionale als auch faktuale Textsorten. Dennoch ist zu beachten, dass den erzählten Welten über die Einordnung in die nichtfiktionale Gattung die Wirklichkeit als referentieller Bezugsrahmen zugeordnet wird, die Aussagen der Filme sich somit zur nichtfilmischen Wirklichkeit situieren.[29] Der Beitrag fragt danach, welche Narrative den Aussagen zum Thema Überwachung in dokumentarischen Texten zugrunde liegen. Daher stehen zwar Beispiele aus Dokumentarfilmen und Wissenssendungen im Fokus, allerdings werden auch Bezüge zu journalistischen und wissenschaftlichen Texten gezogen, um die Semantik eines konkreten Medienproduktes in Zusammenhang zu setzen mit einem bestimmten Diskursteil. Zudem sind auch wissenschaftliche Diskurse nicht frei von Narrativen. So lassen sich einige Zuschreibungen in den dokumentarischen Beispielen auch in den jüngeren Forschungstexten des transdisziplinären Fachgebietes der genannten Surveillance Studies finden.[30] Viele Visualisierungen in den dokumentarischen Texten decken sich etwa mit

---

26 Van Dijck (2014: S. 206). Zu Van Dijcks Unterscheidung zwischen ‚datafication' und ‚dataism' vgl. ebd. (S. 198).

27 Reichert (2018: S. 23). Mehr zur Problematik der medialen Sichtbarmachung (auch als Reaktion auf ein als unsichtbar und omnipräsent markiertes Überwachungssystem) und Tendenzen zur visuellen Verräumlichung des Digitalen in audiovisuellen Medien siehe Hennig/Piegsa (2018).

28 Vgl. Kammerer (2012).

29 Vgl. Tröhler (2004).

30 Mehr zu Überwachungsnarrativen in der Forschung siehe Edeler/Hennig/Piegsa (2018).

den üblichen Narrativen der Populärwissenschaft. Daher werden immer wieder Parallelen zur Überwachungsliteratur herausgearbeitet und wird die theoretische Ebene mit den Beispielen verknüpft, wobei die Forschungstexte zum einen als Belege und Kontextualisierungen für die Analyse der Primärtexte dienen, zum anderen jedoch auch selbst Untersuchungsgegenstände bilden, insofern sich auch in ihnen die besprochenen Narrative manifestieren.

Die Bezeichnung ‚im Dokumentarischen' wurde dabei gewählt, da in den Textkorpus sowohl Dokumentarfilme, welche zum Teil im Kino liefen, zum Teil im Fernsehen oder aber beide Kanäle bespielten, als auch Fernsehdokumentationen und Wissenssendungen integriert wurden. Auch wenn sich die Unterschiede in der Medialität der Beispiele auch auf die Textualität auswirken und diese sich daher in ihrem Format unterscheiden, so sind diese Unterschiede für die Fragestellung sekundär, da die Narrative jeweils auf dieselbe Kulturalität und deren Mentalitätsgeschichte rekurrieren. Erwähnenswert ist des Weiteren, dass das Öffentlich-Rechtliche im Korpus prominent vertreten ist, was natürlich ebenfalls als Einschränkung gelten kann. Die von öffentlicher Seite zugeschriebene hohe Relevanz des Themas ist auch darüber ersichtlich, dass einer der Dokumentarfilme, namentlich *Nothing to Hide* (D/F, 2017, R: Marc Meillassoux), über die Plattform Kickstarter von privaten Personen finanziert wurde. Der letzte Hinweis der Vorrede gilt dem Zeitraum, aus welchem die Beispiele stammen. Die hier diskutierten Beispiele erschienen sämtlich nach dem Jahr 2013, da die Snowden-Enthüllungen in Bezug auf die thematische Ausrichtung des Beitrags als Zäsur fungieren. Die Paratexte zum Film *Alles unter Kontrolle* (AT, 2015, R: Werner Boote) liefern hierzu eine exemplarische Anekdote. Werner Boote, der Regisseur des Films, lässt auf der Homepage zum Film über die Zeit der Vorproduktion verlauten, dass er 2011 anfing, an dem Konzept für den Film zu arbeiten, damals aber noch große Sorgen hatte, „dass man ihm vorwerfen könne, eine Verschwörungstheorie zu präsentieren. Denn zu diesem Zeitpunkt wissen nur die Wenigsten über die Überwachungspraktiken der Geheimdienste und Unternehmen Bescheid."[31] Mit den Veröffentlichungen Edward Snowdens im Juni 2013 sei ihm dann ein Stein vom Herzen gefallen, „weil er Beweise[n] nicht mehr hinterherlaufen muss, sondern sich nun dem Ziel der Doku widmen [kann]: Die Selbstverständlichkeit der Überwachung."[32]

31 Boote (o. J.).

32 Ebd. Ein ähnliches Beispiel bringt auch Steinbicker an, um den Wandel zu verdeutlichen: „Der enorme Umschwung lässt sich vielleicht am besten dadurch illustrieren,

Mit der Gewissheit über das Ausmaß der (staatlichen) Überwachung wandelt sich folglich die gesellschaftliche Debatte zum Thema und verleiht zu diesem Zeitpunkt auch dem Internet eine (neue) primäre Konnotation als Überwachungsinstanz.

Der Beitrag strukturiert sich im Folgenden anhand der grundlegenden Elemente einer Narration: Figur und Welt, um die Paradigmen der Subjektivierung und der Vernetzung zu verhandeln. Zunächst wird nach dem Subjekt als Referenzgröße in Narrativen gefragt, um sich in einem zweiten Schritt den Transformationen von Welt in den Texten zu widmen, d. h. über die Analyse der Präsentation der filmischen Welt werden Bedeutungszusammenhänge abstrahiert und Weltentwürfe rekonstruiert.

2. Kontrollverlust als Selbstverlust: die Konstruktion eines Datensubjekts

Narrative, welche ein transformierendes Ereignis als Verlust diagnostizieren, richten ihren Blick auf die Vergangenheit. Wird ein solcher Verlust auf das menschliche Subjekt bezogen, wird im Überwachungskontext nicht nur die „Perspektive der bedrohten privaten User“[33] eingenommen, sondern Überwachung heute auch in einen „größeren Zusammenhang einer Digitalisierung der Lebensführung“[34] gestellt. Zudem werden nach Bächle über das Kontrollverlust-Narrativ zentrale Ängste artikuliert, welche eine menschliche ‚Natur‘ einem nicht-menschlichen Akteur (z. B. einem Algorithmus) gegenüberstellen.[35] Die Überwachung wird an dieser Stelle also zu einer „feared ‚surveillance‘“, weil sie als „ethically problematic or socially invasive“ betrachtet wird.[36] Dass das Tracking, verstanden als Verfolgung meiner Online-Aktivitäten, als Grenzüberschreitung wahrgenommen wird, wird bereits über den Imperativ bzw. das Gebot ‚Do Not Track‘[37] deutlich, welcher als Titel einer Webserie fungiert (vgl. Abb. 1a)

---

dass die Praxis, die im eigenen Notebook eingebaute Kamera ostentativ zu überkleben, längst nicht mehr als paranoid angesehen wird.“ Steinbicker (2019: S. 80).

33 Stempfhuber/Wagner (2019: S. 1).

34 Steinbicker (2019: S. 93).

35 Vgl. Bächle (2015: S. 25).

36 Cowie (2015: S. 561).

37 Bis 2019 wurde vom World Wide Web Consortium angestrebt, den Wunsch von Webseitenbesucher*innen nicht über Servergrenzen hinweg verfolgt zu werden (Do Not Track), in den Protokollstandards für Webseiten zu integrieren. Diese Bemühung wurde aus mangelnder Unterstützung der Browser-Hersteller und anderer beteiligten

und sich auch in der Visualisierung des Eintrags ‚Dataveillance' in der englischen Wikipedia wiederfindet (vgl. Abb. 1b). Das gesellschaftliche Meta-Narrativ, welches den folgenden Narrativen unterliegt, geht von diesem Selbstverlust des Menschen aus, der zu einem Datensubjekt geworden sei.

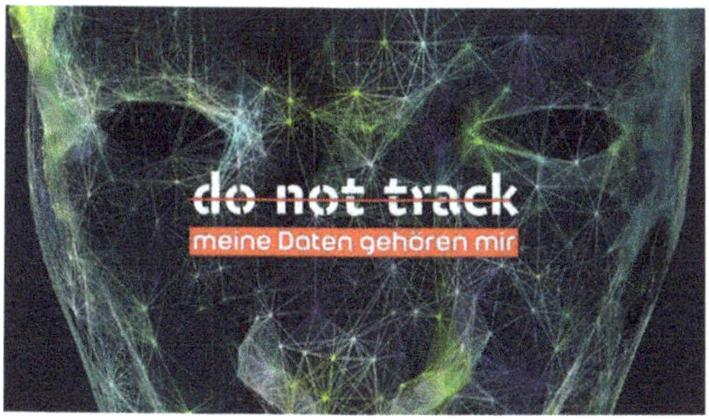

Abb. 1a: Titel der Webserie. Quelle: Christl (2015).

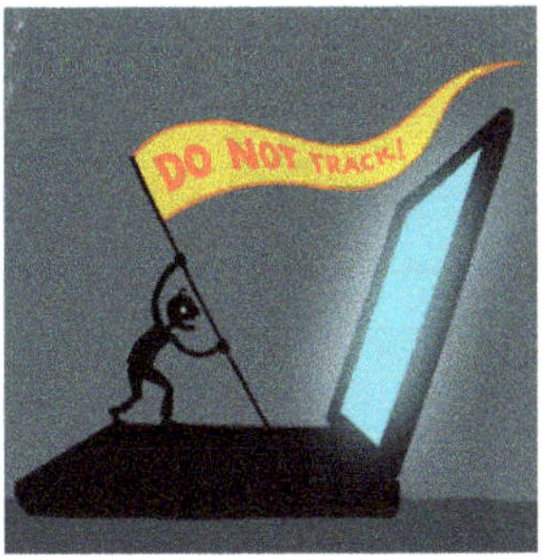

Abb. 1b: Visualisierung im Eintrag ‚Dataveillance'. Quelle: D'Andrade (2013).

2.1 Der Schatten als Kollektivsymbol

Die Annahme lautet: Jeder Mensch besitzt einen digitalen Schatten, der außerhalb seiner Kontrolle liegt. Der Ausgangszustand dieses Narrativs liegt demzufolge in einer prädigitalen Zeit, in welcher der Mensch noch die Kontrolle über sich und seine Handlungen besitzt und er sich auf seine Selbstbestimmung verlassen kann. Mit der Digitalisierung spaltet sich der Mensch jedoch und erschafft einen digitalen Schatten. Die Folge davon ist laut den dokumentarischen Texten nun der Kontrollverlust über einen Teil des Ichs, denn der digitale Teil liegt außerhalb der Kontrolle des Einzelnen. Der Mensch findet sich also in einem fremdbestimmten Endzustand wieder.

In der ZDF-Dokumentation *Der Daten-Dschungel* (D, 2017, R: Kersten Schüßler) wird das Internet entsprechend als Raum visualisiert, in welchem sich der Mensch (in diesem Fall der Redakteur) als digitaler Schatten, als Schattenriss bzw. Scherenschnitt bewegt (vgl. Abb. 2). Der digitale Schatten als Bild eines Körpers entspricht dabei den Umrissen der Gestalt des ‚Originals' (hier: des Redakteurs), referenziert also auf ein digitales Spiegelbild des Körpers.

Institutionen eingestellt. Vgl. Tracking Protection Working Group (2019) sowie Becker (2019).

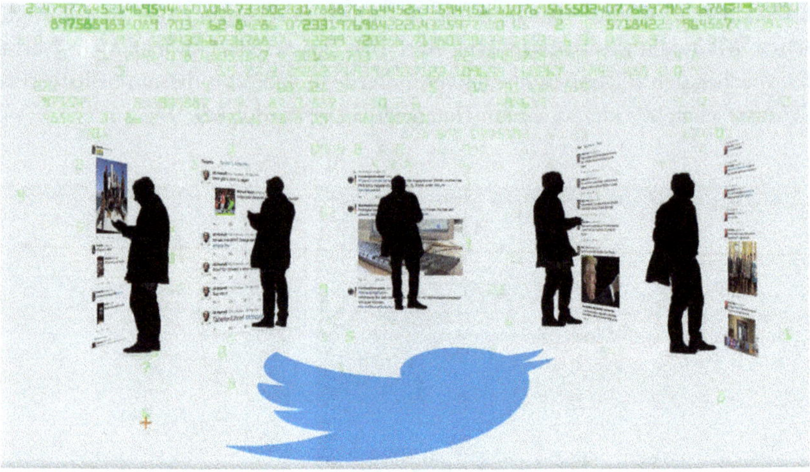

Abb. 2: Der Redakteur als Schattenriss in *Der Daten-Dschungel*, TC 00:00:32.

Die Doppelungen sowohl der Fenster als auch des digitalen Avatars erzeugen eine gewisse Unübersichtlichkeit und nehmen darüber Konnotationen des Dschungel-Begriffs auf. „Überall hinterlassen wir Daten-Spuren“[38], so der Kommentar, der damit das Bild einer Überforderung des Individuums aufgreift. Der Schatten ist in diesem Kontext als dunkle Bedrohung negativ konnotiert. Schließlich beschreibt er aber kulturgeschichtlich nicht nur eine dunkle Fläche, sondern verweist auch auf Vorstellungen von Doppelgängern oder eines Spiegelbildes des Menschen. *Peter Schlemihls wundersame Geschichte*, eine Geschichte von Adalbert von Chamisso aus dem Jahre 1814,[39] ist solch eine Schatten-Geschichte, die als Exempel herangezogen werden soll, da der Verlust von Autonomie und Freiheit auch in der aktuellen Verhandlung zentral bleibt. Die Kurzversion: Schlemihl gibt in einem Pakt mit dem Teufel, einem namenlosen ‚grauen Unbekannten‘, seinen Schatten für Geld her, muss aber bald erkennen, dass er ohne Schatten aus der menschlichen Gesellschaft ausgeschlossen ist. Er erkennt, dass er gespalten ist und dabei fremdbestimmt wird und verlangt daraufhin seinen Schatten zurück.

Das Motiv des verkauften Schattens spielt auch in der heutigen Diskussion darüber, wer die Kontrolle habe über die sogenannten digitalen Schatten, eine

38 *Der Daten-Dschungel*, TC 00:00:32.

39 Vgl. Chamisso (2003).

große Rolle. Wird der ‚Schatten' als verlorener Teil des Ichs angesehen, d. h. beschreibt der Verlust des Schattens den Verlust einer ausweisbaren, anschaulich-konkreten Identität, hat der Mensch ein als unveräußerlich angesehenes Ich-Attribut preisgegeben. Die Folgen sind eine Identitätskrise und Zerrissenheit, das Gefühl, etwas von sich hergegeben zu haben, was dem Menschen seine Vollwertigkeit raubt. Und der Mensch habe sogar das, was nicht zu verkaufen war, aus Gründen der Bequemlichkeit verschenkt. In der BR Wissenssendung *Faszination Wissen* zum Thema *Warum die Total-Überwachung uns alle betrifft* diagnostiziert der Moderator:

> Bislang ist es so: wir geben diese Daten, diese wichtigen Informationen über uns, einfach kostenlos heraus. Mit einer einzigen Gegenleistung: viele Internetdienste, die machen unser Leben einfach sensationell bequem. Da denkt man nicht groß drüber nach, aber nach allem, was wir bisher wissen, ist das eigentlich ziemlich riskant, was wir da treiben.[40]

Hier liegt die Vorstellung zugrunde, dass in einer Konsumgesellschaft auf Privatheit aus bloßen Genuss- und Komfortzwecken komplett verzichtet wird. Denn hat Peter Schlemihl seine soziale Identität noch gegen Geld getauscht, liegt der heutigen Geschichte über den ‚Teufelspakt mit den großen Internetunternehmen' die Annahme zugrunde, dass für das Hergeben des Schattens keine Gegenleistung erfolgt ist, im Sinne eines finanziellen Ausgleichs (was die Dienste an sonstigen Werten anbieten, wird dabei gerne unterschlagen). Die Fremdkontrolle begründet sich hier also ganz auf Verführung und nicht auf Zwang. In *Warum die Total-Überwachung uns alle betrifft* warnt der Moderator entsprechend: „Und trotzdem – trotz dieser Gefahren – zumindest den großen Internetkonzernen erzählen wir alle freiwillig relativ viel aus unserem Leben."[41]

In Abbildung 2 aus der Dokumentation *Der Daten-Dschungel* sehen wir die Schatten den einzelnen Webseiten von Google, Airbnb, Amazon, WhatsApp, Facebook und Twitter zugewandt. Der digitale Schatten ist demnach einer, der sich sorglos verhält, der selbst aktiv zufüttert, den Datenraum mitbespielt, bereitwillig Daten ins Netz stellt, selbst jedoch keinerlei Macht über die verknüpften Datenprozesse hat. In der genannten Wissenssendung wird dieser Prozess genauer visualisiert (siehe Abb. 3). Nullen und Einsen setzen sich erkennbar zu einem menschlichen Profil zusammen, erschaffen also über maschinelle Automatisierung das vermeintlich zweite ‚digitale Ich': „Der Datenschatten ist das Ergebnis der ziel- und zweckgerichteten Datenerzeugung von Unternehmen

---

40 *Warum die Total-Überwachung uns alle betrifft*, TC 00:11:47–00:12:04.
41 Ebd., TC 00:06:27–00:06:36.

und staatlichen Verwaltungen."[42] Dieser multipliziert sich und jedes digitale Ich wird einem Konzern zugeordnet. „Unser digitales Alter Ego gehört uns nicht mehr", erklärt entsprechend auch der Regisseur des Dokumentarfilms *Terrorgefahr.*[43] Der Datenschatten sei stattdessen, so Matthias Becker in seiner journalistischen Auseinandersetzung mit der von ihm diagnostizierten Überwachungsgesellschaft, „einmal vorhanden, im Prinzip für alle verfügbar."[44] Der dunkle Hintergrund in Abbildung 3 aus *Warum die Total-Überwachung uns alle betrifft* deutet dabei bereits einen Datenmissbrauch der Internet-Firmen an, die diese personenbezogenen Daten im Verborgenen für ihre Zwecke nutzen.

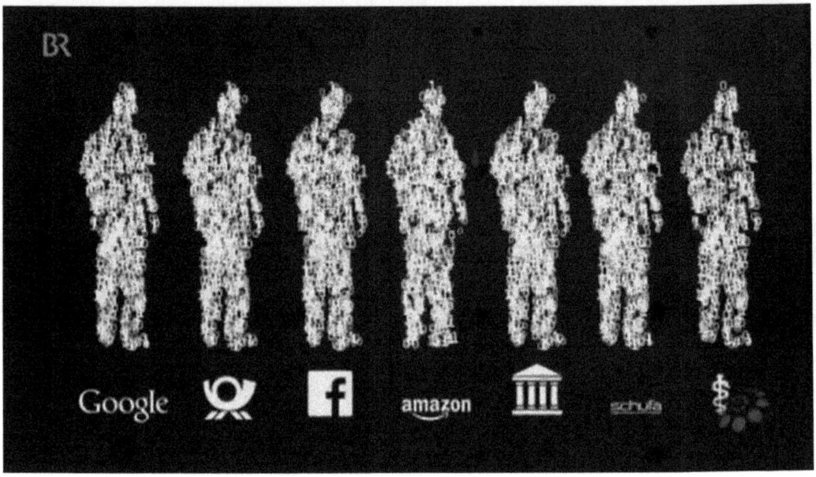

Abb. 3: Menschliche Profile aus Nullen und Einsen in *Warum die Total-Überwachung uns alle betrifft*, TC 00:05:26.

Mit Jürgen Link möchte ich den Schatten an dieser Stelle als Kollektivsymbol innerhalb des Narrativs vom Selbstverlust begreifen. Link versteht als Kollektivsymbol eine „Bildlichkeit im wörtlichen und übertragenen Sinne"[45], „*Sinn-Bilder* (komplexe, ikonische, motivierte Zeichen) [...], deren kollektive Verankerung sich aus ihrer sozialhistorischen, z. B. technohistorischen Relevanz ergibt, und die gleichermaßen metaphorisch wie repräsentativ-synekdochisch

42 Becker (2010: S. 5).
43 Reuter (2015).
44 Becker (2010: S. 4).
45 Link (2013: S. 33).

und nicht zuletzt pragmatisch verwendbar sind.“[46] In den zuvor genannten Beispielen standen explizit oder implizit über die Visualisierung die semantischen Merkmale *doppelt sein, bedrohlich, umrisshaft* und *undurchsichtig* im Fokus. Diese verweisen auf den psychologischen Diskurs, d. h. die Vorstellung eines Doppelgängers oder eines Spiegel- bzw. Ebenbildes des Menschen. Gleichzeitig zählt der doppelgängerhafte Schatten, wie bereits dargelegt, zu den literarischen Motiven.[47] So ist etwa der Schatten in der Literatur häufig manifestiert als der unheilbringende oder Unheil voraussagende Doppelgänger, der die verborgene Seite des Menschen zum Vorschein bringt. Der Verlust des persönlichen Schattens verbunden mit einer psychologischen Krise lässt sich auch in den aktualisierten Versionen des doppelgängerhaften, digitalen Schattens reformuliert wiederfinden. Denn jedes Kollektivsymbol besitzt „eine genau bestimmbare historisch-konkrete Ambivalenz“.[48] Im Folgenden werden daher noch weitere Konnotationen, semantische Relationen und Paradigmenbildungen besprochen, welche diese kollektivsymbolische Vorstellung entwerfen.

Ich schließe mich zudem Preisinger et al. an, welche konstatieren:

> An den Kollektivsymbolen wird besonders die interdiskursive Funktion elementar-literarischer Formen deutlich, deren Bildhaftigkeit und Anschlussstellen die Erweiterung und Integration spezialdiskursiven Wissens ermöglichen. Kollektivsymbole bieten sich daher insbesondere für die politische Besetzung und die Austragung von symbolisch vermittelten Konflikten an.[49]

Mithilfe der Schattensymboliken wird der allgemeine Konflikt des Kontrollverlusts am persönlichen Konflikt des Selbstverlusts exemplarisch. Da wäre zunächst das Bild des *kombinierbaren, verfügbaren* Schattens, die Objektseite des Subjekts (Abschnitt 2.2). Des Weiteren das Bild des Spuren hinterlassenden Schattens, der darüber *auslesbar* und *verstehbar* wird (Abschnitt 2.3). Und zuletzt der ‚Gegenentwurf‘ zum über das Kollektivsymbolsystem des Schattens entworfenen Datensubjekt: Der/die Whistleblower*in als *‚Superheld*in‘: patriotisch, moralisch integer, emotional, mutig, familiär.* Opfer und Vordenker*in zugleich. Auf diesen werden wir aber erst an späterer Stelle (4. Abschnitt) eingehen, um die Frage nach dem Widerstand zu stellen.

46 Link (1988: S. 288). Hervorhebung im Original.

47 Siehe bspw. Bär (2005) und Wilpert (1978).

48 Link (1988: S. 300).

49 Preisinger et al. (2014: S. 133). Das spezialdiskursive Wissen kann darüber von der Peripherie ins Zentrum einer Kultur gelangen, helfen die Kollektivsymbole doch dabei einer allgemeinen Verständlichkeit der Texte.

2.2 Kombinierbare Identität und die Kategorisierbarkeit der Person

Das digitale Spiegelbild wird in den Beispielen nun über das Ereignis des Profilings, im Sinne algorithmischer Berechnungsprozesse, zum klassifikatorischen Pars pro Toto der Persönlichkeit und macht das Subjekt objektivierbar. Der deutsche Dokumentarfilm *Pre-Crime* (D, 2017, R: Matthias Heeder/Monika Hielscher), der sich, wie der Titel bereits verrät, mit Predictive Policing[50] beschäftigt, folgt unter anderem Robert, der auf der sogenannten Strategic Subject List (SSL) der Polizei von Chicago steht.[51] Sein SSL-Score, der laut Schlusskommentar während der gesamten Dreharbeiten des Dokumentarfilms unverändert bei 215 Punkten bleibt, ist mit einem Hashtag und der Nummer 215 visuell an seinem physischen Körper fixiert (siehe Abb. 4a). Im Kontext der Digitalisierung ist der digitale ‚Schatten' somit nicht mehr etwas, das schnell vergeht, sondern ist von Dauer: „Dafür bleibt er, anders als der Schatten des Lichts, auch erhalten, wenn wir schon woanders sind."[52]

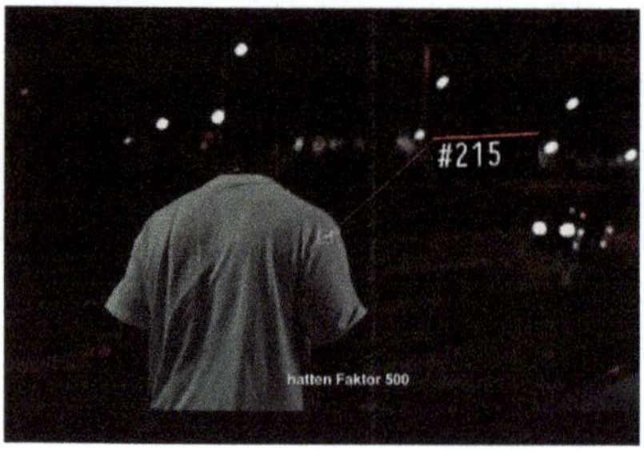

Abb. 4a: Fixierung des Scores in *Pre-Crime*, TC 00:23:48.

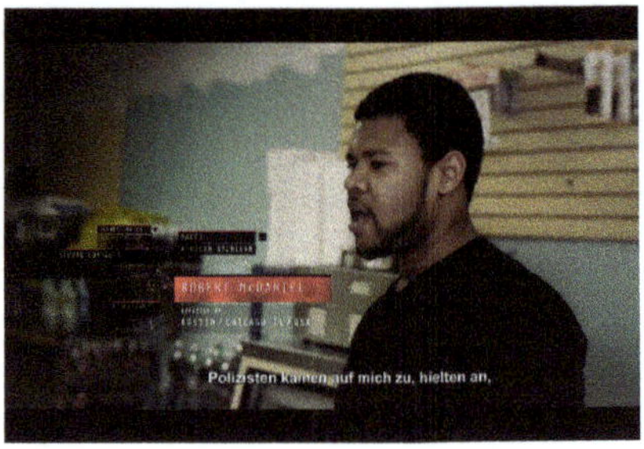

Abb. 4b: Visualisierung des Profiling-Prozesses, ebd., TC 00:07:42.

Die Datenüberwachung des Chicagoer Polizeisystems erfasst den Menschen in der Doku-Darstellung als Zahl und konstruiert so eine messbare Person in Form eines digitalen Scores auf einer so genannten ‚Heat List'. Die spinnennetzartige Befestigung der numerischen Annotation in der Visualisierung

50 Algorithmen sollen hierbei die Wahrscheinlichkeit von Verbrechen berechnen. Vgl. Peteranderl (2017).

51 Siehe die ausführliche Analyse in Hennig/Piegsa (2018). Mehr über die Rolle von Prognosen bei der Kriminalitätsbekämpfung und die Beobachtung von Personen als potenzielle Verbrecher siehe Perry et al. (2013).

52 Becker (2010: S. 5).

kennzeichnet die Verbindung von Person und Score als eine, die nicht abgeschüttelt werden kann. Die Trennung zwischen Selbst und digitalem Score ist nicht mehr aufrechtzuhalten. Aber der Übersetzungsprozess von Identität in Variablen bleibt unsichtbar, eine Black Box, denn laut Kommentar wisse außer den Entwickler*innen niemand, wie der Algorithmus hinter der ‚Heat List' funktioniert. Dies verstärkt das zugeschriebene Gefahrenpotential des „weitgehend verborgene[n] Reduktionismus"[53].

Die Visualisierung des Profiling-Prozesses stellt sich in *Pre-Crime* insgesamt als Konstruktion einer Person dar, die sich aus fragmentierten Daten wie der Sozialversicherungsnummer, persönlicher E-Mail-Adresse, Familienstand, Jahreseinkommen, Arbeitgeber, Geburtsdatum, Geburtsort, Bankkonto, Kreditwürdigkeit, Religion, Nationalität, Haarfarbe, Telefonnummer, Wohnort und Haus- oder Krankenversicherung zusammensetzt. Die Datensubjekte werden hier als „statistische Identitätseinheiten"[54] kategorisiert und bei jeder neuen Einstellung eines Talking-Head-Interviews werden sie verschiedenen Parametern zugeordnet, d. h. die Prozesse werden nicht nur beschrieben, sondern vom Text auch zur Inszenierung genutzt.

Die häufigste und unter dem Namen hervorgehobene Kategorie ist die des Berufes oder der aktuellen Arbeitsstelle, was natürlich an ihrer Rolle als befragte Expert*innen liegt. Diese soziale Einstufung gilt jedoch etwa nicht für Robert (siehe Abb. 4b). Sein Polygon ist umgeben von den Kategorien Geschlecht, soziale Kontakte, Ethnie, Bildung und der hervorgehobenen Kategorie ‚Detected In'. Der Dokumentarfilm reduziert und kategorisiert folglich ebenso wie der kritisierte Algorithmus. Daten werden hier als etwas Gegebenes und Anwesendes im Datenraum kommuniziert, gewissermaßen in der ‚Luft' schwebend, aus dem sie extrahiert und dann untereinander verknüpft werden, wobei die dahinterstehenden Mechanismen in der Produktion des Subjekts unsichtbar bleiben. In journalistischen Texten wird dies häufig ähnlich geschildert:

> Dieser Schatten, der einem immer voraus ist, bleibt örtlich unbestimmt, genauso, wie man nicht weiß, aus welchen Komponenten er sich gerade zusammensetzt. Er schwirrt in Informationsschnipseln durchs Netz und bildet spontane Collagen, die zu undurchsichtigen Entscheidungen über unser Leben werden.[55]

---

53 Bächle (2015: S. 204). Vgl. auch den Beitrag von Thomas Christian Bächle in diesem Band.

54 Ebd.

55 Thiel (2011).

Das Polygon fungiert in *Pre-Crime* als Symbol für diesen Konstruktionsprozess, an das sich die Kategorien nacheinander als Punkte des Netzes in Form von Infoboxen anhängen. Dieses ‚persönliche' Datenpolygon bleibt losgelöst vom menschlichen Körper, der auf dem Bildschirm zu sehen ist, und teilt das Bild in zwei Hälften. Auf der einen Seite steht das maschinell erzeugte Datensubjekt als dreidimensionales Polygon, flexibel und dynamisch, da in unkörperlicher Gestalt, und auf der anderen Seite der/die klassische, dokumentarische Gesprächspartner/in in der gewohnten Perspektive. „Das Selbst ist [damit] selbstverständlich ein Daten-Selbst"[56]. Das Profiling formt und transformiert demnach Identität aus der Kombination von Merkmalen und deren Verfügbarkeit in Datenbanken. Das Profiling und damit die Kategorisierbarkeit des Menschen sind dabei zur Selbstverständlichkeit geworden. *Pre-Crime* zufolge existieren Menschen in der Netzwerkstruktur von informationstechnischen Geräten nur als konstruierbare Datensubjekte. Bedeutung wird innerhalb festgelegter Parameter geschaffen und kombiniert.

2.3 Lesbarkeit und Vorhersagbarkeit des Menschen

Der Schatten setzt sich des Weiteren aus Datenspuren zusammen: „Despite the minor variations between authors, there appears to be a relative agreement that a ‚digital identity' is the collection or the sum of digital traces […] that are left behind."[57] Die Spur konnotiert dabei sowohl ein isoliertes Objekt (einen Abdruck, eine Markierung, einen Hinweis), als auch Prozesshaftigkeit (hinterlassen der Spur aufgrund eines Ereignisses). Die Spur manifestiert aber auch eine Abwesenheit: jemand war hier und ist es jetzt nicht mehr. Und verweist damit auf das prinzipielle Problem der Speicherung und damit der ‚Entzeitlichung' und ‚Entsubjektivierung' von Daten, die dann nicht mehr nur im Moment ihres Entstehens und ihres Gebrauchs vorhanden sind, sondern zeitlich ungebunden, potentiell dauerhaft. Als digitale Spuren gelten dabei sowohl Schrift-, Audio- oder Videodokumente, Anmeldungen (Authentifizierungen), Online-Einkäufe (Warenkorb) oder Browsersitzungen.

In den allermeisten Kommunikaten aus dem journalistischen und wissenschaftlichen Kontext scheint Einigkeit darüber zu bestehen, „that producing traces has become an inevitable byproduct—if not an integral part—of

56 Bächle (2015: S. 204).

57 Reigeluth (2014: S. 249). Das Bild der Spur denkt das Internet ebenfalls räumlich, siehe dazu später im Beitrag S. 178.

communicating in the ‚information society'."[58] Von zurückgelassenen Spuren berichtet 2014 auch *Spiegel Online* im Zusammenhang mit einer Datenanfrage des Politikers Malte Spitz:

> Aus den Antworten ergibt sich ein riesiger Datenschatten, eine Sammlung von Einträgen in elektronischen Verzeichnissen, die zum Teil mehr als ein Jahrzehnt in die Vergangenheit reicht. Wohin Malte Spitz geflogen ist, wann er sich bei der Bahn beschwert hat, wer seine Klicks im Internet speichert, all das findet sich in seinem Datenschatten.[59]

Die Spurbildung mache nun das Entstehen von Schattenprofilen möglich: „Aus dem Datenschatten können Bewegungs- und Persönlichkeitsprofile abgeleitet werden."[60] Laut dem ehemaligen Bundesdatenschutzbeauftragten Peter Schaar ist „dieser Datenschatten [...] so lang mittlerweile, dass diejenigen, die das schaffen, diese Daten aufzusammeln, mehr über uns wissen, als wir selbst."[61] In der BR Wissenssendung *Faszination Wissen* zum Thema *Warum die Total-Überwachung uns alle betrifft* betont der Moderator: „Dieses Detailwissen über unser Leben, über unsere Vorlieben und Gewohnheiten, das sie ermöglichen, das verleiht den Besitzern der Daten eine unheimliche Macht."[62] Dies fasse ich als *Narrativ der maschinell ausgelagerten Selbsterkenntnis*. In einem Ausgangszustand entsteht Wissen über die Person traditionell aus Selbstreflexion und Kommunikation mit Anderen. Das Ereignis ist nun die Datafizierung (*datafication*), im Sinne einer „transformation of social action into online quantified data, thus allowing for real-time tracking and predictive analysis."[63] Zudem wird die Datafizierung nach Van Dijck normalisiert als „legitimate means to *access*, *understand* and *monitor* people's behavior".[64] Menschliches Verhalten und Sozialität sind diesem Narrativ zufolge im Endzustand durch Onlinetechnologien vorhersagbar geworden. Das äußere Verhalten jedes Subjektes wird als erschließbar verstanden und „die

58 Reigeluth (2014: S. 249).
59 Reißmann (2014).
60 Becker (2010: S. 4).
61 Banse (2014).
62 *Warum die Total-Überwachung uns alle betrifft*, TC 00:11:39–00:11:46.
63 Van Dijck (2014: S. 198).
64 Ebd. Hervorhebung im Original. Datafizierung beinhaltet demzufolge auch den technologischen und analytischen Teil der Big Data-Definition von Boyd und Crawford: „(1) *Technology*: maximizing computation power and algorithmic accuracy to gather, analyze, link, and compare large data sets. (2) *Analysis*: drawing on large data sets to identify patterns in order to make economic, social, technical, and legal claims." Boyd/Crawford (2012: S. 663). Hervorhebung im Original.

soziale Welt als digital vermessbar".[65] Daten oder Metadaten werden hierbei als Spuren menschlichen Verhaltens gedeutet, als „*imprints* or *symptoms* of people's actual behavior or moods"[66].

Die Plattformen selbst (häufig Google, Facebook oder Twitter) erhalten in diesen Narrativen bloß moderierenden Charakter, indem sie im Kontext der Daten*sammlung* als „neutral facilitators"[67] präsentiert werden. In der personalisierten *Do Not Track*-Webserie (CA/F/D, 2015, R: Brett Gaylor) haben die Macher*innen eine Art ‚Cambridge Analytica', also einen Dienst zur Auswertung der eigenen Digital-Präsenz, integriert.[68] Man kann sich bei Besitz eines Facebook-Kontos mit eben diesem verbinden. Daraufhin erstellt die fiktive Firma ‚Illuminus', welcher der Slogan „Learn what we already know about you" (siehe Abb. 5) gegeben wurde, einen Persönlichkeitstest, ein Persönlichkeitsprofil, eine Like-Analyse sowie Diagramme zur gesundheitlichen und finanziellen Risikobereitschaft. Die Auswertung erfolgt in Form von Balken- und Kreisdiagrammen. Die Botschaft lautet: Schon aus rudimentären Metadaten über Kommunikations- und Online-Verhalten kann man umfangreiche Persönlichkeitsprofile erstellen. Dem Verständnis, Facebook kenne mich besser als mein menschliches Umfeld, liegt das zugrunde, was Van Dijck als *dataism* bezeichnet: „the ideology of *dataism* shows characteristics of a widespread *belief* in the objective quantification and potential tracking of all kinds of human behavior and sociality through online media technologies"[69], „a belief in a new gold standard of knowledge about human behavior."[70] *Dataism* beruht demzufolge auf epistemologischen Ansprüchen.

65 Reichert (2018: S. 20).

66 Van Dijck (2014: S. 199). Hervorhebung im Original.

67 Ebd. Diese Vorstellung „thrives on the assumption that gathering data happens outside any preset framework". Ebd. (S. 202).

68 Immer wieder wird der/die Zuschauer*in über interaktive Elemente dazu angehalten, sein/ihr eigenes Surfverhalten zu reflektieren. Nutzer*innen können etwa online anhand der eigenen Daten sehen, wer sie überwacht, bspw. indem sie auf die Frage nach der eigenen Online-Nachrichtenquelle antworten und die Serie daraufhin in Echtzeit die Tracker der jeweils angegebenen Seite anzeigt.

69 Van Dijck (2014: S. 198). Hervorhebung im Original.

70 Ebd. (S. 201). *Dataism* geht demnach mit der mythologischen Komponente der Big Data-Definition von Boyd und Crawford einher: „(3) *Mythology*: the widespread belief that large data sets offer a higher form of intelligence and knowledge that can generate insights that were previously impossible, with the aura of truth, objectivity, and accuracy." Boyd /Crawford (2012: S. 663). Hervorhebung im Original. Ersichtlich wird dies auch an der Aussage Van Dijcks über den Anspruch von „Big Data as the holy grail of behavioral knowledge." Van Dijck (2014: S. 199).

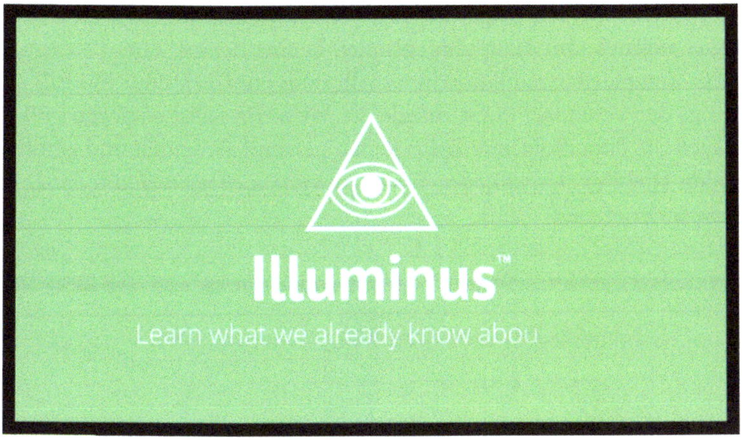

Abb. 5: Fiktiver Dienst zur Auswertung der Digital-Präsenz in *Do Not Track*, Episode 3, TC 00:01:08.

Das Auge der Vorsehung (bzw. das allsehende Auge oder Gottesauge)[71] dient hierbei symbolisch als vermeintliches Firmenlogo. Die wortwörtlich allsehende Firma *Illuminus* erhält somit göttliche Qualitäten und verweist natürlich bereits über die Benennung auf das Ergebnis der Auswertung: die *Erleuchtung*, also eine Einsicht, die über das Alltagsbewusstsein hinausgeht und gesamtheitliche Erkenntnis verspricht. Als religiös-spiritueller Begriff erhält der Prozess darüber auch eine mystische Komponente, da die Eingebung punktuell und momenthaft geschieht (und somit einer Black Box ähnelt).

Die entsprechende Episode der Web-Serie trägt den Descartes referenzierenden Titel *Ich like also bin ich: Zeig mir Dein Facebook-Profil und ich sage Dir wer Du bist*. Neben diesem Versprechen der Selbsterkenntnis, d. h. etwas über sich zu erfahren, von dem man selbst noch kein Wissen besaß, werden in der Episode zudem die Analysefähigkeiten des menschlichen Umfelds mit denen der maschinellen Auswertung verglichen, welche in der Gegenüberstellung der Inszenierung ohne jegliches menschliches Zutun vonstatten zu gehen scheint (Informationen werden hier nicht als das Ergebnis einer zweckgebundenen und relationalen Interpretation verstanden, die auf Selektions-, und Kombinationsprozessen basiert). Und auch der Graph der folgenden Abbildung aus der Episode hebt die vermeintlich höhere ‚Trefferquote' des Computers hinsichtlich der

71 Vgl. zum Motiv auch den Beitrag von Martin Hennig und Hans Krah in diesem Band.

algorithmischen Berechnung der *Big Five* (eines Modells der Persönlichkeitspsychologie, welches fünf Hauptdimensionen kennt) hervor. Eine Problematisierung der Komplexitätsreduktion innerhalb eines Fünf-Faktoren-Modells stünde allerdings der Vereinfachungsstrategie der Webserie selbst entgegen und somit trägt auch die darauffolgende Episode den personifizierenden und emotionalisierenden Titel *Der Hosentaschen-Spion – warum mich mein Handy besser kennt, als mein bester Freund.*

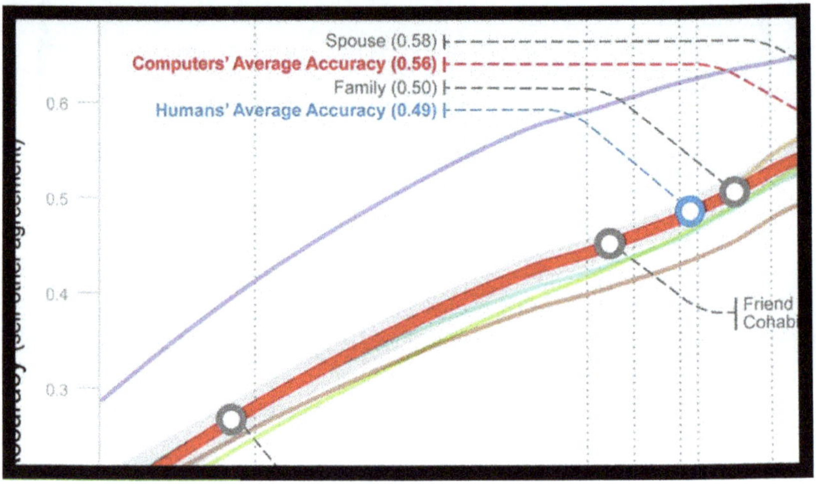

Abb. 6: Maschinelle Auswertung vs. menschliches Umfeld in *Do Not Track*, Episode 3, TC 00:02:39.

3. Globale Totalität von Dataveillance: die Konstruktion einer Datenwelt

Sprechen wir vom Internet als *World Wide Web* (auch wenn dies nur das System von Webseiten bezeichnet, welche über das Internet abrufbar sind), entfalten wir zugleich Vorstellungen von Raumstrukturen, da diesem Sprechen über das *Netz* Verräumlichung und Globalität inhärent sind. Dabei sind nicht nur die Strukturmerkmale digitaler Medien wie etwa Vernetzung oder Interaktivität bedeutsam, sondern „räumliche Aspekte [sind] zentral für die Konstitution von Weltbildern, in denen sich das Verhältnis des Individuums zur es umgebenden

Welt ausdrückt. Raumkonzeptionen verweisen so auf mögliche Formen von Weltbildern."[72] Nehmen die Narrative die Welt als Referenzgröße, richten sie ihren Blick meist auf eine Zukunft, die von einer globalen Totalität von *dataveillance* geprägt ist. Das gesellschaftliche Meta-Narrativ lautet daher: Was vorher Welt war, ist jetzt Datenwelt. Demzufolge betrachten wir die Darstellungen einer steuerbaren Datenwelt (Abschnitt 3.1), der Datenwelt als autonomer Überwachungsentität (Abschnitt 3.2), einer Komplettvernetzung (Abschnitt 3.3) sowie einer Techno-Diktatur (Abschnitt 3.4).

3.1 Inhärente Struktur einer steuerbaren Welt

Datenüberwachung als globales System findet sich u. a. in dem österreichischen Dokumentarfilm *A Good American* (AT, 2015, R: Friedrich Moser) über den Whistleblower William Binney, ehemaliger Technischer Direktor der NSA, der das Bild eines brillanten ‚Codebreakers' und eines perfekten Monitoring-Tools zeichnet.[73] Das Programm ‚ThinThread' wird auf der Webseite der Macher*innen als „revolutionäre[s] Überwachungsprogramm"[74] beschrieben, ein Analysewerkzeug zur Überwachung der gesamten Welt. Der mathematische Graph, worauf das Programm basierte, wurde von Binney, wie er im Voice-Over erzählt, als großer Globus konzipiert und diese visuelle Übersetzung wird auch vom Film gewählt, um das Analyseinstrument im Kontext eines weltumspannenden Netzwerks aus Kommunikationswegen und Metadaten grafisch aufzubereiten (s. Abb. 7). „The beauty of math", erzählt Binney im Voice-Over, „is that it's an attempt to structure common sense and consistencies in the universe."[75] Das (Daten-)Universum wird hier demzufolge als geordnet, organisch und geschlossen gezeigt. Durch den Blick aus dem All, eine Simulation von Satellitenbildern der Erde, wird die Einheit des ‚Metadatenplaneten' dargestellt: „Die Überwachung des Planeten aus dem Weltall ist selbstverständlich nicht die einzige Form der Kontrolle, sie ist nur die totalste Form, gerade weil hier die Einheit des Planeten so bedeutsam wirkt."[76]

72 Zurawski (2014: S. 217f.).

73 2001 verließ Binney die NSA aus Protest gegen die Datensammelpraxis und die Entwicklungen in Folge der Anschläge vom 11. September 2001 und wurde zum Whistleblower.

74 o. A. (o. J.).

75 *A Good American*, TC 00:39:35–00:39:39.

76 Zurawski (2014: S. 60).

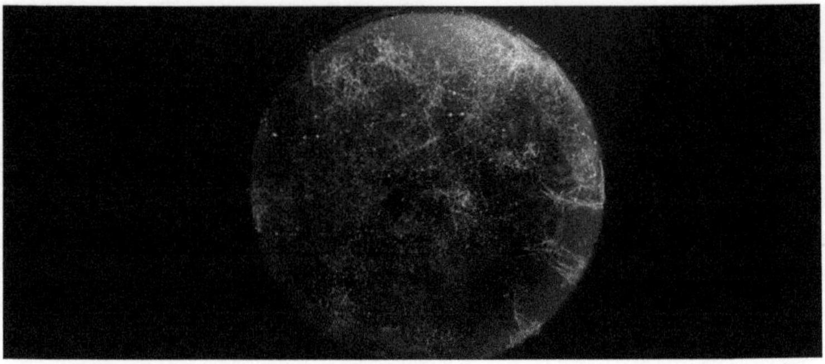

Abb. 7: Visualisierung des weltumspannenden Netzwerks aus Kommunikationswegen und Metadaten in *A Good American*, TC 00:52:47.

Diese Einheit generiert sich hier auch über Abhängigkeiten, da die Überwachung als eine Technik vorgestellt wird, welche Verbindungen sichtbar macht, um sie zu organisieren. Die dreidimensionale Darstellung von Beziehungen in Form von markierten Knoten und Verbindungslinien verweist auf die Interdependenz. All diese sternengleich leuchtenden Punkte, die jeweils ein Individuum auf der Welt repräsentieren sollen, weisen Verbindungen auf. Binney erklärt weiter:

> Think of yourselves as drifting into the globe so you're going inside the globe and you can go to any point in the globe and look at any given point to see the relationship they have with all the other dots in the globe. When you go into the globe you pick out a dot you can pull it out of that relationship graph and with it will come all of those that it has a relationship with.[77]

Binney suggeriert, in diesem Metadatenraum navigieren zu können. Er stellt damit einen instrumentellen Weltbezug her, in der die Welt als Polygonnetz steuerbar ist. Die Aufgabe der Nachrichtendienste sei dann, so Binney, „just a matter of finding that structure".[78] Dem Text liegt also die Vorstellung zugrunde, dass die physische Welt über Metadaten strukturierbar und kategorisierbar ist: „Daten werden als direkter Bezug zur *Realität* angesiedelt und dementsprechend als beobachterunabhängig aufgefasst. Sie gelten daher als *objektivstes* Element im Wissensprozess der Informationsverarbeitung."[79]

---

77 *A Good American,* TC 00:41:08–00:41:42.

78 Ebd., TC 00:40:01–00:40:03.

79 Reichert (2018: S. 21). Hervorhebung im Original.

3.2 Autonome Systemhaftigkeit einer Überwachungsentität

War es in *A Good American* noch das Programm ‚ThinThread' bzw. Binney als Anwender des Programms, die zumindest auf der Tonspur als Überwachungsinstanzen identifiziert wurden, wird in den meist anderen Texten eine nicht identifizierbare Überwachungsentität konstruiert, welche die Welt als digitale Datenwelt spiegelt und diese auch kontrolliert.

In dem österreichischen Dokumentarfilm *Alles unter Kontrolle* von 2015 reist der Journalist Werner Boote um die Welt und befragt Menschen zu allen möglichen Themen rund um Überwachung. Die Personalisierung über die Reisebericht-ähnliche Geschichte setzt sich auch auf der visuellen Ebene fort, da Boote als Geodatensatz dargestellt wird. Bausteinhafte Komponenten leuchten auf einer Satellitenkarte auf und sind über die Namensannotation als ‚Werner Boote' zu identifizieren. In einem Handlungsstrang fährt Boote durch Nevada, wobei die Montage Bilder von ihm beim Autofahren mit der Animation ‚seines' Geodatenwürfels und eines Tracking-Prozesses auf der Datenüberwachungskarte verbindet, welche die Möglichkeit der Geolokalisierung von Datenströmen in Echtzeit visualisiert. Die Beziehung zwischen Überwachung und Karte wird dabei über Geokoordinaten hergestellt und bietet einen konventionellen, vogelperspektivischen, lokalräumlichen Orientierungsrahmen[80]: Werner Boote befindet sich in Nevada, auf dem US Highway 95. Die Kartenansicht als bekannte und vereinfachte Visualisierungsstrategie von Welt verweist „auf ein gemeinsam geteiltes Bildgedächtnis".[81] Die Karte wird hier über die Montage zur Echtzeitbeobachtung und mit der Karte bleibt die mithilfe der Koordinaten lokalisierte Person verfolgbar. Über diese Verräumlichungsstrategie konzentriert sich der Film auf das Internet als Trackingmaschine.

In den USA versucht Boote dann, NSA-Mitarbeiter*innen zu befragen, woraufhin er am Ende der Szene als Aktivist eingestuft wird, das (Überwachungs-)‚System' hat ihn – ersichtlich an einer roten Einfärbung – als Gefahr identifiziert. Und tatsächlich, dies erfahren wir über Paratexte, führt das österreichische Bundesministerium

80 Vgl. Zurawski (2014: S. 102). Zurawski weiter: „In dem gleichen Sinn, in dem Karten eine materialisierte, festgeschriebene Ordnung der Welt sind – bzw. der Versuch, die Welt erklär- und nachvollziehbar zu machen – kann auch Überwachung als Versuch angenommen werden, Orientierung zu schaffen und gleichzeitig die Ordnung der Welt zu überprüfen. Dabei handelt es sich um eine Ordnung, die durch die der Überwachung zugrunde liegenden Klassifizierungen generell erst geschaffen wurde. Sehr vereinfacht gesagt wäre Kartographieren eine Form der Überwachung – und umgekehrt." Ebd. (S. 101).

81 Reichert (2018: S. 27).

für Inneres ihn als ‚Aktivisten'.[82] Im filmischen Text hingegen macht es den Anschein, als würde die Einstufungsaktion von einem nebulösen globalen Überwachungssystem durchgeführt, da die räumlich visualisierte weltweite Tracking-Animation als verbindendes Strukturelement der verschiedenen Episoden den Eindruck erweckt als stehe eben *ein* globales System ‚hinter' jeglicher Überwachung. Viele vogelperspektivische Einstellungen deuten zudem auf der Bildebene auf eine systemische Allgegenwärtigkeit hin. Vor diesem Hintergrund führt ihn seine Sprachassistenz – die synthetische Frauenstimme seines iPhones, die er ‚Mimi' genannt und damit personalisiert hat – auf der Tonebene durch diese Datenspiegelwelt und fungiert als Kommentatorin sowie als narrative Instanz und erweckt darüber den Eindruck, stimmlicher Ausdruck *einer* spezifischen Überwachungsentität zu sein.[83]

3.3 Vom Wachstum über die Fusion bis hin zur Komplettvernetzung

In der BR Wissenssendung *Faszination Wissen* mit dem Thema *Wie uns Fernseher und Co überwachen* (D, 2015, R: Roland Schenke), fragt der Moderator gleich zu Beginn:

> Woran denken Sie denn so beim Wort Überwachung? Das wären früher die Überwachungskameras gewesen auf den öffentlichen Plätzen. Heute denkt man wahrscheinlich eher an Geheimdienste, die einem bedrohlich erscheinen. An Zahnbürsten oder Fernseher – da denken wahrscheinlich noch die wenigsten dran. Das dürfte sich aber ändern. Denn die nächste Generation von Spionen, die wird aus genau solchen Dingen des alltäglichen Gebrauchs bestehen.[84]

Am Beispiel der Zahnbürste kristallisiert sich offensichtlich die Komplettvernetzung, denn auch in *Pre-Crime* wird vor einem solch datafizierten ‚Smart Home' gewarnt:

> Gleichzeitig beginnen wir Dinge zu aktivieren, die bislang geschwiegen haben. Alles, was bisher still war, beginnt mit der Welt zu sprechen und Daten ins Netz zu schicken. Meine Zahnbürste, mein Fernseher, der Chip unter meiner Haut, mein Fitness Tracker, das Spielzeug unserer Kinder.[85]

82 Vgl. Boote (o. J.).

83 Das dokumentarische Voiceover besitzt eine gewisse Autorität. Diese Autorität kommt auch daher, dass eine körperlose Stimme erklingt. Die Stimme ist auf keine raumzeitlichen Beschränkungen eines Körpers zurückführbar und wird damit zur Wissens*verkörperung*. Gerade weil die Stimme nicht lokalisierbar ist, weil sie nicht mit einem Körper verbunden werden kann, ist sie in der Lage, die dargestellten Bilder zu interpretieren und deren Wahrheit zu produzieren. Vgl. Chion (1998). Der Off-Kommentar in *Pre-Crime* wiederum subjektiviert das gesamte digitale System: „Das Netz lernt und entwickelt sich weiter, beobachtet, vermisst, sammelt, speichert." *Pre-Crime*, TC 01:25:10–01:25:16.

84 *Wie uns Fernseher und Co überwachen*, TC 00:00:20–00:00:43.

85 *Pre-Crime*, TC 00:55:44–00:56:05.

Dieses zukunftsgerichtete Narrativ (‚Alles, was bisher still war, beginnt mit der Welt zu sprechen') verweist auf einen Endzustand, in welchem die zukünftig vernetzte Welt nichts unvernetzt lassen wird. Diese Merkmale der Universalität und Ubiquität finden sich ebenso in den Surveillance Studies im Konzept der *liquid surveillance* (Zygmunt Bauman).[86] Auch David Lyon spricht in dieser Flüssigkeitsmetaphorik: „We are submerged in surveillance today. It is the stream in which we swim; it is unavoidable."[87]

Um den Eindruck einer hochinvasiven Überwachung entstehen zu lassen, wählen die Dokus ausschließlich großstädtische Überwachungsumgebungen aus, welche die Vernetzung im verdichteten Raum (Besiedelung/Bebauung) darstellen. Der Film *Pre-Crime* konzipiert wie *Alles unter Kontrolle* auch ein kohärentes technologisches System, *ein* System, das *alles* berechnet: von der Spracherkennungsanalyse über Social Media-Aktivitäten bis hin zum Abrufen und Überprüfen von Kontakten mittels Audio-, Video- und Satellitenüberwachung sowie Echtzeit-Tracking (siehe Abb. 8). Ein solches Datenüberwachungssystem basiert auf der Vorstellung einer weltumspannenden Wirksamkeit. Die dargestellte Invasivität des Monitorings verweist auf Aspekte der Automatisierung, des Datenwachstums und der Datenfusion.

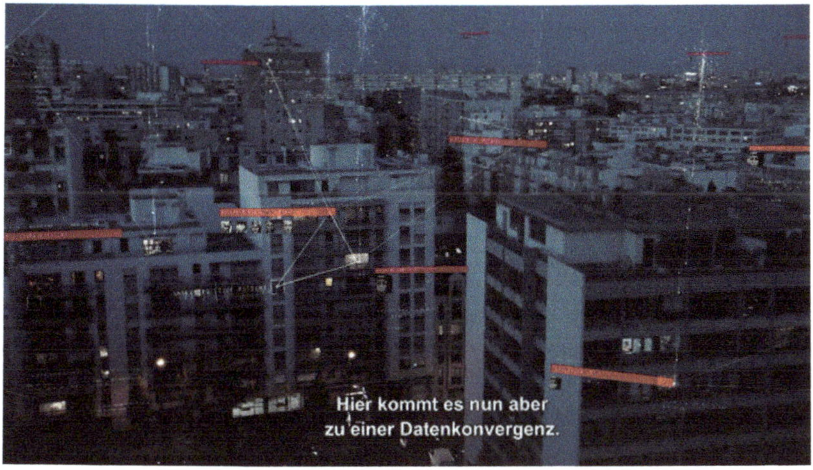

Abb. 8: Großstädtische Überwachungsumgebung in *Pre-Crime*, TC 00:24:49.

86 Vgl. Bauman/Lyon (2013).
87 Lyon (2018: S. 6).

Über die Verräumlichung, wie im hier dargestellten Beispiel, streben die Daten gewissermaßen nach außen oder werden herausgezogen, was den Eindruck erweckt, die Daten seien der Welt inhärent. Diese visualisierte Vernetzung versteht die Welt aus der Perspektive der Netzwerkkultur als in einem Zustand der Immanenz stehend. Dabei bleiben allerdings die epistemologischen Bedingungen der Datafizierung unsichtbar, die Verräumlichung spiegelt lediglich eine digitale Welt des globalen Zugangs wider, d. h. nur Ergebnisse werden präsentiert, keine Prozesse. Nach *Pre-Crime* findet Datenüberwachung überall und jederzeit statt. Zwar gibt der Moderator der Wissenssendung *Wie uns Fernseher und Co überwachen* zu, dass wahrscheinlich niemand die elektrische Zahnbürste hacken wolle, aber: „Je bequemer unser Leben wird – dank digitaler Helferchen – desto riskanter wird's auch."[88] Diese Semantisierung einer Risiko-Zukunft wird noch verstärkt über die Aussage, dass eine „Armee von digitalen Spionen" auf uns zu rolle.[89] Der militärische Bezug über die Wortwahl impliziert, dass sich die Zuschauer*innen lieber schon einmal in ‚Stellung' bringen sollten. Gleichzeitig wird der ‚Smart Home'-Kontext mit dem Thema der Spionage verknüpft und die Haushaltsgeräte werden als Agenten personifiziert: „Die Wanze im Lampenschirm, die sie vielleicht noch aus den Agentenfilmen von früher kennen, die hat also ausgedient. Die modernen Wanzenkollegen, die stellen wir uns heute schon selber ins Wohnzimmer."[90] Statt James Bond führt nun also der Fernseher ein Doppelleben. Mit dem Verweis auf die Agentenfilme von früher wird auch auf das Unbehagen vor undurchschaubaren Gegner*innen Bezug genommen, die Gegenspieler*innen, die als durchweg böse, verwerflich und unmoralisch dargestellt sind. Und der/die Smart-TV Besitzer*in trägt die Mitschuld an einer als gefährlich markierten Zukunft.

3.4 Techno-Diktatur

Das Narrativ ‚Demokratie gibt es in der Welt der Daten nicht' nimmt einen demokratischen Ausgangszustand an, der zu einem diktatorischen Endzustand transformiert, da die ‚Internetunternehmen' uns in eine technologische Diktatur führen.[91] Die Internetunternehmen werden in den Texten als Gefahrenakteure klassifiziert und eine Beseitigung des politischen Systems durch wirtschaftliche

88 *Wie uns Fernseher und Co überwachen*, TC 00:09:33–00:09:38.
89 Ebd., TC 00:20:34–00:20:36.
90 Ebd., TC 00:20:10–00:20:19.
91 Die Technologie sei dabei zum „unausweichliche[n] Schicksal" geworden. Steinbicker (2019: S. 81).

Akteur*innen als mögliche Zukunft vorgestellt.[92] Entsprechend trägt die Dokumentation *Der Daten-Dschungel* den Untertitel *Fantastische Freiheit oder smarte Sklaverei*. Eröffnet wird eine Wahl zwischen dem einen Extrem oder dem Anderen, wobei die eine Variante klar als Irrealis gekennzeichnet ist, eben als Fantasma. Damit wird der Begriff der ‚smarten Sklaverei' bereits zur Beschreibung eines Ist-Zustands. Diese Vorstellung eines technischen Totalitarismus findet sich ebenfalls in dem bereits genannten Zitat aus dem Film *Alles unter Kontrolle*: „Demokratie gibt es in der Welt der Daten nicht. Wer die Daten hat, hat die Macht."[93]

Dieses antidemokratische Schreckensbild findet sich nicht nur in den textuellen Gegenständen, sondern auch in theoretischen Konzeptionierungen wie etwa im Konzept des *surveillance capitalism* der Ökonomin Shoshana Zuboff. Sie versteht darunter eine „institutionalized new logic of accumulation"[94], welche die Beziehung zwischen Märkten und Demokratien radikal verändere: „Under surveillance capitalism, democracy no longer functions as a means to prosperity; democracy threatens surveillance revenues."[95] Denn der Überwachungskapitalismus baue nicht mehr auf einer Reziprozität von Beschäftigung und Konsum auf, sondern sehe die Bevölkerung nur noch als Ziel der Datengewinnung, sei damit „radical disembedding from the social"[96]. Verträge, Rechtsstaatlichkeit und soziales Vertrauen werden durch die Souveränität von *Big Other* ersetzt, ein „intelligent world-spanning organism" mit „unexpected and illegible mechanisms of extraction and control"[97]. Damit würden neue Möglichkeiten der Unterwerfung geschaffen: „It imposes a privately administered compliance regime of rewards and punishments that is sustained by a unilateral redistribution of rights."[98] Und auch die Komplettvernetzung findet sich hier wieder: „It is

92 Auch Dave Eggers populärer Roman *The Circle* (2013) bedient sich dieses Narrativs.

93 Boote (o. J.).

94 Zuboff (2015: S. 85).

95 Ebd. (S. 86).

96 Ebd. (S. 85).

97 Ebd. Zuboff führt weiter aus: „Big Other is the sovereign power of a near future that annihilates the freedom achieved by the rule of law". Ebd. (S. 81). „Big Other is the 21st-century incarnation of the electronic text that aspires to encompass and reveal the comprehensive immanent facts of market, social, physical, and biological behaviors." Ebd. (S. 82). „To the question 'who participates?' the answer is – those with the material, knowledge, and financial resources to access Big Other. To the question 'who decides?' the answer is, access to Big Other is decided by new markets in the commodification of behavior: markets in behavioral control." Ebd. (S. 85).

98 Ebd. (S. 83).

a ubiquitous networked institutional regime that records, modifies, and commodifies everyday experience from toasters to bodies, communication to thought, all with a view to establishing new pathways to monetization and profit."[99] Der Raum werde laut Zuboff okkupiert: „there is no escape from Big Other. There is no place to be where the Other is not."[100] Die ‚Invasion' sei allumfassend: „the financial and, or, ideological interests that imbue Big Other and invade every aspect of ‚one's own' life."[101]

Auch in den dokumentarischen Texten verfestigt sich dieses Narrativ, da in den komplexitätsreduzierenden Weltbildern häufig die Unterschiede zwischen staatlichen und wirtschaftlichen Akteur*innen nivelliert werden. Der Film *Terrorgefahr* fügt zudem fehlendes Vertrauen in das politische System hinzu. Im Peritext heißt es: „angesichts der sich daraus ergebenden realen Bedrohungen zeigen sich die Politiker völlig machtlos."[102] Und auch *Do Not Track* stellt in einer Animation die Lobbyarbeit und den politischen Einfluss der Internetunternehmen unverkennbar als Manipulation der EU-Politiker*innen dar, welche als Spielfiguren abgebildet werden und koffertragenden Spielfiguren hörig sind, welche darin bereits eigene Gesetzesentwürfe mitbringen und die Aufschriften Microsoft, Amazon, Facebook etc. erkennen lassen. Die antagonistische ‚Google, Facebook und Co'-Reihung impliziert dabei bereits eine Gleichwertigkeit unter den Genannten und beschreibt ein komplementäres Verhältnis: Internet-Unternehmen versus andere Unternehmen. David Lyon spricht in diesem Kontext auch vom „platform capitalism"[103]. Im Zusammenhang mit der kritisierten Monopolstellung von IT-Konzernen wie Google, Microsoft und Facebook werden häufig auch Unternehmenswerte genannt, welche mit Unternehmen aus anderen Branchen verglichen werden. In *Terrorgefahr* etwa spricht die Kommentarstimme davon, dass Google, Facebook, Apple und Amazon mehr wert seien

99 Ebd. (S. 81).

100 Ebd. (S. 82).

101 Ebd.

102 o. A. (2015b).

103 Lyon (2018: S. 8). Lovink verweist begriffsgeschichtlich auf einen Aufsatz von Tarleton Gillespie aus dem Jahr 2010 (*The Politics of Platforms*), in welchem dieser deutlich mache, dass der Plattform-Begriff strategisch gewählt wurde, „um die gegensätzlichen Aktivitäten der Online-Dienste als neutralen Boden für DIY-Nutzer und größere Medienproduzenten darzustellen und gleichzeitig der Kollision von Privatsphäre und Überwachungsaktivitäten, Gemeinschafts- und Werbeinvestitionen die Tür zu öffnen." Lovink (2017: S. 13). Die Topologie der Plattform (topographisch: Ebene) suggeriere Egalität und Zugänglichkeit.

als die vier größten Erdölgesellschaften. In *Der Daten-Dschungel* wird Apple mit Volkswagen anhand der Kategorien Unternehmenswerte und Anzahl der Beschäftigten verglichen. Dabei werden zunächst in Balkenform die Unternehmenswerte präsentiert und in einem zweiten Schritt die Beschäftigtenanzahl über Piktogramme angefügt. Final zu sehen ist auf der linken Bildhälfte der Name Volkswagen in Großbuchstaben unterhalb der rechteckig angeordneten 24 Piktogramme, daneben ein nicht einmal eine der Reihen überragender Balken. Auf der rechten Seite hingegen ragt der Balken über den gesamten Block der linksseitigen Piktogramme hinaus, der Name Apple wird hier an die Spitze des Balkens angelehnt und am unteren Rand finden sich lediglich vier Piktogramme. Das oppositionelle Verhältnis von Unternehmenswert zur Beschäftigtenanzahl wird hier folglich instrumentalisiert, um den Unternehmen ebenso gegensätzliche gesellschaftliche Werte und Normen zuzuschreiben (ökonomische vs. soziale Dimension). Überwachung wird dabei als das Geschäftsmodell des Internets semantisiert. Google is watching you – lautet die Botschaft (siehe Abb. 9). Die Personifikation des Google-Schriftzugs in Form eines Augenpaares deutet visuelle Verfolgung an. Zudem verändert sich der animierte Ausdruck von lächelnd in erschrocken bis entsetzt und impliziert darüber, dass auf jede ‚Datenspur' eine direkte Reaktion in Echtzeit erfolgt. Die Google-Brille entscheidet somit über Norm oder Normverletzung.[104]

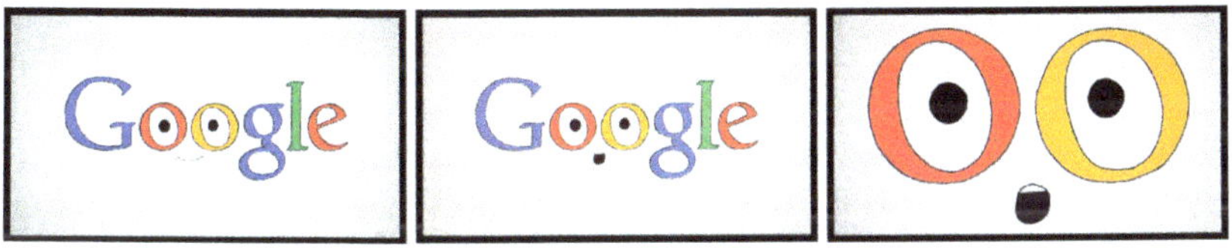

Abb. 9: Visuelle Echtzeit-Verfolgung in *Do Not Track*, Episode 4, TC 00:00:28; TC 00:00:38; TC 00:00:48.

Solche apokalyptischen (Abschaffung der Demokratie) oder alarmistischen Narrative dienen nach Jürgen Link „einer fundamentalen Ahistorisierung aller Ereignisse"[105] und erfüllen „die kompensatorische Funktion von Frühwarnung"[106]. Der in den Texten diagnostizierten fehlenden Empörung (siehe

104 Vgl. auch den Dokumentarfilm *Die geheime Macht von Google* (D, 2014, R: Ulrich Stein).

105 Link (2013: S. 43).

106 Ebd. (S. 45).

Abschnitt 4) wird mit Erschütterung begegnet, um „die Denormalisierungsangst [zu] erhöhen“[107].

4. Widerstand? Die tragische Figur des Whistleblowers

Als warnende Figuren werden zudem Whistleblower*innen funktionalisiert, um über ihre alarmierende Rolle auf den Zustand der akuten Gefahr aufmerksam zu machen und zu erhöhter Bereitschaft aufzurufen sowie die Whistleblower*innen zugleich in ihrer Rolle als Hoffnungsträger*innen zu ‚Superheld*innen‘ zu stilisieren, mit großem Mut, edlem Charakter und hoher Moral: „Sie haben getan, was sich nur wenige trauen.“[108] Dies verkündet der Werbetext zum Dokumentarfilm *Whistleblower – die Einsamkeit der Mutigen* (D, 2016, R: Sebastian Bellwinkel). Die Konnotationen Heldentum, Mut und Zivilcourage rahmen viele Dokumentarfilme zum Thema Whistleblowing.[109] Gleichzeitig verweisen die Begriffe Überwachungs*skandal*, Spionage*affäre* und Snowden-*Enthüllungen* auf gesellschaftliche Werte und Normen, da die als *skandalös* beurteilten Inhalte des Whistleblowings moralische Entrüstung und Empörung hervorzurufen haben. Der/die Enthüller*in ist laut Gadinger et al. demnach eine „neue Figur im politischen Geschehen“[110], wobei das Enthüllen „als aufopferungsvolle Heldentat, die sich der [...] Manifestation eines [...] Bedrohungsszenarios entgegenstellt“[111] semantisiert ist.

Der Fokus der deutschen Dokumentarfilme zum Whistleblowing liegt nun nicht auf deutschen, sondern auf US-amerikanischen Whistleblower*innen. Edward Snowden spielt naturgemäß dennoch eine besondere Rolle als Bezugsperson, sowohl für die Dokumentarfilme selbst als auch für die übrigen Whistleblower*innen. Doch obwohl sich die Texte keineswegs auf Edward Snowden beschränken, neigen sie dazu, alle Whistleblower*innen zu parallelisieren. Ein Teasertext spricht im Zusammenhang mit dem Dokumentarfilm *Digitale Dissidenten* (D/NO, 2015, R: Cyril Tuschi) von Whistleblower*innen als „Krieger des digitalen Zeitalters“ und führt sie als subversive Vordenker*innen ein: „Republikanische Patrioten, radikale Anarchisten und Cyber-Hippies kämpfen Seite an

107 Ebd. (S. 46).

108 o. A. (2017a).

109 Der Korpus, welcher die Grundlage für die folgende Analyse und Argumentation liefert, besteht aus den Filmen *Digitale Dissidenten* (2015), *Jagd auf Snowden* (2015), *Schweig Verräter! Whistleblower im Visier* (2014) und *Whistleblower. Die Einsamkeit der Mutigen* (2016).

110 Gadinger et al. (2014: S. 17).

111 Ebd. (S. 18).

Seite für Transparenz und Privatsphäre".[112] Im Begleitbuch, welches aus Interviews mit verschiedenen Whistleblower*innen und Netzwerkaktivist*innen besteht, schreibt die Theaterregisseurin Angela Richter in ihrem Vorwort: „Den Whistleblowern und Aktivisten bin ich mit unverhohlener Sympathie und Empathie begegnet, mit offenem Visier. Ich mache aus meiner Bewunderung für ihre Taten und ihren Mut keinen Hehl."[113] Entsprechend gibt es auch in der Dokumentation keine Differenzierung zwischen den vorgestellten Whistleblower*innen. Trotz unterschiedlichster Biographien wird jedem das gleiche Schicksal zugeschrieben.[114] So gehen sie alle den narrativen Weg des ‚American Nightmare', d. h. des sozialen Abstiegs, indem sie ihre Warnungen vor Überwachungspraktiken nach außen tragen.[115] Die narrativierte Schicksalsgeschichte vom Betrug am Volk wird damit personalisiert und auf der Ebene des Individuums, des Subjekts erzählt, welchem als *moralisch* semantisierte Charakteristika zugeschrieben werden. Die Überwachung wird ideologisch zum tragisch-schicksalhaften Konflikt des/der Whistleblower*in reduziert.

In einem ersten Schritt wird Whistleblowing dabei als letzter Ausweg beschrieben, da die interne Befehlskette der betroffenen Institution nicht funktioniert. Es werden dazu offizielle Fotos gezeigt, in denen die jetzigen Whistleblower*innen Zertifikate erhalten und hochrangigen Politiker*innen oder Militärs die Hand schütteln, um sie als Diener*innen des Staates zu legitimieren. Manchmal ist es erst einmal ein Memo an eine*n Vorgesetzte*n oder eine Stellungnahme, die ihre Bedenken zum Ausdruck bringen, jedoch konsequenzlos bleiben. In einem zweiten Schritt hat der/die Whistleblower*in einen moralischen Konflikt, woraus die Überzeugung zu einer Verpflichtung erwächst. Der/die tragische Held*in nimmt die unausweichliche Verschlechterung seiner/ihrer Lage wissentlich in Kauf. Indem die Aktionen, welche sie publik machen, als kriminell klassifiziert werden, erweisen Whistleblower*innen zudem ihre moralische Integrität. Darüber hinaus visualisieren Spielszenen von Hausdurchsuchungen das Eindringen des Staates in die lokale Privatsphäre seiner Bürger*innen und dienen als

---

112 o. A. (2016).

113 Richter (2015: S. 20). *Digitale Dissidenten* ist Teil des multimedialen Projekts *Supernerds*, welches auch eine Theatervorstellung im Schauspiel Köln inkludierte, die von Angela Richter geleitet wurde. Regisseur des Dokumentarfilms ist Cyril Tuschi. Für eine Übersicht aller Projekte siehe *Supernerds* (o. J.).

114 Besonders problematisch ist dies meines Erachtens im Fall von Julian Assange, der als Sprecher der Whistleblower-Plattform WikiLeaks nicht in dieses Set gehört. Vgl. auch Otto (2015).

115 Vgl. Gadinger et al. (2014: S. 19).

visueller Beweis des antagonistischen Verhältnisses zwischen dem emotionalen Individuum und dem emotionslosen Staatsapparat, welche sich hier physisch gegenüberstehen. Die Szenen erzeugen Empathie und fungieren als emotionaler Höhepunkt der Katastrophe. Als mutig zeigen sich die Whistleblower*innen auch, da sich ihre Situation analog zum Erzählmuster einer Tragödie nach und nach verschlechtert. Viele Texte betonen, dass zum Teil Rentenansprüche verlorengehen, und die Whistleblower*innen allesamt entlassen oder suspendiert werden. So wird Thomas Drake bei seiner heutigen Arbeit als Verkäufer in einem Apple-Geschäft gezeigt. Er ist ein ehemaliger Experte für Softwaretests bei der NSA.[116] Die Dokumentation erzählt also die Geschichte eines umgekehrten amerikanischen Traums. Neben den zerstörten Karrieren wird auch auf den finanziellen Schaden und horrende Anwaltskosten in den USA hingewiesen. Zuletzt werden noch Verbindungen zu Folgen im familiären Bereich gezogen, etwa zum Scheitern einer Ehe oder zum Verlust eines Babys. Die Dokus fokussieren diese Themen als Emotionalisierungsstrategie. Damit weisen sie die Whistleblower*innen als Familienmenschen aus, die gleichzeitig schwere Opfer zu bringen hatten, wobei diese Verluste oder Probleme im familiären Umfeld schwer auf ihnen lasten. Diese persönlichen Geschichten semantisieren die Whistleblower*innen als heldenhafte Opfer und Vordenker*innen zugleich.

Der als mutig inszenierte Widerstand wird von den Texten wiederum nur den Whistleblowern*innen selbst zugeschrieben, wie ein Blick auf die Verhandlung von Widerstand im Gesamtsample dieser Untersuchung schlussfolgern lässt. Ihre Abgrenzung vom Rest der (amoralischen?) Gesellschaft wird auch darüber deutlich, dass diesem keine so große Widerstandsfreude bescheinigt wird,[117] erkennbar auch über das Oppositionspaar von Vergangenheit und Gegenwart. In der Dokumentation *Der Daten-Dschungel* läuft der Autor an der Berliner Mauer vorbei und erzählt im Voice-Over davon, wie man in der Vergangenheit gegen Volkszählung und Überwachungsstaaten gekämpft habe. Auch der Beitrag *Überwachung früher und heute* (D, 2016, R: Sophie König) aus der SWR Wissenssendung *odysso* diagnostiziert: „Wo Bürger früher für ihre Rechte gegenüber dem Staat kämpften, herrschen heute Resignation und digitale Transparenz."[118] Die Konstruktion eines gegenwärtigen Bedrohungsszenarios entsteht demnach auch über den Rückgriff auf ein ‚Damals', welches als Totalitarismus konnotierende Schreckensfolie funktionalisiert wird. Der Überwachungs*skandal* im Jetzt

---

116 Mehr über Thomas Drake siehe o. A. (2011).

117 Bereits 2009 fragten Fernandez und Huey im Kontext der Surveillance Studies, ob der Widerstand aussichtslos sei. Vgl. Fernandez/Huey (2009).

118 König (2016).

wird als ein Skandal ohne gesellschaftliche Empörung problematisiert. Dieses fehlende, kritische Überwachungsbewusstsein wird häufig an eine vermeintliche Unsichtbarkeit des Themas rückgebunden.[119] Um dies zu umgehen, werden etwa Personalisierungsstrategien im Mediendiskurs gefordert, welche die globale Datenerfassung auf die individuelle Ebene herunterbrechen. *Do Not Track* wurde entsprechend damit beworben, dass hier, da mit den persönlichen Daten des Einzelnen gearbeitet werde, die Rezipient*innen die Überwachung im Netz am eigenen Leib spüren könnten und darüber den Datensubjekten erst deutlich werde, was Privatheitseingriffe für den Menschen bedeuteten.[120] Gleichzeitig verweisen die Texte selbst auf die Ohnmacht des Individuums. Der Regisseur des Films *Pre-Crime* lässt über das Voice-Over verlauten: „Irgendwann habe ich aufgehört mit darüber Gedanken zu machen, wer, was, warum und wieso über mich speichert. Wahrscheinlich deshalb, weil es ohnehin nichts ändert."[121] Über den warnenden Tonfall erzeugen die Texte zwar Legitimität für einen aktiven Widerstand gegen Überwachung, enden allerdings meist alternativlos.

5. Endzustand: Inszenierung der krisenhaften Schwelle

Um nicht als Datensubjekt in einer Datenwelt aufzugehen, bleibt also bloß die Rückkehr in vordigitale Zeiten. Zurück zum Analogen ist laut den dokumentarischen Texten die einzige Option, dieser düsteren Zukunft zu entgehen.[122] In *Alles unter Kontrolle* werden etwa Studierendenproteste in Hongkong gezeigt,

---

119 Vgl. Pörksen (2016). 2014 und 2015 beklagte sich auch die Jury des Grimme-Preises darüber, dass das Thema Überwachung nicht in den Einreichungen vertreten sei (vgl. o. A. [2015c]). In einer haptischen Metaphorik wird zusätzlich davon ausgegangen, dass das Thema ‚fühlbar', ‚greifbar' und ‚erfahrbar' gemacht werden müsse, um in letzter Konsequenz die Gesellschaft dazu zu bringen, sich gegen Überwachung zur Wehr zu setzen: „Der Überwachung fehlt die sinnliche Erfahrbarkeit." Marcel Rosenbach zit. nach Pörksen (2016).

120 Auch bei der Theatervorstellung von *Supernerds* wurde das Publikum miteinbezogen. Vgl. *Supernerds* (o. J.).

121 *Pre-Crime*, TC 01:14:08–01:14:18.

122 Auch der Politikwissenschaftler Andre Wilkens, Autor des Buches *Analog ist das neue Bio* erkennt eine ‚Rück-Analogisierung': „Der Snowden-Schock könnte der Start für eine Analog-Bewegung sein". Wilkens zitiert nach: o. A. (2017b). Auch der Zukunftsforscher Matthias Horx spricht von einer ‚Rückkehr des Analogen'. Vgl. Riedel (2018). Darunter fällt auch der aktuelle Trend zum sogenannten ‚Digital Detox', welcher eine Entgiftung vom Digitalen fordert und im Umkehrschluss das Digitale als Gift diagnostiziert. Siehe zur voraussetzungs- wie implikationsreichen Unterscheidung von digital und analog auch Schröter (2004).

bei denen Post-Its an die Wände geklebt werden. Gleich zwei Beiträge in der Sendung *Warum die Total-Überwachung uns alle betrifft* enden damit, dass der jeweilige Interviewpartner seinen Laptop zuklappt. Die Webcam wird abgeklebt, der Fernseher vom Netz genommen. ‚Offline Gehen' wird als einzige Lösung vorgestellt: „Wenn unser Privatleben privat bleiben soll. Und wenn wir die Kontrolle behalten wollen über unsere Daten, dann bleibt uns derzeit tatsächlich nur: der Verzicht. [...] D. h. die Verantwortung, wieviel wir da wirklich riskieren wollen, die liegt bei uns."[123] Verantwortungsvoll wäre demzufolge, bloß alles abzuschalten. Stets wird damit die Ohnmacht des Individuums präsentiert. Der Versuch einer ‚Countersurveillance', der Gegenüberwachung als Sichtbarmachung, scheitert. In *Alles unter Kontrolle* schaut Boote durch ein Fernglas auf Abhöranlagen, in einem Beitrag über LKA und Verfassungsschutz aus der SWR Wissenssendung *odysso* über *Sicherheit durch Überwachung?* zeigt ein Kriminalhauptkommissar dem Redakteur einen Serverraum und dieser spricht freudig darüber, dass es das erste Mal sei, dass ein Fernsehteam hier drehen dürfe. Was hier allerdings zu sehen sein soll, bleibt fraglich, denn die Visualisierungen führen ausschließlich Kabel und Leuchten vor. Der Erzählgegenstand der Überwachung fordert auf der Ebene der Veranschaulichung offenbar Metaphorik.

Keine Auflösungen, kein guter Ausgang, stattdessen zeigen sich finale Skepsis und Verunsicherung. *Der Daten-Dschungel* endet, wie er begonnen hat, mit dem umherstreifenden digitalen Schatten und kreiert damit eine zirkuläre Struktur. Die Wiederholung verweist auf einen immer gleichen Ausgang, ein Gefangensein des Menschen als Datensubjekt.

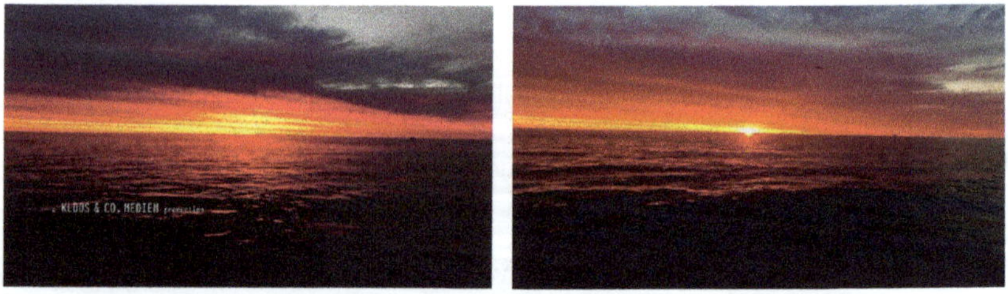

Abb. 10: Dämmerungsbilder konnotieren die aktuelle Schwellensituation in *Pre-Crime*, TC 00:00:13 und TC 01:24:38.

123 *Wie uns Fernseher und Co überwachen*, TC 00:24:46–00:24:54; 00:28:20–00:28:24.

Auch *Pre-Crime* weist diese Kreis- bzw. Klammerstruktur auf, indem es mit denselben Dämmerungsbildern beginnt und endet (siehe Abb. 10). Der Film schließt mit den Worten: „Zeit Abschied zu nehmen und nach Hause zurückzukehren. Zurück zu meinem Smartphone, meiner IP-Adresse, meinen E-Mails, meinen Bookmarks, meinem Twitter-Account, meiner Facebook-Timeline. Willkommen in der Matrix."[124] Die Dämmerung semantisiert dabei den Übergang, die unklare Lage des Dazwischen. Klar ist dabei nur, dass eine radikale Veränderung vonstattengeht, ob diese Beginn und damit Aufbruch oder Ende bedeutet, steht an dieser Schwellensituation noch nicht fest. Den Narrativen gemein ist hingegen eine „global intonierte Diagnose der Gefährdung"[125] und das Konstatieren einer Krise als Umbruch oder Übergangszeit, welche Bedrängnisse mit sich bringt. Die Texte indizieren über ihre Zuspitzungen sowohl Unsicherheit, Risikogefühl und Zukunftsangst als auch die Notwendigkeit von Entscheidungssituationen und Urteilsfindungen. Dies wird auch über die Annahme, die gegenwärtige Wirklichkeit übertreffe alle fiktionalen Geschichten, deutlich: „Beunruhigender als jeder Film ist unsere Gegenwart".[126] Wie die Konstruktion einer Untergangsstimmung durch alarmistische Narrative zeigt, fehlt im deutschsprachigen Fernsehen das Bewusstsein dafür, dass auch in dokumentarischen Texten die Weltordnung des Ausgangszustands transformiert, d. h. die semantisch-ideologische Ordnung der erzählten Welt neu konstituiert werden kann und somit neue Grenzziehungen möglich sind oder gar die Möglichkeit der Auflösung der Grenze kommuniziert werden kann.

Spielfilme und Dokumentationen

A Good American (AT, 2015, R: Friedrich Moser).

Alles unter Kontrolle (AT, 2015, R: Werner Boote).

Der Daten-Dschungel (D, 2017, R: Kersten Schüßler).

Digitale Dissidenten (D/NO, 2015, R: Cyril Tuschi).

Do Not Track (CA/F/D, 2015, R: Brett Gaylor).

Jagd auf Snowden (D/DK, 2015, R: John Goetz und Poul-Erik Heilbuth).

Nothing to Hide (D/F, 2017, R: Marc Meillassoux).

Pre-Crime (D, 2017, R: Matthias Heeder und Monika Hielscher).

Schweig Verräter! Whistleblower im Visier (D/F, 2014, R: James Spione).

---

124 *Pre-Crime*, TC 01:25:28–01:25:43.

125 Steinbicker (2019: S. 81).

126 Kommentar zu Dave Eggers *The Circle* in der ZDF-Sendung *Aspekte* vom 01.09.2017.

Terrorgefahr! Überwachung total? (F, 2015, R: Alexandre Valenti).
Terrorjagd im Netz (AT, 2017, R: Friedrich Moser).
Überwachung früher und heute (D, 2016, R: Sophie König).
Warum die Total-Überwachung uns alle betrifft (D, 2015, R: Tobias Hübner).
Whistleblower. Die Einsamkeit der Mutigen (D, 2016, R: Sebastian Bellwinkel).
Wie uns Fernseher und Co überwachen (D, 2015, R: Roland Schenke).

Literaturverzeichnis

Aguigah, René (2018): „Zusammenleben mit nervösen Medien". In: *Deutschlandfunk Kultur* vom 28.10.2018. URL: https://www.deutschlandfunkkultur.de/soziologe-dirk-baecker-ueber-digitalisierung-zusammenleben.2162.de.html?dram:article_id=431636 (02.07.2020).

Bächle, Thomas Christian (2015): *Mythos Algorithmus. Die Fabrikation des computerisierbaren Menschen.* Wiesbaden: Springer VS.

Banse, Philip (2014): „Leben mit dem Datenschatten". In: *Deutschlandfunk* vom 23.06.2014. URL: https://www.deutschlandfunk.de/ueberwachung-leben-mit-dem-datenschatten.1310.de.html?dram:article_id=289948 (02.07.2020).

Bär, Gerald (2005): *Das Motiv des Doppelgängers als Spaltungsphantasie in der Literatur und im deutschen Stummfilm.* Amsterdam/New York: Rodopi.

Bauman, Zygmunt/Lyon, David (2013): *Liquid Surveillance: A Conversation.* Cambridge: Polity.

Becker, Leo (2019): „Do Not Track: Apple streicht Browser-Funktion – um Missbrauch zu verhindern". In: *heise online* vom 07.02.2019. URL: https://www.heise.de/mac-and-i/meldung/Do-Not-Track-Apple-streicht-Browser-Funktion-um-Missbrauch-zu-verhindern-4301029.html (13.01.2020).

Becker, Matthias (2010): *Datenschatten. Auf dem Weg in die Überwachungsgesellschaft?* Hannover: Heise.

Boote, Werner (o. J.): *Alles unter Kontrolle – HINTER DEN KULISSEN.* URL: http://www.wernerboote.com/cms/wernerboote/index.php?idcatside=93 (02.07.2020).

Boote, Werner (o. J.): *WERNER BOOTE – EIN AKTIVIST?* URL: http://www.wernerboote.com/cms/wernerboote/index.php?idcatside=108 (02.07.2020).

Boote, Werner (o. J.): *Alles unter Kontrolle – ZITATE.* URL: http://www.wernerboote.com/cms/wernerboote/index.php?idcatside=117 (02.07.2020).

Boyd, Dana/Crawford, Kate (2012): „Critical Questions for Big Data: Provocations for a Cultural, Technological, and Scholarly Phenomenon". In: *Information, Communication & Society*. Nr. 5, S. 662–679.

Chion, Michel (1998): *The Voice in Cinema*. New York: Columbia University Press.

Christl, Wolfie (2015): „Verstecken kann sich niemand mehr". In: *Frankfurter Allgemeine Zeitung* vom 28.04.2015. URL: https://www.faz.net/aktuell/feuilleton/debatten/ueberwachung/facebook-trackt-seine-nutzer-online-und-offline-13562350/web-doku-reihe-do-not-track-13563425.html (25.06.2020).

Cowie, Elizabeth (2015): „Introduction. Surveillance". In: Juhasz, Alexandra/Lebow, Alisa (Hrsg.): *A Companion to Contemporary Documentary*. Chichester: Wiley Blackwell, S. 559–565.

D'Andrade, Hugh (2013): „Do Not Track". In: *Wikimedia Commons*. URL: https://upload.wikimedia.org/wikipedia/commons/3/35/Do_Not_Track.png (25.06.2020).

Decker, Jan-Oliver (2018): „Strukturalistische Ansätze in der Mediensemiotik". In: Endres, Martin/Herrmann, Leonhard (Hrsg.): *Strukturalismus, heute. Brüche, Spuren, Kontinuitäten*. Stuttgart: Metzler, S. 79–95.

Edeler, Lukas/Hennig, Martin/Piegsa, Miriam (2018): „Surveillance, Culture of". In: Arrigo, Bruce A. (Hrsg.): *The SAGE Encyclopedia of Surveillance, Security, and Privacy*. Thousand Oaks: SAGE, S. 980–983.

Fernandez, Luis A./Huey, Laura (2009): „Is Resistance Futile? Some Thoughts on Resisting Surveillance". In: *Surveillance & Society*. Nr. 3, S. 198–202.

Gadinger, Frank et al. (2014): „Politische Narrative. Konturen einer politikwissenschaftlichen Erzähltheorie". In: Gadinger, Frank et al. (Hrsg.): *Politische Narrative. Konzepte – Analysen – Forschungspraxis*. Wiesbaden: Springer VS, S. 3–38.

Hennig, Martin/Piegsa, Miriam (2018): „The Representation of Dataveillance in Visual Media: Subjectification and Spatialization of Digital Surveillance Practices". In: *On_Culture: The Open Journal for the Study of Culture*. Nr. 6. URL: http://geb.uni-giessen.de/geb/volltexte/2018/13895/ (02.07.2020).

Kammerer, Dietmar (2012): „Surveillance in literature, film and television". In: Ball, Kirstie et al. (Hrsg.): *Routledge Handbook of Surveillance Studies*. Abingdon/New York: Routledge, S. 99–106.

König, Sophie (2016): „Überwachung früher und heute". In: *Odysso* vom 01.12.2016. URL: https://www.swr.de/odysso/ueberwachung-frueher-und-heute/-/id=1046894/did=18343410/nid=1046894/1sti3ib/index.html (02.07.2020).

Link, Jürgen (1988): „Literaturanalyse als Interdiskursanalyse. Am Beispiel des Ursprungs literarischer Symbolik in der Kollektivsymbolik". In: Fohrmann, Jürgen (Hrsg.): *Diskurstheorien und Literaturwissenschaft*. Frankfurt am Main: Suhrkamp, S. 284–307.

Link, Jürgen (2013): „Zum Anteil apokalyptischer Szenarien an der Normalisierung der Krise". In: Fenske, Uta et al. (Hrsg.): *Die Krise als Erzählung. Transdisziplinäre Perspektiven auf ein Narrativ der Moderne.* Bielefeld: transcript, S. 33–48.

Lotman, Jurij (1990): „Über die Semiosphäre". In: *Zeitschrift für Semiotik.* Bd. 12, Nr. 4, S. 287–305.

Lovink, Geert (2017): *Im Bann der Plattformen. Die nächste Runde der Netzkritik.* Bielefeld: transcript.

Lyon, David (2018): „Exploring Surveillance Culture". In: *On_Culture: The Open Journal for the Study of Culture.* Nr. 6. URL: http://geb.uni-giessen.de/geb/volltexte/2018/13899/ (02.07.2020).

Mämecke, Thorben et al. (2018): „Bedeutende Daten – Einführende Überlegungen". In: Mämecke, Thorben et al. (Hrsg.): *Bedeutende Daten. Modelle, Verfahren und Praxis der Vermessung und Verdatung im Netz.* Wiesbaden: Springer VS, S. 1–16.

Müller, Michael (2019): „Narrative, Erzählungen und Geschichten des Populismus. Versuch einer begrifflichen Differenzierung". In: Müller, Michael/Precht, Jørn (Hrsg.): *Narrative des Populismus. Erzählmuster und -strukturen populistischer Politik.* Wiesbaden: Springer VS, S. 1–10.

Nies, Martin (2011): „Kultursemiotik". In: Barmeyer, Christoph et al. (Hrsg.): *Interkulturelle Kommunikation und Kulturwissenschaft. Grundbegriffe, Wissenschaftsdisziplinen, Kulturräume.* Passau: Stutz, S. 207–225.

o. A. (2011): „The Ridenhour Prize for Truth-Telling". In: *The Ridenhour Prizes.* URL: http://www.ridenhour.org/prizes_truth-telling_2011.html (10.09.2019).

o. A. (2014): „netwars / out of CTRL. the project". In: *Netwars Project.* URL: http://www.netwars-project.com/de/project/ (02.07.2020).

o. A. (2015a): „netwars / out of CTRL". In: *Grimme Online Award.* URL: https://www.grimme-online-award.de/archiv/2015/preistraeger/p/d/netwars-out-of-ctrl/ (02.07.2020).

o. A. (2015b): „Terrorgefahr! Überwachung total?". In: *ARD.* URL: https://programm.ard.de/?sendung=2872414182757097 (25.06.2020).

o. A. (2015c): „Statement der Nominierungskommission". In: *Grimme Online Award.* URL: https://www.grimme-online-award.de/archiv/2015/statement-der-nominierungskommission/?L= (10.09.2019).

o. A. (2016): „Digitale Dissidenten". In: *ARD.* URL: https://programm.ard.de/?sendung=2811117451931946 (25.06.2020).

o. A. (2017a): „Whistleblower - Die Einsamkeit der Mutigen". In: *ARD.* URL: https://programm.ard.de/TV/phoenix/whistleblower---die-einsamkeit-der-mutigen/eid_2872576468960 (25.06.2020).

o. A. (2017b): „Schöne alte Welt – von der Digitalisierung zurück zum Analogen". In: *PERSPEKTIVE* vom 21.09.2017. URL: https://www.perspektive-magazin.de/schoene-alte-welt/ (02.07.2020).

o. A. (o. J): „A Good American". In: *programmkino.de*. URL: https://www.programmkino.de/filme/a-good-american/ (25.06.2020).

Otto, Daniela (2015): „Transparenz, Paranoia, Verschwörung und Gegenverschwörung: Wikileaks als subversive Heldengeschichte". In: Otto, Daniela: *Vernetzung. Wie Medien unser Bewusstsein verbinden*. Würzburg: Königshausen & Neumann, S. 135–151.

Peteranderl, Sonja (2017): „Predictive Policing: Dem Verbrechen der Zukunft auf der Spur". In: *Bundeszentrale für politische Bildung* vom 07.04.2017. URL: https://www.bpb.de/dialog/netzdebatte/238995/predictive-policing-dem-verbrechen-der-zukunft-auf-der-spur (13.01.2020).

Perry, Walter L. et al. (2013): *Predictive policing: The role of crime forecasting in law enforcement operations*. Santa Monica: RAND Corporation. URL: https://www.rand.org/content/dam/rand/pubs/research_reports/RR200/RR233/RAND_RR233.pdf (02.07.2020).

Pörksen, Bernhard (2016): „Alles vergeben, alles egal?" In: *Die Zeit* vom 08.12.2016. URL: https://www.zeit.de/2016/49/ueberwachung-nsa-empoerung-skandale-privatsphaere/komplettansicht (02.07.2020).

Preisinger, Alexander et al. (2014): „Diskursforschung in der Literaturwissenschaft". In: Angermüller, Johannes et al. (Hrsg.): *Diskursforschung. Ein interdisziplinäres Handbuch*. Bielefeld: transcript, S. 130–144.

Reichert, Ramón (2018): „Big Data als Boundary Objects. Zur medialen Epistemologie von Daten". In: Mämecke, Thorben et al. (Hrsg.): *Bedeutende Daten. Modelle, Verfahren und Praxis der Vermessung und Verdatung im Netz*. Wiesbaden: Springer VS, S. 17–34.

Reigeluth, Tyler (2014): „Why data is not enough: Digital traces as control of self and self-control". In: *Surveillance & Society*. Nr. 2, S. 243–354.

Reißmann, Ole (2014): „So durchschaubar sind wir". In: *Spiegel Online* vom 28.10.2014. URL: http://www.spiegel.de/netzwelt/web/datenschutz-der-datenschatten-von-malte-spitz-a-999554.html (02.07.2020).

Renner, Karl Nikolaus (2004): „Grenze und Ereignis. Weiterführende Überlegungen zum Ereigniskonzept von Jurij M. Lotman". In: Frank, Gustav/Lukas, Wolfgang (Hrsg.): *Norm – Grenze – Abweichung. Kultursemiotische Studien zu Literatur, Medien und Wirtschaft. Festschrift für Michael Titzmann*. Passau: Karl Stutz, S. 357–381.

Reuter, Julius (2015): „Terrorgefahr! Überwachung total? Arte zeigt Doku über Big Data“. In: *Augsburger Allgemeine* vom 24.03.2015. URL: https://www.augsburger-allgemeine.de/panorama/Terrorgefahr-Ueberwachung-total-Arte-zeigt-Doku-ueber-Big-Data-id33477167.html (02.07.2020).

Richter, Angela (2015): *Supernerds. Gespräche mit Helden*. Berlin: Alexander.

Riedel, Annette (2018): „Die Rückkehr des Analogen“. In: *Deutschlandfunk Kultur* vom 29.12.2018. URL: https://www.deutschlandfunkkultur.de/zukunftstrends-2019-die-rueckkehr-des-analogen.990.de.html?dram:article_id=436414 (02.07.2020).

Schröter, Jens (2004): „Analog/Digital – Opposition oder Kontinuum?“ In: Böhnke, Alexander/Schröter, Jens (Hrsg.): *Analog/Digital – Opposition oder Kontinuum? Zur Theorie und Geschichte einer Unterscheidung*. Bielefeld: transcript, S. 7–30.

Steinbicker, Jochen (2019): „Überwachung und die Digitalisierung der Lebensführung“. In: Stempfhuber, Martin/Wagner, Elke (Hrsg.): *Praktiken der Überwachten. Öffentlichkeit und Privatheit im Web 2.0*. Wiesbaden: Springer VS, S. 79–96.

Stempfhuber, Martin/Wagner, Elke (2019): „Einleitung“. In: Stempfhuber, Martin/Wagner, Elke (Hrsg.): *Praktiken der Überwachten. Öffentlichkeit und Privatheit im Web 2.0*. Wiesbaden: Springer VS, S. 1–13.

Supernerds (o. J.): „Das Projekt“. In: *supernerds.tv*. URL: https://www.supernerds.tv/projekt.html (02.07.2020).

Thiel, Thomas (2011): „Leben mit dem Datenschatten“. In: *Frankfurter Allgemeine Zeitung* vom 22.04.2011. URL: https://www.faz.net/aktuell/feuilleton/buecher/rezensionen/sachbuch/digitales-profil-leben-mit-dem-datenschatten-17035.html?printPagedArticle=true#pageIndex_0 (02.07.2020).

Tracking Protection Working Group (2019): „Tracking Preference Expression (DNT)“. In: *w3.org*. URL: https://www.w3.org/TR/tracking-dnt/ (10.09.2019).

Tröhler, Margrit (2004): „Filmische Authentizität. Mögliche Wirklichkeiten zwischen Fiktion und Dokumentation“. In: *montage/av*. Bd. 13, Nr. 2, S. 149–169.

Van Dijck, José (2014): „Datafication, Dataism and Dataveillance: Big Data between Scientific Paradigm and Ideology“. In: *Surveillance & Society*. Nr. 2, S. 197–208.

Wilpert, Gero von (1978): *Der verlorene Schatten. Varianten eines literarischen Motivs*. Stuttgart: Kröner.

Zifonun, Gisela (2017): „Ein Geisterschiff auf dem Meer der Sprache: das ‚Narrativ‘ “. In: *Sprachreport*. Nr. 3, S. 1–3.

Zuboff, Shoshana (2015): „Big other: surveillance capitalism and the prospects of an information civilization". In: *Journal of Information Technology*. Nr. 30, S. 75–89.

Zurawski, Nils (2014): *Raum - Weltbild - Kontrolle. Raumvorstellungen als Grundlage gesellschaftlicher Ordnung und ihrer Überwachung*. Opladen/Berlin/Toronto: Budrich UniPress.

Alix Michell

Überwachung ist Macht. Zur Mythifizierung von Überwachung in der Gegenwartskunst

Abstract: The article uses contemporary artworks by Florian Mehnert (*Waldprotokolle* [2013]), Paolo Cirio (*Street Ghosts* [2012–2017]) and the artists' collective 'Center for Political Beauty' (*Holocaust Memorial Bornhagen* [2017]) to show how 'narratives of surveillance' change in art. Surveillance can be semantically functionalized as 'power', as the art action *Holocaust Memorial Bornhagen* by the Center for Political Beauty shows. This functionalization of surveillance as power stems from culturally established phobic narratives. In this context, the symbolic representation of surveillance is repeatedly charged with meaning, which can be assigned to the semantic field of power. This results in a 'mythification' of surveillance in the sense of Roland Barthes, in which original semantics such as state surveillance, security or freedom are eliminated.

1. Narrative der Überwachung zwischen Phobie und Obsession

Der italienische Künstler Paolo Cirio erklärte im Zuge der ersten Straßburger Biennale:

> Im Internet gibt es drei große Arten der Überwachung. Zum einen Überwachung durch den Staat, dann die Überwachung durch Firmen und als drittes, was am beunruhigendsten ist, weil wir es nicht wirklich nachvollziehen können, die Überwachung durch künstliche Intelligenz.[1]

In diesem, von dem Kunstmagazin *Monopol* publizierten Zitat offenbaren sich gleich zwei apokalyptische Szenarien der digitalisierten Gesellschaft: Erstens sei Überwachung im Internet allgegenwärtig und zweitens werde diese nicht nur von politischen und ökonomischen Akteur*innen ausgeübt. Es gäbe überdies künstliche Intelligenzen, eigenständig agierende Entitäten, die auf undurchsichtige Weise unser aller Leben durchleuchten. Cirio ist mit dieser Meinung nicht alleine. Die Vorstellung von autarken künstlichen Intelligenzen, deren Agieren weder transparent noch kontrollierbar ist, ist bereits zu einem festen Bestandteil des gesellschaftlich geführten Diskurses zur Digitalisierung geworden.[2]

---

1 Lübben (2019).

2 Vgl. etwa o. A. (2018) auf dem Sender *Deutsche Welle*. Hier wird die Möglichkeit zum selbständigen Lernen der künstlichen Intelligenz nicht nur direkt mit autarkem

Angesichts dessen, dass künstliche Intelligenzen von und für Menschen programmiert werden und arbeiten, deren Interessen in der Regel politischer und/oder ökonomischer Natur sind, kann diese Vorstellung als Übertreibung oder zumindest als Zuspitzung des aktuell technisch Möglichen verstanden werden. Cirios dritte Form der Überwachung resultiert also aus den ersten beiden und kann deshalb eigentlich nicht als separate Variante des Überwachens angeführt werden. Vielmehr wird in Cirios Zitat über die Rhetorik der Aufzählung eine Autonomie der Algorithmen sprachlich-textuell produziert. Es handelt sich bei dieser Vorstellung um ein im gesellschaftlichen Diskurs stetig wiederkehrendes Narrativ von Überwachung. Narrative wie diese prägen den Diskurs der digitalisierten Gesellschaft und tragen zu einer – in diesem Falle negativen – Kodierung des Digitalen im Allgemeinen und der Datenspeicherung im Besonderen bei.

Im Folgenden werden solche Narrative der Überwachung anhand von drei exemplarischen Arbeiten der Gegenwartskunst untersucht. Diese werden im Sinne Michael Titzmanns als fixierte Texte und damit als Speicher von *kulturellem Wissen* verstanden.[3] Titzmann bezeichnet damit die gesammelten Propositionen, die in den Texten eines bestimmten kulturellen Kontextes zur Vorstellung von Realität vorliegen[4] – in diesem Falle zur Realität der digitalisierten Gesellschaft und der darin existenten Formen von Überwachung. Es wird dabei ein Gegenwartskunstbegriff im Sinne der Kunstphilosophin Juliane Rebentisch angelegt: „Der volle normative Sinn des Begriffs Gegenwartskunst besteht darin, dass sie ihre historische Gegenwart gegenwärtig machen soll“[5]. Der Begriff der ‚historischen Gegenwart‘ verweist dabei auf wesentlich mehr als die künstlerische Abbildung zeitgenössischer Diskurse. Vielmehr impliziert das scheinbare Paradoxon des Begriffs ein Verständnis von Kunst als Element eines zeitlichen Kontinuums, innerhalb dessen jeweils Gegenwärtiges in ein reflektierendes Verhältnis zu Vergangenem gesetzt wird, die Frage lautet also: Wie

---

Handeln verknüpft, sondern auch als unmittelbare Vorstufe von Superintelligenzen verstanden, welche sich im Versuch den Menschen zu ersetzen, zukünftig als Feinde erweisen könnten.

3 Zum Begriff des ‚kulturellen Wissens‘ vgl. Titzmann (1989: S. 47).

4 Vgl. ebd. (S. 50).

5 Rebentisch (2013: S. 13). Der Begriff der Gegenwartskunst nach Juliane Rebentisch beschreibt eine Form der Kunst, die historisch in einen Zeitraum seit 1960 zu verorten ist. Vgl. ebd. (S. 40ff.). Zu der verhandelten Historizität der Gegenwart innerhalb der Gegenwartskunst zählt zudem eine gewisse Bedeutungsoffenheit des Werkes. Mittels in der Struktur des künstlerischen Textes angelegter Ambivalenzen wird mit der Wahrheitsästhetik der Moderne („die Kunst als Träger von Wahrheit“, ebd. [S. 40]) gebrochen.

werden gegenwärtige Überwachungsphänomene im Verhältnis zu vorhergehenden Zuständen verstanden, welche Narrative gegenwärtiger Überwachung werden in künstlerischen Texten formuliert?

Der Literaturwissenschaftler Albrecht Koschorke definiert Narrative als Handlungsschemata, als „Dispositive von einem mittleren Härtegrad“[6], welche eine Handlungsabfolge vorgeben, deren spezifische szenische Ausgestaltung allerdings nicht definieren. Auch Wolfgang Müller-Funk versteht das Narrativ als Grundstruktur einer Erzählung. Fruchtbar ist vor allem sein Verweis auf das sinn- und ordnungsstiftende Potential von Narrativen: „Narrative stiften Sinn, nicht auf Grund ihrer jeweiligen Inhalte, sondern auf Grund der ihnen eigenen strukturellen Konstellationen: weil sie eine lineare Ordnung des Zeitlichen etablieren.“[7] Müller-Funk belegt diese These mit der Linearität der narrativen Grundstruktur nach Lotman. Lotman zufolge ist diese narrative Grundstruktur triadisch konzipiert und beinhaltet einen Ausgangszustand (sujetlose Textschicht), ein Ereignis (Sujet) in Form einer Grenzüberschreitung und einen Endzustand, welcher die Tilgung, bzw. die Rückführung aus der sujethaften in die sujetlose Textschicht beschreibt. Eine Ereignistilgung zur Wiederherstellung des ereignislosen Zustandes ist notwendig, um die narrative Struktur abzuschließen. Eine Erzählung strebt demnach nach der Bewahrung des Ausgangszustandes oder einer konsistenten Anpassung an die durch den Grenzübertritt entstandenen Veränderungen.[8] Anhand dieses Schemas lassen sich die Handlungselemente einer Erzählung in eine lineare Chronologie einordnen.

Auf das Merkmal der Linearität bezieht sich auch Dominik Schreiber, wenn er einleitend zu seinem Band *Narrative der Globalisierung* den Narrativbegriff beschreibt. Dabei bezieht er sich unter anderem auf das Aktantenmodell des französischen Semiotikers Algirdas Julien Greimas, dem er die Differenzierung von zwei Arten von Narrativen zuschreibt: dem „phobischen Narrativ“ und dem „obsessiven“[9]. Greimas spricht an der von Schreiber zitierten Stelle jedoch nicht

6 Koschorke (2017: S. 30).

7 Müller-Funk (2008: S. 29).

8 Vgl. Lotman (1973: S. 350–357, 361f.).

9 Schreiber (2014: S. 18). Das Aktantenmodell Greimas dient der Analyse handlungstragender Figuren innerhalb einer Erzählung und deren Verhältnis zueinander. Diesen Figuren ordnet er den Begriff der ‚Akteure‘ zu. Figuren, die der Handlung übergeordnet sind, bezeichnet er als Aktanten. Aktanten, deren Begehren funktional für die Erzählung ist, können wiederum als Subjekt-Aktanten bezeichnet werden, solche, die zentral begehrt werden, gelten als Objekt-Aktanten. Vgl. Greimas (1971: S. 158–162).

von Narrativen, sondern von thematischen Kategorien von Erzählungen, die sich innerhalb des Bedeutungsfeldes des Begehrens ausrichten.[10] Diese Kategorien sind weniger als Narrative zu verstehen, vielmehr handelt es sich um Paradigmen, unter welchen sich Narrative klassifizieren lassen. Im Sinne einer solchen paradigmatischen Klassifizierung werde allerdings auch ich im Folgenden von *phobischen* bzw. *obsessiven* Narrativen sprechen.

Das phobische Narrativ ist in Anlehnung an Greimas traditionell geprägt und begehrt die Bewahrung eines Zustandes bzw. die Abwehr von Veränderung. Das obsessive Narrativ hingegen richtet sich auf das Erlangen eines Objektes oder eines zukünftigen Zustandes aus.[11] Innerhalb der Narrative agieren nach Greimas Aktantenmodell also Subjekt und Objekt, die er unter Rückgriff auf den Linguisten Lucien Tesnières folgendermaßen definiert: „Das Subjekt ist hier ‚jemand der eine Handlung ausführt'; das Objekt ‚jemand, der von einer Handlung betroffen wird'"[12]. Auf Basis der Handlungsfähigkeit ergibt sich also eine klare Machtverteilung zugunsten des Subjektes.

Demnach verfügen Narrative über eine Struktur, die, gemessen an einer ‚linearen Ordnung des Zeitlichen' progressiv oder repressiv ausgerichtet ist. Mit Lotman gesprochen kann ein solches Narrativ innerhalb seiner triadischen Struktur sowohl durch die Rekonstruktion des Ausgangszustandes (repressiv, phobisch) als auch durch die Verschmelzung mit dem Neuen (progressiv, obsessiv) abgeschlossen werden. Diese Dichotomie mag in vielen Fällen stark simplifizierend sein, zumal jene zwei Formen der Tilgung nicht die einzigen darstellen, die in Lotmans Theorie angeführt werden.[13] Doch wird sich im Folgenden insbesondere der Begriff des phobischen Narrativs als relevant erweisen, erscheint doch eine apokalyptische Positionierung im gegenwärtigen Digitalitätsdiskurs oftmals überpräsent.[14] Dementsprechend werden in diesem Beitrag phobische Narrative

---

10 Vgl. Greimas (1971: S. 168).

11 Vgl. ebd. (S. 168).

12 Ebd. (S. 158).

13 Als weitere Form ist die Metatilgung, zu nennen, welche eine Auflösung von im Text bestehenden Ordnungssystemen beschreibt. Vgl. Krah (2015: S. 214).

14 Besonders auffällig ist hier bspw. das Postulat eines ‚Endes der Privatheit'. Dieser breite, gesellschaftlich etablierte Diskurs wird primär durch populärwissenschaftliche Titel und journalistische Beiträge geprägt. Vgl. hierzu etwa: Keller/Neufeld (2017); Whitaker (1999); Casati (2007).
Einen Wandel von utopischen zu dystopischen Konzepten bescheinigen auch Hennig et al. dem Digitalitätsdiskurs angesichts von Datenverwertungsskandalen, mit welchen insbesondere Social Media-Anwendungen wiederholt in Verbindung gebracht werden. Vgl. Hennig et al. (2019: S. 17).

angesichts digitaler Überwachung dahingehend untersucht, welche Umstände in den vorliegenden Texten der Gegenwartskunst genau befürchtet werden oder was als Gegenmodell zu befürchteten Gegebenheiten entworfen wird.

Hierfür werden exemplarisch Arbeiten der sog. ‚Post-Internet-Kunst' untersucht, die sich unter anderem mit Facetten von digitaler Überwachung auseinandersetzen. Die Post-Internet-Kunst beschreibt einen Oberbegriff, der keineswegs einen Zustand nach dem Internet beschreiben will, wie das Präfix ‚post' suggerieren mag, sondern vielmehr innerhalb eines „Internet State of mind"[15] verfährt. Das Internet hat sich demnach bereits etabliert, es wird als selbstverständlicher Teil der gegenwärtigen Lebenswelt verstanden und reflektiert. Die dort verhandelte digitale Überwachung bezieht sich dabei nicht nur auf solche, die im Online-Raum stattfindet, sondern auch auf digitale Technik der Überwachung, bspw. durch Videoaufnahmen, wie sie im öffentlichen Raum geschieht.

Das eingangs angeführte Zitat Cirios soll in der Analyse strukturgebend sein. So werden im Folgenden künstlerische Arbeiten betrachtet, die sich mit Überwachung befassen, die entweder a) staatlichen oder b) ökonomischen Interessen folgt. Cirios dritter Aspekt der eigenständigen künstlichen Intelligenzen wird hier jedoch vernachlässigt, da jedem Akt der Überwachung schlussendlich menschliche Akteur*innen zugrunde liegen, die hinter der künstlichen Intelligenz stehen. Stattdessen wird dem Untersuchungsgegenstand ‚Kunst' entsprechend c) untersucht: Überwachung, die durch Kunst (bzw. von Kunstschaffenden in der künstlerischen Handlung) selbst ausgeübt wird. Innerhalb des ersten Abschnittes wird die Arbeit *Waldprotokolle* (2013) des deutschen Künstlers Florian Mehnert exemplarisch für die Thematik der staatlichen Überwachung betrachtet. Paolo Cirio, der sich mit einer Arbeit *Street Ghosts* (2012–2017) dem Online-Kartendienst Google Street View widmet, ist dem zweiten Abschnitt dieses Beitrags zuzuordnen, in welchem sein Werk beispielhaft für die künstlerische Auseinandersetzung mit kommerzieller Überwachung untersucht wird. Der dritte Abschnitt widmet sich der Aktion *Holocaust Mahnmal Bornhagen (HMB)* (2017), im Rahmen welcher das Kunstschaffendenkollektiv ‚Zentrum für politische Schönheit' (ZPS) eine vorgebliche, zehn Monate andauernde Überwachung des Wohnhauses des AfD-Politikers Björn Höcke inszenierte.

15 So definiert durch den Kunstwissenschaftler und Kurator Carson Chan. Vgl. Archey (2013).

Während Überwachung bei Mehnert und Cirio als thematischer Gegenstand fungiert und somit ausgestellt wird, wird Überwachung durch das ZPS funktionalisiert. Als Mittel zur Machtausübung deutet deren Thematisierung sich hier als inhaltsleerer Gestus zur Produktion von Macht an. Dieser Gestus wird mithilfe des Konzepts der Alltagsmythen nach Roland Barthes beleuchtet. Im Folgenden wird die Struktur und Kodierung eines Mythos der Überwachung untersucht, wobei Narrative, wie sie in den Arbeiten von Cirio und Mehnert vertreten sind, die Basis oder Vorstufe des Mythos darstellen, wie er im dritten und letzten Abschnitt analysiert wird.

2. Empören & Vergessen: Florian Mehnert & Paolo Cirio

Im Überwachungsdiskurs wird regelmäßig das Foucault'sche Konzept des Panoptikons bemüht, das auf der Idee der gleichnamigen Gefängnisarchitektur Jeremy Benthams aufbaut.[16] Das Konzept beschreibt eine Überwachungssituation, innerhalb welcher es einer zentralen Überwachungsinstanz aufgrund der Anordnung der Überwachungssituation grundsätzlich möglich ist, mehrere voneinander isolierte Entitäten gleichermaßen zu observieren, dabei selbst aber nicht gesehen werden kann. Aus der Anordnung ergibt sich aufseiten der Überwachten eine Unsicherheit, ob eine spezifische, situative Überwachung ihrer selbst vorliegt, bei gleichzeitiger Möglichkeit, jederzeit überwacht werden zu können.[17] Daraus resultiert eine Form von Macht, welche für die Überwachten einen heteronomen Zustand erzeugt. Eine Macht, die, wie Beate Rössler schreibt, „gar nicht benutzt werden muss, um dennoch wirksam zu sein [...]. Es geht vor allem um den Effekt dieser Möglichkeiten, darum dass man im Prinzip gesehen, aufgespürt, [...] und damit kontrolliert werden kann."[18] Foucault spitzt zu, innerhalb panoptischer Strukturen trügen Macht und Wissen zur gegenseitigen Verstärkung bei.[19] So könne das Panoptikon „ein Mischsystem konstituieren, in

---

16 Vgl. Haggerty/Ericson (2000: S. 607); Purgathofer (2008: S. 196); Hempel (2008: S. 96).

17 Vgl. Foucault (1976: S. 256–277).

18 Rössler (2001: S. 220). Rössler widmet sich hier unter besonderer Berücksichtigung des Wertes von Privatheit den potentiellen Auswirkungen, welche ein solcher Zustand des Überwachtwerdens auf Wahrnehmung, Verhalten und Autonomie des Menschen haben kann. Im Sinne dieses Wertes von Privatheit erklärt sie unter Rückgriff auf Foucault, dass aus dem bewussten Zustand, unter Beobachtung zu stehen, ein an Normen orientiertes Verhalten resultiere, während der unbeobachtete, private Raum Autonomie gewährleiste. Vgl. ebd. S. 220f.

19 Vgl. Foucault (1976: S. 263).

welchem sich die Macht- (und Wissens-)beziehungen genauestens und bis ins Detail in die zu kontrollierenden Prozesse einpassen“[20]. Das asymmetrische Verhältnis von Beobachten und Beobachtetwerden, Wissen und Nichtwissen, Kontrolle und Kontrolliertwerden könne so als Katalyse jeglicher Form von Macht dienen.[21] Dieses Konzept von Macht durch Überwachung ist auch thematischer Gegenstand der Installation *Waldprotokolle* des deutschen Medienkünstlers Florian Mehnert.

2.1 NSA – Kritik durch Reproduktion

Im Jahre 2013 installierte Florian Mehnert Mikrofone an Wanderwegen der Eifel, des Schwarzwaldes und des Bayerischen Waldes und zeichnete mehrere Tage lang auf, was Spazierende dort sprachen. Eine von ihm kuratierte Auswahl dieser Aufnahmen verarbeitete er zum einen in einer ausstellbaren Soundinstallation[22] und veröffentlichte sie zum anderen auf seiner Homepage.[23] Ich beziehe mich hier auf Letztere. Diese Sounddateien stellen eine durchnummerierte Selektion aus der vermutlich weit größeren Materialfülle der Aufnahmen aus dem Wald dar, sie klingen verfremdet, sodass menschliche Stimmen kaum zu erkennen sind.

Zu hören ist bspw. eine erwachsene Stimme, die einer kindlichen von einer Trennung erzählt (Nr. 1), man hört Urinieren (Nr. 14), Menschen, die sich über Krankheit unterhalten (Nr. 19) oder lautstark eine verlorene Liebe beklagen (Nr. 17). Einen Monat nach der erstmaligen Publikation des Werkes auf der Homepage des Künstlers wird Mehnert mit einem Ermittlungsverfahren konfrontiert. Die Anklage der Polizei Freiburg lautet: „Verletzung der Vertraulichkeit des Wortes“[24]. Der Künstler zeigt sich verständnislos und verweist auf das World Wide Web, in welchem, wie er sagt, die Gefahr abgehört zu werden, um ein Vielfaches höher sei. Die *Süddeutsche Zeitung* zitiert ihn dazu:

> ‚Ich bin bestürzt, dass sich nicht mehr Widerstand im Internet regt, dass die Menschen nicht auf der Straße demonstrieren‘, so Mehnert. Er vermutet, es sei ‚zu komplex für den

---

20 Ebd. (S. 265).

21 Vgl. ebd.

22 Zuletzt ausgestellt im Rahmen der Biennale Strasbourg. Vgl. Biennale Strasbourg (2019).

23 Vgl. Mehnert (2013).

24 Schneeberger (2013b).

> Einzelnen, zu erfassen, was vor sich gegangen ist und vor allem noch vor sich gehen wird.[25]

Mehnert referiert hier in erster Linie auf den 2013 bekannt gewordenen NSA-Skandal. Im Zuge dessen übermittelte Edward Snowden, US-amerikanischer Whistleblower und ehemaliger Mitarbeiter des amerikanischen Geheimdienstes, Informationen über die internationalen Überwachungstätigkeiten des amerikanischen sowie des britischen Geheimdienstes an die britische Tageszeitung *The Guardian*[26] und die amerikanische Tageszeitung *Washington Post*.[27] Die Publikationen lösten einen Skandal aus, da die Überwachung der Geheimdienste Kommunikationen und Metadaten von 122 internationalen Regierungsmitgliedern sowie von Privatpersonen weltweit betraf.

Dem obigen Zitat aus der *Süddeutschen Zeitung* zufolge erreichte der Skandal nach Mehnert zu wenige Menschen oder sei zu abstrakt gewesen, als dass seine Tragweite eine breite Gesellschaftsschicht habe erreichen können. Gemäß dem Brecht'schen Kredo, dass da nur Unrecht sei und keine Empörung,[28] reproduziert Mehnert das Moment der Überwachung von Kommunikation in seiner Arbeit *Waldprotokolle* innerhalb eines Maßes, das empören soll. So erzählt *Waldprotokolle* ein phobisches Narrativ. Im intertextuellen Verweis auf die ebenfalls durch Mikrofone überwachte Gesellschaft in George Orwells Roman *1984*, mimen Mehnerts Waldmikrofone den überwachenden Staat in der Rolle des Eindringlings. Mit der selbsterklärten Legitimation, die Bedrohung von Privatheit öffentlichkeitswirksam zu kritisieren,[29] infiltriert er die Spazierwege der Wälder als Raum privater Kommunikationen der Bürger*innen. In einem narratologischen Sinne wird dieser daraufhin durch das eindringende Element (den überwachenden Künstler) als überwachter Raum semantisiert. Dieses Narrativ wird im Folgenden das der „Welt voll gläserner Menschen"[30] genannt. Die phobische Kodierung des Narrativs lässt sich mit Rössler herleiten, die das Konzept des Panoptikons explizit der informationellen Selbstbestimmung und der damit

25 Schneeberger (2013a).
26 Vgl. Greenwald et al. (2013).
27 Vgl. Gellman/Poitras (2014).
28 Vgl. Brecht (1996: S. 266).
29 Vgl. Ropohl (2008: S. 266).
30 Karahasan (2017) zitiert in Weidacher (2019: S. 97). Der Germanist Georg Weidacher zitiert den bosnischen Dichter Dževad Karahasan einleitend in seinem Aufsatz *Die Ideologie der Transparenz*. Weidacher verweist durch das Zitat auf eine Furcht, welche im gesellschaftlich geführten Digitalitätsdiskurs vielfach formuliert werde.

einhergehenden Möglichkeit zum autonomen Handeln gegenüberstellt.[31] Der ‚gläserne Mensch' ist dieser Möglichkeit aufgrund ubiquitärer Überwachung beraubt.

Die Arbeit *Waldprotokolle* verletzt in der juristisch offenbar problematischen Reproduktion der kritisierten Sujets nicht nur eine dem deutschen Kulturraum eigene kulturelle Kodierung des Waldes als romantischen Ort der Besinnung, sie verletzt auch Privatsphäre per Definition. Die Inhalte der Aufnahmen, Gespräche über Krankheit, Beziehung und Trennung entsprechen dem, was Rössler als informationelle Privatheit beschreibt. Unter der informationellen Privatheit versteht sie den „Anspruch [...] vor unerwünschtem Zugang im Sinne eines Eingriffs in persönliche Daten über sich geschützt zu werden, also vor dem Zugang zu Informationen über sie, die sie nicht in den falschen Händen sehen wollen."[32] Rössler begründet den Wert von Privatheit mit deren Relevanz für autonomes Handeln.[33] Ein Eingriff in die Privatheit, wie ihn die Überwachung der NSA einerseits und Mehnerts andererseits vollzieht, bedeutet demgemäß auch einen Eingriff in die individuelle Autonomie, welche im polizeilichen Ermittlungsverfahren mit der ‚Vertraulichkeit des Wortes' indirekt benannt und somit einem Schutzbereich unterstellt wurde. Dass die Stimmen der Aufnahmen elektronisch verfremdet klingen, ändert nichts daran, dass das provokative Moment der *Waldprotokolle* in der Ausstellung vertraulicher Gesprächsinhalte liegt.

Angesichts einer solchen Rezeption der Arbeit Florian Mehnerts stellt sich das strukturelle Paradox der Kritik von Überwachung durch eine Imitation des Kritisierten. So ist diese Form der Sujet-Reproduktion vor Wolfgang Ullrichs Aufsatz zur *Nachkunst* im Kontext ästhetischer Armut von moralisch aufgeladener Gegenwartskunst zu diskutieren.

Ullrich attestiert der Gegenwartskunst eine ideologische Homogenität des Linksliberalismus, welche insbesondere publikumswirksam kuratierte Ausstellungen dieser Zeit prägt. Eine solche politische Kontextualisierung trage laut Ullrich zu einer Dynamik bei, innerhalb welcher „es reicht, ein Thema zu besetzen, um damit schon eine bestimmte Gesinnung zu artikulieren"[34]. Komplexe, ambivalente Diskursverhandlungen suche man hier vergebens, die Reproduktion eines Motivs des kritisierten Zustandes reiche bereits zum künstlerischen Protest

31 Vgl. Rössler (2001: S. 34).
32 Ebd. (S. 25).
33 Vgl. ebd. (S. 135).
34 Ullrich (2018: S. 64).

gegen diesen aus. Ullrich zufolge ist eine negative Konnotation des Digitalen diesem ideologisch linksliberalen Umfeld ebenso implizit, wie es der digitalen Überwachung bescheinigt werden kann: „Wo ist der Kurator mit einem positiven Begriff von Neoliberalismus, Kapitalismus, Marktwirtschaft? Oder einer, der das Internet, die Sozialen Medien […] als eindeutigen Demokratisierungsfortschritt würdigt […]?“[35] Reduzierte man Mehnerts Arbeit um diesen ideologischen Kontext sowie um die Aussagen des Künstlers und konzentrierte sich auf die bloße Form, wäre es tatsächlich schwer zu sagen, ob Überwachung von Kommunikation hier nun bestärkt oder kritisiert wird. Das phobische Narrativ ergibt sich erst im kulturellen sowie paratextuellen Kontext, welcher sich aus der genretypischen Ideologie, den Aussagen des Künstlers sowie einer allgemeinen kulturellen Kodierung von Überwachung und deren Semantiken (‚Panoptikon', ‚Repression', ‚Heteronomie') speist.

2.2 Google – Das Internet vergisst nichts

Der Soziologe Zygmunt Baumann hält das Konzept des Panoptikons im Bereich der ökonomisch motivierten Überwachung für veraltet und plädiert angesichts dieser nunmehr dezentralen Vorgänge für den Begriff der ‚flüchtigen' bzw. ‚weichen Überwachung': „Sie [die Überwachung, A. M.] löst sich aus ihren alten Verankerungen, da sich für einen bestimmten Zweck erhobene Daten immer leichter anderen Zwecken zuführen lassen. Dadurch breitet sich Überwachung in vorher unvorstellbarer Weise aus.“[36] Die Rede ist von einer post-panoptischen, dezentral organisierten Überwachung, bei der, wie der Germanist Frank Liedtke erklärt, weder Überwachende noch Überwachte statisch positioniert sind, sondern sich ungebunden im digitalen Raum bewegen.[37] Den Überwachten sei dabei weder Position noch Intention der Überwachenden bekannt.

Diese Form der kommerziellen Überwachung thematisierte Paolo Cirio beispielhaft anhand von Google Maps. Im Rahmen seines Projektes *Street Ghosts* (2012–2017) arbeitete Cirio mit Aufnahmen des Online-Kartendienstes Google Street View. Aus den Aufnahmen schnitt er die Fotografien von Menschen heraus, die im Zuge des Ablichtens der Straßenzüge durch Google ebenfalls erfasst wurden. Die ausgeschnittenen Fotografien druckte er auf lebensgroße Poster

35 Ebd.

36 Bauman/Lyon (2013: S. 129).

37 Vgl. Liedtke (2019: S. 271).

und brachte diese weltweit dort in den Straßen an, wo die Personen ursprünglich fotografiert worden waren (vgl. Abb. 1).

> This ready-made artwork simply takes the information amassed by Google as material to be used for art, despite its copyrighted status and private source. As the publicly accessible pictures are of individuals taken without their permission, I reversed the act: I took the pictures of individuals without Google's permission and posted them on public walls.[38]

Google wird so vom datenkonsumierenden Dienstleister zum Materiallieferanten degradiert. Das aktive Moment, persönliche Daten wie eben jene Bilder aufzuzeichnen, ohne den Vorgang im Einzelnen transparent zu machen, wie es durch Google Street View geschieht, wird in einen Prozess der repräsentativen Wiederaneignung durch den Künstler überführt. Aus diesem repräsentativen Wiederaneignungsprozess entsteht ein populistisch anmutender Antagonismus, ein ‚Wir-gegen-die-Anderen'[39], da im Interesse der abgelichteten Personen de facto gar nichts zurückgewonnen wurde. Im Sinne der Populismustheorie Jan-Werner Müllers repräsentiert sich Cirio als Stellvertreter eines „moralisch reinen, homogenen Volk[es, dem] stets unmoralische, korrupte und parasitäre Eliten gegenüber gesetzt werden"[40]. Der spezifische Dienstleistungsanbieter Google steht dabei stellvertretend für diverse kommerzielle, datenspeichernde Akteur*innen im Sinne eines Überwachungsdispositivs. Eine solche populistische Rhetorik trägt zur kulturellen Manifestation des Narrativs der überwachenden Instanz als bedrohlicher Eindringling bei, welche den persönlichen Lebensraum des Menschen ebenso wie ihn selbst ‚gläsern' werden lässt.

Die gespenstische Referenz des Titels *Street Ghosts* bezieht sich zum Ersten auf die verschwommen anonymisierten Gesichter der abgelichteten Gestalten und zum Zweiten auf die fließenden, fast transparent erscheinenden Konturen der fotografierten Körper. Der Titel impliziert zum Dritten ein ewiges Dasein im Netz, den Zwang, quasi seelenlos in einem Raum festgehalten zu sein, in den der Körper eigentlich nicht gehört. Die Referenz auf das volkstümliche Motiv des Gespenstes, eine Seele, die auch nach dem Tod an das Diesseits gebunden ist, reichert die digitale Fixierung der menschlichen Gestalt durch Google Street View mit der Semantik der Ewigkeit und einer gewissen bedeutsamen Schwere an.

38 Cirio (2012).
39 Reckwitz (2017: S. 416).
40 Müller (2015: S. 30).

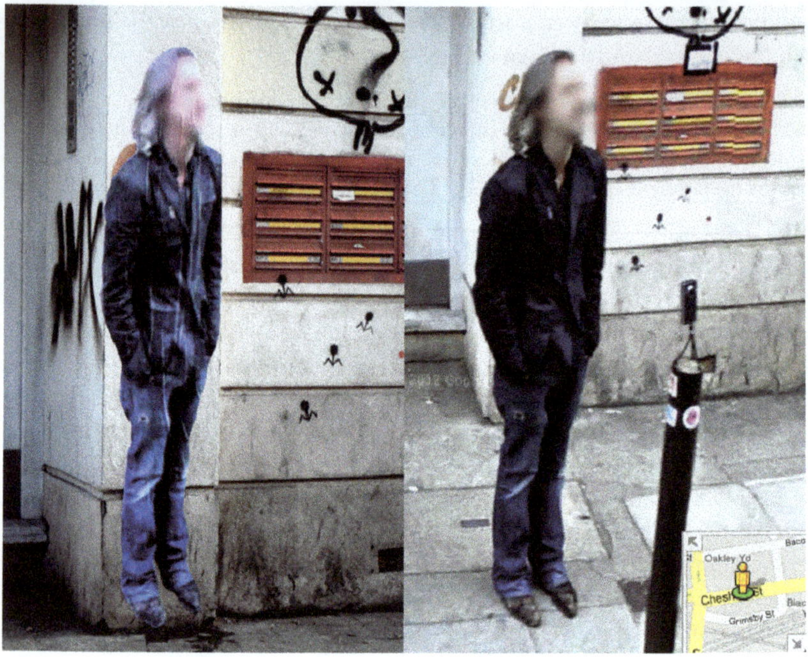

Abb. 1: Vom Künstler selbst collagierte Dokumentation eines Teils des Kunstprojekts *Street Ghosts*. Links eines der vom Künstler angebrachten Plakate, rechts das ‚Original' aus Google Maps. Quelle: *Street Ghosts* (2012–2017).

Das Narrativ der gläsernen Menschen wird insofern erweitert, als dass das Internet als ‚ewiger Speicher' von personenbezogenen Daten verstanden wird. Der überwachende Eindringling enteignet ‚das Volk' seiner Informationssouveränität. Weder kann ‚das Volk' über das eigene, individuelle Bild, noch über dessen digitale Verbreitung oder Speicherung bestimmen. *Street Ghosts* konstruiert ein Modell von Welt, in dem das persönliche „Recht auf Vergessen"[41] keine Gültigkeit besitzt. Dem bereits angesprochenen Narrativ der ‚Welt voll gläserner Menschen' wird hier eine überzeitliche Dimension hinzugefügt.

Angesichts der anonymisierten Gesichter der abgebildeten Menschen, welche durch den Titel der Arbeit unterstrichen werden, wird ein weiteres Narrativ produziert, nämlich das der ‚Entindividualisierung des Menschen als Datensatz'. Dieses spricht ebenfalls für eine Abwendung vom panoptischen

41 Vgl. Art. 17 DSGVO.

Überwachungskonzept, in welchem die Überwachungsinstanz entindividualisiert agiert, die Überwachten allerdings individuell observiert werden.[42]

Die Soziologen Kevin D. Haggerty und Richard V. Ericson postulieren für die so überwachten ‚digitalen Geister' den Terminus der „data doubles".[43] Diese benennen die Vorstellung eines/r digitalen Doppelgänger*in des Menschen im Netz, welche sich aus der intransparenten Speicherung möglichst vieler Daten speise.

> Today, however, we are witnessing the formation and coalescence of a new type of body, a form of becoming which transcends human corporeality and reduces flesh to pure information. Culled from the tentacles of the surveillant assemblage, this new body is our ‚data double' […].[44]

Die unheimliche Kodierung der/s ‚digitalen Doppelgänger*in', welcher dem Zugriff und der Kontrolle des physischen Originals entzogen ist, ergibt sich aus einem kulturellen Kontext, in welchem das Motiv des Doppelgängers insbesondere in der Epoche der ‚schwarzen Romantik' wiederholt Verwendung findet.[45]

Gleich ob die Position der Beobachtung durch staatliche oder kommerzielle Akteur*innen besetzt wird, spricht Rössler bezüglich der Ungleichverteilung von Kontrolle und Information von einer „kognitiven Asymmetrie"[46]. Wenn auch grundsätzlich bekannt sein mag, dass Dienste wie Google umfangreiche Datenprofile ihrer Nutzer*innen anlegen, entsteht durch die Intransparenz dieser Vorgänge auf der einen Seite, bei totaler Transparenz der Nutzenden auf der anderen Seite, eine solche Asymmetrie, die sich ebenso auf Informationen und den Akt des Beobachtens, wie auf Macht im Sinne von Handlungsfähigkeit und Einflussnahme bezieht. Das asymmetrische Verhältnis von Handlungsfähigkeit und Macht gleicht dem von Mehnert gezeichneten Bild der staatlichen Überwachung.

Aus Narrativen wie den hier angesprochenen ergibt sich eine sekundäre, kulturelle Semantisierung des Sems ‚Überwachung' mit der Semantik der Macht im Sinne von Kontrolle vs. Heteronomie und Wissen vs. Intransparenz. Wie auch in der Arbeit Mehnerts handeln diese Narrative vom Widerstand, der eine

42 Vgl. Foucault (1976: S. 259).

43 Haggerty/Ericson (2000: S. 613).

44 Ebd.

45 So etwa in Hoffmanns *Der Sandmann* (1815/16), Edgar Allen Poes *William Wilson* (1839) oder Fjodor Dostojewskis *Der Doppelgänger* (1846), siehe hierzu auch den Beitrag von Miriam Frank in diesem Band.

46 Rössler (2010: S. 51).

Rekonstruktion eines Zustandes ohne ‚überwachenden Eindringling' einfordert, was sich jedoch als unmöglich erweist. Im Gegensatz zu der bloßen Reproduktion des kritisierten Gegenstandes, wie sie bei Mehnert in 2.1 festgestellt werden konnte, wird in der Arbeit Cirios das Überwachungsmaterial in einem symbolischen Akt durch die Seite der Überwachten wieder angeeignet. Die fotografierten Körper werden durch das Ausstellen im physischen Stadtraum zeichenhaft in ihren ursprünglichen Kontext zurückgeführt. Es handelt sich bei Cirio also um einen Gestus der Wiederaneignung einer Überwachungssituation, der jedoch gleichfalls deutlich macht, dass es kein ‚Außerhalb' der Überwachung geben kann, insofern dieser ebenfalls mittels Überwachungsbildern vollzogen wird.

3. ZPS – Überwachung ist Macht

Auch das Kunstschaffendenkollektiv ZPS eignete sich im Rahmen der Aktion *Holocaust Mahnmal Bornhagen* (*HMB*) 2017 Überwachung in zeichenhafter Form an. Die Aktion wurde als Reaktion auf die sogenannte ‚Dresdner Rede' initiiert, im Rahmen derer der AfD-Politiker Björn Höcke das Denkmal für die ermordeten Juden Europas diffamierte.[47] Die Aktion beinhaltete zum einen eine Replikation des besagten Mahnmals, reduziert auf 24 Stelen, die auf dem Nachbargrundstück des Wohnhauses Höckes, auf dem sich das ZPS für den Zeitraum der Aktion eingemietet hatte, errichtet wurden. Zum anderen inszenierte das ZPS eine „vorgebliche Überwachung"[48] desselben. Die vorgebliche Überwachung wurde durch Kameras zeichenhaft inszeniert, welche auf besagtem Nachbargrundstück mit Ausrichtung auf das Haus Höckes angebracht wurden. Erklärtes Ziel der Aktion stellte der designierte Kniefall Höckes vor der Replikation dar, in Referenz auf ebenjene Geste Willy Brands vor dem Warschauer *Denkmal der Helden des Ghettos* im Jahre 1970. Sollte es dazu nicht kommen, würde man intimes Überwachungsmaterial veröffentlichen.[49] Es kam nicht dazu. Der Fall sorgte allerdings bundesweit für mediales Aufsehen[50] und zog mehrere juristische Verfahren nach sich.[51] Gegenstand der juristischen Debatten war eine Videobotschaft des Kollektivs, in welcher die Überwachung von Höckes Haus und Familie in den vergangenen zehn Monaten seit der Dresdner Rede behauptet wurde. Eine

47 Vgl. Nowotny (2017).

48 Kitterer (2017: S. 275). *HMB* unterstand als Teil des Berliner Herbstsalons der Leitung des Maxim Gorki Theaters. Vgl. ebd.

49 Vgl. Kitterer (2017: S. 273).

50 Vgl. bspw. Simon (2017); Diez (2017); Heidtmann (2017).

51 Vgl. bspw. o. A. (2019a); o. A. (2019b); Reuter (2019); Gebauer (2019).

Behauptung, die das Kollektiv später allerdings revidierte; in einer Pressemeldung des ZPS hieß es, man habe lediglich Inhalte aus Social Media-Accounts des Politikers ausgewertet, um die vorgebliche Überwachung glaubhaft zu gestalten.[52] Der politische und juristische Diskurs um *HMB* soll hier nicht weiterverfolgt werden. Im Kontext dieses Beitrags ist vielmehr die strukturelle Funktionalisierung von Überwachung im Rahmen der künstlerischen Aktion von Interesse.

Die durch Kameras zeichenhaft bedeutete Überwachung wurde im Zuge der Aktion *HMB* als Druckmittel inszeniert, mithilfe dessen Höcke zum politischen Eingeständnis gezwungen werden sollte. Überwachung fungiert innerhalb des Textes somit als Gestus der politischen Opposition. Dabei soll nicht etwa Gleiches mit Gleichem vergolten werden, wie es bspw. bei der Counter Surveillance der Fall wäre,[53] schließlich ist Überwachung *durch* Höcke nicht thematischer Gegenstand der Arbeit oder ihrer Kritik. De facto hat Überwachung mit dem vorliegenden Thema, der Erinnerungskultur bezüglich des Holocausts, nicht direkt etwas zu tun. Vielmehr wird durch die so gestaltete Nötigung des AfD-Politikers Überwachung als mythisches Zeichen – im Sinne Barthes – für ‚Macht' funktionalisiert. Hier deutet sich Überwachung als Mittel zur Machtausübung, als inhaltsleerer Gestus zur Produktion von Macht an. Dieser Gestus soll mithilfe des Modells der Alltagsmythen nach Roland Barthes näher beleuchtet werden.

Der französische Semiotiker Roland Barthes beschäftigt sich in seinem 1957 veröffentlichten gleichnamigen Essayband mit sogenannten *Mythen des Alltags*. Unter diesem Titel verfasst Barthes ideologiekritische Analysen ausgewählter, in der französischen Gesellschaft kultivierter Alltagsmythen hinsichtlich semiotischer Form und Struktur. Als solche Alltagsmythen gelten für Barthes kulturelle Massenphänomene in einem vom Kapitalismus geprägten Frankreich der 50er Jahre, welche Barthes einer „semiologische[n] […] Demontage"[54] der dort verwendeten Zeichensysteme unterzieht. Barthes analysiert also populärkulturelle Phänomene auf ihre Zeichenstruktur. Dabei versteht er den Mythos seiner Struktur nach als Rede, als eine Botschaft, die aus einem „sekundäre[n] semiologische[n] System"[55] besteht, welches auf einer semiotischen Kette aufbaut (vgl.

52 Vgl. o. A. (2017).

53 „Counter-surveillance can include disabling or destroying surveillance cameras, mapping paths of least surveillance and disseminating that information over the Internet, employing video cameras to monitor sanctioned surveillance systems and their personnel, or staging public plays to draw attention to the prevalence of surveillance in society." Monahan (2006: S. 515).

54 Barthes (2010: S. I).

55 Ebd. (S. 258).

Abb. 2). Die erste Stufe, das linguistische System, wird demnach von einem komponierten Zeichenkomplex begründet, der als Signifikant der zweiten Stufe dient.

Zusätzlich zu der Videobotschaft, in welcher die Observation der Familie Höcke behauptet wurde, wird Überwachung in *HMB* zeichenhaft durch installierte Kameras bedeutet, welche auf die staatliche Überwachung des öffentlichen Raumes zur vermeintlichen Prävention von Gewalt und Kriminalität referieren. Behandelt man die Kunstaktion als inszenierten Text, so befindet sich auf dieser ersten, der ‚linguistischen' Stufe, ein Signifikant I, in Falle *HMBs* die installierte Überwachungskamera als kulturell kodiertes Zeichen, dem das Signifikat I ‚Überwachung' zugeordnet wird. Dies, wie auch die kulturelle Kodierung des Referenten (reale Überwachungskamera außerhalb des Kunst-Kontextes) speist sich aus dem gegebenen kulturellen Wissen: Die Kodierung setzt sich aus dem gegenwärtigen Überwachungsdiskurs zusammen, wie er in diesem Beitrag exemplarisch untersucht wurde. So wird das semantische Feld mit Narrativen belegt, wie denen der staatlichen oder ökonomischen Überwachungsinstanzen als ‚bedrohliche Eindringlinge' und der ‚Welt voll gläserner Menschen', in welchen der Verlust von Informationssouveränität zum ewigen Speichern digitaler Doppelgänger*innen im Internet führt. Über diese Narrative wird zeichenhaft bedeutete Überwachung mit Semantiken wie Kontrolle und Heteronomie, Informationskumulation und Intransparenz besetzt.

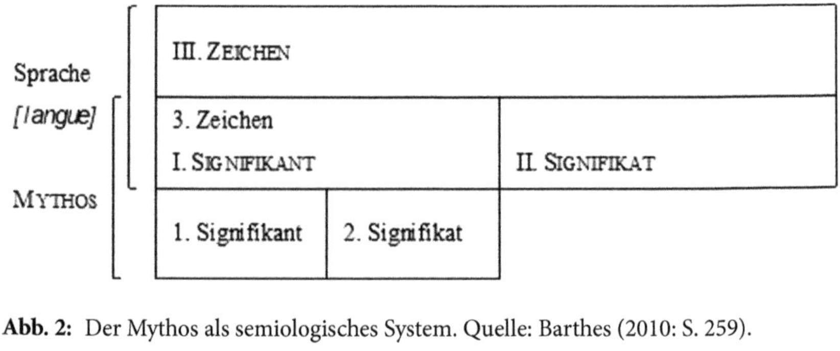

Abb. 2: Der Mythos als semiologisches System. Quelle: Barthes (2010: S. 259).

Auf der zweiten Ebene des Systems wird diese Korrelation von Signifikant I (Überwachungskamera) und Signifikat I (Kontrolle und Heteronomie, Informationskumulation und Intransparenz) selbst zum bedeutungstragenden Zeichen. Die mythische Stufe kann dabei als kulturelle Funktionalisierung des besagten Zeichens verstanden werden. In dieser zweiten Stufe wird das Zeichen laut Barthes seines Inhaltes entleert und auf eine Semantik reduziert, hier die der Macht. Diese wird als einzige in die zweite Zeichenebene fortgetragen. Das dortige, zweite Zeichen nennt Barthes den Mythos.[56] Hier wird das Signifikat, der Sinn (wie Überwachung zur staatlichen Sicherheit oder zu ökonomischen Zwecken) der ersten Stufe, quasi seiner Bedeutung entleert. Dadurch wird das, was eben noch Sinn war, zur Form (dem Signifikanten) der zweiten Stufe des Mythos. Damit der Mythos ‚Überwachung ist Machtausübung' zustande kommen kann, muss die Polyvalenz des Signifikanten I (Überwachung im Sinne von Kontrolle und Heteronomie, Informationskumulation und Intransparenz) gegeben sein, da all diese als Elemente fungieren, welche den Mythos von Überwachung = Macht mit Bedeutung anreichern. Damit Überwachung Macht in einer Weise, wie das ZPS sie funktionalisiert, bedeuten kann, ist dann aber nicht mehr relevant, dass Überwachung ursprünglich etwas mit Staatssicherheit, ökonomischen Interessen oder auch nur Informationsvergabe zu hat. Der Verlust der reichen Bedeutung der ersten Stufe hat laut Barthes eine Zuspitzung der Bedeutung in der zweiten zur Folge, sodass eine Arbitrarität der Zeichen zugunsten des Mythos eliminiert wird.[57] Der Mythos selbst stellt sich als eindeutig dar und kann als ebenso zusammenfassendes wie bedeutungsverarmendes Narrativ verstanden werden. In dieser Form ist das Narrativ als obsessives im Sinne Greimas zu verstehen. Überwachung erscheint hier nicht als gefürchteter Fortschritt, sondern als begehrenswertes Machtinstrument.

Dabei versucht die Funktionalisierung von Überwachung keine kritische Positionierung gegenüber staatlicher Hegemonie durch Überwachung. Die Bedeutsamkeit von *HMB* in diesem Kontext besteht allerdings gerade in der Funktionalisierung von Überwachung als mythischem Zeichen, in welchem sich die ihm zugrundeliegenden kulturellen Narrative der Überwachung als Kodierung manifestieren, im Sinne einer spezifisch konfigurierten Zeichenzuordnung wie sie eben beschrieben wurde. Narrative wie diese tragen zu dem sogenannten ‚Internet State of Mind' der Post-Internet-Kunst bei, das auch dem Verfahren von *HMB* zugrunde liegt. Mehr noch als Mehnert oder Cirio offenbart *HMB* (digitale) Überwachung als einen Teil von gesellschaftlicher Lebensrealität, der so selbstverständlich ist, dass Hintergründe scheinbar nicht länger mitreflektiert

56 Vgl. ebd. (S. 258–261).

57 Vgl. ebd. (S. 258f.).

werden müssen und das reine Zeichen, das Überwachung bedeutet, genug ist für einen effektiven Machtgestus. So entfaltet das sinnstiftende Potential von Narrativen seine Wirkung im Mythos.

4. Obsessiver Mythos aus phobischen Narrativen

Mit Mehnert und Cirio wurden zwei Arbeiten betrachtet, welche eine narrative Funktionalisierung von Überwachung als Zeichen der Macht ermöglichen. Sie stehen dabei exemplarisch für eine Vielzahl an Texten, welche den Überwachungsdiskurs prägen. Als eine weitere Arbeit, welche vergleichbare Narrative offenbart, wäre *Tracking Transience* (seit 2003) des U.S. amerikanischen Kunstprofessors und Künstlers Hasan Elahi zu nennen.[58] Im Zuge seines nach wie vor andauernden Projektes stellte er überwiegend Aufnahmen aus seinem Alltag in hoher Zahl online und produzierte damit eine in ihrer Masse scheinbar undurchsichtige Flut von Detailinformationen. Indem der Künstler scheinbar alles preisgibt, dies aber ebenso fragmentarisch wie in einer enormen Fülle und Strukturlosigkeit tut, ist die lebensweltliche Referenz der ikonischen Zeichen logisch nicht mehr zu rekonstruieren. Das Narrativ der gläsernen Bürger*innen wird hier aufgegriffen und in einem Prozess der Selbstaneignung ad absurdum geführt.

Ähnlich wie Cirio arbeitet auch der kanadische Künstler Jon Rafman in *Nine Eyes* (seit 2008) mit Google Street View und sucht auf dortigen Aufnahmen nach Momenten, die das Thema von Privatheit im oder an der Grenze zum öffentlichen Raum verhandeln. Unter der titelgebenden Referenz auf die Geheimdienstallianz der sog. *Five Eyes*[59] schneidet auch er diese kuratierten Ansichten aus Google Street View aus, speichert sie auf seiner Homepage und seinem Tumblr-Account oder rekontextualisiert sie im Rahmen von Ausstellungen in Form von Drucken in der analogen Welt. Auch hier offenbart sich das Internet etwa angesichts der Aufnahmen von Unfällen[60] oder wohnsitzlosen Menschen[61] als ewiger Speicher von Persönlichem.

58 Vgl. hierzu auch den Beitrag von Martin Hennig und Hans Krah in diesem Band.

59 Das sog. *UKUSA*-Abkommen regelt einen Ringtausch von geheimdienstlichen Informationen zwischen den *Five Eyes*-Staaten USA, England, Kanada, Australien und Neuseeland.

60 Vgl. Rafman (2016: Nr. 2).

61 Vgl. Rafman (2016: Nr. 20).

Hito Steyerl fragt in ihrer Videoinstallation *How Not To Be Seen: A Fucking Didactic Educational.Mov File* (2013) nach Möglichkeiten, sich visueller Überwachung des öffentlichen Raumes zu entziehen. Durch Ratschläge wie beispielsweise kleiner zu werden, als die Maßeinheit ‚ein Fuß', die kleinste Größe, die durch einen Pixel fixierbar sei,[62] wird auf ironische Weise das Narrativ der gläsernen Bürger*innen reproduziert, welche dem ewigen Speicher des Internets nicht entgehen könnten.

Damit wären nur drei weitere Arbeiten genannt, mithilfe welcher umrissen werden soll, dass die in der Analyse erarbeiteten Narrative keine Einzelfälle im künstlerischen Diskurs darstellen. Ein weiteres Beispiel für eine mythenhafte Funktionalisierung der Überwachungsnarrative findet sich in der Performance *Leaking Territories*, welche die rumänische Künstlerin Alexandra Pirici für die Dauer der *Skulptur Projekte* 2017 im historischen Rathaus in Münster realisierte.[63] Google wird hier als Gipfel der Einschränkungen von informationeller Privatheit inszeniert, Big Data und die panoptische Gesellschaft werden als Krönung einer historischen Geschichte gesetzt, die sich wieder und wieder um die Einschränkung der Autonomie Vieler durch Wenige dreht. Auch hier ist mit dem Konzept des Mythos nach Barthes digitale Überwachung auf die Ausübung von Macht verdichtet.

Die Narrative der gläsern gemachten Bürger*innen, des Internets, in dem persönliche Informationen ewig gespeichert werden, und der diffusen, bedrohlichen Macht der Überwachung fungieren dabei als Bestandteile kulturellen Wissens, welche den Mythos von Überwachung bzw. digital überwachender Instanzen begründen. Ein aus diesen phobischen Narrativen gespeister Mythos eignet sich wiederum zur obsessiven Funktionalisierung von Überwachung. Im Sinne dieser Funktionalisierung kann das Motiv der Überwachung scheinbar beliebig als Instrument von Macht eingesetzt werden.

Werke

Tracking Transience (2003–, Hasan Elahi). URL: www.elahi.gmu.edu (02.07.2020).

Holocaust Mahnmal Bornhagen (2017, Zentrum für Politische Schönheit). URL: https://politicalbeauty.de/mahnmal.html (07.02.2020).

---

62 Vgl. *How Not to be Seen: A Fucking Didactic Educational.MOV File*, TC 00:06:04–00:06:10.

63 Vgl. König et al. (2017: S. 243).

How Not To Be Seen: A Fucking Didactic Educational.Mov File (2013, Hito Steyerl). URL: https://www.artforum.com/video/hito-steyerl-how-not-to-be-seen-a-fucking-didactic-educational-mov-file-2013-51651 (02.07.2020).

Leaking Territories (2017, Alexandra Pirici). URL: https://www.skulptur-projekte-archiv.de/en-us/2017/projects/193/ (07.02.2020)

Nine Eyes (2008–, Jon Rafman), URL: www.9-eyes.com (02.07.2020).

Street Ghosts (2012–2017, Paolo Cirio). URL: http://streetghosts.net/ (02.07.2020).

Waldprotokolle (2013, Florian Mehnert). URL: www.waldprotokolle.florianmehnert.de (02.07.2020).

Literaturverzeichnis

Archey, Karen (2013): „Post-Internet Curating, Denver Style: An Interview with Carson Chan". In: *Rhizome* vom 07. 11.2013. URL: www.rhizome.org/editorial/2013/jul/09/archey-chan-interview/ (02.07.2020).

Barthes, Roland (2010): *Mythen des Alltags*. Berlin: Suhrkamp.

Bauman, Zygmunt/Lyon, David (2013): *Daten, Drohnen, Disziplin: Ein Gespräch über flüchtige Überwachung*. Berlin: Suhrkamp.

Biennale Strasbourg (2019): „Florian Mehnert". In: *Biennale d'art contemporain de Strasbourg*. URL: www.biennale-strasbourg.eu/artist/florian-mehnert/ (02.07.2020).

Brecht, Bertold (1996): „An die Nachgeborenen". In: Jeske, Wolfgang (Hrsg.): *Reisen im Exil: 1933–1949*. Frankfurt am Main: Suhrkamp, S. 266–268.

Casati, Rebecca (2007): „Ende der Privatheit". In: *Der Spiegel*, S. 132–135. URL: https://magazin.spiegel.de/EpubDelivery/spiegel/pdf/52417869 (02.07.2020).

Cirio, Paolo (2012): „Street Ghosts, artist's statement". In: *Street Ghosts* vom 15. 09. 2012. URL: www.streetghosts.net (02.07.2020).

Diez, Georg (2017): „Stelen vor Höcke-Haus: Fragt nicht, was Kunst soll oder darf". In: *Spiegel Online* vom 10.03.2017. URL: www.spiegel.de/kultur/gesellschaft/kunst-und-freiheit-kolumne-von-georg-diez-a-1181440.html (02.07.2020).

Foucault, Michel (1976): *Überwachen und Strafen. Die Geburt des Gefängnisses*. Frankfurt am Main: Suhrkamp.

Gebauer, Matthias (2019): „Aktion gegen Höcke soll Ermittlungen ausgelöst haben". In: *Spiegel Online* vom 04.03.2019. URL: www.spiegel.de/politik/deutschland/zentrum-fuer-politische-schoenheit-aktion-gegen-hoecke-soll-ermittlungen-ausgeloest-haben-a-1261071.html (02.07.2020).

Gellman, Barton/Poitras, Laura (2014): „U.S., British intelligence mining data from nine U.S. Internet companies in broad secret program". In: *Washington Post* vom 06.06.2014. URL: www.washingtonpost.com/investigations/us-intelligence-mining-data-from-nine-us-internet-companies-in-broad-secret-program/2013/06/06/3a0c0da8-cebf-11e2-8845-d970ccb04497_story.html (02.07.2020).

Greenwald, Glenn et al. (2013): „NSA collecting phone records of millions of Verizon customers daily". In: *The Guardian* vom 06.06.2013. URL: www.theguardian.com/world/2013/jun/06/nsa-phone-records-verizon-court-order (02.07.2020).

Greimas, Algirdas Julien (1971): *Strukturale Semantik: Methodologische Untersuchungen*. Wiesbaden: Vieweg+Sohn.

Haggerty, Kevin D./Ericson, Richard V. (2000): „The surveillant assemblage". In: *British Journal of Sociology*. Bd. 5, Nr. 4, S. 605–622.

Heidtmann, Jan (2017): „Das Mahnmal von nebenan: Die Aktion gegen Björn Höcke ist ein wichtiger Beitrag". In: *Süddeutsche Zeitung* vom 23.11.2017. URL: www.sueddeutsche.de/politik/afd-das-mahnmal-von-nebenan-1.3762429 (02.07.2020).

Hempel, Leon (2008): „Die geschlossene Welt. Zur Politik der Überwachung am Beispiel von Videoüberwachung". In: Gaycken, Sandro von/Kurz, Constanze: *1984.exe*. Bielefeld: transcript, S. 79–100.

Hennig, Martin et al. (2019): „‚Smarte Diktatur' oder ‚egalitäre Netzgemeinschaft'? Diskurse der Digitalisierung". In: Aldenhoff, Christian et al. (Hrsg.): *Digitalität und Privatheit: Kulturelle, politisch-rechtliche und soziale Perspektiven*. Bielefeld: transcript, S. 11–26.

Karahasan, Dževad (2017): „Mir graut vor einer Welt ohne Geheimnis". In: *Kleine Zeitung* vom 03.05.2017, S. 7.

Keller, Michael/Neufeld, Josh (2017): *Big Data: Das Ende der Privatheit*. Berlin: Jakoby & Stuart.

Kitterer, Alexander (2017): „Holocaust Mahnmal Bornhagen". In: Stange, Raimar et al. (Hrsg.): *Haltung als Handlung: das Zentrum für Politische Schönheit*. München: Edition Metzel, S. 269–283.

Koschorke, Albrecht (2017): *Wahrheit und Erfindung. Grundzüge einer Allgemeinen Erzähltheorie*. Frankfurt am Main: S. Fischer.

König, Kasper et al. (2017): *Skulptur Projekte Münster 2017*. Leipzig: Spector Books.

Krah, Hans (2015): *Einführung in die Literaturwissenschaft/Textanalyse*. Kiel: Ludwig.

Liedtke, Frank (2019): „Das Gesicht des Überwachers – Facebook und die Transparenz". In: Stehen, Pamela/Lietdke, Frank (Hrsg.): *Diskurs der Daten: qualitative Zugänge zu einem quantitativen Phänomen*. Berlin, Boston: De Gruyter, S. 272–287.

Lotman, Jurij M. (1973): *Die Struktur des künstlerischen Textes*. Frankfurt am Main: Suhrkamp.

Lübben, Alia (2019): „1. Straßburg-Biennale: Post-Internet-Art kommt im Elsass an". In: *Monopol* vom 19.02.2019. URL: www.monopol-magazin.de/strasbourg-biennale (02.07.2020).

Monahan, Torin (2006): „Counter-Surveillance As Political Intervention?" In: *Social Semiotics*. Nr. 4, S. 515–534.

Müller, Jan-Werner (2015): „Populismus: Theorie und Praxis". In: *Merkur*. Bd. 69, Nr. 795, S. 28–37.

Müller-Funk, Wolfgang (2008): *Die Kultur und ihre Narrative: Eine Einführung*. Wien u. a.: Springer.

Nowotny, Konstantin (2017): „Höcke-Rede im Wortlaut (Transkript)". In: *Tagesspiegel* vom 19.01.2017. URL: www.tagesspiegel.de/politik/hoecke-rede-im-wortlaut-gemuetszustand-eines-total-besiegten-volkes/19273518.html (02.07.2020).

o. A. (2017): „Der Höcke-Bluff: Angebliche Überwachung von AfD-Politiker". In: *Spiegel Online* vom 12.01.2017. URL: www.spiegel.de/panorama/gesellschaft/bjoern-hoecke-ueberwachung-war-laut-zps-a-1181264.html (02.07.2020).

o. A. (2018): „KI – Freund oder Feind". In: *Deutsche Welle* vom 20.06.2018. URL: https://www.dw.com/de/ki-freund-oder-feind/av-44289924 (02.07.2020).

o. A. (2019a): „Staatsanwaltschaft ermittelt gegen Zentrum für Politische Schönheit". In: *Die Zeit* vom 04.03.2019. URL: www.zeit.de/gesellschaft/2019-04/aktionskuenstler-zentrum-fuer-politische-schoenheit-staatsanwaltschaft-gera (02.07.2020).

o. A. (2019b): „Verfahren gegen Zentrum für politische Schönheit wird Thema im Justizausschuss". In: *Monopol* vom 24.04.2019. URL: www.monopol-magazin.de/verfahren-gegen-zentrum-fuer-politische-schoenheit-wird-thema-im-justizausschuss (02.07.2020).

Purgathofer, Peter (2008): „Eine kleine Geschichte der Überwachung". In: Gaycken, Sandro von/Kurz, Constanze (Hrsg.): *1984.exe*. Bielefeld: transcript, S. 195–208.

Rafman, Jon (2016): *Nine Eyes*. Los Angeles, Vancouver: New Documentes.

Rebentisch, Juliane (2013): *Theorien der Gegenwartskunst zur Einführung*. Hamburg: Junius.

Reckwitz, Andreas (2018): *Die Gesellschaft der Singularitäten – zum Strukturwandel der Moderne*. Berlin: Suhrkamp.

Reuter, Markus (2019): „Gegen das Zentrum für Politische Schönheit wird wegen Bildung einer kriminellen Vereinigung ermittelt". In: *Netzpolitik.org* vom 04.03.2019. URL: www.netzpolitik.org/2019/gegen-das-zentrum-fuer-politische-schoenheit-wird-wegen-bildung-einer-kriminellen-vereinigung-ermittelt/ (02.07.2020).

Ropohl, Günter (2008): „Der heimliche Terror der Prophylaxe: Eine ethische Einrede gegen das ‚Prinzip Überwachung'". In: Gaycken, Sandro von/Kurz, Constanze (Hrsg.): *1984.exe*. Bielefeld: transcript, S. 265–281.

Rössler, Beate (2001): *Der Wert des Privaten*. Frankfurt am Main: Suhrkamp.

Rössler, Beate (2010): „Privatheit und Autonomie: Zum individuellen und gesellschaftlichen Wert des Privaten". In: Seubert, Sandra/Niesen, Peter (Hrsg.): *Die Grenzen des Privaten*. Baden-Baden: Nomos, S. 41–58.

Schneeberger, Ruth (2013a): „Künstler verwanzt Wald". In: *Süddeutsche Zeitung* vom 13. 11.2013. URL: www.sueddeutsche.de/kultur/reaktion-auf-nsa-skandal-kuenstler-verwanzt-wald-1.1817410 (02.07.2020).

Schneeberger, Ruth (2013b): „Anzeige gegen NSA-Protest-Künstler". In: *Süddeutsche Zeitung* vom 06.12.2013. URL: www.sueddeutsche.de/kultur/wald-verwanzt-anzeige-gegen-nsa-protest-kuenstler-1.1837566 (02.07.2020).

Schreiber, Dominik (2014): *Narrative der Globalisierung: Gerechtigkeit und Konkurrenz in faktualen und fiktionalen Erzählungen*. Berlin: Springer.

Simon, Jana (2017): „Höcke hat Besuch". In: *Die Zeit* vom 12.01.2017. URL: www.zeit.de/2017/49/zentrum-fuer-politische-schoenheit-bjoern-hoecke-holocaust-mahnmal (16.07.2019).

Titzmann, Michael (1989): „Kulturelles Wissen – Diskurs – Denksystem: Zu einigen Grundbegriffen der Literaturgeschichtsschreibung". In: *Zeitschrift für französische Sprache und Literatur*. Bd. 99, Nr. 1, S. 47–61.

Ullrich, Wolfgang (2018): „Nachkunst: Metamorphosen des Werkbegriffs in kuratierter und politischer Kunst der Gegenwart." In: Kikol, Larissa (Hrsg.): *Kunstforum International*. Nr. 254, S. 62–77.

Weidacher, Georg (2019): „Die Ideologie der Transparenz: Werte- und Bewertungskonflikte im Diskurs über Transparenz, gläserne Menschen und Überwachung vor dem Hintergrund internetgeprägter Lebensformen". In: Stehen, Pamela/Lietdke, Frank (Hrsg.): *Diskurs der Daten: qualitative Zugänge zu einem quantitativen Phänomen*. Berlin, Boston: De Gruyter, S. 97–122.

Whitaker, Reg (1999): *The End of Privacy: How Total Surveillance Is Becoming a Reality*. New York: The New Press.

Thomas Christian Bächle

Narrative der digitalen Überwachung

Abstract: Surveillance protects us – surveillance controls us: Whether we regard surveillance technologies and practices as either a safeguard of or a threat to individual freedoms and liberal societies is heavily shaped by long-standing and powerful narratives. This is particularly the case for digital technologies, as the value-laden expectations that are projected onto them combine modernist and Enlightenment ideas with traditional Judeo-Christian motifs. As will be argued, they form the foundation for political, journalistic and scientific discourses interpreting digital surveillance as objective and omniscient, capable of laying bare the truth about the individual self, offering God-like providence, an omnipotent, even manipulative force.

Optical surveillance (CCTV), aerial surveillance, audio surveillance, radio-wave surveillance, GPS surveillance, Email/VoIP surveillance, sensors, computer and internet surveillance, biometrics, genetics, biochemical surveillance, mobile media surveillance – diese hier nur unvollständig wiedergegebene Liste unterschiedlicher elektronischer Überwachungstechniken ist einer Einführung in die *Surveillance Studies* entnommen, die sich an gleicher Stelle um eine zunächst scheinbar möglichst umfassende Definition der Überwachung bemüht: „Observing, sensing or otherwise determining the presence or influence of persons, activities or phenomena of interest, especially as regards of protection of assets, territory, property, family, personal safety, power, commercial opportunities or social relationships".[1] Mit den neutral gehaltenen Variablen der Überwachungsanordnung (wer überwacht wen oder was?) verwoben ist – ein wenig überraschend – eine (fast) eindeutige, kausal-finale Bestimmung: Überwachung schützt.

Überraschend ist dies, weil Überwachung zumeist als diskursive Folie für negativ konnotierte Konsequenzen im Zusammenhang mit technischen Entwicklungen genutzt wird. ‚Schutz' tritt dabei als Antagonist von ‚Kontrolle' und damit als nur vordergründig propagierte Funktion in Erscheinung, die vor allem dazu dient, sinistre Absichten zu kaschieren. Die bloße Funktionalität der (digitalen) Technik wird daher oft zugleich als Zwecksetzung begriffen und entkommt dabei nicht einer sofortigen Wertung, die sich an tradierten Narrativen

1 Petersen (2013: S. 4).

orientiert. Der vorliegende Beitrag widmet sich daher zunächst drei populären Erzählsträngen, die für die Deutung und Wertung digitaler Überwachung besonders prominent genutzt werden. Sie finden sich in der politischen und medialen Öffentlichkeit genauso wie in der wissenschaftlichen Betrachtung der untersuchten Phänomene. Dies liegt zum einen an der Historizität der genutzten Motivik, die kulturell so sehr naturalisiert ist, dass sie als Referenzfolie eine besondere Wirkmacht entfaltet. Zum anderen sind die Bestrebungen, den soziotechnischen Wandel zu erklären, auch stets mit dessen Dynamik konfrontiert. Eine Strategie, sich diesem gegenüber zu verhalten, ist die Fortschreibung bekannter Narrative, die von Akteur*innen in Wissenschaft, Politik oder Journalismus wechselseitig getragen werden.

Das erste Narrativ, *(Digitale) Überwachung zerstört unsere Freiheit* (Abschnitt 1), reduziert Überwachung häufig auf ihre technischen Aspekte und erzählt ein Bedrohungsnarrativ weiter, demzufolge Technik immer in einem antagonistischen Verhältnis zum Menschen und seiner Freiheit zu denken ist. Wie sich jedoch zeigen soll, besteht nicht per se ein Widerspruch zwischen individueller Freiheit, Autonomie und Überwachung. Vielmehr sind effektive Überwachungspraktiken als eine Voraussetzung für Herstellung und Schutz individueller Freiheiten zu betrachten, die nicht nur repressiven Charakter haben. Durch ihre feste Einbettung in die geistesgeschichtliche Aufklärung ist die Funktion der Überwachung – die Sichtbarmachung – eine zentrale und konstruktive Figur der Herausbildung bestimmter Formen von Subjektivität.

Das zweite Narrativ, *Digitale Überwachung ist allwissend* (Abschnitt 2), erzählt von einer vermeintlichen Objektivität und Omniszienz digitaler Überwachung, die gar zukünftiges Verhalten oder Ereignisse antizipieren kann. Das Narrativ ist einerseits eng verflochten mit judeo-christlichen Motiven (ein wachendes Auge der Vorsehung), andererseits wird in ihm ebenfalls der Impetus der Aufklärung deutlich, nach einer objektiven und universellen Beschreibung der Welt zu streben, die vor allem in der mythischen Überhöhung des Datenwissens zum Ausdruck kommt.

Das dritte Narrativ, *Mithilfe digitaler Überwachungstechniken können wir sehr leicht manipuliert werden* (Abschnitt 3), betrachtet daran anschließende Diskursfiguren, die vor allem das Machtverhältnis zwischen Mensch und Maschine ausdeuten. In unheimlicher Weise intelligente Systeme können Wissen über den Menschen generieren, das er selbst nicht preisgeben will oder das er gar selbst nicht über sich hat. Auf diese Weise gefährdet, sind wir anfällig für gezielte Verhaltensmanipulationen, wie sie sich etwa bei Wahl- oder Konsumentscheidungen niederschlagen. Auch dieses Narrativ schließt an eine Traditionslinie der Deutung von Medientechnik an, die deren Wirkmacht tendenziell überschätzt.

Abschließend (Abschnitt 4) wird noch die Frage nach der narrativen Dimension der wissenschaftlichen Einordnung der ‚neuen' digitalen Überwachung aufgeworfen. In den theoretischen Konzepten, identifizierten Problemen und Lösungsansätzen stecken auch immer Erzählmuster von Anfang und Ende, von alt und neu. Ihre Widersprüchlichkeit erwächst einerseits aus der ostentativen Präsentation des Neuen und andererseits aus der impliziten Sehnsucht nach der vergangenen Ordnung der Moderne.

1. „(Digitale) Überwachung zerstört unsere Freiheit." – Digitalisierung, Surveillance und Spätmoderne

„[A] well documented, tightly reasoned, and frightening analysis of the clash between individual privacy and information-gathering technology in a computer age"[2] – so lautet das Urteil einer zeitgenössischen Rezension von Arthur R. Millers *The Assault on Privacy. Computers, Data Banks and Dossiers*[3] (1971). Computer und Datenbanken stünden im Zentrum einer ‚kybernetischen Revolution'[4], fasst Bernard A. Berkman zusammen, die in den Worten Millers folgendermaßen charakterisiert wird: „dramatically increasing man's capacity to accumulate, manipulate, retrieve, and transmit knowledge".[5] Die Leistung der computerbasierten Datennetze, so der Rezensent weiter, habe zwar einen Nutzen, bedrohe jedoch gesellschaftliche Freiheiten und die individuelle Privatheit. Die Warnung wird begleitet von einem Aufruf zu ‚einfallsreicher rechtssprecherischer Flexibilität und Erfindungsreichtum'[6], legislativen Kontrollen und administrativen Selbstbeschränkungen. Der weiterhin gelobte ‚logische Aufbau'[7] des Buchs lasse auf einen Abschnitt zu den Fähigkeiten der Informationstechnologie eine Abwägung zwischen notwendiger Datensammlung und dem ‚technologischen Angriff auf die individuelle Privatheit'[8] folgen: „the most effective portion of the book is the detailed examination of the rapidly developing computerized information-gathering techniques and the way in which they are being used to

---

2 Berkman (1971: S. 808).
3 Die deutsche Übersetzung des Titels – „Der Einbruch in die Privatsphäre. Datenbanken und Dossiers" (Neuwied: Luchterhand, 1973) – verzichtet auf die Nennung des Computers.
4 Vgl. Berkman (1971: S. 808).
5 Miller (1971: S. 1).
6 Vgl. Berkman (1971: S. 808).
7 Vgl. ebd.
8 Vgl. ebd.

create dossiers on all our citizens at a maddeningly increasing tempo".[9] Neben den staatlichen Praktiken und Institutionen, mit denen Daten über Bürger*innen gesammelt werden, liege ein besonderes Augenmerk auf Unternehmensaktivitäten wie diejenigen privater Kreditgeber*innen: „the pervasive surveillance and fact-gathering techniques that have permitted the compilation and indiscriminate dissemination and sale of personal financial information about some 50 million Americans".[10] Zu den Befürchtungen zählen in diesem Zusammenhang auch die Computerisierung von Persönlichkeits- oder IQ-Tests mit Folgen für die wirtschaftliche oder soziale Mobilität einzelner Subjekte.[11]

Als ‚tapferer erster Versuch, das Problem der Computerisierung in Amerika zu beschreiben'[12], wie der Rezensent bescheinigt, spinnt *The Assault on Privacy* wichtige Narrationsmuster, die auch heute nichts an ihrer diskursiven Prominenz eingebüßt haben. Die skizzierten Befürchtungen schreiben ‚Privatheit' rhetorisch einen erheblichen Eigenwert zu und finden nicht nur im Lichte gegenwärtiger Diskussionen Widerhall, sie entsprechen diesen in einem erstaunlichen Maße.[13]

Grundsätzlich ist in diesem Narrationsmuster bereits das antagonistisch gedeutete Verhältnis zwischen der digitalen, computerbasierten Informations- und Kommunikationstechnologie und den individuellen Freiheitsrechten, insbesondere der Privatheit, angelegt. Computergestützte elektronische Überwachung erscheint per se als Gefahr, die Debatten um den notwendigen *Schutz* von Daten, Personen und der Privatheit als einem sozialen Wert sowie der demokratisch-freiheitlichen Verfasstheit des Nationalstaats weisen der Technologie die populär-diskursive Rolle eines Aggressors zu.

Doch es besteht keine Widersprüchlichkeit zwischen Freiheit und Überwachung. Vielmehr ist Überwachung die Voraussetzung für Freiheit. Jede soziale Einheit – ob eine Paarbeziehung, die Familie oder die Dorfgemeinschaft – kann nur mithilfe bestimmter Regeln aufrechterhalten werden. An diesen orientieren sich das individuelle Verhalten und Interaktionen, sie schaffen gegenseitige Erwartungen und strukturelle Sicherheit als Voraussetzung individueller Freiheit. Die Organisation von Gemeinschaft kennt daher gegenseitige Überwachung, Kontrolle und bedarfsabhängige Sanktionierung. In Dorfgemeinschaften hatten diese Prozesse durch einen hohen Grad persönlicher Bekanntheit sowie relativ starre und homogene Normen weitgehend ohne den Einsatz technischer

9 Ebd. (S. 808f.).
10 Ebd. (S. 809f.).
11 Vgl. ebd. (S. 810).
12 Vgl. ebd. (S. 811).
13 Vgl. Zuboff (2019); Couldry/Mejias (2018).

Hilfsmittel Bestand. Mit der Ausbildung von Nationalstaaten als großen administrativen Einheiten in der Moderne jedoch werden neue Instrumente der sozialen Kontrolle notwendig. Betrachtet man diese mehrere Millionen Menschen umfassenden sozialen Einheiten, in denen kodifizierte Regelsysteme gelten, sind im Lichte einer weitgehenden Anonymität der einzelnen Mitglieder der Gemeinschaft sowohl die Praktiken der interpersonalen Überwachung als auch Instrumente persönlicher sozialer Sanktionierung weitgehend ineffektiv. Die Gemeinschaft eines Nationalstaats ist folglich auf andere Mittel gesellschaftlicher Steuerung durch Sanktionen oder Ausschlüsse angewiesen, die im Allgemeinen ohne Techniken und Praktiken der Überwachung nicht denkbar sind: „The social order would collapse […] if everyone felt free to lie, steal, rape or cheat whenever he or she could avoid punishment for doing so",[14] stellt Rule etwa zur selben Zeit wie Miller fest, unterstreicht dabei jedoch auch die Notwendigkeit einer zentralisierten Verarbeitung von Daten zum Zweck sozialer Kontrolle, die stets auch die Voraussetzungen für individuelle Freiheiten sichert. Es überrascht daher nicht, dass Überwachung als das dominante Organisationsprinzip der Spätmoderne identifiziert wird, das über die letzten vier Jahrzehnte immer größere Auswirkungen auf Machtstrukturen, institutionelle Praktiken und interpersonale Beziehungen entfaltet hat.[15]

Trotz der negativen Assoziationen, die oft mit staatlicher Überwachung in Verbindung gebracht werden, wird es gleichwohl als die Aufgabe des Staates betrachtet, die Bedingungen der individuellen Freiheiten sicherzustellen.[16] Wie an anderer Stelle ausgeführt,[17] sind diese Grundsätze ebenfalls als Teil der politischen Moderne und ihrer Organisationsformen zu betrachten.[18] Bürger*innen sind vor Unterdrückung oder Beschneidung ihrer Freiheiten durch Andere zu schützen. Die Umsetzung dieses Prinzips liberaler Demokratien ist undenkbar ohne die Praxis der Überwachung. Sie ist daher nicht als repressiver Antagonist zu freien und freiheitlich organisierten gesellschaftlichen Strukturen zu denken, sondern sichert in einem instrumentellen Sinn ein Regelsystem ab, ohne das individuelle Freiheit nicht möglich ist.

---

14 Rule (2007: S. 19).

15 Vgl. Lyon et al. (2012: S. 1).

16 Vgl. Stoddart (2014: S. 369).

17 Vgl. Bächle (2019).

18 Stoddart (2014) nennt die ‚Virginia Declaration of Rights' (1776), die ‚Déclaration des Droit de L'Homme et du Citoyen' (1789) oder die Menschenrechtserklärung (1948) als Beispiele ihrer rechtlichen Kodifizierung.

Das Narrativ vom Angriff auf die Privatheit durch computergestützte Überwachung wird durch eine weitere begriffliche Differenzierung getragen, die im 17. Jahrhundert entstanden ist[19] und Privatheit und Öffentlichkeit als einander wechselseitig ausschließende Konzepte definiert, die sich schließlich auch als materiell-lokalisierbare Räume beschreiben lassen. Die Dichtomie ‚öffentlich vs. privat' ist seither die Grundlage für normative Rahmenbedingungen liberaler Demokratien.[20] Sowohl der von Miller konstatierte Angriff auf die Privatheit als auch die spiegelbildlich angeordnete und in nicht minder drastischer Metaphorik diagnostizierte ‚Tyrannei der Intimität' als ‚Verfall und Ende des öffentlichen Lebens'[21] durch die Grenzüberschreitung des Privaten in die Öffentlichkeit bleiben ohne die dichotom angeordnete und normative Referenzfolie ohne Sinn. Vor dem Hintergrund dieser gilt Überwachung daher stets sowohl als staatliches Instrument, das individuelle Rechte auf Privatheit verletzt, als auch als eine Notwendigkeit, um Bürger*innenrechte zu verteidigen.[22]

Die negativen Assoziationen mit der Praxis der Überwachung – invasiv, aggressiv, repressiv – sind direkte Konsequenz aus normativen, epistemologischen (u. a. Subjektivität vs. Objektivität, siehe Abschnitt 2) sowie aus diesen politisch-institutionellen Dualismen der Moderne. Das Narrativ, das die digitalen Informations- und Kommunikationstechnologien als Antagonisten der Privatheit und individuellen Freiheit beschreibt, ist ihre Weiterführung. Doch entsteht das Subjekt – dem als einem epistemologischen Anker die individuellen Freiheiten und ein Schutzbedürfnis zugeschrieben werden können – ironischerweise erst aus der Praxis der Überwachung. Wie Foucault bekanntermaßen über die panoptische Anordnung der Sichtbarkeit (‚Gefangene' und ‚Wächter') herausarbeitet,[23] ist sie stets konstitutiv für bestimmte, räumlich definierte Subjektzuschreibungen mit klaren sozialen Rollen in Klöstern, der Psychiatrie, im Krankenhaus, im Gefängnis, in der Fabrik oder in der Schule. Die Anordnung der Sichtbarkeit und Sichtbarmachung des Subjekts hat somit einen produktiven Effekt, sie erlaubt erst die moderne Vorstellung von Subjekten als Ergebnis einer Suche nach der objektiven Wahrheit.[24]

19 Vgl. Habermas (1990).

20 Vgl. Sewell/Barker (2007: S. 354f.).

21 So der Titel von Sennett (1983).

22 Wie ebenfalls in Bächle (2019) dargestellt, sind ‚privat' und ‚öffentlich' keine universellen ontologischen Kategorien, sondern werden stets in Kontexten hergestellt. Vgl. ebenfalls Sewell/Barker (2007: S. 356).

23 Vgl. Foucault (1994: S. 258).

24 Vgl. Foucault (1983). Siehe Bächle (2019) für eine Diskussion des paradoxen Verhältnisses zwischen Autonomie, Subjekt und Überwachung.

Staat und Bürger*innen, Privatheit und Öffentlichkeit, Beobachtete und Beobachter*innen – dichotom angelegte Begriffe der Moderne prägen sowohl die Konzeptionierung als auch die Evaluation von Überwachungspraktiken. In der Folge orientiert sich auch die Bewertung der Technologie an diesen normativen Bezugsgrößen, verkennt jedoch zumeist die skizzierte komplexe Dynamik der Überwachung als eine notwendige strukturelle Voraussetzung für individuelle Freiheit und zugleich als notwendige und produktive Praxis zur Herstellung eines Subjekts, dem diese Freiheiten überhaupt erst zugeschrieben werden können.

Seit einigen Jahren ist eine Veränderung dieser Dynamik zu konstatieren. Die Dichotomie Bürger*innen/Staat, mit der eine hierarchische *top-down*-Relation der Überwachung einhergeht, wird ergänzt und in Teilen sogar verdrängt von effektiven und umfassenden Möglichkeiten der Überwachung, die durch große Unternehmen durchgeführt wird. Die Auseinandersetzung verläuft entlang komplexerer Relationen zwischen Staat, Unternehmen, Bürger*innen oder Konsument*innen (siehe Abschnitt 4). Auch das Begriffspaar öffentlich/privat wird in seiner wechselseitigen Exklusivität zunehmend in Frage gestellt. Dies liegt in erheblichem Maße an neuen Kommunikationsräumen, die sich von örtlich bestimmbaren und physisch manifesten Räumen (öffentliche Plätze, private Schlafzimmer) gelöst haben. Kommunikationsmedien erlauben eine zwischenzeitlich völlig ‚normalisierte', bisweilen sehr öffentliche Kommunikation aus dem Schlafzimmer. Sie sind jedoch nicht als Ursache für den Zerfall dieser Grenze zu identifizieren. Die (medien-)technologischen Praktiken decken vielmehr erst auf, dass das dichotome Schema nie in Reinform existierte.[25]

Der (kommunikative) Alltag der Gegenwart ist nicht nur sehr stark ‚durchdrungen' von digitalen Medien, sondern vielmehr durch diese *konstituiert.* Sichtbarmachung, Selbstdarstellung und Transparenz(zwänge) der mobilen Online-Kommunikation verändern den normativen Wert des Privaten.[26] ‚Seeing surveillantly' ist zu einer alltäglichen Praxis des Sehens, zu einer Form des Zugangs zu einer sozialen Welt geworden.[27] Auch die zumeist hierarchisch geprägte Zuordnung von Beobachteten, die dem Blick (verborgener) Beobachter*innen ausgeliefert sind, scheint angesichts der gezielten gegenseitigen Sichtbarmachung und Überwachung in der Online-Kommunikation oder der bewussten Inkaufnahme eines Teilens personenbezogener Daten mit Dritten obsolet. Derartig dichotome Kategorien sind nicht mehr sinnvoll anwendbar, das

---

25 Vgl. Sheller/Urry (2007).

26 Vgl. Bächle (2016b).

27 So der Titel von Finn (2012).

durch ihre normative Struktur gespeiste Narrativ der digitalen Überwachungstechnologien als Aggressor und Gefahr qua Funktionalität setzt sich jedoch fort.

2. „Digitale Überwachung ist allwissend" – Omniszienz, Vorsehung und Big Data

Auch das zweite bedeutende Narrativ der digitalen Überwachung ist stark verflochten mit einer konzeptionellen Dichotomie der Moderne entstanden, Objektivität und Subjektivität, und vereint sie zugleich mit einer judeo-christlichen Motivik: Allgegenwart und Allwissenheit. Allgegenwärtig ist die digitale Überwachung durch (medien-)technische Entwicklungen (wie Smartphones oder Tracking Devices), die soziale Interaktionen mittels datenbasierter Plattformen ermöglichen und konstituieren. Jede durch diese vollzogene oder dokumentierte kommunikative Handlung erzeugt ein detailliertes Datenwissen, das dem Narrativ zufolge in einer Allwissenheit durch universelle Datafizierung mündet. Daten geben demnach Auskunft über Alter, Geschlecht, Bildung, Arbeitssituation, sexuelle Orientierung und Identität, politische Ansichten, getätigte Einkäufe und Kaufkraft, moralische Ansichten, Kreditwürdigkeit, gesundheitsspezifische Interessen, Religionszugehörigkeit u. v. m. Die Informationen über Nutzer*innen digitaler Dienste werden dabei in Tausende einzelne Kategorien oder Attribute ausdifferenziert.[28] Sie werden in vielen Fällen allein aus dem Online-Verhalten[29] abgeleitet. In der soziologischen und kulturwissenschaftlichen Theorienbildung wird diese Veränderung einer nicht länger auf Präsenz basierten Überwachung in der Regel als Ablösung der panoptischen Allsichtbarkeit durch datenbasierte ‚Kontrollgesellschaften'[30] beschrieben.[31] An die Stelle einer visuellen Überwachung in materiell definierten Räumen tritt eine Überwachung der in Daten transponierten Subjekte („data subjects"[32]), die durch permanente Messung, Evaluation und Kontrolle von Leistung und Folgsamkeit am Arbeitsplatz, in Bildungssystemen oder in Kontexten der medizinischen Prävention oder Therapie charakterisiert ist. Die Vorstellung der Überwachung wird damit diffus: Sie wirkt überall, unbemerkt und nicht länger verortet und definiert.

28 Vgl. Christl (2017).
29 Vgl. Kosinski et al. (2013).
30 Vgl. Deleuze (1992).
31 Vgl. Bauman (2003). Vgl. zu den beiden Modellen auch die Einführung zu diesem Band.
32 Lyon (2002: S. 244).

Es ist ein pantheistischer Datenglaube, der sich hier mit dem Objektivitätsdiktum der Aufklärung paart. Die Daten sind nicht nur *in* allem, sie sind konstitutiv *für* alles.

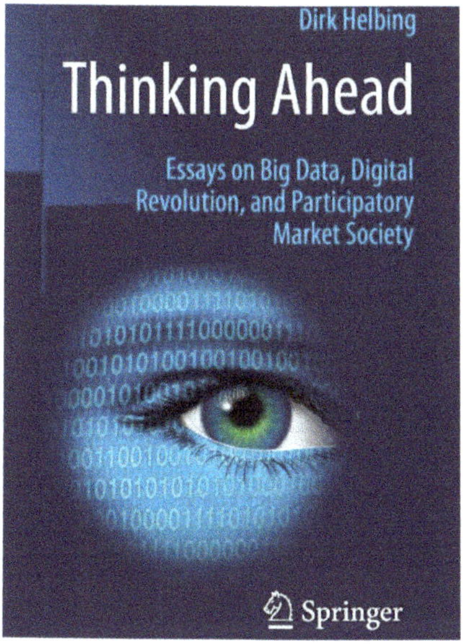

Abb. 1a: Titelseite eines Buchs von Dirk Helbing (2015).

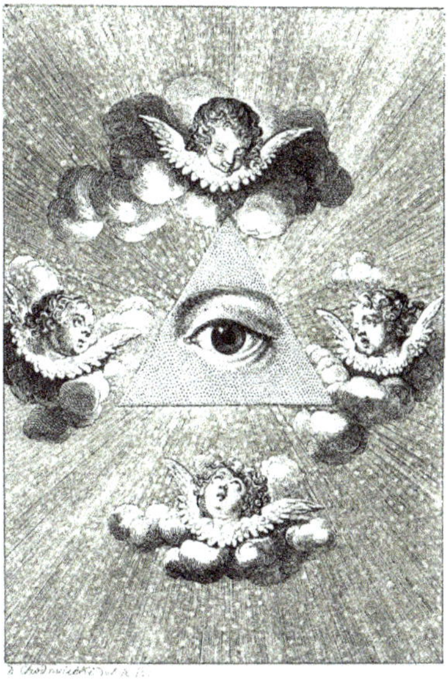

Abb. 1b: Radierung von Daniel Chodowiecki.[33] Quelle: Chodowiecki (1787).

‚Das Auge der Vorsehung' – Ikonographie der Überwachung als Ensemble von Allwissenheit und Allsichtbarkeit, Schutz und Strafe.

Trotz einer Verschiebung der Überwachungspraxis von lokalisierten Körpern zu Datensubjekten ist der eng mit dem Panoptismus verbundene Impetus der Aufklärung, die Wahrheit aufzudecken,[34] in den heutigen digitalen Datenpraktiken sehr präsent. Überwachung als Praxis der Sichtbarmachung ist mit den Kulturtechniken der Beobachtung, Vermessung und regelgeleiteten, formalisierten

33 Siehe ausführlich zu den ‚Bildern der Überwachung' Kammerer (2008).
34 Sewell/Barker (2007: S. 358).

Welterschließung eine Geste der Aufklärung. Die großen Datenmengen rücken uns vermeintlich näher an die ersehnte Objektivität heran: Indem unsere sozialen Beziehungen und Interaktionen, unsere Erfahrungen, Erlebnisse, Emotionen und Gefühle vollständig zu einem computerisierbaren Datenkorpus werden, können die nur ausschnitthaften Erkenntnisse über die Welt überwunden werden.[35]

Der Datenreichtum ist als direkte Fortsetzung des objektivistischen Narrativs von der Abbildung der Welt zu verstehen. Neben einer technologischen (durch eine größere Quantität von Daten und eine verbesserte Rechenleistung) und analytischen (durch effektivere Identifikation von Mustern) Dimension von ‚Big Data' ist die mythische Zuschreibung von Wahrheit, Präzision und Objektivität an das mithilfe dieser Datenbestände konstruierte Wissen entscheidend.[36] Zwar ist der Begriff ‚Rohdaten' ein Oxymoron, da Daten niemals in einer reinen, ursprünglichen, unbearbeiteten – eben ‚rohen' – Form vorliegen können, und doch gelten sie als transparent, eigenevident, objektiv, als die kleinsten Einheiten der Wahrheit.[37]

Die Grundlagen dieses Mythos werden mit den epistemologischen Normen der geistesgeschichtlichen Moderne geschaffen, die Subjekt(ivität) und Objekt(ivität) klar voneinander scheidet[38] und neben der Möglichkeit des Objektiven auch das Streben nach Wissensaggregation und Omniszienz hervorbringt. Dieser Mythos wird in der jüngeren Vergangenheit in regelmäßigen Abständen am Leben erhalten und mit den jeweiligen technologischen Bedingungen aktualisiert. Ähnliche Narrative finden sich etwa bereits in den Diskursen der virtuellen Realität: Die Annahme einer Überführung der Welt in mathematisch definierbare Räume, die aus diskreten, manipulierbaren Einheiten (pixel) bestehen, ist nichts weniger als die computertechnische und ästhetische Realisierung des aufgeklärten Traums einer durch Formeln und Repräsentationen erschließbaren Welt.[39] Die motivischen Verflechtungen mit christlichen Traditionslinien weisen dem Körper eine sekundäre Stellung zu – das schwache Fleisch – und konzentrieren sich auf die alles durchziehenden Informationen als Einheiten der Welt: Geist über Materie.[40]

---

35 Vgl. Mayer-Schönberger/Cukier (2013). Für eine kritische Diskussion der (Fehl-) Annahmen des Big Data-Diskurses siehe Bächle (2016a).

36 Vgl. Boyd/Crawford (2013).

37 Vgl. Gitelman/Jackson (2013).

38 Vgl. Latour (2008).

39 Vgl. Penny (1994).

40 Vgl. Hayles (1999).

Die Narrative der Allwissenheit, Allsichtbarkeit und Allgegenwart werden auf der Projektionsfläche derzeitiger Daten- und Überwachungspraktiken auf zukünftige Ereignisse oder Handlungen einzelner Individuen ausgeweitet, die vermeintlich antizipiert werden können. Verbunden mit der Idee von Schutz und Strafe findet sich das Auge der Vorsehung motivisch auch in ‚Big Data'-Diskursen als eine höhere Macht (vgl. Abb. 1). Mit der Technik des *profiling* in polizeilichen, administrativen, medizinischen oder sicherheitspolitischen und militärischen Kontexten erlaubt diese Macht einen vermeintlichen Blick auf zukünftige Entwicklungen oder Szenarien. Diese Form der Überwachung des Zukünftigen ist eine Simulation von Überwachung,[41] weil das darin produzierte Wissen kein realisiertes Bezugsobjekt hat. Das durch *predictive policing* oder *predictive diagnostics* produzierte Wissen macht virtuelle, in der Möglichkeit vorhandene Ereignisse, die noch nicht eingetreten sind, gegenwärtig und damit real. Die konstruierte Beobachtung dessen, was noch nicht geschehen ist, aber vielleicht geschehen wird, erweitert die ‚Big Data'-gespeisten Narrative der Allwissenheit und das Motiv des Auges der Vorsehung als Schutz- und Bestrafungsinstanz. Praktisch ermöglicht erst die weitreichende ‚Datafizierung' die Extrapolation des Zukünftigen aus dem vermessenen Bekannten. Medientechnisch und -ästhetisch setzt sich hier die mit den Massenmedien vorgezeichnete Ablösung der Simulation von ihren Referenzobjekten fort.[42] Die simulierte Überwachung drückt sich sprachlich in Begriffen wie *pre-crime* für eine Praxis in der Kriminologie und ‚Schläfer', ‚Gefährder' oder Risikosubjekt als Kategorien für Individuen aus. Sie wird durch die kollektiv geteilten Bestrebungen, zukünftige Straftaten zu verhindern oder zukünftig entstehenden Krankheiten entgegenzuwirken, zu einer eigenen Realität vor dem eigentlichen Fakt. Das Profil als Referenzobjekt der simulierten Überwachung muss nicht legitimiert werden, es ‚funktioniert'[43], da es sich durch die Angabe seiner eigenen Irrtumswahrscheinlichkeit bereits selbst validiert. Ein falscher Blick in die Zukunft ist somit Teil der prognostischen Überwachung und sichert sie damit auch gegenüber Vorwürfen fehlerhafter Vorsehung ab.

Prospektive Überwachung deckt daher keine Wahrheiten auf, sondern konstruiert diese im Akt der Sichtbarmachung. In höchstem Maße problematisch wird dies durch bestimmte Wertungen und Wertigkeiten, die bereits in den Daten angelegt sind.[44] Eines der bekanntesten Beispiele, das die wertende Datafizierung

41 Vgl. Bogard (2007).
42 Vgl. Baudrillard (2014).
43 Vgl. Bogard (2007).
44 Vgl. Mittelstadt et al. (2016).

von Subjekten und deren zukünftigem Verhalten dokumentiert, ist die im Jahr 2016 von ‚ProPublica' – einer Plattform für invenstigativen Journalismus – veröffentlichte Arbeit *Machine Bias.*[45] Darin wird die Software COMPAS (*Correctional Offender Management Profiling for Alternative Sanctions*) dargestellt, die an US-amerikanischen Gerichten als Werkzeug zur Entscheidungsfindung genutzt wird, um die Wahrscheinlichkeit für eine erneute Straffälligkeit von Individuen automatisiert zu bewerten. COMPAS evaluiert dabei zusätzlich die Notwendigkeiten und/oder Bedürfnisse im Zusammenhang mit einer Resozialisierung der/des Angeklagten und gibt Empfehlungen dazu ab, wer auf Kaution entlassen werden kann, inklusive der Kautionshöhe.

Im Zuge der Recherche von ‚ProPublica' wurden die Risikobewertungen von mehr als 7.000 Personen, die in den Jahren 2013 und 2014 in Broward County (Florida) festgenommen worden waren, mit der Anzahl der von diesen tatsächlich neu begangenen Straftaten über einen Zeitraum von zwei Jahren verglichen. Die Autor*innen stellten fest, dass die Risikobewertung bei der Vorhersage gewalttätiger Straftaten ‚bemerkenswert unzuverlässig' war; eine entsprechende Prognose war nur in einem Fünftel der Fälle korrekt. Neben der sehr hohen Irrtumswahrscheinlichkeit zeigten sich auch deutliche Disparitäten bei der Risikobewertung in Abhängigkeit der Hautfarbe der Straftäter*innen: „The formula was particularly likely to falsely flag black defendants as future criminals, wrongly labeling them this way at almost twice the rate as white defendants. White defendants were mislabeled as low risk more often than black defendants".[46]

Neben der Verlässlichkeit der von der COMPAS produzierten Prognosen erscheint auch die Datengrundlage zweifelhaft. Die von der Firma Northpointe (heute: Equivant) entwickelte Software verspricht dabei eine Bewertung von Variablen wie *Anger*, *Criminal Personality*, *History of Non-Compliance*, *Residential Instability*, *Substance Abuse*, *Social Adjustment Problems* und *Socialization Failure.*[47] Als Grundlage der Prognose dienen Daten, die über eine Befragung von straffällig gewordenen Personen generiert werden. Zu den insgesamt 137 Items zählen:

> „Based on the screener's observations, is this person a suspected or admitted gang member? – No, Yes"
> „If you lived with both parents and they later separated, how old were you at the time? – Less than 5, 5 to 10, 11 to 14, 15 or older, does not apply"

45 Vgl. Angwin et al. (2016).

46 Ebd.

47 Diese Liste findet sich in einer Werbebroschüre auf den Seiten der Firma Northpointe (o. J.). In aktuelleren Versionen wurde diese durch zurückhaltendere Beschreibungen der Software ersetzt, vgl. Equivant (o. J.). Das aufschlussreiche Handbuch zur Software COMPAS-CORE in der Version von 2015 ist hier einsehbar: Northpointe (2015).

„How many of your friends/acquaintances have ever been arrested? – None, Few, Half, Most"
„How often have you moved in the last twelve months? – Never, 1, 2, 3, 4, 5+"
„Thinking of your leisure time in the past few (3–6) months [...] How often did you feel bored? – Never, Several times/mo [month, T. C. B.], Several times/wk [week, T. C. B.], Daily"
„I have never felt sad about things in my life. – Strongly Disagree, Disagree, Not Sure, Agree, Strongly Agree"
„A hungry person has a right to steal. – Strongly Disagree, Disagree, Not Sure, Agree, Strongly Agree"

Neben einer detaillierten Evaluation des sozialen Milieus stehen hier Fragen nach der persönlichen Einstellung zu einem komplexen ethischen Dilemma oder gar die subjektive Einschätzung der Interviewer*innen. Die verzerrte Prognose ist daher nicht etwa die Konsequenz aus einer automatisierten Datenanalyse, sondern vielmehr den Bedeutungen und Gewichtungen geschuldet, die einzelnen Variablen und ihren Werten im Zuge der Operationalisierung zugeschrieben werden. Mit Faktoren wie einer (durch die Interviewer*innen vermuteten) Zugehörigkeit zu einer Gang oder der Anzahl straffällig gewordenener Bekannter und Freund*innen, wird die individuelle Strafanfälligkeit u. a. durch soziale Milieus erhoben, die häufig entlang einer identitätsstiftenden ethnischen Zugehörigkeit organisiert sind. Gruppenidentität, indirekt und implizit auch definiert durch Hautfarbe, markiert Individuen. Jüngere wissenschaftliche Arbeiten stellen die Risiken dieser Art von ‚Dirty Data' („inaccurate, skewed, or systemically biased data"[48]) heraus:

> Deploying predictive policing systems in jurisdictions with extensive histories of unlawful police practices presents elevated risks that dirty data will lead to flawed or unlawful predictions, which in turn risk perpetuating additional harm via feedback loops throughout the criminal justice system.[49]

Durch die automatisierte Analyse großer – möglicherweise auch ‚schmutziger' – Datenmengen entsteht gleichwohl der Eindruck einer zusätzlichen Objektivierung eines dabei zu Tage geförderten Wissens.

Die Fokussierung des Zukünftigen im Narrativ der Überwachung ist eingebettet in den umfassenderen und für die Spätmoderne charakteristischen Diskurs der Risikominimierung[50] und des Vorsorgeprinzips[51]. Von dem

48 Richardson et al. (2019: S. 192).
49 Ebd.
50 Vgl. Beck (1986).
51 Vgl. Sunstein (2005).

ursprünglich deskriptiven Ziel statistischer Auswertungen kommend, über die probabilistischen Aussagen über Risiken und deren Minimierung, verschreibt sich die analytische Vision heute dem Preemptionsparadigma, dem zufolge gar die Entstehungsbedingungen für Risiken identifiziert und verhindert werden sollen. Zu den tradierten Denkfiguren auf dem Weg dorthin zählt daher auch das Vorhandensein sozialer Ordnungsmuster. Begreift man, wie Armin Nassehi es vorschlägt, Digitalisierung als „soziologisches Projekt“[52], kann seine Erkenntnis, dass „die gesellschaftliche Moderne immer schon digital war“[53] kaum überraschen, weil er damit lediglich eine Erzählung fortschreibt, die im Ursprung dieses Projekts angelegt ist und sich auf die These verkürzen lässt: Gesellschaft lässt sich in Mustern beschreiben. Neben dem ‚Muster‘ hat auch das ‚Profil‘ eine mit der Moderne verbundene Diskursgeschichte.[54] Hier wurzeln das Verschwinden des Körpers hinter seiner Übersetzung in computerisierbaren Code (‚Biometrie‘) oder die Erschaffung von in Symbole übersetzten, klassifizierbaren Datensubjekten mittels Ausweisen, Fingerabdrücken oder Passwörtern.[55] Die Macht der digitalen Überwachung rührt vom Narrativ ihrer Allwissenheit und Allgegenwärtigkeit her, mit dessen Hilfe Normen und Deutungsmuster als ‚die objektive Wahrheit‘ durchgesetzt werden und kraft technikgestützter Vorsehung gar einen vermeintlichen Blick in die Zukunft ermöglichen.

3. „Mithilfe digitaler Überwachungstechniken können wir sehr leicht manipuliert werden“ – Unheimliche KI, Medienmacht und Vulnerabilität

Das dritte Narrativ knüpft an die Vorstellung der allwissenden digitalen Überwachung an: ‚Deep neural networks are more accurate than humans at detecting sexual orientation from facial images‘, behauptet der Titel einer Studie, in der Fotos von Einzelpersonen genutzt wurden, um Rückschlüsse auf deren sexuelle Identität zu ziehen.[56] Die Einschätzungen menschlicher Proband*innen wurde dabei mit den Klassifikationen eines computergestützten Analyseverfahrens verglichen. Als Ergebnis verkünden die Autoren: „Given a single

52 Nassehi (2019: S. 18) führt zur „soziologischen Denkungsart“ der Digitalisierung aus: „Sie nutzt soziale Strukturen, sie macht soziale Dynamiken sichtbar und sie erzeugt aus diesen Formen der Mustererkennung ihren Mehrwert“.

53 Ebd. (S. 11).

54 Vgl. Bernard (2017).

55 Vgl. Lyon (2002).

56 Vgl. Wang/Kosinski (2018).

facial image, a classifier could correctly distinguish between gay and heterosexual men in 81% of cases, and in 71% of cases for women. Human judges achieved much lower accuracy: 61% for men and 54% for women".[57] Wie eine Form der Schädelkunde unter digitalen Bedingungen muten die Ausführungen der Autoren an, wenn zu den genutzten ‚Klassifikatoren' sowohl die Form der Nase als auch der individuelle „grooming style" zählen und sie außerdem unterstreichen: „Consistent with the prenatal hormone theory of sexual orientation, gay men and women tended to have gender-atypical facial morphology, expression, and grooming styles".[58]

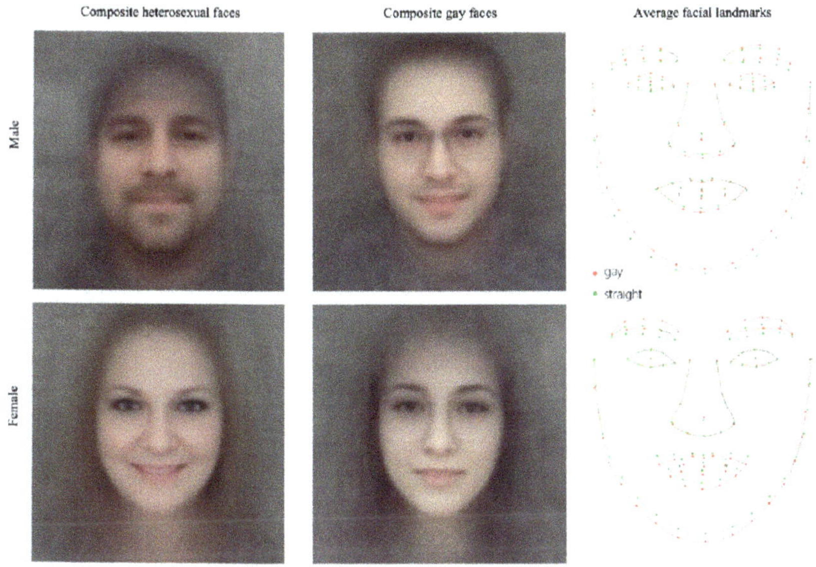

Abb. 2: Kraniometrie unter KI-Bedingungen – rechte Spalte: So sehen Homosexuelle aus. Quelle: Wang/Koskinski (2018: S. 251).

Der Ansatz ist offen naturalistisch (siehe oben: „consistent with the prenatal hormone theory of sexual orientation"), folgt einem bipolaren Schema der sexuellen Identität und verkennt völlig deren performativen Charakter: Die

57 Ebd. (S. 246).
58 Ebd.

Auswahl der Bilder entstammt einer US-amerikanischen Dating-Webseite, weshalb anzunehmen ist, dass sich die kulturellen Zeichen der Sexualität in der gewählten Selbstdarstellung besonders deutlich niederschlagen.[59]

Wenig überraschend wurde diese Arbeit im populären Diskurs in verbindlich klingende Schlagzeilen wie diese aus der britischen Zeitung *The Guardian* übersetzt: „New AI can guess whether you're gay or straight from a photograph".[60] Das Motiv der Allwissenheit wird dabei in ein Machtverhältnis zu den Menschen gesetzt: Die automatisierte Datenauswertung erkennt besser als wir und blickt in uns; eine unfreiwillige, unbewusste und unheimliche Offenbarung.

Dies ist das erste Element im Narrativ der Manipulationsmacht, die den digitalen Überwachungstechniken zugeschrieben wird und dabei oft angereichert ist mit Schlagworten wie ‚Künstliche Intelligenz', ‚Deep Neural Networks' oder ‚Deep Learning'. Die ‚Tiefe' letzterer, die eine komplexe Binnenstruktur zwischen Eingabe und Ausgabe im informationswissenschaftlichen Modell sogenannter neuronaler Netze beschreibt, hält eine zusätzliche Metaphorik des Unergründlichen, Unverstandenen und Unkontrollierbaren bereit. Unsere Verwundbarkeit gegenüber den Maschinen, die ein Wissen über uns generieren, das wir nicht aktiv bereitstellen, vielleicht gar verborgen halten wollen, wird in einem nächsten Schritt zur Grundlage für effektive Manipulation erklärt.[61]

Als bekanntestes Beispiel hierfür kann die *computational propaganda* gelten, die als Technik im US-amerikanischen Präsidentschaftswahlkampf des Jahres 2016 zum Einsatz kam. Wie 2018 bekannt wurde, hatte das britische Unternehmen Cambridge Analytica die Kategorisierung von Wähler*innengruppen als

---

59 Die bizarr anmutenden Verkürzungen und Schlussfolgerungen dieser Arbeit zeigen sich auch in der von den Autoren genutzten Rede von „gay and heterosexual faces" (Wang/Kosinski [2018: Anmerkung 6]), wenn es nicht (nur) um das Gesicht, sondern auch um dessen Ausdruck geht. Sogenannten ‚homosexuellen Gesichtern' schreiben sie eine „gender atypicality" (ebd.) zu, womit sie selbstverständlich verweiblichte männliche und vermännlichte weibliche Gesichter meinen. Gleiches gilt für Schlüsse wie diesen: „Male facial image brightness correlates 0.19 with the probability of being gay, as estimated by the DNN-based [Deep Neural Network; T. C. B.] classifier. While the brightness of the facial image might be driven by many factors, previous research found that testosterone stimulates melanocyte structure and function leading to a darker skin" (ebd.). Zu den anderen Faktoren ist wohl auch die – von der sexuellen Identität doch recht unabhängig zu betrachtende – Exposition gegenüber Sonnenlicht zu nennen, was die gesamte Absurdität einer solchen Argumentation verdeutlicht.

60 Levin (2017).

61 Dieses Narrativ kulminiert in den Annahmen um sogenannte ‚Gehirn-Computer-Schnittstellen', die als Interface zur Steuerung eines Computers genutzt werden können. Die Vorstellung jedoch, es sei möglich, als symbolische Repräsentationen vorliegende Gedanken auszulesen, entbehrt jeder seriösen Grundlage.

Dienstleistung verkauft und damit eine gezielte Adressierung von Nutzer*innen des sozialen Netzwerks Facebook mit selektiven Botschaften ermöglicht. Instrument hierfür war die Konstruktion von Persönlichkeitsprofilen: Die Vermessung der Psyche (‚Psychometrie') sollte besonders empfängliche Zielgruppen identifizierbar machen. Zum Einsatz kam das sogenannte ‚OCEAN-Modell'[62], das die Persönlichkeit eines Individuums in fünf Dimensionen beschreibbar machen will: Offenheit für Erfahrungen, Gewissenhaftigkeit, Extraversion, Verträglichkeit (Kooperationsbereitschaft, Empathie) und Neurotizismus (u. a. die erlebte Intensität negativer Emotionen). Seit Jahrzehnten in der psychologischen Forschung angewandt – und kritisch begleitet – kommt es seit einiger Zeit auch im Zusammenhang mit Daten zum Einsatz, die während des Gebrauchs von Medien (z. B. der Nutzung von Apps auf dem Smartphone[63]) generiert werden.

Die Ergebnisse dieser Analysen und die zielgerichteten Botschaften, so geht die Narration weiter, funktionieren, sind effektiv und haben massiv das Wahlverhalten beeinflusst.[64] Oft wird diese Erzählung mit dem derzeit populären, aus der Verhaltensökonomie stammenden Begriff *nudging* verbunden. Hinter diesem steht die Vorstellung einer gezielten – wenngleich in seiner ursprünglichen Modellierung[65] in wohlwollender Absicht verfolgten – Manipulation des Verhaltens, das auf Grundlage eines umfangreichen Datenwissens in seiner Musterhaftigkeit durchschaubar und dadurch vorhersagbar wird. Es handelt sich dabei nicht um Verbote oder finanzielle Anreize, die das individuelle

62 Vgl. Goldberg (1993).

63 Vgl. Chittaranjan et al. (2011).

64 Im US-amerikanischen *Time Magazine* (Ghosh/Scott 2018) heißt es beispielsweise am 19. März 2018 unter der Überschrift „Facebook's New Controversy Shows How Easily Online Political Ads Can Manipulate You": „Reporting by the Observer, the Guardian and the New York Times in recent days has revealed that Cambridge Analytica – the social media monitoring firm that bragged it helped put Trump in the White House – had gained access before the election to the data of 50 million Facebook users through highly questionable means. Cambridge Analytica used to that data to create a tool of ‚psychological warfare' to manipulate American voters with targeted Facebook ads and social media campaigns. This news has painted the national discussion over social media's impact on national politics in a stark new light. There was already a debate raging about how targeted digital ads and messages from campaigns, partisan propagandists and even Russian agents were sowing outrage and division in the U.S. electorate. Now it appears that Cambridge Analytica took it one step farther, using highly sensitive personal data taken from Facebook users without their knowledge to manipulate them into supporting Donald Trump."

65 Vgl. Thaler/Sunstein (2008).

Verhalten ändern, sondern scheinbar viel zurückhaltender um eine Wahl- und Entscheidungsarchitektur, die bestimmte Optionen begünstigt: „Putting fruit at eye level counts as a nudge. Banning junk food does not“[66]. Die sichtbarere Präsentation bestimmter Optionen oder Standardeinstellungen soll eine Auswahl begünstigen, ohne die Wahlfreiheit einzuschränken. In seiner Umsetzung in digitalen Medien[67] wirkt das Konzept *nudging* etwa durch Interface-Strukturen, die bestimmte Nutzungsweisen ermöglichen und andere ausschließen (‚affordances‘[68]). Zugleich erfolgt durch eine (mehr oder weniger) prominente Anordnung einzelner Funktionen oder ihre Einbettung in spielerische Kontexte (als *gamification* z. B. durch das Sammeln von Punkten) auch stets eine Priorisierung und Steuerung von Handlungen.

Nicht lange hat es gedauert, bis jemand im Anschluss daran eine sprachlich-konzeptionelle Originalität ersann: ‚Big Nudging‘. Dirk Helbing stellt unter diesem zusammengeschusterten Begriff in apodiktischer Eindeutigkeit fest: „Wer über große Datenmengen verfügt, kann Menschen auf subtile Weise manipulieren“.[69] Der „zu Grunde liegende Wissenschaftsansatz wird ‚Behaviorismus‘ genannt und ist eigentlich längst veraltet“ und doch würden unsere „psychologischen Unzulänglichkeiten ausgenutzt“.[70] Grundlage seien die „oft ohne unser Einverständnis gesammelten persönlichen Daten“, mit denen sich offenbare, „was wir denken, wie wir fühlen und wie wir manipuliert werden können“ und schließlich kaufen wir „überteuerte Produkte“ oder „solche, die wir nicht brauchen“ oder geben „unsere Stimme einer bestimmten Partei“[71].

Wenn doch, so mag man einwenden, der Behaviorismus veraltet ist, wie kann uns *nudging* dann überhaupt in diesem Sinne erzählt werden? Wohl weil eine solche Erzählung opportun und in hohem Maße anschlussfähig an bestehende narrative Strukturen ist. Sie gibt dem Erwartbaren eine Stimme. Das Konzept *nudging* aber beschreibt Tendenzen, die sich erst in größeren Populationen zeigen, und folgt keinem behavioristischen Ursache-Wirkungs-Prinzip, dem jede/r Einzelne unterworfen ist. Was hinter dieser dominanten Narrationsstruktur hingegen weniger sichtbar wird, sind die Konsequenzen aus der Fiktion eines klassifizierbaren ‚Psycho-Subjekts‘, das durch die psychometrischen Verfahren und die anschließende individualisierte Adressierung (etwa im genannten Beispiel

66 Ebd. (S. 6).
67 Vgl. Mirsch et al. (2017).
68 Vgl. Bucher/Helmond (2017).
69 Helbing (2017: S. 49).
70 Ebd.
71 Ebd. (S. 50).

der Wahlkampfkommunikation) entsteht.[72] Sie führt zu einer Fragmentierung der Öffentlichkeit in selektive Kommunikationsräume, in denen emotionalisierende oder falsche Informationen Widerhall finden.[73] Dies beschädigt potentiell die öffentliche Debatte, die politische Diskurskultur, kollektiv geteilte Identitäten als Figuren sozialen Zusammenhalts oder die Referenzfigur einer gemeinsamen (Medien-)Realität.[74]

Besondere Vulnerabilität schließlich wird im Zusammenhang mit unseren Gefühlen unterstellt. Einen relativ neuen Diskurs stellt das Paradigma des *affective computing* dar, in dessen Mittelpunkt eine Mensch/Maschine-Interaktion steht, die gezielt die Emotionen der Nutzer*innen anspricht und diese auch analysieren kann. In der ursprünglichen Definition – „computing that relates to, arises from and deliberately influences emotion"[75] – ist das manipulative Element dieser Kommunikationsdimension zwischen Menschen und Maschine bereits explizit angelegt. Heute immer populärer werdende künstliche Kommunikationsagenten wie textbasierte *chat bots*, sogenannte *smart speakers* (die über eine Sprachsynthesefunktion verfügen und damit eine menschliche Sprechstimme künstlich erzeugen können) und zu einem gewissen Grad auch *social bots*, nähern sich einer als natürlich empfundenen sprachlichen Interaktion an. Noch stärker anthropomorphisierte Elemente zeigen sich in sozialen Robotern, wie sie etwa bereits in der Pflege zum Einsatz kommen,[76] deren ausgeprägteste Form in einer humanoiden Morphologie liegt. Sie sind als Interfaces mit weitreichenden Funktionen ausgestattet, um verbale, non- und paraverbale Zeichen der menschlichen Kommunikation zu (de-)kodieren und durch eine eigene Körperlichkeit auch – in Mimik und Gesten – zu (re-)produzieren. Dies ist in der Tat ein Novum, da ein solches Interface Wissensbereiche einer computerisierbaren Form zuführt, die bislang als implizit galten.[77] Dazu zählt insbesondere ein nicht eindeutig kodifiziertes Wissen im Bereich der sozialen Normen oder ein körpergebundenes Wissen wie Annahmen über die Emotionen der menschlichen Interaktionspartner*innen.

---

72 Vgl. Stark (2018).

73 Vgl. Bruns (2019) für eine kritische Einordnung der damit in Verbindung stehenden Konzepte ‚Filter Bubble' oder ‚Echokammer'.

74 Siehe Susser et al. (2019) für eine differenzierte Darstellung des *nudging*-Konzepts, zum Begriff sowie den Praktiken der Manipulation.

75 Picard (1995: S. 3).

76 Vgl. Calo et al. (2011).

77 Vgl. Bächle et al. (2017).

Diese Entwicklungen befördern nicht weniger als eine direkte soziale Interaktion mit den uns analysierenden Medientechniken. Die natürliche Interaktionsform mit den menschenähnlichen und vertrauenserweckenden Maschinen produziert nicht nur weiteres intimes Wissen über uns, sie steigert auch die Vulnerabilität diesen gegenüber. Doch liegt die Gefahr wohl weniger im manipulativen Potential dieser Techniken selbst, sondern vielmehr in der Bedeutung, die diesem Wissen zugeschrieben wird: Die Rede von Persönlichkeitsmerkmalen, die anhand der Stimme analysiert werden oder einer computergestützten Beobachtung der Mimik, die die ‚wahren' Emotionen offenlegt, verweist auf Wissensformen, die sich aus den oben skizzierten Narrativen speisen. Sie geben vor, etwas zu erkennen, das der menschlichen Wahrnehmung entgangen ist, und sie werden zugleich mit dem Nimbus der Objektivität ausgestattet, die einer maschinellen Intelligenz unterstellt wird.

Dies sind die Gefahren, die aus den Narrativen der digitalen Überwachung entstehen. Eine Bewerberin, eine Verdächtige, ein Patient – sie alle werden möglicherweise mit einem vermeintlich objektiv qua Körperzeichen generierten Wissen über ihre Persönlichkeit und Emotionen konfrontiert, das zur ‚eigentlichen' Realität wird. Es entstehen Fiktionen des Emotionalen, die nicht objektiv vermessen werden, sondern vielmehr emotionale Zustände normieren und mit dem Zwang zur Optimierung negativ konnotierter, unerwünschter oder unproduktiver Ausprägungen versehen.[78]

Auch hier hat die Überwachung folglich keine enthüllende Funktion. Mit ihrer Hilfe wird vielmehr ein Wissen konstruiert, das soziale Machtstrukturen durchsetzt und verstärkt. Die Narrationsmuster der manipulativen Macht neuer (Medien-)technologien müssen als historische Konstante angesehen werden. Die Vorstellung, Computer als Persuasionstechnologien einzusetzen, kann auf diskursive Vorläufer wie das Mitte der 1990er Jahre ins Leben gerufene ‚Persuasive Technology Lab' der Stanford University zurückblicken, dessen Forschungsziel erklärtermaßen die computer- und mediengestützte Verhaltensänderung von Menschen ist (und nicht etwa die Erforschung der Bedingungen, unter denen uns Dritte manipulieren wollen). Blickt man weiter zurück, sei an die dem Kino oder dem Fernsehen in ihrer jeweiligen Frühphase zugeschriebenen Medienwirkungen erinnert und an die befürchteten Auswirkungen von Gewaltdarstellungen in Filmen oder die Angst vor unterschwellig gesetzten Reizen als manipulative Strategien in der Kino- und Fernsehwerbung. Die manipulative Macht der Medien – so zeigt der Blick auf diese historischen Analogien – wird

78 Vgl. ausführlich Bächle (2019).

jedoch tendenziell überschätzt.[79] Ihnen liegen typischerweise stark behavioristisch eingefärbte Medienwirkungsmodelle zugrunde, eine ganz offensichtliche Gemeinsamkeit mit den heutigen Ängsten um die digitale Überwachung.

4. Theorien der digitalen Überwachung – Die narrative Dimension von ‚Analyse' und ‚Lösung'

Wissenschaft und ihre Theorienbildung folgen zumeist pflichtschuldig der Geste des Neuen, suchen nach der Zäsur, der Problematisierung und daran anschließend der Lösung – was war, was ist, was könnte sein? Auch in den Versuchen, der Phänomene der computergestützten, digitalen Überwachung analytisch habhaft zu werden, steckt immer auch eine narrative Struktur, die ihrerseits Erwartungen und Befürchtungen prägt.

Überwachungspraktiken sind historisch betrachtet keine neue Entwicklung und dennoch wird ihre seit vier Jahrzehnten andauernde und stets zunehmende Bedeutung – wie bereits ausgeführt (vgl. Abschnitt 1) – als zentrales Ordnungsprinzip der Spätmoderne identifiziert.[80] Angesichts der Beschwörung einer *surveillance society*[81] und den *surveillance studies* als beigeordneter akademischer Disziplin,[82] stellt sich allerdings die Frage, ob es sich bei ihren Gegenständen tatsächlich um Ausprägungen eigenständiger Phänomene handelt, oder durch die Ausrufung eines eigenen Zeitalters die historische Kontinuität der untersuchten Entwicklungen zum Verblassen gebracht wird.

Unbestritten ist hingegen, dass qualitative Veränderungen von Überwachungspraktiken und -techniken eine theoretische Ausdifferenzierung erfordern.[83] Am prominentesten wird eine Verschiebung der Machtverhältnisse mit diesen Veränderungen verknüpft, die stets mit einer mehr oder minder impliziten Bedrohungslage assoziiert wird. Die *new surveillance*[84] der computerbasierten Überwachung erlange ein Wissen, das das beobachtete Subjekt nicht hat. Nicht länger das einzelne Individuum, sondern eine Menge aggregierter Daten seien im Fokus dieser

---

79 Siehe Cantril et al. (1940) als historisches Beispiel für eine Untersuchung, welche die vorherrschenden Annahmen über die Macht des ‚neuen Massenmediums' Radio relativiert, indem sie zeigt, dass die Medieneffekte weniger in der Technik selbst als vielmehr in sozialen Kontexten und psychologischen Prädispositionen zu verorten sind.

80 Vgl. Lyon et al. (2012: S. 1).

81 Vgl. Lyon (1994).

82 Vgl. Lyon et al. (2012: S. 2).

83 Die im Folgenden gestreiften theoretischen Ansätze werden in detaillierter Form in Bächle (2016a) diskutiert.

84 Vgl. Marx (2002).

Überwachung. Der Begriff *dataveillance*[85] beschreibt die technische Praxis des Aufbaus und der Analyse großer Datenbestände, mit denen Filterfunktionen im Sinne einer Rasterfahndung möglich werden. Begriffe wie *electronic superpanopticon*[86] stellen sich in Kontinuität zum Panoptismus, betonen jedoch zugleich, dass sich durch die Netzstruktur und die Logik der Datenbank die klassischen Grenzziehungen (innen/außen, Beobachter*innen/Beobachtete) nicht aufrechterhalten lassen. Die Rede von einer *digital enclosure*[87] wiederum unterstreicht die Spezifik der digitalen Kommunikationsmedien, in denen neben den Interaktionen selbst auch Daten *über* diese entstehen (z. B. Ort, Zeit und Dauer). Fuchs et al.[88] betonen den globalen Maßstab datenbankbasierter Internet- und Social Media-Überwachung und deren erhebliche sozialen und ökonomischen Implikationen. Zuboff[89] diagnostiziert eine neue Form des Kapitalismus – *surveillance capitalism* – mit negativen Effekten auf die demokratische Ordnung; Couldry/Mejias[90] erzählen die universelle Datafizierung vor einer narrativen Schablone des Kolonialismus (*data colonialism*), in der die massenhafte Datenextraktion als gleichbedeutend mit der Aneignung sozialer Ressourcen begriffen wird.

Doch auch eine Neujustierung der Machtverhältnisse findet sich in den wissenschaftlichen Konzepten, die neue Formen der Überwachung beschreibbar machen wollen und sie dadurch zugleich auf eine bestimmte Weise narrativieren: *Counter surveillance* wendet sich gegen bestehende Hierarchien durch den Mächtigen entgegengesetzte Praktiken der Überwachung. Dazu zählen beispielsweise die Dokumentation von Polizeigewalt durch Smartphone-Kameras, die sich in durch soziale Medien hergestellten Öffentlichkeiten einfach und schnell verbreiten kann, oder auch *leaking* von geheimgehaltenen Dokumenten. Zusammen mit Formen gegenseitiger Überwachung (der alltäglichen Recherche anderer Personen etwa) als *lateral surveillance*[91] werden die Machtverhältnisse und -dynamiken diffus und komplexer.[92] Zugleich findet sich aber auch die Gegenfigur des totalen Überwachungsstaats, die derzeit am häufigsten auf China als ein mahnendes Beispiel projiziert wird.[93]

---

85 Vgl. Clarke (1994).
86 Vgl. Poster (1990).
87 Vgl. Andrejevic (2007).
88 Vgl. Fuchs et al. (2012).
89 Vgl. Zuboff (2015).
90 Vgl. Couldry/Mejias (2018).
91 Vgl. Andrejevic (2005).
92 Vgl. Brakel et al. (2015).
93 So titelt etwa das britische Magazin *The Economist* am 2. Juni 2018: „The Surveillance State. Perfected in China, a Threat in the West". Vgl. The Economist (2018).

Die derzeit diskutierten Probleme im Kontext der digitalen Überwachung werden bestimmt von Diskursen um den Schutz von Privatheit und personenbezogenen Informationen, um technische Lösungen zur Herstellung von Datensicherheit oder den (Un-)Möglichkeiten, Verantwortungs- oder Haftungsfragen im Kontext der Verarbeitung von Daten eindeutig zu bestimmen. Die konzeptionelle Vielfalt bei der gegenwärtigen Theorienbildung zum Gegenstand der Überwachung bringt folglich auch eine erhebliche Unsicherheit zum Ausdruck.

Die Praxis der Überwachung – solange sie aus einer dyadischen Struktur aus Beobachter*innen und Beobachtetem bestand – kannte klare Zuschreibungen von Akteur*innen und damit einhergehende Konzepte. Die ‚moderne Anordnung' übersetzt dieses Schema in Relationen wie Staat/Bürger*innen oder Öffentlichkeit/Privatheit. Dies scheint konzeptionell überholt, denn die dyadischen Strukturen bilden vor allem das Verhältnis eines zentral organisierten Staats zu seinen Bürger*innen ab.[94]

Wie weiter oben dargelegt, sind die gegenwärtigen Narrative der digitalen Überwachung die direkte Folge aus noch immer prävalenten epistemologischen sowie politisch-institutionellen Dualismen der Moderne, die jedoch – angesichts der ökonomischen Akteur*innen und neuen Praktiken der Sichtbarmachung des Selbst – sowohl in konzeptioneller als auch in struktureller Hinsicht an Gültigkeit eingebüßt haben. Ließ sich etwa Verantwortung ehemals einzelnen, klar definierten Akteur*innen zuschreiben, liegt heute eine netzwerkartig organisierte *agency* vor, in der Verantwortung verteilt ist[95] und gern als Liste von Algorithmen, Programmierer*innen, Hersteller*innen, Nutzer*innen etc. ausbuchstabiert wird. Auch hierin darf man eine (narrative) Verschiebung in der Zuschreibung von Verantwortung mit dem Ziel der Kontingenzreduktion wähnen.[96] *Distributed agency* führt zu *distributed responsibility*. Was theoretisch-konzeptionell überzeugt, bleibt jedoch praktisch unbefriedigend. Das Konzept der Verteilung klärt Verantwortlichkeit nicht auf, sondern stellt lediglich ihre ‚Diffusion' fest und Verantwortbarkeit damit gleichzeitig in Frage.

Die Suche nach ‚Lösungen' als Antwort auf die diagnostizierten Probleme orientiert sich dennoch an eben jenen klaren Strukturen (z. B. Öffentlichkeit/Privatheit oder Verantwortlichkeit) als einem Ideal. Lösungen weisen damit selbst eine narrative Struktur auf, die auf die ehemals geordneten Verhältnisse rekurriert und das (prinzipiell) unerreichbare Ziel ausgibt, diese unter veränderten

94 Zu den dynamischen Kontexten des Konzepts Privatheit siehe etwa Nissenbaum (2010).
95 Vgl. Mittelstadt et al. (2016).
96 Vgl. Hempel (2017).

sozialen und technologischen Bedingungen wiederherzustellen. Sie müssen an der Praxis scheitern.

5. Schluss

Die nunmehr digitalen Überwachungstechniken und -praktiken sind sowohl symptomatisch als auch konstitutiv für größere gesellschaftliche und technologische Entwicklungen. Die zahlreichen Widersprüche in ihrer Bewertung rühren nicht zuletzt daher, dass die lange verlässliche Ordnung der Moderne seit Jahrzehnten an Gültigkeit einbüßt. Überwachung – reduziert meist auf eine bedrohlich entworfene Technik – wird als einer der Urheber dieses Zerfallsprozesses inszeniert. Die Sorge um ihre destruktive Macht und um ihre unkontrollierbare Allwissenheit findet Widerhall in den allgemeinen Unsicherheiten der Spätmoderne. Dabei wird nicht nur häufig verkannt, dass Überwachung nicht nur die Bedrohung ist, als die sie erzählt wird. Selbstverständlich kann sie die persönliche Freiheit und Autonomie bedrohen, doch ist sie zugleich ein wichtiges Werkzeug, diese überhaupt erst herzustellen. Auch scheint es, als würde mit den Gefahrennarrativen zugleich die strukturelle Klarheit und Sicherheit einer modernen Welt zurückgesehnt.

Überwachung erfüllt in einem instrumentellen Sinne wichtige gesellschaftliche Funktionen. Sie muss jedoch stets aufs Neue legitimiert und einer kritischen Bewertung unterzogen werden. Die narrativen Muster dürfen dabei ihre Evaluation nicht überlagern: Überwachung darf nie Selbstzweck oder *default* sein. Wie wird sie gerechtfertigt? Welche Wissensformen werden in ihr generiert und zu welchem Zweck werden sie eingesetzt? Welche Wertungen und Hierarchien werden durch Anordnungen der Überwachung bereits durchgesetzt? Welche Subjekte und sozialen Gruppen werden auf welche Weisen gedeutet?

Die Theorie selbst erzählt stets eine eigene Geschichte. Dieser Text ist keine Ausnahme.

Literaturverzeichnis

Andrejevic, Mark (2005): „The work of watching one another: Lateral surveillance, risk and governance". In: *Surveillance and Society*. Bd. 2, Nr. 4, S. 479–497.

Andrejevic, Mark (2007): *iSpy: Surveillance and Power in the Interactive Era*. Lawrence: University Press of Kansas.

Angwin, Julia et al. (2016): „Machine Bias. There's software used across the country to predict future criminals. And it's biased against blacks". In: *ProPublica* vom 23.05.2016. URL: https://www.propublica.org/article/machine-bias-risk-assessments-in-criminal-sentencing (02.07.2020).

Bächle, Thomas Christian (2016a): *Digitales Wissen, Daten und Überwachung zur Einführung*. Hamburg: Junius.

Bächle, Thomas Christian (2016b): „Das Smartphone, ein Wächter. Selfies, neue panoptische Ordnungen und eine veränderte sozialräumliche Konstruktion von Privatheit". In: Beyvers, Eva et al. (Hrsg.): *Räume und Kulturen des Privaten*. Wiesbaden: Springer VS, S. 137–164.

Bächle, Thomas Christian (2019): „‚Hochinvasive Überwachung' und der Verlust der Autonomie (die es nie gab?)". In: Thimm, Caja/Thomas Christian Bächle (Hrsg.): *Die Maschine: Freund oder Feind? Mensch und Technologie im digitalen Zeitalter*. Wiesbaden: Springer, S. 231–259.

Bächle, Thomas Christian (2020): „Die Spur des simulierten Anderen – Humanoide soziale Roboter und die Imitation des Emotionalen". In: Klimczak, Peter et al. (Hrsg.): *Maschinen (in) der Kommunikation – Forschung im digitalen Zeitalter*. Wiesbaden: Springer VS, S. 143–167.

Bächle, Thomas Christian et al. (2017): „Sensor und Sinnlichkeit. Humanoide Roboter als selbstlernende soziale Interfaces und die Obsoleszenz des Impliziten". In: Ernst, Christoph/Schröter, Jens (Hrsg.): *Medien, Interfaces und implizites Wissen*. Themenheft der Zeitschrift *Navigationen*. Bd. 17, Nr. 2. Siegen: Universitätsverlag, S. 66–85.

Baudrillard, Jean (2014): *Simulacra and Simulation*. Ann Arbor: University of Michigan Press.

Bauman, Zygmunt (2003): *Flüchtige Moderne*. Frankfurt am Main: Suhrkamp.

Beck, Ulrich (1986): *Risikogesellschaft. Auf dem Weg in eine andere Moderne*. Frankfurt am Main: Suhrkamp.

Berkman, Bernard A. (1971): *The Assault on Privacy: Computers, Data Banks, and Dossiers, by Arthur R. Miller, 22 Case W. Res. L. Rev. 808 (1971)*. URL: https://scholarlycommons.law.case.edu/caselrev/vol22/iss4/10 (02.07.2020).

Bernard, Andreas (2017): *Komplizen des Erkennungsdienstes. Das Selbst in der digitalen Kultur*. Frankfurt am Main: Fischer.

Bogard, William (2007): „Surveillance, its simulation, and hypercontrol in virtual systems". In: Hier, Sean P./Joshua Greenberg (Hrsg.): *The Surveillance Studies Reader*. Maidenhead: Open University Press, S. 95–103.

Boyd, Danah/Crawford, Kate (2012): „Critical questions for big data". In: *Information, Communication & Society*. Bd. 15, Nr. 5, S. 662–679.

Brakel, Rosamunde van et al. (Hrsg.) (2015): „Surveillance Assymetries and Ambiguities". In: *Surveillance and Society*. Bd. 13, Nr. 3/4, S. 324–326.

Bruns, Axel (2019): „Filter Bubble". In: *Internet Policy Review*. Bd. 8, Nr. 4.

Bucher, Taina/Helmond, Anne (2017): „The Affordances of Social Media Platforms". In: Burgess, Jean et al. (Hrsg.): *The SAGE Handbook of Social Media*. London: SAGE, S. 233–253.

Calo, Christopher James et al. (2011): „Ethical implications of using the paro robot, with a focus on dementia patient care". In: AAAI (Hrsg.): *Human-Robot Interaction in Elder Care. Papers from the 2011 AAAI Workshop*. Menlo Park: AAAI Press, S. 20–24.

Cantril, Hadley et al. (1940): *The Invasion from Mars. A Study in The Psychology of Panic*. Princeton: Princeton University Press.

Chittaranjan, Gokul et al. (2011): „Who's Who with Big-Five: Analyzing and Classifying Personality Traits with Smartphones". In: *Proceedings of the 15th Annual International Symposium on Wearable Computers (ISWC)*, S. 29–36.

Chodowiecki, Daniel (1787): „Auge der Vorsehung". In: *zeno.org*. URL: http://www.zeno.org/nid/20003936503 (24.06.2020).

Christl, Wolfie (2017): „Corporate Surveillance in Everyday Life. How Companies Collect, Combine, Analyze, Trade, and Use Personal Data on Billions". In: *Cracked Labs* vom Juni 2017. URL: https://crackedlabs.org/dl/CrackedLabs_Christl_CorporateSurveillance.pdf (02.07.2020).

Clarke, Roger (1988): „Information technology and dataveillance". In: *Communications of the ACM*. Bd. 31, Nr. 5, S. 498–512.

Couldry, Nick/Mejias, Ulises A. (2018): „Data Colonialism: Rethinking Big Data's Relation to the Contemporary Subject". In: *Television & New Media*. Bd. 20, Nr. 4, S. 336–349.

Deleuze, Gilles (1992): „Postscript on the Societies of Control". In: *October*. Nr. 59, S. 3–7.

Equivant (o. J.): *Northpointe Suite. Automated Decision Support*. URL: http://equivant.wpengine.com/wp-content/uploads/Northpointe_Suite-1.pdf (02.07.2020).

Finn, Jonathan (2012): „Seeing Surveillantly. Surveillance as Social Practice". In: Doyle, Aaron et al. (Hrsg.): *The global Growth of Camera Surveillance*. London: Routledge, S. 67–80.

Foucault, Michel (1983): *Der Wille zum Wissen. Sexualität und Wahrheit 1*. Frankfurt am Main: Suhrkamp.

Foucault, Michel (1994): *Überwachen und Strafen. Die Geburt des Gefängnisses*. Frankfurt am Main: Suhrkamp.

Fuchs, Christian et al. (Hrsg.) (2012): *Internet and Surveillance. The Challenges of Web 2.0 and Social Media*. New York/London: Routledge.

Ghosh, Dipayan/Scott, Ben (2018): „Facebook's New Controversy Shows How Easily Online Political Ads Can Manipulate You". In: *Time Magazine* vom 19.03.2018. URL: https://time.com/5197255/facebook-cambridge-analytica-donald-trump-ads-data/ (02.07.2020).

Gitelman, Lisa/Jackson, Virginia (2013): „Introduction". In: Gitelman, Lisa (Hrsg.): *‚Raw Data' is an Oxymoron*. Cambridge: MIT Press, S. 1–14.

Goldberg, Lewis R. (1993): „The structure of phenotypic personality traits". In: *American Psychologist*. Bd. 48, Nr. 1, S. 26–34.

Habermas, Jürgen (1990): *Strukturwandel der Öffentlichkeit. Untersuchungen zu einer Kategorie der bürgerlichen Gesellschaft*. Frankfurt am Main: Suhrkamp.

Hayles, N. Katherine (1999): *How We Became Posthuman. Virtual Bodies in Cybernetics Literature, and Informatics*. Chicago/London: University of Chicago Press.

Helbing, Dirk (2015): *Thinking Ahead – Essays on Big Data, Digital Revolution, and Participatory Market Society*. Cham u. a.: Springer.

Helbing, Dirk (2017): „‚Big Nudging' – zur Problemlösung wenig geeignet". In: Könneker, Carsten (Hrsg.): *Unsere digitale Zukunft*. Berlin/Heidelberg: Springer, S. 49–52.

Hempel, Leon (2017): „Verantwortungszuschreibung als Kontingenzverschiebung. Verantwortungspolitiken im Kontext von IT-Sicherheit". In: Daase, Christopher et al. (Hrsg.): *Politik und Verantwortung. Analysen zum Wandel politischer Entscheidungs- und Rechtfertigungspraktiken. Politische Vierteljahrszeitschrift*. Sonderheft Nr. 52, S. 454–476.

Kammerer, Dietmar (2008): *Bilder der Überwachung*. Frankfurt am Main: Suhrkamp.

Kosinski, Michal et al. (2013): „Private Traits and Attributes Are Predictable from Digital Records of Human Behavior". In: *Proceedings of the National Academy of Sciences of the United States of America (PNAS)*. Bd. 110, Nr. 15, S. 5802–5805.

Latour, Bruno (2008): *Wir sind nie modern gewesen*. Frankfurt am Main: Suhrkamp.

Levin, Sam (2017): „New AI can guess whether you're gay or straight from a photograph". In: *The Guardian* vom 08.09.2017. URL: https://www.theguardian.com/technology/2017/sep/07/new-artificial-intelligence-can-tell-whether-youre-gay-or-straight-from-a-photograph (02.07.2020).

Lyon, David (1994): *The Electronic Eye: The Rise of Surveillance Society*. Cambridge: Polity.

Lyon, David (2002): „Everyday surveillance. Personal data and social classifications". In: *Information, Communication and Society*. Bd. 5, Nr. 2, S. 242–257.

Lyon, David (2012): *Surveillance Studies. An Overview*. Cambridge: Polity.

Lyon, David et al. (2012): „Introducing Surveillance Studies". In: Ball, Kirstie et al. (Hrsg.): *Routledge Handbook of Surveillance Studies*. London/New York: Routledge, S. 1–11.

Marx, Gary T. (2002): „What's new about the ‚new surveillance'? Classifying for change and continuity". In: *Surveillance & Society*. Bd. 1, Nr. 1, S. 9–29.

Mayer-Schönberger, Viktor/Cukier, Kenneth (2013): *Big Data. A Revolution that Will Transform How We Live, Work and Think*. London: John Murray.

Miller, Arthur R. (1971): *The Assault on Privacy: Computers, Data Banks, and Dossiers*. Ann Arbor: University of Michigan Press.

Miller, Arthur R. (1973): *Der Einbruch in die Privatsphäre. Datenbanken und Dossiers*. Neuwied: Luchterhand.

Mirsch, Tobias et al. (2017): „Digital nudging: Altering user behavior in digital environments". In: Leimeister, Jan M./Brenner, Walter (Hrsg.): *Tagungsband 13. Internationale Tagung Wirtschaftsinformatik: ‚Towards Thought Leadership in Digital Transformation'*. St. Gallen: o. V., S. 634–648. URL: https://wi2017.ch/images/tagungsband_wi_2017.pdf (21.01.2020).

Mittelstadt, Brent D. et al. (2016): „The ethics of algorithms: Mapping the debate". In: *Big Data & Society*. Bd. 3, Nr. 2, S. 1–21.

Nassehi, Armin (2019): *Muster. Theorie der digitalen Gesellschaft*. München: C. H. Beck.

Nissenbaum, Helen (2010): *Privacy in Context. Technology, Policy and the Integrity of Social Life*. Stanford: Stanford University Press.

Northpointe (2015): *Practitioner's Guide to COMPAS Core*. URL: https://assets.documentcloud.org/documents/2840784/Practitioner-s-Guide-to-COMPAS-Core.pdf (02.07.2020).

Northpointe (o. J.): *COMPAS CORE Risk/Needs Assessment and Case Planning*. URL: http://www.northpointeinc.com/files/downloads/Risk-Needs-Assessment.pdf (02.07.2020).

Penny, Simon (1994): „Virtual reality as the completion of the enlightenment project". In: Bender, Gretchen/Druckrei, Timothy (Hrsg.): *Cultures on the Brink. Ideologies of Technology, Discussions in Contemporary Cultures*. Nr. 9, S. 65–77.

Petersen, Julie K. (2013): *Introduction to Surveillance Studies*. Boca Raton: CRC Press.

Poster, Mark (1990): *The Mode of Information*. Cambridge: Polity.

ProPublica (2016): *COMPAS Risk Assessment, COMPAS-CORE*. URL: https://www.documentcloud.org/documents/2702103-Sample-Risk-Assessment-COMPAS-CORE.html (02.07.2020).

Richardson, Rashida et al. (2019): „Dirty Data, Bad Predictions: How Civil Rights Violations Impact Police Data, Predictive Policing Systems, and Justice". In: *New York University Law Review Online* vom 13.02.2019. URL: https://ssrn.com/abstract=3333423 (02.07.2020).

Rule, James B. (2007): „Social control and modern social structure". In: Hier, Sean P./ Greenberg, Joshua (Hrsg.): *The Surveillance Studies Reader*. Maidenhead: Open University Press, S. 19–27.

Sennett, Richard (1983): *Verfall und Ende des öffentlichen Lebens. Die Tyrannei der Intimität*. Frankfurt am Main: Fischer.

Sewell, Graham/James R. Barker (2007): „Neither good, nor bad, but dangerous: surveillance as an ethical paradox". In: Hier, Sean P./Greenberg, Joshua (Hrsg.): *The Surveillance Studies Reader*. Maidenhead: Open University Press, S. 354–367.

Sheller, Mimi/Jahn, Urry (2007): „Mobile transformations of ‚public' and ‚private' life". In: Hier, Sean P./Greenberg, Joshua (Hrsg.): *The Surveillance Studies Reader*. Maidenhead: Open University Press, S. 327–336.

Stark, Luke (2018): „Algorithmic Psychometrics and the Scalable Subject". In: *Social Studies of Science*. Bd. 48, Nr. 2, S. 204–231.

Stoddart, Eric (2012): „A surveillance of care. Evaluating surveillance ethically". In: Ball, Kirstie et al. (Hrsg.): *Routledge Handbook of Surveillance Studies*. London/New York: Routledge, S. 369–376.

Sunstein, Cass R. (2005): *Laws of Fear: Beyond the Precautionary Principle*. New York: Cambridge University Press.

Susser, Daniel et al. (2019): „Technology, autonomy, and manipulation". In: *Internet Policy Review*. Bd. 8, Nr. 2.

Thaler, Richard H./Sunstein, Cass R. (2008): *Nudge: Improving decisions about health, wealth, and happiness*. New Haven: Yale University Press.

The Economist (2018): „The Surveillance State. Perfected in China, a Threat in the West". In: *The Economist* vom 02.06.2018. URL: https://www.economist.com/printedition/2018-06-02 (02.07.2020).

Wang, Yilun/Kosinski, Michal (2018): „Deep neural networks are more accurate than humans at detecting sexual orientation from facial images". In: *Journal of Personality and Social Psychology*. Bd. 114, Nr. 2, S. 246–257.

Zuboff, Shoshana (2015): „Big Other: Surveillance Capitalism and the Prospects of an Information Civilization". In: *Journal of Information Technology*. Nr. 30, S. 75–89.

Zuboff, Shoshana (2019): *The Age of Surveillance Capitalism: The Fight for a Human Future at the New Frontier of Power*. New York: PublicAffairs.

Lukas Raabe

„Arbeite mit, plane mit, regiere mit!" – Doch bis wohin? Reflexionen zur Produktion deutscher Zeitgeschichte(n) und zum Quellenwert archivierter Überwachungsdokumente der DDR-Diktatur

Abstract: Taking the narrative character of historical research into consideration, I discuss a socio- and cultural-historical source value of the documents of the Ministry for State Security (MfS) of the former GDR against the background of the collectivist imperative of the so-called socialist personality. In doing so, I suggest reading the texts of the surveillance organs as communicative appropriation practices that can offer insight into interaction and confrontation processes.

1. Einleitung

Die Verfassung der Deutschen Demokratischen Republik (DDR) von 1968 hielt in Artikel 19 Abs. 3 fest, dass „jeder Bürger gleiche Rechte und vielfältige Möglichkeiten [habe] [...], aus freiem Entschluß zum Wohle der Gesellschaft und zu seinem eigenen Nutzen in der sozialistischen Gemeinschaft" seine Fähigkeiten zu entfalten. „So verwirklicht er Freiheit und Würde seiner Persönlichkeit".[1] Entsprechend formulierte die staatssozialistische Doktrin der Sozialistischen Einheitspartei Deutschlands (SED) ein normatives Erziehungsideal der *sozialistischen Persönlichkeit.*[2] Konkret gefasst als Erziehung einer:

> allseitig entwickelte[n] Persönlichkeit, die über umfassende politische, fachliche und allgemeinwissenschaftliche Kenntnisse verfügt, einen festen, von der marxistisch-leninistischen Weltanschauung geprägten *Klassenstandpunkt* besitzt, sich durch hohe geistige, physische und moralische Qualitäten auszeichnet, vom kollektiven Denken und

1 Verfassung der Deutschen Demokratischen Republik vom 06.04.1968 (in der Fassung vom 07.10.1974).

2 Eine frühe, aber nach wie vor gültige Ideen- und Begriffsgeschichte der *sozialistischen Persönlichkeit* in SED-Diskursen lieferte Hanke (1976). Vgl. auch Brock (2005 und 2009).

> Handeln durchdrungen ist und aktiv, bewußt und schöpferisch den Sozialismus mitgestaltet.[3]

Selbstverwirklichung wurde in der DDR-Verfassung und im SED-Persönlichkeitsentwurf also als Handlung im Sinne des Allgemeinwohls semantisiert.[4] Die normative Figur der sozialistischen Persönlichkeit existierte nicht außerhalb des Kollektivs, sondern erlangte den vermeintlich höchsten Grad individueller Freiheit erst durch ihre Einbettung und ihr Engagement innerhalb der Gemeinschaft.[5] Die staatssozialistische Diktatur rief in ihrer Verfassung zur aktiven Teilhabe an gesellschaftlichen Entwicklungsprozessen auf. In einer oft nicht weiter beschriebenen Form war die Mitwirkung der Bürger*innen auf Ebene des normativen Gesellschaftsentwurfs als Teil der kollektivistischen Ideologie erwünscht und gefordert – getreu dem im Verfassungstext von 1968 (Artikel 21) verankerten Motto „Arbeite mit, plane mit, regiere mit!"[6]. Doch waren diesem ideologischen Aufruf zur gesellschaftlichen Teilhabe in der realsozialistischen Lebenswelt Grenzen[7] gesetzt, sodass die Frage, *bis wohin* der Aufruf zur

---

3 Herausgeberkollektiv (1975: S. 249). Hervorhebung im Original. Fulbrook (2011) spricht in ihrer breit rezipierten Monographie zur Gesellschaftsgeschichte der DDR dagegen von einem „ostdeutsche[n] Individualismus" (ebd. [S. 157]) und macht so deutlich, dass die Entwicklungen des real existierenden Sozialismus durchaus den offiziösen Ansprüchen und Vorstellungen der sozialistischen Lebensführung widersprachen. Sie diskutiert ebenso die Ambivalenzen der Erziehungsnorm der sozialistischen Persönlichkeit. Dieser Aufsatz wird ergänzend deutlich machen, inwiefern offiziöse Diskurse diese Entwicklungen rhetorisch wieder einzubinden versuchten. Vgl. zum sozialistischen Persönlichkeitsrecht u. a. Raabe (2020); Lewinski (2016); Petev (1980); Rossade (1997).

4 Vgl. Lewinski (2016: S. 579–580).

5 Vgl. Autorenkollektiv (1974: S. 351). Deutlich wird also, dass der marxistisch-leninistische Diskurs an die in bürgerlichen Gesellschaften a priori gewährten Persönlichkeitsrechte (individuelle Freiheit) normative Erziehungsansprüche stellte. Das Konzept der sozialistischen Persönlichkeit forderte also gesellschaftliche Aktivität und ließ so private und öffentliche Lebenswirklichkeiten verschwimmen, ineinandergreifen und einander bedingen.

6 Verfassung der Deutschen Demokratischen Republik vom 06.04.1968 (in der Fassung vom 07.10.1974).

7 In der Forschung zur staatssozialistischen Geschichte wurde der Terminus *Grenze* zur Beschreibung von Rückzugsorten, eingeschränkter Reichweite des Regimes und Spielräumen intensiv diskutiert. Bessel/Jessen (1996) betitelten diese Diskrepanzen zwischen parteiamtlichem Gesellschaftsentwurf und tatsächlicher Realität als ‚Grenzen der Diktatur' und zeigten damit auf, dass ein totalitärer Anspruch an faktische Grenzen der Durchsetzbarkeit stoßen musste. Dies ist aber letztlich ein theoretischer Gedanke,

Partizipation ging und ob er als ein solcher zu verstehen wäre, zu einem zentralen Friktionspunkt sozialistischer Sinnwelten[8] wurde.[9]

Im vorliegenden Beitrag diskutiere ich vor dem Hintergrund des kollektivistischen Imperativs der sozialistischen Persönlichkeitsfigur einen gesellschafts- und kulturhistorischen Quellenwert[10] der Unterlagen des Ministeriums für

der in seiner argumentativen Fundierung wiederum mit *Grenzen* konfrontiert scheint. Bessel und Jessen wollten ursprünglich eine alternative Lesart der DDR-Geschichte bieten, die binäre, holzschnittartige Geschichtsbilder von ‚Gut' und ‚Böse' überwindet und die DDR-Führungsspitze nicht mehr als allmächtigen, alleinigen und ständig dominanten Agens der Geschichte darstellt. Die Metapher der Diktatur mit Grenzen rekonstruiert aber letztlich wieder den Dualismus von Regime und Gesellschaft; denn zum Agens der Geschichte wird die Gesellschaft erst jenseits der Grenzen. Vgl. für eine umfassende Diskussion und den Alternativentwurf der ‚Diktatur *der* [meine Hervorhebung, L. R.] Grenzen' Lindenberger (1999 und 2007). Ähnlich auch die Kritik am Bandtitel „Socialist Escapes" (Giustino et al. [2013]) durch Hoenig (2014: S. 245). Dieser Titel reproduziere vermeintlich überwundene Dichotomien und lade die „Totalitarismustheorie durch die Hintertür" wieder ein. Inspiriert wurden all diese Debatten durch das bekannte Bild der sozialistischen „Nischengesellschaft" (Gaus 1983: S. 156). Günter Gaus (1983: S. 157) postulierte zu den nischenartigen ‚Freiräumen' in der DDR: „Die privaten Lebensräume, als tiefe Nischen ausgestaltet, sind Freiräume von der herrschenden Lehre." Doch auch dieses Konzept wurde hinlänglich diskutiert. So könne es so etwas wie eine gänzlich apolitische „Nischengesellschaft" nicht gegeben haben, da auch der vermeintliche Rückzug in diese Nischen oder aber das Zugeständnis dieser Nischen durch das Regime wiederum politisierend wirkten bzw. politische Entscheidungen waren. Vgl. zu dieser kritischen Diskussion einschlägig Bönker (2013: u. a. S. 217ff.); Klepikova/Raabe (2020a).

Ich halte den Begriff unter folgender Prämisse durchaus für nutzbar: *Grenzen* im hier verwendeten immateriellen Sinn sind kulturhistorisch immer als wandelbare, unter Friktionen verhandelte Konstrukte zu fassen (die gänzlich materielle und tödliche innerdeutsche Grenze mit Stacheldraht, Beton und Schießbefehl stellt natürlich einen anderen Fall dar, der kulturhistorisch so nicht zu fassen ist).

8 Sabrow (2007a) und ein Forschungsverbund (*Sozialistische Diktatur als Sinnwelt. Repräsentationen gesellschaftlicher Ordnung und Herrschaftswandel in Ostmitteleuropa in der zweiten Hälfte des 20. Jahrhunderts*, 2007–2010) des Instituts für Zeitgeschichte in Prag sowie des Zentrums für Zeithistorische Forschung Potsdam prägten das Konzept der sozialistischen Sinnwelt. Der Verbund widmete sich dem „schwer fassbare[n] Zwischenreich an eingeübten Handlungsweisen und Einstellungen" (ebd. [S. 16]) sowie der wahrgenommenen Normalität sozialistischer Lebens- und Sinnwelten (vgl. ebd. [S. 16f.]).

9 Ähnliche Friktionspunkte behandeln u. a. auch Stegmann (2016); Palmowski (2016).

10 Hinter der Frage nach dem *Wert* historischer Quellen, steht der kritische Umgang mit Primärquellen (Überresten und Tradierungen) und sekundären Quellen im Kontext

Staatssicherheit (MfS) der ehemaligen DDR. Dabei möchte ich die Texte der Überwachungsorgane als kommunikative Aneignungspraktiken verstehen, die einen gesellschaftsgeschichtlichen Einblick in historische Interaktions- und Konfrontationsprozesse bieten können.[11] Hierzu zeige ich auf, dass Dokumente der Juristischen Hochschule (JHS)[12] des MfS Semantiken des Konzeptes *Persönlichkeit* verhandelten und so einen über eine Institutionen- oder Politikgeschichte

---

ihrer Echtheit, ihrer Richtigkeit, ihrer Tendenz und Autor*innenschaft sowie der historiographischen Fragestellung. Welche Interpretationen lässt eine Quelle überhaupt begründet und fundiert zu? Vgl. u. a. Jordan (2005).

11 Vgl. dazu Raabe (2020). Galanova (2019: S. 51) argumentierte jüngst ähnlich und verwies mit Blick auf ‚deviante' Lebensgeschichten auf „amtliche[n] Praktiken der Biographiekonstituierung" in Unterlagen des MfS. Zu sprachlichen Praktiken der Herrschaft vgl. auch Lüdtke (1997); Jessen (1997 und 2011). Zur Frage einer gesellschaftsgeschichtlichen Lesart des MfS ist einschlägig der Band Gieseke (2007a); dort insbesondere Palmowski (2007). In der dortigen Einleitung verweist Gieseke (2007b: S. 8) auf die Notwendigkeit eines Forschungsansatzes, „in dem die soziale Interaktion zwischen Herrschenden und Beherrschten einbezogen wird." Naumann (2018 und 2019) forscht in Bezug auf die autobiografische Funktionalisierung von MfS-Dokumenten zu einem diesbezüglich existenten „Archiveffekt" (2019: S. 295) und bezieht dabei den Begriff des ‚Biographems' (Barthes) auf die biographisch-narrativen Fragmente der Überwachungsdokumente, die dann autobiografisch funktionalisiert werden. Der „Archiveffekt" bezeichnet dabei „eine Virulenz, eine Wirksamkeit für die Einzelnen" (ebd.), die der Prozess der Akteneinsicht bei Überwachten auslöste und zu autobiographischen Gegenerzählungen führte.

12 Ab 1970 offiziell Hochschule des MfS, obschon die Bezeichnung Juristische Hochschule des MfS (JHS) in Korrespondenz, auf Urkunden und im offiziösen Sprachgebrauch bestehen blieb – weshalb ich auch in diesem Beitrag bei dieser Bezeichnung bleiben werde. Vgl. Förster (1996: S. 4). Die Ausbildung an der JHS wurde im wiedervereinten Deutschland nicht als rechtswissenschaftliches Studium anerkannt. Die JHS war eine „akademisierte Geheimdiensteinrichtung" ebd. (S. 3), nicht aber juristische Ausbildungsstätte. Die Forschungsergebnisse wurden an die Diensteinheiten des MfS weitergetragen, wobei ihr operativer Einfluss diskutabel blieb. Zugänglich sind diese Unterlagen über das Archiv der/des Bundesbeauftragten für die Unterlagen des Staatssicherheitsdienstes der ehemaligen Deutschen Demokratischen Republik (BStU). Diese Quellen bieten erkenntnisreiche Einblicke in die politische Konstruktion einer gesellschaftlichen Großerzählung, Erwartungen an die sozialistische Persönlichkeit und offizielle Positionen zu Individualismus und Kollektivismus. Der Quellenwert von Dissertationen und parteinahen und MfS-internen Studien liegt dabei weniger in der Rekonstruktion konkreter empirischer Daten, als in der Dechiffrierung offiziöser, diskursiver Deutungspraktiken und der damit einhergehenden Aneignung, Semantisierung und Reinterpretation von Lebenswelten. Vgl. auch Raabe (2020).

hinausgehenden Quellenwert als sprachliche Aneignungspraktiken staatlicher Akteur*innen innehaben und einen Interaktions- und Konfrontationsprozess der spätsozialistischen Diktatur repräsentieren; die sozialistische Sinnwelt also mitprägten. Dabei plädiere ich für die interaktionsgeschichtliche Lesart sozialer Dynamiken und Kontexte, um die untrennbare Verflechtung, Reziprozität und vor allem Interaktion von historischer Struktur und historischem Ereignis/historischer Erfahrung zu verdeutlichen. So orientiere ich mich methodisch an der u. a. von Thomas Lindenberger vorgetragenen Forderung nach einer „dialogische[n] Geschichtspraxis“[13], die eine dichotomische Abgrenzung von Struktur- und Erfahrungsgeschichte überwinden sollte.[14]

Konflikthafte diskursive Ereignisse lassen sich meines Erachtens besonders durch eine solche interaktionsgeschichtliche Lesart der Quellen dechiffrieren, wobei eben auch Überwachungsakten für narrative Deutungen eines historischen Interaktionsprozesses stehen können. So repräsentieren die Überwachungsakten aus dieser methodischen Perspektive spezifische staatliche Aneignungs- bzw. Deutungspraktiken des diktatorischen Systems. Die Dokumentationspraktiken des MfS, die sprachlichen Operationalisierungen von gesellschaftlichen Ereignissen und individuellen Handlungen können so als narrative Fragmente staatlich beobachteter und dadurch politisierter Persönlichkeiten gelesen werden. Zusammengefasst hieße das also: Die Dokumente des MfS, die Analysen, Bewertungen und Aufzeichnungen des diktatorischen Staates und seiner Organe erzählen eben auch Lebensgeschichten, die konträr zu den subjektiven Narrationen der jeweiligen Personen liegen können und so interaktionsgeschichtliche Verflechtungen und Konfrontationen markieren.[15] Das MfS versuchte in seinen sprachlichen Dokumentationen, sich diese Biografien anzueignen. Um diesen kulturhistorischen Quellenwert der Überwachungsdokumente begründen zu können, reflektiere ich zunächst den narrativen Charakter geschichtswissenschaftlicher Arbeit und historisiere überblickshaft zentrale Paradigmen der DDR-Forschung. Daran anschließend möchte ich den analytischen Mehrwert

13 Lindenberger (1996: S. 321).

14 Vgl. ebd. (S. 314). Zur Interaktion von historischem Ereignis und historischer Struktur vgl. auch Sieder (1994).

15 Vgl. insbesondere Galanova (2019) und Verdery (1996: S. 24) mit ähnlichen Argumentationen in Bezug auf die Politisierung von Biografien durch die Überwachungsdokumente. Mit meinem Ansatz folge ich den Erkenntnissen der beiden Wissenschaftlerinnen und glaube sie dahingehend ergänzen zu können, als dass das Konzept Persönlichkeit in meinen Überlegungen als zentrales Motiv dieser biografischen Aneignungspraktiken in den Vordergrund rückt. Vgl. dazu auch Abschnitt 3.2 dieses Artikels mit einschlägigen Verweisen.

eines kulturwissenschaftlich inspirierten Blicks auf deutsch-deutsche Zeitgeschichte[16] hervorheben, der die oft bipolar[17] strukturierten geschichtspolitischen Paradigmen zeitgeschichtlicher Forschung aufweichen und bereichern kann.

2. Über Narrative der Überwachung, deutsche Zeitgeschichte(n) und die Frage, wer die „Geschichte daran hindert, nur Geschichte zu sein"[18]

Narrative der Überwachung prägten und prägen sowohl den historiographischen als auch den gesellschaftlichen Nach-Wende-Diskurs zu den staatssozialistischen Diktaturen in Mittel- und Ostmitteleuropa; insbesondere auch die Diskurse deutsch-deutscher Zeitgeschichte, die nachhaltig durch die Stasi-Unterlagen-Behörde (Behörde der*des Bundesbeauftragten für die Unterlagen des Staatssicherheitsdienstes der ehemaligen DDR, BStU), die entsprechenden Quellen und Perspektiven geprägt wurden.[19] Um diese zentralen Deutungsschablonen – den Fokus auf Überwachung und Repression im Aufarbeitungsprozess der DDR-Geschichte – wurden im Fachdiskurs heftige Debatten geführt, wobei häufig außer Acht gelassen wurde, dass die zum Teil kontrastiv wirkenden Positionen (z. B. unter den vermeintlich gegensätzlichen Schlagwörtern *Alltag* und *Repression*) im Diskurs oft auf Grundlage verschiedener Quellen hergeleitet

16 Der Terminus Zeitgeschichte wird oft mit Überschneidungen zur Neuesten Geschichte verwendet und behandelt als historische Disziplin in der Regel das 20. Jahrhundert bis heute. Vgl. Jordan (2005: S. 29). Hans Rothfels, Mitbegründer der Vierteljahreshefte für Zeitgeschichte, sprach von „Zeitgeschichte [...] als Epoche der Mitlebenden und ihre[r] wissenschaftliche[n] Behandlung" (Rothfels [1953: S. 2]).

17 Vgl. z. B. Curry (1995) zur Diskussion von „false dichotomies" in Forschungsdiskursen zum Staatssozialismus.

18 Nora (1990: S. 25).

19 Nicht um ein wissenschaftliches Argument zu formieren, doch aber um eine Tendenz zu skizzieren, sei hier kurz angemerkt, dass in einer Sitzung der diesem Band zu Grunde liegenden Ringvorlesung aus dem Plenum der sprachliche Frame „Stasi" zur Beschreibung allgemeiner Überwachungsstaatsnarrative angeführt wurde. Gieseke (2014) spricht von einem in den intensiven und hegemonialen Aufarbeitungsdiskursen begründeten „second life" (ebd. [S. 201]) des MfS: „The files have also shaped our perception of the protagonists of the SED dictatorship. State Security is always foremost in our minds, more present than the SED or the judges and state prosecutors of the political justice system. The widespread use of MfS jargon, which prior to 1989 no one outside the apparatus was familiar with, speaks volumes here. [...] The historical reappraisal of the Stasi has become a distinct hegemonic force in the political public sphere". Ebd. (S. 215). Auch besprochen bei Edeler/Hennig/Piegsa (2018); Pence/Betts (2008).

wurden und *gleichermaßen* zu einer analytischen, multiperspektivischen Historisierung der DDR gehören.[20] Das Überwachungsnarrativ ist nicht falsch, sondern ein wichtiger Aspekt der Historisierung des DDR-Regimes und seiner Verbrechen, dessen historiographische Aufbereitung jedoch – ohne die verbrecherischen Dimensionen der Repressions- und Überwachungsorgane der DDR auch nur ansatzweise verharmlosen zu wollen – gleichermaßen historisiert werden sollte.[21]

Denn spätestens seit der linguistischen Wende[22] der Kultur- und Geisteswissenschaften und den daran anknüpfenden einflussreichen geschichtstheoretischen Arbeiten von beispielsweise Hayden White steht der einfache Satz „Auch Klio dichtet“[23] für eine wichtige fachwissenschaftliche, aber auch fachübergreifende erkenntnistheoretische Reflexion: Wenn Klio, ihres Zeichens eine der neun Musen der griechischen Mythologie, Muse der Geschichtsschreibung und Schutzgöttin der Historiker*innenzunft,[24] also auch *dichtet* – was ist damit dann über die Rolle der Historiker*innen, bzw. über den Kern dieser wissenschaftlichen Disziplin gesagt?

Geschichtsschreibung als Dichtung zu begreifen klingt zunächst provokativ. Ein Blick in frühe Texte der Geschichtstheorie zeigt jedoch, dass die Essenz dieses Postulats den Kern der historischen Wissenschaften und ihrer Theoretisierungen trifft. Johann Martin Chladenius gab bereits im 18. Jahrhundert zu bedenken, dass Rezipierende einer historischen Erzählung immer nur auf die Wahrnehmung der erzählenden Person, bestehend „aus lauter Urteilen“[25], nicht aber auf empirische Sachverhalte zurückkommen könnten und dass es letztendlich der „Sehe-Punkt“[26], also die eigene subjektive Perspektive auf Geschichte, sei, der die Bewertung und Erzählung selbiger prägte. Der französische Historiker Pierre Nora postulierte sogar:

> Unsere Gesellschaft dagegen ist […] um so besessener, sich historisch zu begreifen und dazu verurteilt, den Historiker zu einer immer zentraleren Gestalt zu machen, weil sich

---

20 Vgl. zu divergierenden Perspektiven und Quellen und daraus resultierenden Debatten um die Rolle des MfS einschlägig Palmowski (2016: S. 332f.).

21 Vgl. auch Sabrow (2016).

22 Vgl. Rorty (1992).

23 Vgl. den Titel der deutschen Ausgabe von White (1986).

24 Vgl. Brockhaus (2019).

25 Chladenius (1976: S. 70).

26 Ebd. (S. 73). Vgl. zu den Implikationen der linguistischen Wende auf die Geschichtswissenschaft auch Niehr (2014: S. 20ff.).

in ihm vollzieht, worauf sie verzichten möchte und doch nicht verzichten kann: der Historiker ist derjenige, der die Geschichte daran hindert, nur Geschichte zu sein.[27]

Es ist also die Rolle des Geschichtsschreibenden, etwa aus empirischen Beobachtungen, archivalischen Fragmenten und kollektiven Tradierungen ein kohärentes Narrativ interpretativ zu rekonstruieren und erzählend zu präsentieren. Zeitgeschichte und Historiographie werden so zur diskursiven Rekonstruktion historischer Materie und damit zur zwischengeschalteten Deutungsinstanz für die eigentlichen Rezipierenden. Es bedarf dabei Historiker*innen zur Vergegenwärtigung von Geschichte, denn der ‚Sehe-Punkt' auf historische Ereignisse ist in der alltäglichen Auseinandersetzung zumeist nicht die historische Empirie per se, sondern die historiographische Arbeit der*des Forschenden, also eine Zwischenebene, die deutlich macht, dass „Geschichte […] immer Gegenwart"[28] ist; sich also in gegenwärtiger Rezeption materialisiert und in gegenwärtiger Lesart verstanden wird.

Für das gesellschaftlich dominante, durch Historiographie konstruierte Geschichtsbild[29] sind also die Deutungspraktiken der Historiker*innen essentiell. Dieser Akt der Vergegenwärtigung verläuft diskursiv und oft kontrovers – so geht es in der Zeitgeschichte um politisch nachwirkende und oft hoch emotionale Themenfelder. Noch konkreter gefasst, lässt sich konstatieren, dass Geschichte nicht als sprachunabhängig rekonstruierbarer Sachverhalt existiert:[30] Geschichtsschreibung ist eben auch ein narrativ konstituierter Akt retrospektiver Wirklichkeitskonstruktion und unterliegt im Kontext der Zeitgeschichte oft geschichtspolitisch opportunen Pfadabhängigkeiten und Einfärbungen;[31] Geschichte ist in unserer alltäglichen Rezeption, beispielsweise vermittelt durch Dokumentationen im Netz oder TV, durch Monographien und Artikel, durch Schulbildung sowie durch Museen, zunächst einmal eine *Geschichte*, die geschrieben wurde.[32]

---

27 Nora (1990: S. 25).

28 So der Titel von Baberowski et al. (2001).

29 Zum Geschichtsbild und zur Geschichtsbildpolitik vgl. u. a. Schmid (2008).

30 Vgl. dazu Niehr (2014: S. 20ff.): Die „Nichtanerkennung einer sprachunabhängigen Wirklichkeit macht aber […] das Wesen des *linguistic turn* aus" (ebd. [S. 21]) – was so also bedeutet, dass auch historische Quellen als sprachliche Deutungen, als sprachlich formierte ‚Sehe-Punkte' zu verstehen sind.

31 Vgl. dazu einschlägig White (1986); Sabrow (2007a) für den Konnex von demokratischer Bildung und Zeitgeschichtsschreibung.

32 Eine Erkenntnis, die in der historischen Allgemein- und Schulbildung leider nach wie vor zu kurz kommt, und das obwohl die Narrationsanalyse nach Borries (2013: S. 16) konstitutiv für eine reflektierte Geschichtsschreibung sei: „Darstellungen (sei es in Buch, Fernsehen oder Museum) ergeben sich eben nicht automatisch aus den Quellen; es gibt auch nicht nur eine (gar: *die*) Darstellung" (Hervorhebung im Original).

Martin Sabrow geht soweit, „Zeitgeschichte als Streitgeschichte“[33] zu verstehen und spricht dieser historischen Teildisziplin damit einen kontroversen, konfrontativen und auch identitätsstiftenden Charakter zu. So scheint es ihm fast so, als sei sie „zur heimlichen Stichwortgeberin des nationalen Selbstverständnisses geworden“[34]. Plakativ verdeutlicht dies auch der tschechische Historiker Pavel Kolář: „Jede Zeitgeschichtsschreibung steht, um gesellschaftlich relevant zu sein, in andauernder Berührung und in einem Verständigungsprozeß mit der Politik.“[35] Daher „kommt es darauf an, daß jedes zeithistorische Narrativ ein Teil der politischen Diskurse ist und in die laufenden Identitätskämpfe der Gegenwart hineinreicht.“[36] Wenn man also Martin Sabrows Formel ‚Zeitgeschichte als Streitgeschichte‘ weiterdenkt, so wird eines nachhaltig deutlich: Geschichtsbilder sind letztlich auch Vehikel kollektiver Identitäten und weltanschaulich geprägt. Zeitgeschichte bewegt sich dementsprechend im Feld „der unvermeidbaren Doppelrolle von historischer Beobachterin und geschichtspolitischer Akteurin“[37] – die Historisierung dieser ‚Doppelrolle‘ muss also auch nach der gesellschaftlichen und politischen Relevanz sowie Verankerung von Geschichtsbildern fragen.

Kommt man an dieser Stelle nun zurück zu den historiographischen und geschichtspolitischen Debatten der DDR-Forschung, so muss festgehalten werden, dass diese Reflexion über die eigene Rolle im entsprechenden Diskurs oft nur am Rande stattfand. Kritiker*innen warfen der DDR-Forschung oft einen verengten, auf das Totalitarismusparadigma beschränkten Blick vor, der von einer „stillgelegten“[38] Gesellschaft sprach, die durch die totalitäre Herrschaftsmaschinerie in Passivität, Verinselung, Konformität oder offenen Widerstand gezwungen wurde und etwaige Spielräume nur ‚von oben‘ erhalten konnte.[39] Der

---

Er plädierte auch für eine stärkere Implementierung der „Narrationsprüfung“ in die historische Bildungsarbeit, da „[d]ie Einsicht, dass Historie jeweils ein mentales Konstrukt in narrativer Struktur und perspektivischer Begrenztheit [ist,] […] sich im Alltag keinesfalls durchgesetzt“ (ebd.) habe. Es wird also deutlich, dass die Historisierung von Historiographie methodisch eng verflochten ist mit anderen kulturwissenschaftlich, textanalytisch und diskursanalytisch arbeitenden Disziplinen.

33 Sabrow (2003: S. 9).

34 Ebd. (S. 12).

35 Kolář (2006: S. 274).

36 Ebd.

37 Sabrow (2016: S. 186).

38 Meuschel (1993: S. 6).

39 Das Totalitarismusparadigma wurde als Perspektive auf die staatssozialistischen Diktaturen viel diskutiert, oft verworfen und dann wiederbelebt. Vgl. zur Debatte des Totalitarismusparadigmas u. a. Jesse (1999). Vgl. u. a. Schroeder (2013) als Beispiel für diese Perspektive. Den zumeist politikhistorisch ausgerichteten, totalitarismustheoretisch

Aufarbeitungsprozess der staatssozialistischen Diktatur erzeugte dabei deutliche Verflechtungen von historiographischer Forschung und geschichtspolitischer Agenda (ebenjene ‚Doppelrolle'), die sich exemplarisch in der offiziellen Gedenkstättenkonzeption des Bundes von 2008, die 2013 fortgeschrieben wurde und den verbrecherischen Charakter der DDR in den Fokus rückte, erkennen lassen.[40] Auch die behördliche – auf einen „Grundimpuls der Friedlichen Revolution"[41] zurückgehende – Aufarbeitung durch die*den BStU[42] verkörpert diese ‚Doppelrolle'. Auf Bundesebene wurde ein offizieller geschichtspolitischer Alternativdiskurs unter anderem durch die Arbeit der sogenannten Sabrow-Kommission 2005 eingeleitet.[43] Die Fachkommission plädierte für eine differenziertere

orientierten Studien wird oft vorgeworfen, geschichtspolitischen, simplifizierenden Narrativen zu folgen, die nicht in der Lage seien, den Sozialismus in seinen Facetten und Phasen ausreichend zu erklären. Fulbrook (1997: S. 178) sprach in Anlehnung an das auf ‚Histotainment' ausgerichtete gleichnamige Museum von einer dichotomischen „‚Checkpoint Charlie' theory of GDR history". Ulf Brunnbauer (2016: S. 27) verwies dieses Paradigma gar „auf de[n] historiografischen Kehrrichthaufen". Das zugrundeliegende geschichtspolitische Schema der Abgrenzung von Gesellschaft auf der einen und Regime und Machtapparat auf der anderen Seite wird in der reflektierenden Forschung auch als „nützliche[r] Totalitarismus" (Kopeček [2013b: S. 383]) bezeichnet. Die Kommunismusforschung durch das Visier des (aus geschichtspolitischer Perspektive) ‚*nützlichen* Totalitarismus' diente demnach zur historischen Legitimierung des neuen demokratischen Systems und zur Delegitimierung des sozialistischen Systems. Vgl. dazu einschlägig Kopeček (2013a und 2013b); Kolář (2006).

40 Vgl. Christoph (2013: S. 27).

41 Ullmann (2003: S. 45). Die Besetzung der Stasi-Zentrale sowie diverser Bezirksverwaltungen durch die Bürger*innenbewegung, die Öffnung der Archive sowie letztlich auch das Stasi-Unterlagen-Gesetz gelten als zentrale Errungenschaften der Friedlichen Revolution. Dies betonten auch BStU Roland Jahn sowie der Präsident des Bundesarchivs in jüngsten Stellungnahmen zum künftigen Umgang mit den Stasi-Unterlagen: „Die Öffnung der Stasi-Unterlagen gehört zu den zentralen Errungenschaften der Friedlichen Revolution und der Deutschen Einheit." Jahn/Hollmann (2019: S. 3).

42 Einschlägig zur Historisierung der Behörde und ihrer Entstehungsgeschichte Goldbeck (2017); diesbezüglich vielversprechend, aber noch nicht publiziert seine Dissertation: Projektabstract bei Goldbeck (o. J.); Lau (2017) historisiert und vergleicht die entsprechenden Institute im östlichen Europa. Vgl. zum binären Geschichtsschreibungsparadigma in der BRD Kolář (2012: S. 141).

43 Vgl. Christoph (2013: S. 28); Sabrow (2007b). Die Sabrow-Kommission wurde 2005 durch die damalige Bundesbeauftragte für Kultur und Medien ins Leben gerufen und setzte sich aus Vertreter*innen der Wissenschaft sowie der ehemaligen Bürger*innenbewegung unter Leitung von Martin Sabrow zusammen. Sie war mit der Konzeptionierung „eines dezentral organisierten Geschichtsverbunds zur Aufarbeitung der SED-Diktatur" betraut. Expertenkommission (2006: S. 1).

zeithistorische Forschung.[44] Alltags- und sozialgeschichtliche Implikationen und Bindungskräfte der sozialistischen Gesellschaft sollten, so die Kommission, stärkere Berücksichtigung erfahren. Die Ergebnisse standen für den „Versuch einer Blickwinkelerweiterung“[45] offizieller Aufarbeitungsprozesse. Gegenüber dieser Perspektive äußerte etwa der Historiker Klaus Schroeder, ein Protagonist der politikhistorischen DDR-Forschung, seinen Unmut: „Die Differenz zwischen Demokratie und Diktatur verschwindet hinter der Fassade von Alltag und Gesellschaft.“[46] Er warf der Sabrow-Kommission eine Weichzeichnung der DDR vor: Es wurde in der Folge harsch über die Schwerpunktnarrative der offiziellen Aufarbeitung und leitende Paradigmen der historiographischen Forschung debattiert. So stieß die Kommission auf regen Widerstand und auch die offizielle Gedenkstättenkonzeption des Bundes ließ (wie bereits angemerkt) ihre Erkenntnisse außen vor.[47]

Alltags- und gesellschaftsgeschichtliche Perspektiven auf die staatssozialistische DDR im „Schnittbereich von Konstruktion und Autonomie“[48] wurden im geschichtswissenschaftlichen Diskurs jedoch immer wichtiger. Zunehmend herrscht Konsens darüber, dass vor allem die spätsozialistische Phase von intensivierten kommunikativen Verflechtungen geprägt war und nicht mit vereinfachenden bipolaren Narrativen analysierbar ist[49] – vielmehr kulturhistorisch als Sinnwelt operationalisiert werden kann.[50]

Trotz aller geschichtspolitischen Debatten und einer potenziellen Politisierung historischer Narrative[51] bleibt eines natürlich unbestritten: Die systematische und verbrecherische Überwachung durch staatliche Organe der DDR, allen voran durch das MfS, hinterließ eine scheinbar unendliche Fülle an Quellen.[52] Diese sprachlichen Aneignungspraktiken des Regimes, diese so formulierten Narrationen der Überwachenden formten das zentrale Narrativ der Überwachung in unserem Geschichtsbild – auf einer zweiten, dritten oder vierten, etwas verborgenen Ebene und in Kombination mit weiteren, subjektiven Quellen wie

---

44 Vgl. Sabrow (2007b: S. 7–11).
45 Christoph (2013: S. 28).
46 Vgl. Schroeder (2006).
47 Zur Kritik vgl. exemplarisch Knabe (2006).
48 Jessen (1995: S. 110).
49 Vgl. u. a. Lindenberger (2007); Stegmann (2016); Palmowski (2016); Klepikova/Raabe (2020a).
50 Vgl. Sabrow (2007a).
51 Vgl. u. a. Goldbeck (2017) zur „Vergangenheit als politische[r] Ressource“.
52 Zur Quellenfülle in Zahlen vgl. BStU (2019).

Briefen oder Oral History Interviews, sind diese Akten aber eben auch Zugänge zu kleineren mikrohistorischen Erzählungen: Geschichten über Menschen, ihre Handlungsspielräume, über deren Repression und Rückgewinnung. Sie sind, wie andere Quellen natürlich auch, nicht als objektive ‚Datenträger', sondern vielmehr als mit politischer Intention verfasste Deutungen verschiedener Ereignisse, individueller Handlungen oder Einstellungen zu verstehen und erzählen somit eben auch eine entsprechende Geschichte. Sie politisieren die von ihnen behandelten Menschen, Geschehnisse sowie Konzepte und kreieren so eigene Narrationen.[53] Entsprechend formulierte die deutsche Zeithistorikerin Dorothee Wierling: „Wer beginnt, die Akten wie Interviewtexte zu lesen, also auch ihre verborgenen Botschaften zu entziffern versucht, [...] hat viel an Komplexität dazugewonnen"[54].

3. Zum Quellenwert der Unterlagen des MfS

Das sprichwörtliche *Denken in Schubladen*, in Form von Narrativen als Deutungsschablonen, vereinfacht das menschliche Denken und Handeln in nahezu allen gesellschaftlichen Kontexten. Der von Wierling prognostizierte Komplexitätsgewinn in der historischen Analyse verspricht demgegenüber einen Blick in die Vielschichtigkeit historischer Prozesse, die unter Umständen hinter bestehenden Narrativen verborgen bleiben würde. Im Folgenden möchte ich diesen Blick am Beispiel von Persönlichkeitssemantiken in Dokumenten der JHS versuchen und aufzeigen, inwiefern die Dossiers des Qualifizierungsorgans des MfS, wenn nicht sogar als „amtliche Praktiken der Biographiekonstituierung"[55], dann zumindest aber als sprachliche Aneignungsversuche und Strategien zur Bewahrung eines kohärenten Gesellschaftsentwurfes gelesen werden können – also einen Teil spätsozialistischer Interaktionsprozesse repräsentierten und die entsprechenden Sinnwelten mit konstituierten.[56]

3.1 Semantiken von Persönlichkeit in Dokumenten der JHS

Das ‚Arbeite mit, plane mit, regiere mit!' des sozialistischen Menschenbildes formte einen kollektivistischen Aufruf zur schöpferischen Teilhabe – gleichzeitig

53 Vgl. entsprechend auch Galanova (2019), Verdery (1996: S. 24) und Abschnitt 3.2.

54 Wierling (2003: S. 148). Zu beachten sind auch Lüdtkes (1997) Ausführungen zum grundsätzlich narrativen Charakter bürokratischer Sprache.

55 Galanova (2019: S. 51).

56 Vgl. Raabe (2020). Dort erfolgt eine umfassende Analyse dieser und weiterer Quellen in Bezug auf verhandelte Persönlichkeitssemantiken.

aber waren die staatlichen Organe der DDR, zuvorderst das MfS, damit betraut, die ‚ideologiegemäße' Ausübung dieser Rechte und Pflichten zu überwachen. In einem internen Schulungsdokument der JHS, das auf Oktober 1973 datiert ist, formulierten die Autoren:

> Die Aufgabenstellung des VIII. Parteitages und die Durchsetzung seiner Beschlüsse ist somit einerseits ein Ausdruck der Realität der Grundrechte und -pflichten und andererseits ihre entscheidende Garantie. Diese Garantie verbürgt Art. 19 (1) der Verfassung. „Die DDR garantiert allen Bürgern die Ausübung ihrer Rechte und ihre Mitwirkung an der Leitung der gesellschaftlichen Entwicklung."
> Für das MfS ergibt sich daraus, in Übereinstimmung mit seinem Klassenauftrag die Pflicht, alle feindlichen Angriffe auf die Grundrechte und -pflichten der Bürger abzuwehren und ihre volle Wahrnehmung durch die Bürger zu sichern.[57]

In diesem Schulungsdokument schlägt sich letztlich ein zentrales Spannungsfeld sozialistischer Alltagswelten nieder: Normative Erziehungsansprüche, alltägliche Lebensumstände, soziale Dynamiken und ideologische Steuerungsversuche wurden durch offiziöse Positionen und Diskurse gleichsam kreiert, kontrolliert, eingebettet und diskursiv ausgesondert: So forderte die kollektivistische Gesellschaftsordnung ihre Bürger*innen zur Aktivität und Teilhabe auf – obschon jede Form der Teilhabe wiederum den Kontrollinstanzen des Systems unterlag und so, bei entsprechender Überwachung und Dokumentation, auch entsprechend bewertet wurde. So heißt es im Schulungsdokument weiter: „Der Schutz der Persönlichkeit und Freiheit eines jeden Bürgers durch die Verfassung ist kein Recht auf eine unumschränkte absolute Freiheit, keine Freiheit gegen die sozialistische Ordnung tätig zu werden."[58] Letztlich stellte dieses Schulungsdokument also bereits eine sprachliche Aneignungs- und Rückkopplungspraktik potenziell abweichender Verhaltensweisen an die Ideologie der staatlichen Organe dar, die als ein pauschaler Ausschluss unerwünschter Verhaltensweisen aus dem eigenen Gesellschaftsentwurf funktionierte und die die Friktionen des kollektivistischen Imperativs in der sozialistischen Sinnwelt befeuerte.

Die Untersuchung von Semantiken von Persönlichkeit kombiniert nun zentrale Dimensionen der Analyse staatssozialistischer sozialer Dynamiken: Semantiken von Persönlichkeit verknüpfen normative Konzepte mit lebensweltlichen Aspekten und stehen damit im Zentrum gesellschaftlicher Interaktionsprozesse. Das JHS-Dokument semantisierte Dimensionen von Persönlichkeit und vereinnahmte so eben auch die entsprechenden lebensweltlichen Ereignisse: Verhaltensweisen und

57 BStU, MfS, JHS, MF, Nr. 22431, Blatt 14. Hervorhebungen im Original.
58 BStU, MfS, JHS, MF, Nr. 22431, Blatt 26. Hervorhebungen im Original.

Einstellungen wurden bewertet und kategorisiert. Des Weiteren verkörperte diese Dimensionen von Persönlichkeit einen gesamteuropäischen Prozess der Systemkonkurrenz – gerahmt von den zentralen Konfliktpolen des Kollektivismus und Individualismus – und erweitern so das gesellschaftsgeschichtliche Sichtfeld um diese systemische Dimension.[59] Bezüglich dieser systemischen Konkurrenz formulierten die Autoren des Schulungsdokuments pauschale und formelhafte Bewertungen subjektiver Verhaltensweisen:

> Durch die verstärkten Kontaktmöglichkeiten Westberliner und westdeutscher Bürger mit den Bürgern der DDR wird sich nicht nur die direkte Beeinflussung verstärken, sondern die Bürger der DDR werden dadurch auch stärker mit bürgerlichen ideologischen Auffassungen konfrontiert. […] Damit entsteht objektiv die Gefahr, daß sich feindliche und negative Personen hinter der angeblichen Wahrnehmung eines Grundrechts verbergen und die sozialistische Gesetzlichkeit ausnutzen, um ihre verbrecherische Tätigkeit zu tarnen. […] Eine mit staatsfeindlicher Zielstellung propagierte Verherrlichung der bürgerlichen ‚Freiheit' und gleichzeitige Entstellung der Verhältnisse in der DDR als ‚Unfreiheit' ist keine Wahrnehmung des Grundrechts auf freie Meinungsäußerung, sondern eine Straftat […].[60]

Die normativen Konzepte von Persönlichkeit standen nicht zuletzt auch für die konkurrierenden Gesellschaftsentwürfe liberal-westlicher Demokratien und des Staatssozialismus. Ein zentraler Reibungspunkt spätsozialistischer Sinnwelten war die Frage nach den normativen Konzepten von Persönlichkeit – die Frage nach Freiheit, Teilhabe, gesellschaftlicher Einbettung und legitimer Abschottung – und ihren lebensweltlichen Realisierungen und Begrenzungen. Die marxistisch-leninistische Parole ‚Arbeite mit, plane mit, regiere mit!' stand auf der einen Seite – auf der anderen vermutete das diktatorische Regime hinter der „angeblichen Wahrnehmung eines Grundrechts" westliche Einflussnahme, die aus der eigenen gesellschaftlichen Großerzählung ausgeschlossen werden musste. In einem Forschungsbericht der JHS schlug sich die damit verbundene

59 Die Ära Erich Honeckers an der Spitze der SED war auch von den Bestrebungen geprägt, der DDR zu internationaler Reputation und völkerrechtlicher Anerkennung zu verhelfen. In der Unterzeichnung der KSZE-Schlussakte von Helsinki gelang diese internationale Einbettung. Gleichzeitig ermutigte die dort verbriefte Selbstverpflichtung zur Einhaltung der Menschenrechte entsprechende Bürger*innenrechtsbewegungen. In der Forschung wird zudem argumentiert, dass die entsprechenden Diskurse in West und Ost zunehmend verflochten waren. Domnitz (2015) spricht von einer „Hinwendung nach Europa" im öffentlichen Diskurs. Zum Einfluss der KSZE-Verhandlungen und Verträge auf das MfS jüngst erschienen Selvage/Süß (2019).

60 BStU, MfS, JHS, MF, Nr. 22431, Blatt 22–23. Hervorhebungen im Original.

zentrale Grundannahme, respektive Grundbefürchtung der staatlichen Organe deutlich nieder:

> In Wahrnehmung dieser spezifischen Verantwortung steht für das MfS die Aufgabe im Mittelpunkt, [...] rechtzeitig feindlich-negative Kräfte im Innern der DDR aufzuspüren und zu verhindern, daß sic feindlich-negative Handlungen [...] begehen. Das gilt umsomehr, weil zu den vorrangigen Plänen, Absichten und Maßnahmen der aggressivsten Kräfte des Imperialismus die ständigen Versuche gehören, seinen auf die Vernichtung des realen Sozialismus gerichteten [...] Kreuzzug, in die sozialistischen Länder [...] hineinzutragen [...]. Mit noch nie gekannter Intensität verfolgt er das Ziel, den Sozialismus von innen heraus zu unterminieren und politisch zu erschüttern.[61]

Abweichende Einstellungen und Handlungen wurden so kausal mit westlichen, ‚imperialistischen' Einflüssen verbunden und aus dem eigenen Gesellschaftsentwurf ausgeschlossen. Dazu heißt es in der Quelle weiter: „In der kapitalistischen Gesellschaft findet ein sozialer Krieg aller gegen alle statt."[62] Verhaltensweisen dieses ‚sozialen Krieges' fanden, so die Autoren, Niederschlag in Kleinbürgerlichkeit und Privatexistenz – Verhaltensweisen, die sich als „soziale[s] Erbe" der kapitalistischen Ordnung auch in der staatssozialistischen Gesellschaft der DDR finden ließen.[63] Hier wird nun im Quellenmaterial der tieferliegende Konflikt um die normativen Konturen des Persönlichkeitsbegriffs deutlich: Die Stellung des Individuums wurde, so die zentrale Aussage des JHS-Dokuments, im „[b]ürgerliche[n] bzw. kleinbürgerliche[n] Bewußtsein" als ein „mit allen Mitteln zu verteidigende[r] Raum individueller Freiheit und Selbstbestimmung, der durch das Privateigentum garantiert sei"[64] interpretiert – was so eben zu zentralen Konflikten mit der staatssozialistischen Doktrin führte. In der Argumentation der Autoren der JHS wird gleichzeitig deutlich, dass die Sicherheitsorgane der DDR „[m]aterielle [...] Nachwirkungen der Ausbeuterordnungen, insbesondere der kapitalistischen Produktions- und Lebensweise (soziales Erbe)"[65] als einen Keim der aus dem eigenen Gesellschaftsentwurf auszuschließenden Persönlichkeitssemantiken erachteten. Entsprechend wurde im Bericht der JHS ein zentrales begriffliches Instrument des MfS zur Bewertung und sprachlichen Grenzziehung wie folgt bestimmt:

---

61 BStU, MfS, JHS, Nr. 21975, Blatt 17.
62 BStU, MfS, JHS, Nr. 21975, Blatt 75. Hervorhebung im Original.
63 BStU, MfS, JHS, Nr. 21975, Blatt 76.
64 BStU, MfS, JHS, Nr. 21975, Blatt 77.
65 BStU, MfS, JHS, Nr. 21975, Blatt 73.

> Der Begriff der feindlich-negativen Handlungen erfaßt alle jenen sozial destruktiven Aktivitäten, die sich in differenzierter Weise gegen die Erfordernisse, Ziele, Interessen, Normen sowie Werte des Sozialismus richten und objektiv und subjektiv auf die Destabilisierung und Beseitigung der sozialistischen Staats- und Gesellschaftsordnung abzielen oder sich nach ihrem Gehalt objektiv in die subversiven Angriffe des Gegners und die Tätigkeit innerer Feinde bei unterschiedlicher Motivation und Zielstellung einordnen.[66]

Die Titulierung von Einstellungen und Handlungen als ‚feindlich-negativ' fungierte so als deskriptives Instrumentarium, um einen – aus Regimeperspektive – defizitären Status des normativen Erziehungsideals sozialistischer Persönlichkeiten zu erfassen und in der Konsequenz aus dem eigenen gesellschaftlichen Narrativ auszuschließen. Doch als ‚feindlich-negativ' galt eine Person in der DDR schnell, die Kategorisierung war nicht trennscharf. In der definitorischen Arbeit und im konkreten Sprachgebrauch des MfS und der JHS wird deutlich, dass die semantische Leere der verwendeten Terminologien eine breite Masse an Verhaltensweisen unter das Raster ‚feindlich-negativer' Ausrichtungen fallen ließ. Als ‚feindlich-negativ' bezeichnete Personen wurden so im Diskurs kriminalisiert, politisiert und bisweilen ganz konkret von gesellschaftlichen Prozessen ausgeschlossen. Autoren der JHS bestimmten die Dimensionen ‚feindlich-negativer' Ausprägungen wie folgt:

> 1. Ablehnung des realen Sozialismus aus mehr oder weniger fundierter ideologischer Position [...] 2. Ablehnung des realen Sozialismus aus mehr oder weniger ausgeprägter individualistisch-egoistischer Lebenshaltung [...] 3. Ablehnung des realen Sozialismus aus asozialer bzw. krimineller Lebenshaltung [...] 4. Ablehnung des realen Sozialismus vorwiegend aus persönlichen, negativ verarbeiteten Erlebnissen, insbesondere Konfliktsituationen [...] 5. Ablehnung des realen Sozialismus vorwiegend auf Grund psychischer Auffälligkeiten [...].[67]

Es zeigt sich also, dass die Titulierung als ‚feindlich-negativ' weniger als trennscharfe Kategorisierung zu deuten war, sondern eher als grundsätzliches Instrumentarium der Exklusion fungierte. Diese sprachliche Bewertungsformel fungierte also als tatsächliche „amtliche[n] Praktik[en] der Biographiekonstituierung"[68], in dem Biographien so kriminalisiert und politisiert wurden.

Eines ist weiterführend aus den Quellen ablesbar: Der Persönlichkeitsbegriff sowie die ihm zugeschriebenen Semantiken und normativen Konzepte bilden auch in diesem Kontext einen zentralen analytischen Anknüpfungspunkt – auch

---

66 BStU, MfS, JHS, Nr. 21975, Blatt 17–18. Hervorhebungen im Original.

67 BStU, MfS, JHS, Nr. 21975, Blatt 27–29.

68 Galanova (2019: S. 51).

hier stand der normative Erziehungsanspruch im Zentrum der sozialistischen Ideologieproduktion. Die Überwachungsarbeit des MfS zielte – so die regimeeigene Beschreibung – nämlich nicht zuletzt darauf ab, „alle jene Faktoren und Wirkungszusammenhänge aufzuklären, die im Komplex als soziale Ursachen und Bedingungen sowie in der Persönlichkeit liegende Bedingungen“[69] für abweichendes und so aus dem eigenen Gesellschaftsentwurf auszuschließendes Verhalten zu werten, zu deuten und operativ zu bearbeiten waren. Der Persönlichkeitsbegriff stellte also einen zentralen Bestandteil nicht nur des sozialistischen Ideologiediskurses dar, sondern hatte auch in der Arbeitspraxis des MfS/der JHS eine hervorgehobene Rolle – er wurde zur Bewertung, Kategorisierung und Sanktionierung der eigenen Bevölkerung instrumentalisiert.

Diesen Argumentationsmustern ist zu entnehmen, dass offiziöse Diskursteilnehmer*innen versuchten, Lebens- und Handlungssphären, die im real existierenden Sozialismus scheinbar aus der normativen Gesellschaftslehre des Marxismus-Leninismus fielen, argumentativ an ihren Bereich der Deutungshoheit rückzukoppeln, um die Kohärenz des eigenen Narrativs zu bewahren. So zeugen die Dokumente der JHS davon, dass Lebenswelten des Spätsozialismus – in den Dokumenten als rasterartig beschriebene und kategorisierte Verhaltensweisen, Einstellungen und Ereignisse festgehalten – diskursiv aus dem System des Sozialismus ausgesondert oder zumindest auf außersystemische Ursprünge zurückgeführt wurden. Kontrolle und Bewertung waren dabei zentrale Mechanismen dieser sprachlichen Versuche, die empirische Lebenswirklichkeit des real existierenden Sozialismus an die sozialistische Doktrin rückzukoppeln, bzw. sie davon auszuschließen. Verhaltensweisen und Denkrichtungen, die außerhalb eines ideologischen Toleranzbereiches lagen, wurden überwacht und sanktioniert. Diese grundsätzliche, fast ängstlich anmutende Skepsis der eigenen Bevölkerung gegenüber war ein zentrales Moment spätsozialistischer Gesellschaften und ihrer intensivierten kommunikativen Prozesse:[70] Die Unterlagen des MfS und seiner Organe ermöglichen somit nicht nur institutionen- und politikgeschichtliche historiographische Zugänge, sondern bieten ebenso Einblick in staatliche Aneignungspraktiken einer spätsozialistischen Sinnwelt, die kulturhistorisch zu fassen wäre.

69 BStU, MfS, JHS, Nr. 21975, Blatt 23.

70 Deutlich zeigt sich diese Skepsis auch im massiven Ausbau des MfS in den 1970er und 1980er Jahren. Vgl. exemplarisch und einführend Gieseke (2001: S. 56–86).

3.2 Überwachung als kommunikative Aneignungspraktik: Implikationen für die historiographische Arbeit

In Bezug auf die massiven Überwachungsapparate der staatssozialistischen Diktaturen und ihre ausgeprägten Dokumentationspraktiken nutzt die Anthropologin Katherine Verdery die Metapher einer zweiten wirtschaftlichen Produktion, basierend nicht auf der Produktion von Gütern, sondern auf der Produktion von Papier – auf Papier gebannter und zu Akten gebündelter Existenzen und Identitäten.[71] Dabei bezieht sich Verdery auf die Erinnerungen eines rumänischen politischen Häftlings, Herbert Zilber, der formulierte: „In the socialist bloc, people and things exist only through their files. All our existence is in the hands of him who possesses files and is constituted by him who constructs them. Real people are but the reflection of their files."[72] Angesprochen wird also der narrative, lebensgeschichtliche Quellencharakter der Überwachungsakten; als textuelle Dokumentationsformen stehen sie für offizielle Aneignungspraktiken – für Versuche der verbalisierten Rückkoppelung empirischer Lebensbereiche an systeminhärente Deutungsmaßstäbe des diktatorischen Staates, die mit raster- und bausatzartigen Formeln der Bewertung, Vereinnahmung bzw. des Ausschlusses und der Sanktionierung arbeiteten und zumeist die Politisierung der ‚bearbeiteten' Persönlichkeiten zum Ziel hatten.[73]

Überwachung und ihre praktische Implementierung durch entsprechende Organe und die vorgangsmäßige Dokumentation dieser Überwachungsprozesse sind so einerseits als strukturprägende und nicht zu verharmlosende Elemente des sozialistischen Alltags anzusehen. Andererseits waren die Überwachungsorgane und ihre Mitarbeiter*innen gleichermaßen auch Akteur*innen, die in

71 Vgl. Verdery (1996: S. 24).

72 Herbert Zilber, zitiert nach: Verdery (1996: S. 24).

73 Hier sei erneut auf Galanovas (2019) fruchtbare Idee, Akten als offizielle biografische Aneignungen zu lesen, verwiesen. Zu amtlichen, diskursiven Rückkoppelungspraktiken in Bezug auf Persönlichkeitsemantiken vgl. Raabe (2020). Vgl. dazu auch Jessen (2011), der spezifische semantische Strategien der Inkludierung und Exkludierung des offiziösen Sprachgebrauchs identifiziert, die dazu dienten, ein kohärentes ideologisches Narrativ zu bewahren. Zu den sprachlich-kommunikativen Implikationen der DDR-Gesellschaft vgl. die Beiträge in Block et al. (2011); vgl. dazu auch die Ausführungen Palmowskis (2007), der den Wert von MfS-Quellen für eine Alltagsgeschichte darüber herleitet, dass die soziale Praxis der Überwachung und ihre Dokumentation die Interaktion von gesellschaftlichem ‚Oben' und ‚Unten' verdeutlichen kann.

konkreten Aneignungs- und Aushandlungsprozessen standen und diese dokumentierten – bei der Dokumentation jedoch wiederum spezifischen Struktureinflüssen unterlagen. So wurden der Überwachungsvorgang und seine verbalisierte Dokumentation auch zur sozialen Deutungspraxis und Wirklichkeitskonstruktion; sie dienten der Rückkoppelung und Vereinnahmung gesellschaftlicher Entwicklungen und konkreter Handlungen. Diese Aneignungspraktiken zu dechiffrieren, stellt eine zentrale methodische Herausforderung des wissenschaftlichen Umgangs mit den Unterlagen des MfS dar.[74]

Um diesem auf soziale Dynamiken, Interaktionen und Verflechtungen abzielenden Erkenntnisinteresse gerecht zu werden, bedarf es jener bereits eingangs zitierten „dialogische[n] Geschichtspraxis“[75]. Dabei sind es nicht nur historische Strukturen, die die Handlungen und Ereignisse determinieren – es ist vielmehr „die *Dialektik* von den je und je vorfindlichen Handlungsbedingungen und den Praktiken der Akteure“[76], die in den Erkenntnisfokus rücken müssten. Soziale Wirklichkeiten erscheinen aus dieser kulturwissenschaftlichen Geschichtsauffassung als Ergebnisse eines Interaktionsprozesses der Aneignung und Aushandlung zwischen Strukturen und den jeweiligen Akteur*innen.[77] Reinhart Koselleck führte dazu passend aus:

---

74 Vgl. Palmowskis (2007) Ausführungen zur sozialen Praxis der Überwachung.

75 Lindenberger (1996: S. 321 und 314). In Bezug auf Semantisierungen von Heimat verfolgte Palmowski (2016) diesen kulturhistorisch geprägten Ansatz: „Das Ideal der sozialistischen Heimat ist deshalb am besten als Teil des öffentlichen Transkripts zu verstehen, als Teil der öffentlichen Interaktion zwischen Partei und Bürgern, die durch spezifische Normen und Erwartungen sowie eine besondere Sprache geregelt war. Innerhalb des öffentlichen Transkripts der sozialistischen Heimat konnten Individuen und Gemeinschaften ihr je eigenes, abweichendes Heimatverständnis entwickeln.“ Ebd. (S. 327). Was in diesen Ausführungen Palmowskis deutlich wird, ist, dass es eben die Verflechtung, gar Verschmelzung von ereignishafter Erfahrung und sozialer Struktur war, die die spätsozialistische Sinnwelt formte. Die entsprechende alltagsgeschichtliche Forschungsperspektive zur DDR-Geschichte wurde maßgeblich durch Alf Lüdtke und seinen konsequenten Fokus auf soziale und kommunikative Praktiken sowie Interaktionen geprägt. Vgl. einschlägig zur ‚Herrschaft als soziale[r] Praxis‘ Lüdtke (1991). Im konkreten Fall heißt dies, dass die Überwachungsvorgänge entsprechend zu lesen sind – die Strukturgeschichte der Überwachung wird eben auch zu einer konkreten Ereignisgeschichte; einer Ereignisgeschichte der Überwachung und der Überwachungserfahrung. Um diese Verflechtungsgeschichte dann in Gänze dechiffrieren zu können, bedarf es weiterer, subjektiver Quellen aus Perspektive der überwachten Personen.

76 Sieder (1994: S. 448). Hervorhebung im Original.

77 Vgl. Ebd.

> Im Hinblick auf einzelne Ereignisse gibt es also strukturelle Bedingungen, die ein Ereignis in seinem Verlauf ermöglichen. Solche Strukturen sind beschreibbar, aber sie können ebenso in den Erzählzusammenhang einrücken, wenn sie nämlich als nicht chronologisch gebundene causae die Ereignisse klären helfen. Umgekehrt sind Strukturen nur greifbar im Medium von Ereignissen, in denen sich Strukturen artikulieren, die durch sie hindurch scheinen.[78]

Das bedeutet also, dass interaktionsgeschichtliche Forschung sowohl strukturelle Gegebenheiten als auch handlungsbasierte Aneignungen erörtern müsste. Die Strukturgeschichte der Überwachung wird erst im konkreten Ereignis, in der konkreten Erfahrung verständlich, weshalb die historiographische Rekonstruktion eben auch jene Ereignisse darstellen muss, um Strukturen erklären zu können.[79] Da Sabrows Formel, ‚Zeitgeschichte als Streitgeschichte' zu verstehen, selbstredend auch für diese Perspektive Geltung hat, ergibt sich als zwangsläufige Folge dieser kulturwissenschaftlichen Geschichtsschreibung ein deskriptiver Fokus auf die Pluralität von Kultur und damit einhergehend auf die Pluralität und Subjektivität von Geschichte. Eine historische Kulturwissenschaft verzichtet auf universalistische Kategorien und Sinnzusammenhänge – Historiker*innen verzichten damit zugleich aber auch auf einen etwaigen Status als „normative Instanz"[80] – ein Status, der durch eine auf Masternarrativen beruhende Geschichtsauffassung erst verfestigt wurde.

4. Fazit

Über 111 km überliefertes Schriftgut bezeugen im Stasi-Unterlagen-Archiv die verbrecherischen Aktivitäten des MfS. In diesem Beitrag plädierte ich dafür, einen zweiten, dritten und vierten Blick auf die entsprechenden Quellen zu werfen und diese als Fragmente einer sozialistischen Sinnwelt zu verstehen, die alltags- und kulturhistorische Einblicke in gesellschaftliche Konfrontations- und Interaktionsprozesse liefern können. Am Beispiel exemplarischer Verhandlungen der normativen Konzepte des Persönlichkeitsbegriffs zeigte ich, dass die Texte der Überwachungsorgane als verbale Aneignungspraktiken zu lesen sind, die nicht zuletzt dazu dienten, die Deutungshoheit über konkrete empirische Entwicklungen zu bewahren.[81] Spezifische sprachlich-performative Praktiken

---

78 Koselleck (1979: S. 149).

79 Vgl. Sieder (1994: S. 459).

80 Sieder (1994: S. 466). Grundsätzlich zur deskriptiven Ausrichtung der historischen Kulturwissenschaft vgl. ebd. (S. 465f.).

81 Vgl. auch den Band Klepikova/Raabe (2020b) mit einigen ähnlich argumentierenden Beiträgen sowie mein eigenes Dissertationsprojekt zu Dimensionen von Persönlichkeit in nonkonformen Milieus der späten DDR.

der staatlichen Organe, wie zum Beispiel sprachliche Bewertungen, Sanktionierungen, Ausschlüsse, dienten dabei dazu, die Konsistenz des eigenen Gesellschaftsentwurfs zu stärken, auch bzw. gerade wenn empirische Entwicklungen entgegengesetzt verliefen. Die *Überwachungsgeschichten* wurden so, im Falle personenbezogener Dossiers und Vorgänge, auch zu *Lebensgeschichten* – zu alternativen Lesarten von Lebenssphären und Persönlichkeiten, die individuellen Selbstnarrationen entgegenstanden. Künftige Arbeiten mit den Unterlagen des MfS könnten diesen diskursiven Interaktions- und Konfrontationsprozess subjektiver und staatlicher Lebensgeschichten fokussieren, der, wie zuvor gezeigt, auch in allgemeinen Dokumenten und Berichten von MfS-Organen dechiffrierbar ist – eine Forschungsperspektive, die die gesellschaftlichen Auswirkungen der MfS-Aktivitäten, jenseits von historischen Masternarrativen, zu entschlüsseln verspricht. Eine kulturwissenschaftlich inspirierte Lesart der Unterlagen des MfS trägt zu diesem komplexen Verständnis historischer Interaktionsprozesse bei, obwohl natürlich auch kulturhistorisch arbeitende Forschende immer eine kritische Perspektive auf ihre Arbeiten zulassen müssen, denn ebenso für sie gilt: ‚Auch Klio dichtet.‘

Quellen

Autorenkollektiv (1974): *Marxistische Staats- und Rechtstheorie. Bd. 1: Grundlegende Institute und Begriffe*. Köln: Pahl-Rugenstein [Lizenzausgabe des Staatsverlages der DDR].

BStU [Archiv des Bundesbeauftragten für die Unterlagen des Staatssicherheitsdienstes der ehemaligen DDR], MfS, JHS, Nr. 21975. *Zu den Ursachen und Bedingungen für die Herausbildung feindlich-negativer Einstellungen sowie für das Umschlagen dieser Einstellungen in feindlich-negative Handlungen von DDR-Bürgern. Konsequenzen für die weitere Erhöhung der Effektivität der Vorbeugung und Bekämpfung feindlich-negativer Handlungen durch das MfS.* (1985).

BStU, MfS, JHS, MF, Nr. 22431. *Studienanleitung. Die Stellung und Verantwortung der Bürger bei der Gestaltung und beim Schutz der entwickelten sozialistischen Gesellschaft. Die Staatsbürgerschaft der DDR*. (1973).

Herausgeberkollektiv (1975): *Wörterbuch zur sozialistischen Jugendpolitik*. Berlin (Ost): Dietz.

Verfassung der Deutschen Demokratischen Republik vom 06.04.1968 (in der Fassung vom 07.10.1974). URL: http://www.documentarchiv.de/ddr/verfddr.html (02.07.2020).

Literaturverzeichnis

Baberowski, Jörg et al. (2001): *Geschichte ist immer Gegenwart. Vier Thesen zur Zeitgeschichte.* Stuttgart/München: DVA.

Bessel, Richard/Jessen, Ralph (1996): „Einleitung. Die Grenzen der Diktatur". In: Bessel, Richard/Jessen, Ralph (Hrsg.): *Die Grenzen der Diktatur. Staat und Gesellschaft in der DDR.* Göttingen: Vandenhoeck & Ruprecht, S. 7–23.

Block, Bettina et al. (Hrsg.) (2011): *Politische Wandel – Sprachliche Umbrüche.* Berlin: Frank & Timme.

Bönker, Kirsten (2013): „Depoliticisation of the Private Life? Reflections on Private Pratices and the Political in the Late Soviet Union". In: Steinmetz, Willibald et al. (Hrsg.): *Writing Political History Today.* Frankfurt am Main: Campus, S. 207–234.

Borries, Bodo von (2013): „Zurück zu den Quellen? Plädoyer für die Narrationsprüfung". In: *Aus Politik und Zeitgeschichte.* Bd. 63, Nr. 42/43, S. 12–18.

Brock, Angela (2005): *The Making of the Socialist Personality: Education and Socialisation in the German Democratic Republic 1958–1978.* London: University College.

Brock, Angela (2009): „Producing the ‚Socialist Personality'? Socialisation, Education, and the Emergence of New Patterns of Behaviour". In: Fulbrook, Mary (Hrsg.): *Power and Society in the GDR 1961–1979. The ‚Normalisation of Rule'?.* New York/Oxford: Berghahn Books, S. 220–252.

Brockhaus (2019): *Musen (griechische Mythologie).* URL: https://brockhaus.de/ecs/permalink/77B8D7B5676AAA52B006A57EC7936ACA.pdf (02.07.2020).

Brunnbauer, Ulf (2016): „Der Mythos vom Rückzug ins Private. Arbeit, Konsum und Politik im Staatssozialismus". In: Boškovska, Nada et al. (Hrsg.): *‚Entwickelter Sozialismus' in Osteuropa. Arbeit, Konsum und Öffentlichkeit.* Berlin: Duncker & Humblot, S. 23–52.

BStU (2019): *Das Stasi-Unterlagen-Archiv in Zahlen.* URL: https://www.bstu.de/ueber- uns/bstu-in-zahlen/ (02.07.2020).

Chladenius, Johann Martin (1976): „Von Auslegung Historischer Nachrichten und Bücher". In: Gadamer, Hans-Georg/Boehm, Gottfried (Hrsg.): *Seminar: Philosophische Hermeneutik.* Frankfurt am Main: Suhrkamp, S. 69–79.

Christoph, Klaus (2013): „Aufarbeitung der SED-Diktatur – heute so wie gestern?" In: *Aus Politik und Zeitgeschichte.* Bd. 63, Nr. 42/43, S. 27–33.

Curry, Jane (1995): „Cold War: False Dichotomies and Real Problems". In: *The Soviet and Post-Soviet Review.* Bd. 22, Nr. 2, S. 148–156.

Domnitz, Christian (2015): *Hinwendung nach Europa: Neuorientierung und Öffentlichkeitswandel im Staatssozialismus 1975–1989.* Bochum: Dr. Dieter Winkler.

Edeler, Lukas et al. (2018): „Surveillance, Culture of". In: Arrigo, Bruce A. (Hrsg.): *The SAGE Encyclopedia of Surveillance, Security, and Privacy*. Thousand Oaks: SAGE, S. 980–983.

Expertenkommission (2006): *Empfehlungen der Expertenkommission zur Schaffung eines Geschichtsverbundes „Aufarbeitung der SED-Diktatur"*. URL: https://www.bundesstiftung-aufarbeitung.de/uploads/pdf/sabrow-bericht.pdf (10.04.2019).

Förster, Günter (1996): *Die Juristische Hochschule des MfS. MfS-Handbuch III/6*. Berlin: BStU.

Fulbrook, Mary (1997): „Reckoning with the Past. Heroes, Victims, and Villains in the History of the German Democratic Republic". In: Alter, Reinhard/Monteath, Peter (Hrsg.): *Rewriting the German Past. History and Identity in the New Germany*. New Jersey: Humanities Press, S. 175–196.

Fulbrook, Mary (2011): *Ein ganz normales Leben. Alltag und Gesellschaft in der DDR*. Darmstadt: WBG.

Galanova, Olga (2019): „Geheimdienstberichte als Belege für ‚deviante' Persönlichkeiten? Praktiken der Konstituierung von Geheimnissen durch das Ministerium für Staatssicherheit der DDR". In: Großbölting, Thomas/Kittel, Sabine (Hrsg.): *Welche „Wirklichkeit" und wessen „Wahrheit"? Das Geheimdienstarchiv als Quelle und Medium der Wissensproduktion*. Göttingen: Vandenhoek & Ruprecht, S. 47–64.

Gaus, Günter (1983): *Wo Deutschland liegt. Eine Ortsbestimmung*. Hamburg: Hoffmann und Campe.

Gieseke, Jens (2001): *Die DDR-Staatssicherheit. Schild und Schwert der Partei*. Bonn: BPB.

Gieseke, Jens (Hrsg.) (2007a): *Staatssicherheit und Gesellschaft. Studien zum Herrschaftsalltag in der DDR*. Göttingen: Vandenhoek & Ruprecht.

Gieseke, Jens (2007b): „Staatssicherheit und Gesellschaft – Plädoyer für einen Brückenschlag". In: Gieseke, Jens (Hrsg.): *Staatssicherheit und Gesellschaft. Studien zum Herrschaftsalltag in der DDR*. Göttingen: Vandenhoek & Ruprecht, S. 7–20.

Gieseke, Jens (2014): *The History of the Stasi. East Germany's Secret Police, 1945–1990*. New York/Oxford: Berghahn Books.

Goldbeck, Markus (o. J.): *Abgeschlossenes Projekt: ‚Aufarbeitung' in Deutschland. Eine Ideengeschichte am Beispiel von ‚Stasi'-Debatte und ‚Stasi-Unterlagen-Behörde' zwischen 1989 und 2005*. URL: https://www.uni-muenster.de/Geschichte/histsem/NZ-G/L2/Mitarbeiter/Wiss/MarkusGoldbeck.html#publikationen (02.07.2020).

Goldbeck, Markus (2017): „Vergangenheit als politische Ressource. Das Beispiel der Stasi-Unterlagen-Behörde (BStU) im Kontext der ‚Stasi-Debatte'".

In: Großbölting, Thomas/Lorke, Christoph (Hrsg.): *Deutschland seit 1990. Wege in die Vereinigungsgesellschaft*. Stuttgart: Franz Steiner Verlag, S. 213–224.

Guistino, Cathleen M. et al. (Hrsg.) (2013): *Socialist Escapes. Breaking Away from Ideology and Everyday Routine in Eastern Europe, 1945–1989*. New York/ Oxford: Berghahn Books.

Hanke, Irma (1976): „Vom neuen Menschen zur sozialistischen Persönlichkeit. Zum Menschenbild der SED". In: *Deutschland Archiv*. Bd. 9, Nr. 5, S. 492–515.

Hoenig, Bianca (2014): „Rezension zu *Socialist Escapes. Breaking Away from Ideology and Everyday Routine in Eastern Europe, 1945–1989*". In: *Bohemia*. Nr. 54, S. 244–247.

Jahn, Roland/Hollmann, Michael (2019): *Die Zukunft der Stasi-Unterlagen. Konzept des Bundesbeauftragten für die Stasi-Unterlagen und des Bundesarchivs für die dauerhafte Sicherung der Stasi- Unterlagen durch Überführung des Stasi-Unterlagen-Archivs in das Bundesarchiv*. URL: https://www.bstu.de/assets/bstu/de/Downloads/bstu-in-zukunft_zukunft-stasi-unterlagen.pdf (02.07.2020).

Jesse, Eckhard (1999): „Die Totalitarismusforschung im Streit der Meinungen". In: Jesse, Eckhard (Hrsg.): *Totalitarismus im 20. Jahrhundert*. Bonn: BPB, S. 9–40.

Jessen, Ralph (1995): „Die Gesellschaft im Staatssozialismus". In: *Geschichte und Gesellschaft*. Nr. 21, S. 96–110.

Jessen, Ralph (1997): „Diktatorische Herrschaft als kommunikative Praxis. Überlegungen zum Zusammenhang von ‚Bürokratie' und Sprachnormierung in der DDR-Geschichte". In: Lüdtke, Alf/Becker, Peter (Hrsg.): *Akten. Eingaben. Schaufenster. Die DDR und ihre Texte. Erkundungen zu Herrschaft und Alltag*. Berlin: Akademie Verlag, S. 57–75.

Jessen, Ralph (2011): „Semantic Strategies of Inclusion and Exclusion in the German Democratic Republic (1949–1989)". In: Steinmetz, Willibald (Hrsg.): *Political Languages in the Age of Extremes*. Oxford/New York: Oxford University Press, S. 275–291.

Jordan, Stefan (2005): *Einführung in das Geschichtsstudium*. Stuttgart: Reclam.

Klepikova, Tatiana/Raabe, Lukas (2020a): „On Privacy and Its ‚Comfort Zones': Revisiting Late Socialist Contexts". In: Klepikova, Tatiana/Raabe, Lukas (Hrsg.): *Outside the „Comfort Zone": Performances and Discourses of Privacy in Late Socialist Europe*. Berlin/Boston: De Gruyter Oldenbourg, S. 1–23.

Klepikova, Tatiana/Raabe, Lukas (Hrsg.) (2020b): *Outside the „Comfort Zone": Performances and Discourses of Privacy in Late Socialist Europe*. Berlin/ Boston: De Gruyter Oldenbourg.

Knabe, Hubertus (2006): „Das Aufarbeitungskombinat. Merkwürdige Vorschläge zur Neuorganisation des DDR-Gedenkens". In: *Die Welt* vom 08.05.2006. URL: https://www.welt.de/print-welt/article215185/Das-Aufarbeitungskombinat-Merkwuerdige-Vorschlaege-zur-Neuorganisation-des-DDR-Gedenkens.html (02.07.2020).

Kolář, Pavel (2006): „Langsamer Abschied vom Totalitarismus-Paradigma? Neue tschechische Forschungen zur Geschichte der KPTsch-Diktatur". In: *Zeitschrift für Ostmitteleuropa-Forschung*. Bd. 55, Nr. 2, S. 253–275.

Kolář, Pavel (2012): „Historisierung". In: Bösch, Frank/Danyel, Jürgen (Hrsg.): *Zeitgeschichte. Methoden und Konzepte*. Göttingen: Vandenhoek & Ruprecht, S. 131–143.

Kopeček, Michal (2013a): „Kommunismus zwischen Geschichtspolitik und Historiographie in Ostmitteleuropa". In: Knigge, Volkhard (Hrsg.): *Kommunismusforschung und Erinnerungskulturen in Ostmittel- und Westeuropa*. Köln/Weimar/Wien: Böhlau, S. 17–38.

Kopeček, Michal (2013b): „Von der Geschichtspolitik zur Erinnerung als politischer Sprache. Der tschechische Umgang mit der kommunistischen Vergangenheit nach 1989". In: Francois, Etienne et al. (Hrsg.): *Geschichtspolitik in Europa seit 1989*. Göttingen: Wallstein, S. 356–395.

Koselleck, Reinhart (1979): *Vergangene Zukunft. Zur Semantik geschichtlicher Zeiten*. Frankfurt am Main: Suhrkamp.

Lau, Carola (2017): *Erinnerungsverwaltung, Vergangenheitspolitik und Erinnerungskultur nach 1989. Institute für nationales Gedenken im östlichen Europa im Vergleich*. Göttingen: Vandenhoek & Ruprecht.

Lewinski, Kai von (2016): „Datenschutzrecht in der DDR". In: Plöse, M. et al. (Hrsg.): *„Worüber reden wir eigentlich?" Festgabe für Rosemarie Will*. Berlin: Humanistische Union, S. 576–590.

Lindenberger, Thomas (1996): „Alltagsgeschichte und ihr möglicher Beitrag zu einer Gesellschaftsgeschichte der DDR". In: Bessel, Richard/Jessen, Ralph (Hrsg.): *Die Grenzen der Diktatur. Staat und Gesellschaft in der DDR*. Göttingen: Vandenhoeck & Ruprecht, S. 298–325.

Lindenberger, Thomas (1999): „Die Diktatur der Grenzen. Zur Einleitung". In: Lindenberger, Thomas (Hrsg.): *Herrschaft und Eigen-Sinn in der Diktatur. Studien zur Gesellschaftsgeschichte der DDR*. Köln: Böhlau, S. 13–44.

Lindenberger, Thomas (2007): „SED-Herrschaft als soziale Praxis, Herrschaft und Eigen-Sinn: Problemstellung und Begriffe". In: Gieseke, Jens (Hrsg.): *Staatssicherheit und Gesellschaft. Studien zum Herrschaftsalltag in der DDR*. Göttingen: Vandenhoek & Ruprecht, S. 23–47.

Lüdtke, Alf (1991): „Einleitung: Herrschaft als soziale Praxis“. In: Lüdtke, Alf (Hrsg.): *Herrschaft als soziale Praxis. Historische und sozial-anthropologische Studien*. Göttingen: Vandenhoek & Ruprecht, S. 9–66.

Lüdtke, Alf (1997): „Sprache und Herrschaft in der DDR. Einleitende Überlegungen“. In: Lüdtke, Alf/Becker, Peter (Hrsg.): *Akten. Eingaben. Schaufenster. Die DDR und ihre Texte. Erkundungen zu Herrschaft und Alltag*. Berlin: Akademie Verlag, S. 11–26.

Meuschel, Sigrid (1993): „Überlegungen zu einer Herrschafts- und Gesellschaftsgeschichte der DDR“. In: *Geschichte und Gesellschaft*. Nr. 19, S. 5–14.

Naumann, Myriam (2018): „Das aktenkundige Selbst. Vom Wandel der Akten der DDR-Staatssicherheit zu Biographemen“. In: Hämmerling, Christine/Zetti, Daniela (Hrsg.): *Das dokumentierte Ich. Wissen in Verhandlung*. Zürich: Chronos, S. 35–50.

Naumann, Myriam (2019): „Archivethik und Autobiografie. MfS-Akten zur eigenen Person nach 1989“. In: Großbölting, Thomas/Kittel, Sabine (Hrsg.): *Welche „Wirklichkeit“ und wessen „Wahrheit“? Das Geheimdienstarchiv als Quelle und Medium der Wissensproduktion*. Göttingen: Vandenhoek & Ruprecht, S. 279–296.

Niehr, Thomas (2014): *Einführung in die linguistische Diskursanalyse*. Darmstadt: WBG.

Nora, Pierre (1990): *Zwischen Geschichte und Gedächtnis*. Berlin: Wagenbach.

Palmwoski, Jan (2007): „Staatssicherheit und soziale Praxis“. In: Gieseke, Jens (Hrsg.): *Staatssicherheit und Gesellschaft. Studien zum Herrschaftsalltag in der DDR*. Göttingen: Vandenhoek & Ruprecht, S. 253–272.

Palmowski, Jan (2016): *Die Erfindung der sozialistischen Nation. Heimat und Politik im DDR-Alltag*. Berlin: Ch. Links.

Pence, Katherine/Betts, Paul (2008): „Introduction“. In: Pence, Katherine/Betts, Paul (Hrsg.): *Socialist Modern. East German Everyday Cultures and Politics*. Ann Arbor: University of Michigan Press, S. 1–34.

Petev, Valentin (1980): „Rechtstheoretische Aspekte des Schutzes individueller Rechte und Interessen in der sozialistischen Gesellschaft“. In: Westen, Klaus et al. (Hrsg.): *Der Schutz individueller Rechte und Interessen im Recht sozialistischer Staaten*. Baden-Baden: Nomos, S. 11–33.

Raabe, Lukas (2020): „Privacy ‚Detached From Purely Private Tendencies‘: Preserving Interpretational Control in Marxist-Leninist Discourses of the Late Socialist GDR“. In: Klepikova, Tatiana/Raabe, Lukas (Hrsg.): *Outside the „Comfort Zone“: Performances and Discourses of Privacy in Late Socialist Europe*. Berlin/Boston: De Gruyter Oldenbourg, S. 341–373.

Rorty, Richard (Hrsg.) (1992): *The Linguistic Turn. Essays in Philosophical Method.* Chicago: University of Chicago Press.

Rothfels, Hans (1953): „Zeitgeschichte als Aufgabe". In: *Vierteljahreshefte für Zeitgeschichte.* Bd. 1, Nr. 1, S. 1–8.

Rossade, Werner (1997): *Gesellschaft und Kultur in der Endzeit des Realsozialismus.* Berlin: Duncker & Humblot.

Sabrow, Martin (2003): „Einleitung". In: Sabrow, Martin (Hrsg.): *Zeitgeschichte als Streitgeschichte. Große Kontroversen seit 1945.* München: C. H. Beck, S. 9–18.

Sabrow, Martin (2007a): „Sozialismus als Sinnwelt. Diktatorische Herrschaft in kulturhistorischer Perspektive". In: *Potsdamer Bulletin für Zeithistorische Studien.* Nr. 40/41, S. 9–23.

Sabrow, Martin (2007b): „Zur Entstehungsgeschichte des Expertenvotums". In: Sabrow, Martin et al. (Hrsg.): *Wohin treibt die DDR-Erinnerung? Dokumentation einer Debatte.* Bonn: BPB, S. 7–16.

Sabrow, Martin (2016): „Die DDR 25 Jahre danach: Historisierung als Hoffnung". In: Mählert, Ulrich (Hrsg.): *Die DDR als Chance.* Berlin: Metropol, S. 181–188.

Schmid, Harald (2008): „Konstruktion, Bedeutung, Macht. Zum kulturwissenschaftlichen Profil einer Analyse von Geschichtspolitik". In: Heinrich, Horst-Alfred/Kohlstruck, Michael (Hrsg.): *Geschichtspolitik und sozialwissenschaftliche Theorie.* Stuttgart: Franz Steiner Verlag, S. 75–98.

Schroeder, Klaus (2006): „‚Wir vergessen nichts' Zur Diskussion um Aufarbeitung der SED-Diktatur". In: *Deutschland Radio Kultur* vom 21.05.2006. URL: https://www.deutschlandfunkkultur.de/wir-vergessen-nichts.982.de.html?dram:article_id=153178 (02.07.2020).

Schroeder, Klaus (2013): *Der SED-Staat. Geschichte und Strukturen der DDR 1949–1990.* Köln: Böhlau.

Selvage, Douglas/Süß, Walter (2019): *Staatssicherheit und KSZE-Prozess. MfS zwischen SED und KGB (1972–1989).* Göttingen: Vandenhoek & Ruprecht.

Sieder, Reinhard (1994): „Sozialgeschichte auf dem Weg zu einer historischen Kulturwissenschaft?". In: *Geschichte und Gesellschaft.* Nr. 20, S. 445–468.

Stegmann, Natali (2016): „Open Letters: Substance and Circumstances of Communication Processes in Late Socialist Czechoslovakia and Poland". In: Alber, Ina/Stegmann, Natali (Hrsg.): *Samizdat und alternative Kommunikation. Sonderausgabe der Zeitschrift für Ostmitteleuropaforschung.* Bd. 65, Nr. 1, S. 43–63.

Ullmann, Wolfgang (2003): „Das Stasi-Unterlagen-Gesetz. Eine Demokratieinitiative der Friedlichen Revolution". In: Suckut, Siegfried/Weber, Jürgen

(Hrsg.): *Stasi-Akten zwischen Politik und Zeitgeschichte. Eine Zwischenbilanz.* München: Ozlog, S. 45–66.

Verdery, Katherine (1996): *What was Socialism, and what comes next?* New Jersey: Princeton University Press.

White, Hayden (1986): *Auch Klio dichtet oder die Fiktion des Faktischen: Studien zur Tropologie des historischen Diskurses.* Stuttgart: Klett-Cotta.

Wierling, Dorothee (2003): „Oral History". In: Maurer, Michael (Hrsg.): *Aufriß der historischen Wissenschaften. Neue Themen und Methoden der Geschichtswissenschaft.* Stuttgart: Reclam, S. 81–151.

Autor*innen und Herausgeber

Thomas Christian Bächle, Dr., ist Medienwissenschaftler und leitet das Forschungsprogramm „Die Entwicklung der digitalen Gesellschaft" am Humboldt Institut für Internet und Gesellschaft (HIIG) in Berlin. Seit April 2019 ist er zudem Gastprofessor für Medienwissenschaft/Digitale Medien am Hermann von Helmholtz-Zentrum für Kulturtechnik der Humboldt-Universität zu Berlin. Forschungsschwerpunkte: Körper, Identität und Technologie, Mensch/Maschine-Interaktion und Interfaces, Robotik, Simulationstechnologien, mobile Medien sowie Techniken und Praktiken der Überwachung.
Publikationen: Bächle, Thomas Christian (2014): *Mythos Algorithmus. Die Fabrikation des computerisierbaren Menschen.* Wiesbaden: Springer VS; Bächle, Thomas Christian (2016): *Digitales Wissen, Daten und Überwachung zur Einführung.* Hamburg: Junius Verlag; Bächle, Thomas Christian (mit Thimm, Caja) (Hrsg.) (2019): *Die Maschine: Freund oder Feind? Mensch und Technologie im digitalen Zeitalter.* Wiesbaden: Springer VS.

Maren Conrad, Prof. Dr., ist Juniorprofessorin für Neuere deutsche Literatur mit dem Schwerpunkt Kinder- und Jugendliteratur am Department für Germanistik und Komparatistik der Friedrich-Alexander-Universität Erlangen-Nürnberg. Forschungsschwerpunkte: Kinder- und jugendliterarische Formate von den Anfängen bis zur Gegenwart, nicht-kanonisierte KJL des 19. Jahrhunderts, Technikdystopien, multimodales Erzählen, Inklusion.
Publikationen: Conrad, Maren (Hrsg.) (2020): *Moderne Märchen. Populäre Variationen in jugendkulturellen Literatur- und Medienformaten der Gegenwart.* Würzburg: Königshausen & Neumann.

Miriam Frank, M.A., M.A., Lehrkraft für besondere Aufgaben an der Professur für Mediensemiotik, Universität Passau. Sie promoviert zum Thema „Inszenierung privater Dokumente – Das Konzept der diskursiven Authentizität am Beispiel egodokumentarischer Kriegsnarrative der Gegenwart".
Publikationen: Piegsa, Miriam (mit Hennig, Martin) (2018): „The Representation of Dataveillance in Visual Media: Subjectification and Spatialization of Digital Surveillance Practices". In: *On_Culture: The Open Journal for the Study of Culture.* Nr. 6. URL: http://geb.uni-giessen.de/geb/volltexte/2018/13895/ (27.01.2019); Piegsa, Miriam (mit Trost, Kai Erik) (2018): „Privatheit in der digitalen Gesellschaft. Von Fragen der Subjektbildung und ethischen

Grenzbereichen, Veränderungen sozialer Beziehungen und rechtlichem Regulierungsbedarf." In: Burk, Steffen/Piegsa, Miriam et al. (Hrsg.): *Privatheit in der digitalen Gesellschaft*. Berlin: Duncker & Humblot, S. 7–31.

Kilian Hauptmann, M.A., ist wissenschaftlicher Koordinator des DFG-Graduiertenkollegs „Privatheit und Digitalisierung" sowie Lehrbeauftragter am Lehrstuhl für Neuere Deutsche Literatur und Mediensemiotik an der Universität Passau. Er forscht und lehrt im Bereich Medienkulturwissenschaft. Schwerpunkte: Popkultur der 1960er und 1970er Jahre, Privatheit im Film, Diskurse des Digitalen in AV-Medien, Serialität.
Publikationen: Hauptmann, Kilian (2018): „Eine Ideologie des Schicksals? Short Cuts-Erzählung, Wahrnehmung und Kontingenz in *Cloud Atlas* (2012)". In: Baßler, Moritz/Nies, Martin (Hrsg.): *Short Cuts: Fragmentierte Ordnungen – Vernetzte Welten in Literatur, Film & TV-Serien von der Moderne bis zur Gegenwart*. Marburg: Schüren, S. 267–286; (mit Hennig, Martin) (2019): „Alexa, optimier mich! KI-Fiktionen digitaler Assistenzsysteme in der Werbung". In: *Zeitschrift für Medienwissenschaft*. Nr. 21, S. 86–94.

Martin Hennig, Dr., Postdoc am DFG-Graduiertenkolleg „Privatheit und Digitalisierung" an der Universität Passau. Ein Forschungsschwerpunkt widmet sich kulturellen Diskursen zur Digitalisierung in fiktionalen und faktualen Medientexten. Arbeitsschwerpunkte: Kulturwissenschaftliche Medialitätsforschung, Digitale Kulturen, Game Studies, Medien- und Kultursemiotik, Raum- und Subjekttheorie.
Publikationen: Hennig, Martin (2019): „Überwachung in der Kultur - Kultur der Überwachung". In: Jung, Werner/Schüller, Liane (Hrsg.): *Orwells Enkel. Überwachungsnarrative*. Bielefeld: Aisthesis, S. 99–122; Hennig, Martin (mit Schellong, Marcel) (Hrsg.) (2020): *Überwachung und Kontrolle im Computerspiel*. Glückstadt: Verlag Werner Hülsbusch.

Sabrina Huber, M.A., wissenschaftliche Mitarbeiterin am Institut für Neuere Deutsche Literaturwissenschaft der Heinrich-Heine-Universität Düsseldorf. Promotionsthema: „Big Data: Privatheit und Überwachung in der deutschsprachigen Gegenwartsliteratur." Forschungsinteressen: Literatur und Überwachung, Erzählstimme und Erzählperspektive, Gegenwartsliteratur, Österreichische Literatur der Zwischenkriegszeit.
Publikationen: Huber, Sabrina (2018): „‚Aber privat sein war so gar nicht sein Fall' – Räume des Privaten in den Überwachungsromanen *Corpus Delicti* von Juli Zeh und *Fremdes Land* von Thomas Sautner". In: Burk, Steffen et al. (Hrsg.):

Privates Erzählen. Formen und Funktionen von Privatheit in der Literatur des 18. bis 21. Jahrhunderts. Berlin: Peter Lang, S. 195–218; Huber, Sabrina (2019): „Der überwachende Erzähler – Blick und Stimme im gegenwärtigen Überwachungsroman. Überlegungen zu Funktion und Wirkung von Erzählperspektive in den System-Diskurs-Dystopien *Corpus Delicti* und *Fremdes Land*". In: Jung, Werner/ Schüller, Liane (Hrsg.): *Orwells Enkel. Überwachungsnarrative.* Bielefeld: Aisthesis, S. 71–97.

Dietmar Kammerer, Dr., wissenschaftlicher Mitarbeiter am Institut für Medienwissenschaft an der Philipps Universität Marburg, dort auch Koordinator des Open-Access-Repositoriums *media/rep/.* Arbeitsschwerpunkte: Open Access, Surveillance Studies, Filmwissenschaft.
Publikationen: Kammerer, Dietmar (2005): „‚Are you dressed for it?' Der Mythos der Videoüberwachung in der visuellen Kultur". In: Hempel, Leon/Metelmann, Jörg (Hrsg.): *Bild, Raum, Kontrolle. Videoüberwachung als Zeichen gesellschaftlichen Wandels.* Frankfurt am Main: Suhrkamp, S. 91–105; Kammerer, Dietmar (mit Hagener, Malte) (2019): „Theoretische Aspekte der Montage, der filmischen Verfahren und Techniken". In: Groß, Bernhard/Morsch, Thomas (Hrsg.): *Handbuch Filmtheorie.* Wiesbaden: Springer, S. 1–17; Kammerer, Dietmar (2020): „Film und Überwachung". In: Geimer, Alexander et al. (Hrsg.): *Handbuch Filmsoziologie.* Wiesbaden: Springer VS, S. 1–16.

Hans Krah, Prof. Dr., ist Inhaber des Lehrstuhls für Neuere Deutsche Literaturwissenschaft an der Universität Passau. Seine Forschungsschwerpunkte liegen u. a. in der Narratologie, der Erforschung von medialen Raum- und Wirklichkeitskonstruktionen sowie der populären Vermittlung von ‹Wissen›.
Publikationen: Krah, Hans (2012): „Das Konzept ‚Privatheit' in den Medien". In: Grimm, Petra/Zöllner, Oliver (Hrsg.): *Schöne neue Kommunikationswelt oder Ende der Privatheit? Die Veröffentlichung des Privaten in Social Media und populären Medienformaten.* Stuttgart: Franz Steiner Verlag, S. 127–158; Krah, Hans/ Titzmann, Michael (Hrsg.) (2017): *Medien und Kommunikation. Eine Einführung aus semiotischer Perspektive.* Passau: Schuster.

Alix Michell, M.A., ist wissenschaftliche Mitarbeiterin am DFG-Graduiertenkolleg „Privatheit und Digitalisierung" der Universität Passau im Fachbereich Kultur- und Medienwissenschaften sowie Lehrbeauftragte in der Neueren Deutschen Literaturwissenschaft. Zu ihren Arbeitsschwerpunkten zählen die Popkultur der 1960er und 70er Jahre, Netzfeminismus und Medienkunst der Gegenwart.

Publikationen: Michell, Alix (2017): „Arbiträre Körper – Männlichkeit und Muskelprotze im Popmagazin ‚Konkret' (1984, 2)". In: Gabel, Jürgen et al. (Hrsg.): *Maskulin*identität_en*. Berlin: Ch. A. Bachmann, S. 63–72; Michell, Alix (2018): „Wir sind gewesen. Über Alexandra Piricis *Leaking Territories*". In: Baßler, Moritz et al. (Hrsg.): *einHeft*. #3. Münster: LWL-Museum für Kunst und Kultur, S. 18–21.

Lukas Raabe (geb. Edeler), M.A., war wissenschaftlicher Mitarbeiter am DFG-Graduiertenkolleg 1681/2 „Privatheit und Digitalisierung" an der Universität Passau und promoviert im Fachbereich Neuere und Neueste Geschichte. Forschungsschwerpunkte: Alltags- und Gesellschaftsgeschichte der späten DDR, Oral History, Historisierung von Historiografie.
Publikationen: Edeler, Lukas (mit Hennig, Martin/Piegsa, Miriam) (2018): „Culture of Surveillance". In: Arrigo, Bruce A. (Hrsg.): *The SAGE Encyclopedia of Surveillance, Security, and Privacy*. Thousand Oaks: SAGE, S. 980–983; Raabe, Lukas (2020): „‚Privacy Detached From Purely Private Tendencies': Preserving Interpretational Control in Marxist-Leninist Discourses of the Late Socialist GDR". In: Klepikova, Tatiana/Raabe, Lukas (Hrsg.): *Outside the „Comfort Zone": Performances and Discourses of Privacy in Late Socialist Europe*. Berlin/Boston: De Gruyter Oldenbourg, S. 341–373.

Marcel Schellong, Dr., ist an der Ludwig-Maximilians-Universität München als Referent für Studium und Lehre in den Studiengängen Germanistik und Medienkulturwissenschaft beschäftigt. Seit der Promotion *Die Lesbarkeit der Musik* forscht und lehrt er zu Themen der Intermedialität, Kultur- und Medientheorie, Computerspielforschung und zur Literatur. Er ist Mitherausgeber der Zeitschrift *PAIDIA – Zeitschrift für Computerspielforschung*. URL: www.paida.de.
Publikationen: Schellong, Marcel (2012): „Am Ende des Computerspiels – die Literatur? Dan Pinchbecks *Dear Esther* als Beispiel für beobachtungsabhängige Objektkonstitution des Computerspiels". In: *Paidia – Zeitschrift für Computerspielforschung* vom 31.12.2012. URL: http://www.paidia.de/am-ende-des-computerspiels-die-literatur/; Schellong, Marcel (2016): „‚Sorry, but you're in *my* story now' – Zankende Entscheidende und zirkuläre Entscheidungsdispositive in *The Stanley Parable*". In: Ascher, Franziska/Schellong, Marcel et al.: *„I'll remember this" – Funktion, Inszenierung und Wandel von Entscheidung im Computerspiel*. Glückstadt: Werner Hülsbusch, S. 311–334.

www.ingramcontent.com/pod-product-compliance
Ingram Content Group UK Ltd.
Pitfield, Milton Keynes, MK11 3LW, UK
UKHW021822290926
8980IPUK00004B/217

9 783631 790403